普通高等教育机械类“十二五”规划系列教材

Pro/ENGINEER 机械设计与制造

黄晓华　徐建成　主编

曹　娟　王　伟　张乐莹　副主编

電子工業出版社
Publishing House of Electronics Industry
北京 · BEIJING

内 容 简 介

本书以Pro/ENGINEER Wildfire 4.0为基础，内容丰富、语言规范、结构完整、例练结合，实例合理简洁，习题由浅入深，同时兼顾实际运用，能够让读者在最短的时间内掌握Pro/ENGINEER机械设计与制造技术。全书共7章，内容包括Pro/ENGINEER基础、绘制二维草图、实体零件建模、曲面特征建模、工程图生成、零件装配和Pro/NC加工。同时，任课教师登录华信教育资源网（www.hxedu.com.cn）可免费获得教学大纲、书中实例的源文件和电子课件。

本书既可以作为高等学校机械类及相关专业师生使用的教材，也可以作为企业单位相关专业工程技术人员学习的参考书，还可以作为社会培训机构指定的培训资料。

图书在版编目（CIP）数据

Pro/ENGINGEER机械设计与制造 / 黄晓华，徐建成主编. —北京：电子工业出版社，2010.8

（普通高等教育机械类“十二五”规划系列教材）

ISBN 978-7-121-11488-5

Ⅰ. ①P… Ⅱ. ①黄… ②徐… Ⅲ. ①机械设计：计算机辅助设计－应用软件，Pro/ENGINEER Wildfire 5.0－高等学校－教材 Ⅳ. ①TH122

中国版本图书馆CIP数据核字（2010）第147833号

策划编辑：余　义
责任编辑：余　义
印　　刷：北京京师印务有限公司
装　　订：北京京师印务有限公司
出版发行：电子工业出版社
　　　　　北京市海淀区万寿路173信箱　邮编　100036
开　　本：787×1092　1/16　印张：18　字数：461千字
版　　次：2010年8月第1版
印　　次：2016年2月第4次印刷
定　　价：32.00元

凡所购买电子工业出版社图书有缺损问题，请向购买书店调换。若书店售缺，请与本社发行部联系，联系及邮购电话：（010）88254888。

质量投诉请发邮件至 zlts@phei.com.cn，盗版侵权举报请发邮件至 dbqq@phei.com.cn。

服务热线：（010）88258888。

前　言

随着计算机信息技术的迅速发展，各行各业的设计手段也发生了巨大的变化，从传统的图板和丁字尺绘图到 AutoCAD 计算机辅助设计，从 AutoCAD 二维设计到零件的三维实体设计，三维实体设计的优越性越来越体现到实际工程设计中。作为世界顶尖的三维设计软件，Pro/ENGINEER 在全世界得到广泛的应用，已经逐渐成为世界上最普及的 CAD/ CAM 系统的标准软件之一。它的全面性、高效性、多功能化等特点，更是得到各类设计人才的追捧，并广泛运用于机械、汽车、电子、模具、自动化、航空航天及家用电器等行业中。目前，基于 Pro/ENGINEER 的机械设计与制造课程已经成为国内外大专及以上院校的机械设计、机械制造及工业设计等专业的必修课程，对该软件的应用已经成为现代制造业工程技术人员必须掌握的技能，从而给现代机械设计方法带来了质的飞跃。

本书根据作者多年职业技能培训的经验和在高等院校教学过程中掌握的方法和心得编写而成，以 Pro/ENGINGEER Wildfire 4.0 最新版本为基础，详细讲解了 Pro/ENGINGEER 设计和制造的核心模块。全书图文并茂，案例详细简明，习题由浅入深，综合实例符合工程实际，并诠释了应用 Pro/ENGINGEER 进行工程设计的方法和技巧。本书主要有以下一些特点。

● 内容完整，重点讲解

全书围绕基础知识、二维草绘、实体零件建模、曲面建模、工程图形、零件装配、NC 加工七大功能模块进行讲解，从而使得读者可以逐步掌握和精通 Pro/ENGINGEER 的核心技术和应用技巧。同时，本书对重点模块加大了讲解的力度，力求使读者比较容易地掌握重点知识，并通过对比一些较难以理解的知识点，利用实例驱动读者跟踪设计的方式，消化这些难点知识。通过本书的学习，读者可以多快好省地全面掌握运用该软件的技能。

● 体系合理，符合院校课程要求

编者特别将 NC 加工模块加入到本书中，形成完整的 CAD/CAM 知识体系，而这一体系符合很多高等院校的计算机辅助设计与制造的课程培养要求。但是，目前大部分课程将这两者完全分开，造成在选用教材时无所适从。本书可以从根本上解决这一问题，而且该书已经在多所高等院校中得到了应用，适合教学课程培养的要求。

● 实例丰富，讲解深入浅出

本书利用丰富多彩的工程实例，通过大量图形，按照实际设计的步骤进行系统讲解，从而使读者可以形象、生动地接受相关知识点。各章习题注重难易的梯度安排，由浅入深，使读者能够迅速掌握设计的方法和技巧，熟练该软件的操作，完成相关课程的学习。

● 素材典型，体现工程要求

本书在选用课程素材讲解时，从多方面考虑到素材的典型性和易于理解性，将这些课程素材与实际工程设计紧密结合在一起，使读者能够在未来设计中得到启发和灵感。比如，在NC加工章节中，将可能出现的各类数控加工形式采用典型的零件来表示，同时讲解加工工艺流程、刀具选用、机床零点确定、加工零点确定和加工参数的选用，与实际加工过程达到完全一致，从而可以直接指导数控加工的工程实践。

本书结构严谨、内容丰富、语言规范，紧扣实际工程，实用性强。本书主要适合于初、中级的Pro/ENGINGEER读者，适合于各类培训机构作为培训教材，也适合于各类高等院校CAD/CAM课程或课外选修课程的教材；同时，对机械、模具、家电等设计及数控仿真加工都能发挥指导作用，对这些工程技术人员的学习具有一定的参考价值。

本书由黄晓华、徐建成主编，参加编写的还有曹娟、王伟、张乐莹。在此，对参与编写的所有老师付出的辛勤劳动表示感谢。同时，在编写过程中也查阅了不少参考文献，采用了一部分具有创意性的典型零件，对于涉及这些文献资料的作者表示衷心的感谢！这次出版得到于广云教授、张明燕教授、龚光容教授、曲波副教授以及电子工业出版社的大力支持与协助，在此，向他们表示诚挚的谢意！

由于编者水平有限，时间较为仓促，书中难免会有疏漏和不足之处，恳请广大读者提出宝贵意见。若有问题可以通过电子邮件 michhxh@163.com 与编者联系。本书还包含书中实例的源文件，近期制作的该课程的多媒体课件也会免费提供给各位读者使用。若需要上述素材可以通过上述电子信箱或电子工业出版社电子信箱 yuy@phei.com.cn 或登录华信教育资源网（www.hxedu.com.cn）进行申请。

编　者

2010年7月

目　　录

第2章 绘制二维草图 …… (21)

第1章

Pro/ENGINEER 基础

1.1 Pro/ENGINEER Wildfire 4.0 的安装

安装 Pro/ENGINEER Wildfire 4.0 的时候需要有 Pro/ENGINEER Wildfire 4.0 光盘，并必须获得 PTC 公司的软件使用授权文件 License.dat（可以从 PTC 公司网站下载）。

1.1.1 安装设置

在安装 Pro/ENGINEER Wildfire 4.0 之前，用户应对计算机进行系统的设置，主要包括操作系统的环境变量设置和虚拟内存设置。设置环境变量的目的是使软件的安装和使用能够在中文状态下进行，这有利于中文用户的使用；设置虚拟内存的目的是为软件系统进行几何运算预留临时存储空间。下面以 Windows XP 操作系统为例，介绍其设置过程。

1．环境变量的设置

设置环境变量的具体操作步骤如下。

（1）在 Windows XP 中单击【开始】|【控制面板】选项，如图 1-1 所示，弹出【控制面板】窗口，双击【系统】选项，如图 1-2 所示。

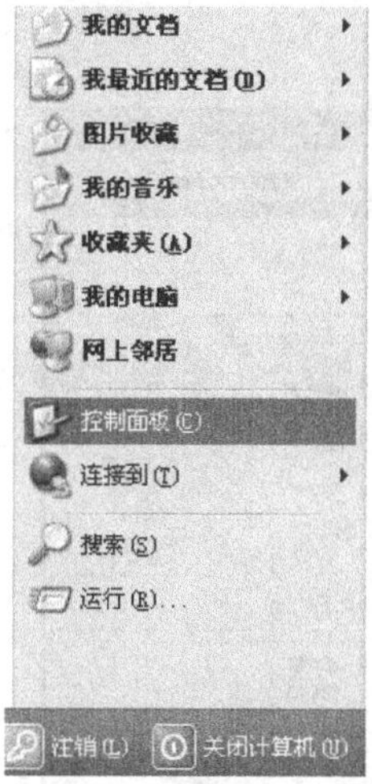

图 1-1 【开始】菜单

图 1-2 【控制面板】窗口

（2）此时将弹出【系统属性】对话框，如图 1-3 所示。在该对话框中单击【高级】|【环境变量】选项，弹出【环境变量】对话框，如图 1-4 所示。

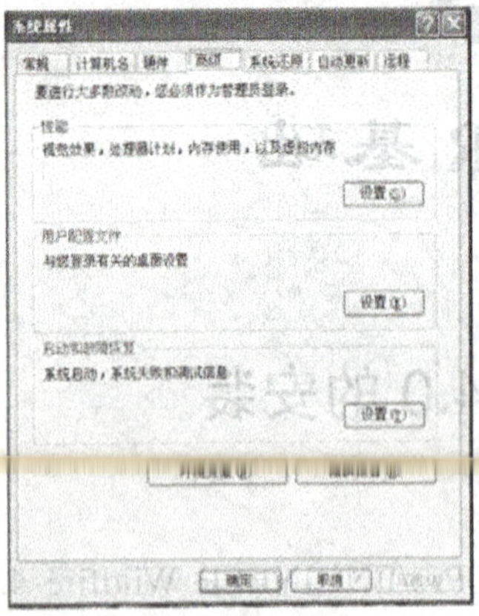

图 1-3 【系统属性】对话框

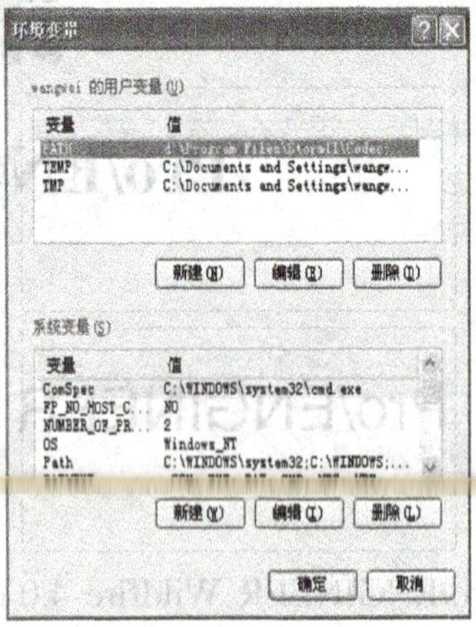

图 1-4 【环境变量】对话框

（3）单击【系统变量】选项区中的【新建】按钮，弹出【新建用户变量】对话框，在该对话框中设置其【变量名】为“lang”，设置其【变量值】为“chs”，如图 1-5 所示。依次单击三次【确定】按钮，即可完成系统变量的设置。

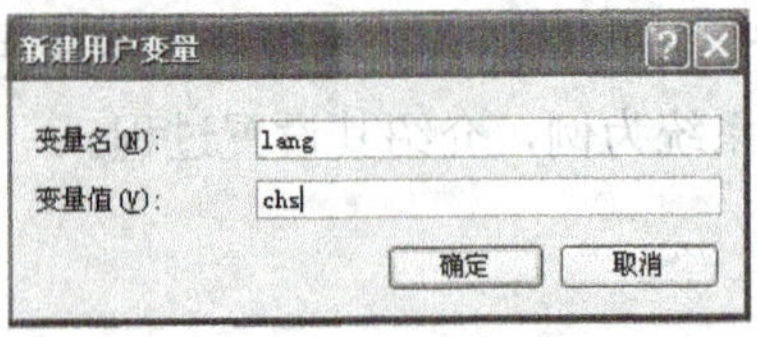

图 1-5 【新建用户变量】对话框

2．虚拟内存的设置

设置虚拟内存的具体操作步骤如下。

（1）在【我的电脑】图标上单击鼠标右键，在弹出的快捷菜单中选择【属性】选项，弹出【系统属性】对话框。

（2）在【系统属性】对话框的【性能】选项区中单击【设置】按钮，将弹出【性能选项】对话框，如图 1-6 所示。在该对话框中单击【高级】|【虚拟内存】|【更改】选项，弹出【虚拟内存】对话框，如图 1-7 所示。

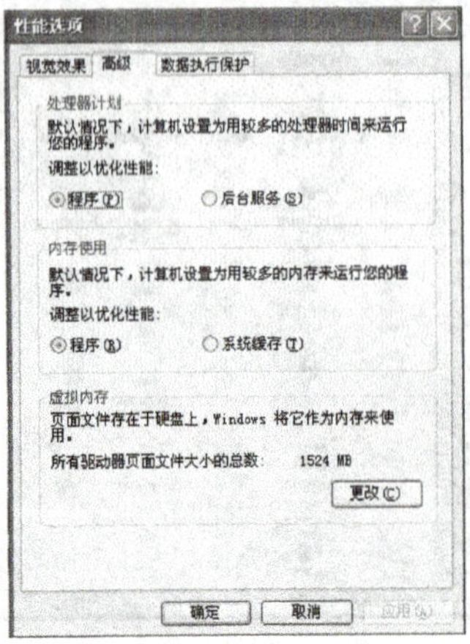

图 1-6 【性能选项】对话框

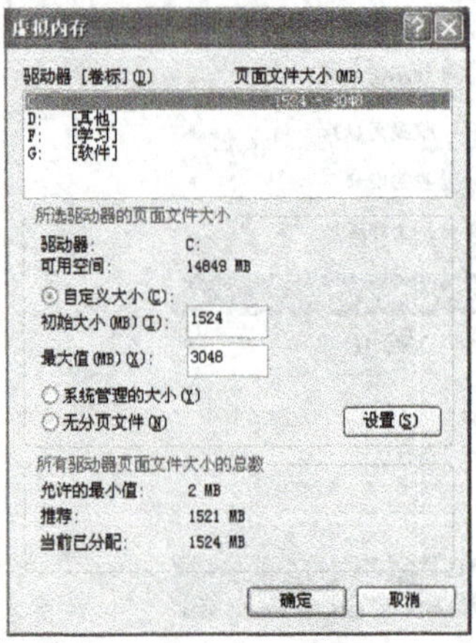

图 1-7 【虚拟内存】对话框

（3）在【虚拟内存】对话框中，用户可在【初始大小(MB)】文本框中设置虚拟内存的最小值，在【最大值(MB)】文本框中设置虚拟内存的最大值。虚拟内存的大小可以根据计算机硬盘空间的大小进行设置，但初始大小至少要达到物理内存的两倍，最大值可达到物理内存的四倍以上。单击相应的【设置】|【确定】选项。

（4）此时，系统提示用户重新启动计算机后设置才会生效。单击【确定】按钮，重新启动系统后完成设置。

1.1.2 许可证的安装

在安装 Pro/ENGINEER Wildfire 4.0 之前，首先要安装 License 许可证，如果 License 许可证安装不正确，Pro/ENGINEER 的安装将无法正常进行下去。双击 Pro/ENGINEER 安装光盘中的 setup.exe 文件，稍后弹出系统开始安装提示窗口，如图 1-8 所示。接着，弹出安装窗口，如图 1-9 所示。单击【下一步】按钮切换到【接受许可证协议】界面，阅读完安装协议以后，勾选【接受许可证协议的条款和条件(A)】复选框，如图 1-10 所示。

图 1-8 系统开始安装提示窗口

图 1-9 安装窗口

图 1-10 阅读并接受许可协议

为了安装 License.dat 文件，在安装列表中首先选择 PTC License Server 进行安装，如图1-11所示。然后切换到【定义安装组件】界面中，单击【打开文件】按钮，在弹出的【打开】对话框中找到 License.dat 文件所在的文件夹后，选择 License.dat 文件，再单击打开对话框中的【打开】按钮。指定 License.dat 文件所在的文件路径后，再单击【安装】按钮，随后程序自动开始安装 License 服务器，如图 1-12 所示。

图 1-11　选择 PTC License Server 进行安装

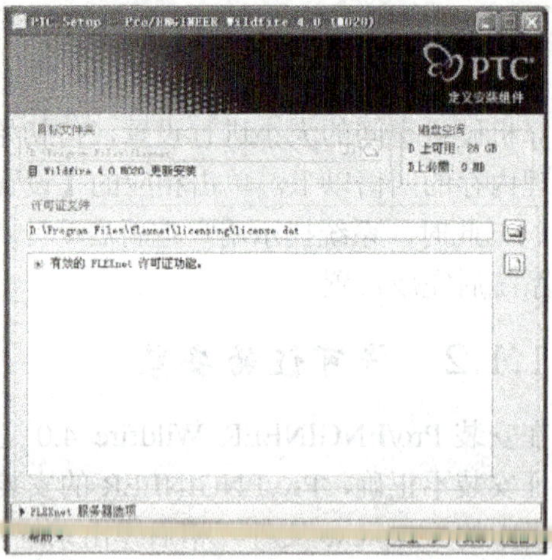

图 1-12　指定路径后开始安装

1.1.3 安装 Pro/ENGINEER

在 License 服务器安装完毕之后，需要再安装 Pro/ENGINEER 的主程序，并且在选择安装语种时只选英语或简体中文。

当 PTC License Server 安装完毕之后，系统会再次弹出如图 1-11 所示的 Pro/ENGINEER 安装界面，选择 Pro/ENGINEER 项目进行安装。在随后切换到的安装功能选择界面中，指定要安装 Pro/ENGINEER 的目标路径，然后在【要安装的功能】列表框中选择需要安装的模块，选择完毕之后单击【下一步】按钮，如图 1-13 所示。

在一般情况下，选择全部模块安装比较好，语言最好选择英文或简体中文，就算不使用中文菜单，2D 制图中也需要中文显示。

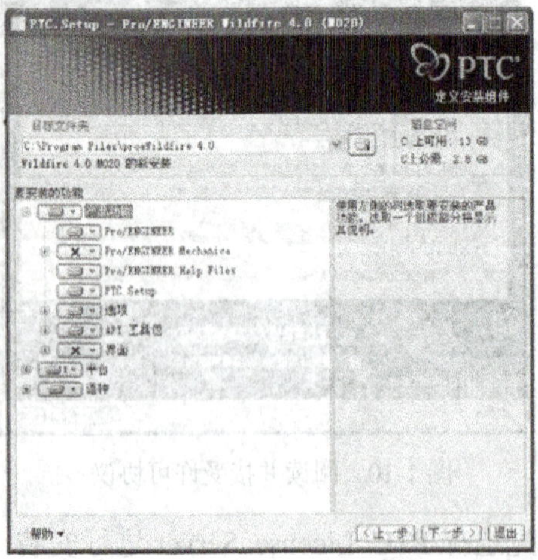

图 1-13　安装功能选择界面

图 1-14　检查授权文件

如图 1-14 所示，单击【添加】按钮，系统弹出【指定许可证服务器】对话框。在对话框中选择【单个许可证服务器】选项，然后在许可证服务器的【主机名】文本框中输入计算机名，并单击【确定】按钮完成许可证服务器的添加，如图 1-15 所示。

如图 1-16 所示，保留程序默认的选项设置，直接单击【下一步】按钮。切换到【可选配置步骤】界面中勾选出所有配置项目，完成后单击【下一步】按钮，如图 1-17 所示。

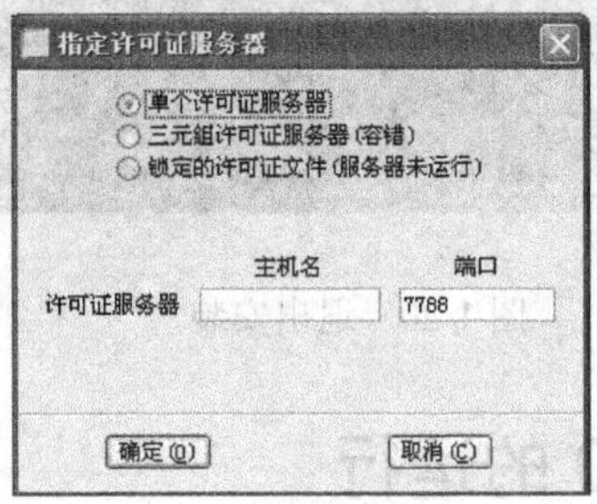

图 1-15　指定许可证服务器

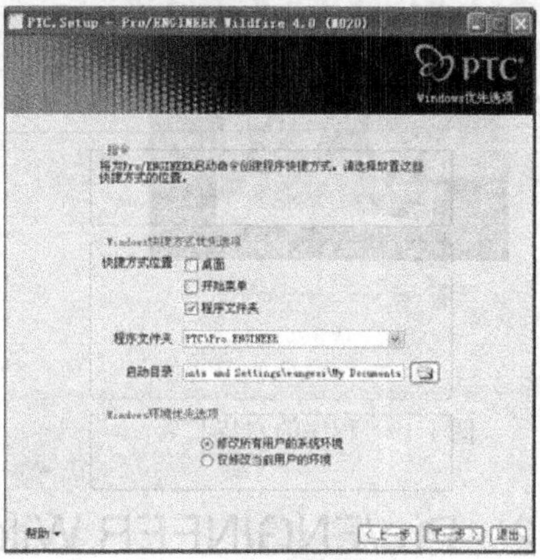

图 1-16　设置启动命令位置

如图 1-18 所示，在随后弹出的【PTC OLE 服务器】窗口中，选择【语言】|【简体中文】选项，单击【安装】按钮，系统自动切换到【安装进度】界面，开始安装 Pro/ENGINEER 程序，如图 1-19 所示。

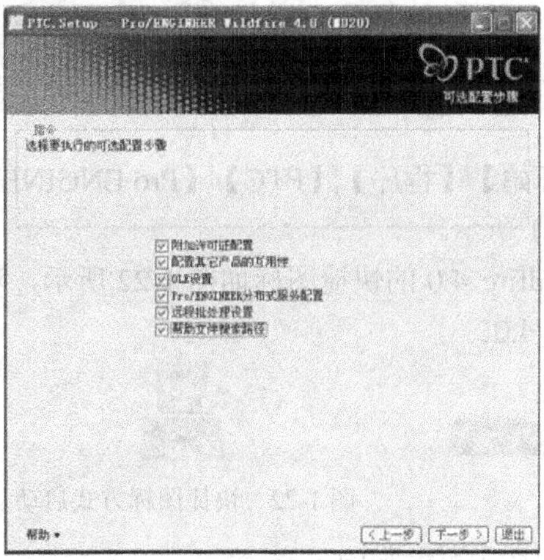

图 1-17　选择要执行的配置

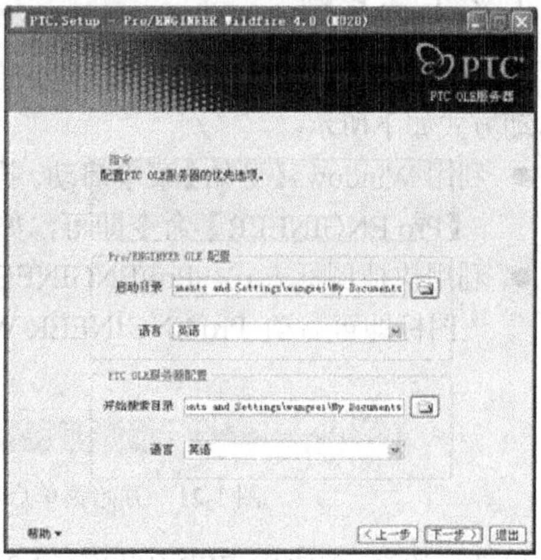

图 1-18　PTC OLE 服务器的配置

在完成 Pro/ENGINEER 程序安装之后，单击【下一节】按钮。重新回到初始安装界面中，单击【退出】按钮，弹出【确认退出 PTC.Setup】提示对话框，单击对话框中的【是】按钮，结束 Pro/ENGINEER 的安装，如图 1-20 所示。

1.1.4　软件补丁的添加

在源文件中，将 crack 目录里面的“PTC-WF3-M040.exe”文件复制到“proeWildfire 4.0\i486_nt\obj”文件夹中，运行即可。

图 1-19 程序的安装

图 1-20 退出安装

1.2 Pro/ENGINEER Wildfire 4.0 的运行

对于 Pro/ENGINEER Wildfire 4.0 来说，其启动与退出是遵循 Windows 标准界面操作规范的。因此，对于具备一定 Windows 操作经验的用户，都可以简单地完成该工作。

1.2.1 启动

Pro/ENGINEER Wildfire 4.0 的启动过程有多种，分别通过菜单和快捷方式进行。具体的启动方式如下所示。

- 利用 Windows【开始】菜单启动。执行【开始】|【程序】|【PTC】|【Pro ENGINEER】|【Pro ENGINEER】命令即可，如图 1-21 所示。
- 利用快捷图标方式。Pro/ENGINEER Wildfire 4.0 的快捷图标如图 1-22 所示，双击该图标即可启动 Pro ENGINEER Wildfire 4.0。

图 1-21 开始菜单启动

图 1-22 快捷图标方式启动

启动后的 Pro/ENGINEER Wildfire 4.0 中文版的主界面如图 1-23 所示。

1.2.2 退出

当绘图工作完成后，就可以退出 Pro/ENGINEER Wildfire 4.0 系统了。具体退出方式有两种。

- 单击菜单【文件】|【退出】。
- 单击 Pro/ENGINEER Wildfire 4.0 系统右上角的【关闭】按钮☒。

此刻弹出如图 1-24 所示的对话框，提示用户是否真的退出。若单击【是】按钮，即可退出；若单击【否】按钮，则返回继续工作。

图 1-23　起始工作界面

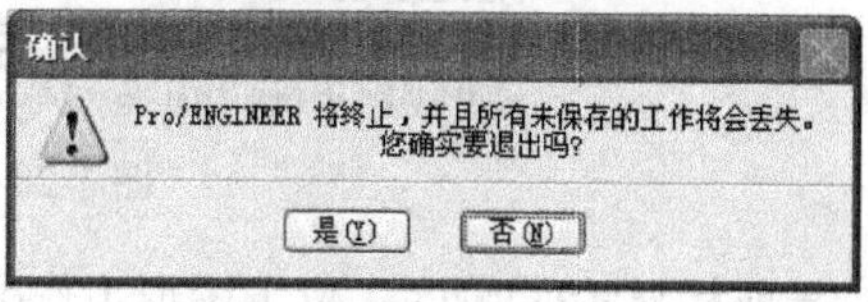

图 1-24　退出提示

1.3　Pro/ENGINEER Wildfire 4.0 的主界面

Pro/ENGINEER Wildfire 4.0 界面是标准的 Windows 界面，它可以进行草图绘制、三维造型、工程图的获取、辅加工和运动仿真等工作。所有这些都需要在掌握了 Pro/ENGINEER Wildfire 4.0 的基本操作之后才可以顺利进行。

图 1-25 所示的是 Pro/ENGINEER Wildfire 4.0 的一个典型用户界面。

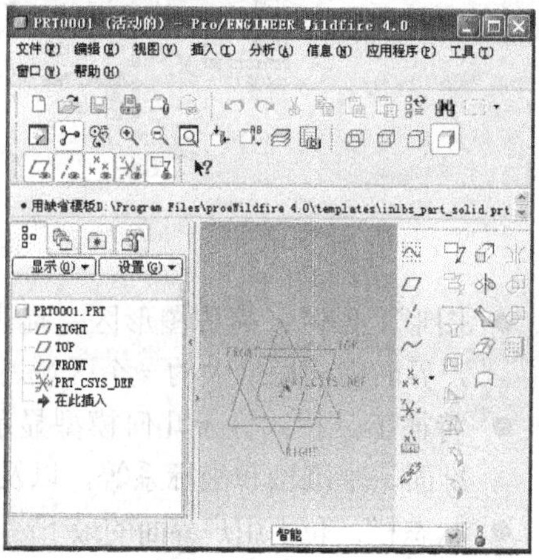

图 1-25　Pro/ENGINEER Wildfire 4.0 典型用户界面

下面对用户界面进行简单介绍。

- 标题栏：主窗口标题显示了软件当前的版本和正在操作的文件名称。当进行文件操作后，标题栏中显示“活动的”字样，表示窗口为当前窗口，当打开多个窗口后，只有“活动的”窗口可以进行各项操作。
- 主菜单栏：位于标题栏的下方，如图 1-26 所示，由许多菜单组成，如【文件】、【编辑】、【视图】、【插入】和【分析】等。主要提供对窗口的各种操作技巧和模型处理方法等，具体内容将在后面进行介绍。

图 1-26　主菜单栏

- 标准工具栏：位于主菜单栏下方，如图 1-27 所示，它提供菜单选项命令的快捷操作，以提高设计效率。工具栏上的图形按钮通常是使用频率最高的菜单选项命令，具体内容将在后面进行介绍。

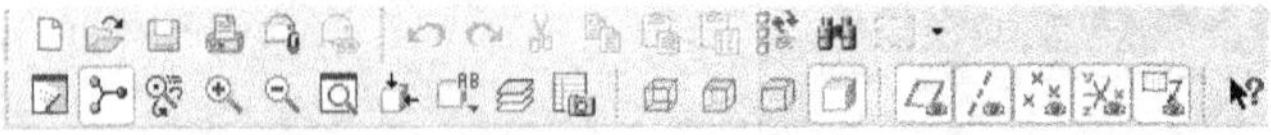

图 1-27　标准菜单栏

- 信息控制区：显示当前操作状态提示信息的信息窗口。对于需要输入数据的操作，会在该区出现一个文本框，让用户输入数据，如图 1-28 所示。

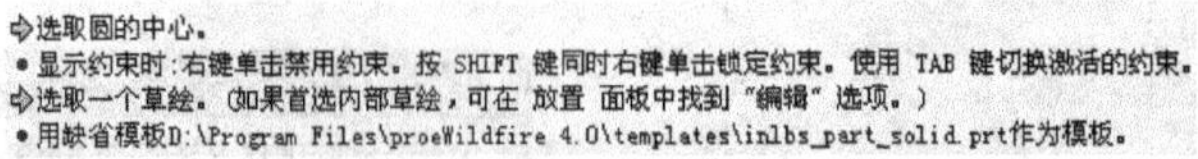

图 1-28　信息控制区

- 导航栏显示/隐藏区：位于图形工作区的左侧，为用户提供一个辅助设计工具，帮助用户更快、更好地浏览设计过程，选择设计文件。单击[>]图标，显示导航栏；单击[<]图标，隐藏导航栏。导航栏包括模型树（Model Tree）、资源管理器（Folder Browser）、收藏夹（Favorites）和相关网络技术资源（Connections）4 部分内容，如图 1-29 所示。

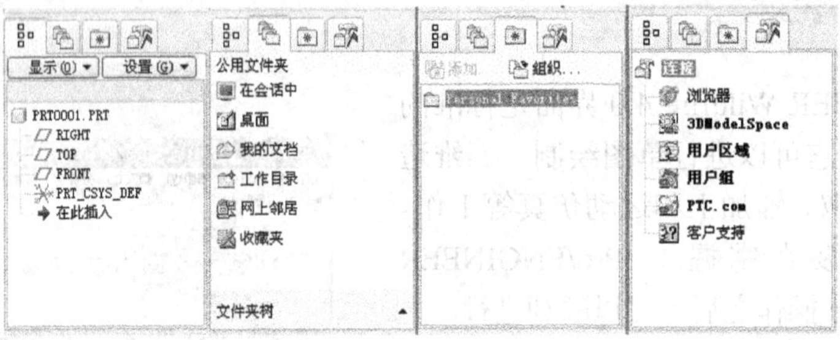

图 1-29　导航栏

- 图形工作区：简称图形区，提供一个给用户进行设计和产品展示的场所，它是用户界面中面积最大的一个区域，以后的主要工作都将在该区域中完成和展示。
- 特征工具栏：位于几何模型显示区右侧，主要包括一些基准特征命令，如加入基准面、基准轴和坐标系等，以及一些特征创建命令。
- 状态栏：位于用户界面的最下端，为用户提供各种简短的帮助信息。如果将鼠标指针移到菜单或工具栏按钮上，状态栏将显示该菜单或工具按钮的功能。

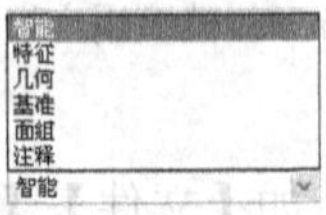

图 1-30　智能过滤器

- 智能过滤器：位于状态栏的右侧，其中提供了各种可供选择的对象类型，如图 1-30 所示。随着具体操作不同，智能过滤器可提供的类型也相应不同。用户应该随时注意将其同具体操作结合起来。

1.4　Pro/ENGINEER Wildfire 4.0 的菜单栏

Pro/ENGINEER Wildfire 4.0 菜单栏主要包括：【文件】、【编辑】、【视图】、【插入】、【分析】、【信息】、【应用程序】、【工具】、【窗口】和【帮助】。下面对各菜单的主要功能进行详细的介绍。

1.4.1　文件

单击菜单栏中【文件】命令，弹出如图 1-31 所示的下拉菜单。现将各菜单中常用功能选项介绍如下。

1．新建

选择【新建】命令后，弹出【新建】对话框，如图 1-32 所示，用于新建各类工程文件，包括确定新增文件类型、名字和选择模板等。

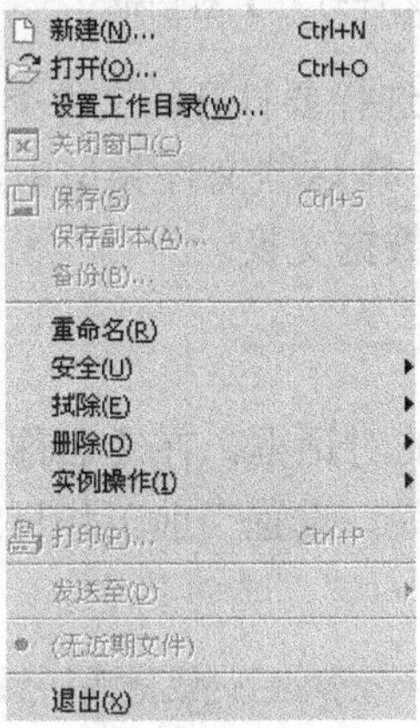

图 1-31　【文件】菜单

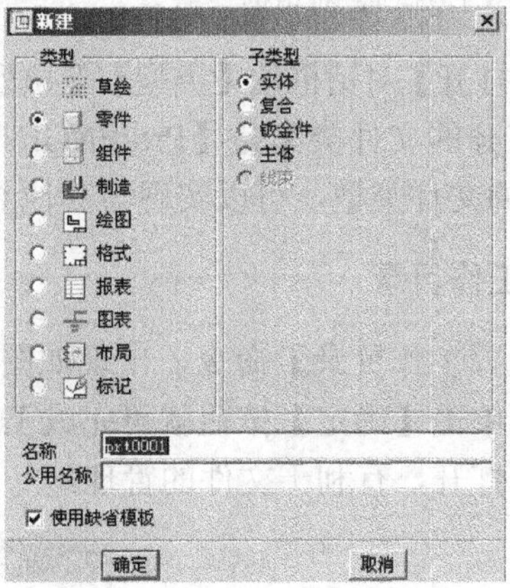

图 1-32　【新建】对话框

（1）类型：在该栏列出 Pro/ENGINEER Wildfire 4.0 提供的功能模块。

- 草绘：创建 2D 草图文件，其文件名为“*.sec”。
- 零件：创建 3D 零件设计模型文件，其文件名为“*.prt”。
- 组件：创建 3D 零件模型装配文件，其文件名为“*.asm”。
- 制造：创建 NC 加工程序、模具设计，文件名为“*.mfg”。
- 绘图：创建 2D 工程图，其文件名为“*.drw”。
- 格式：创建 2D 工程图的图纸格式，其文件名为“*.frm”。
- 报表：创建模型报表，其文件名为“*.rep”。
- 图标：创建电路、管路流程图，其文件名为“*.dgm”。
- 布局：创建产品装配布局，其文件名为“*.lay”。
- 标记：注释，其文件名为“*.mrk”。

（2）名称：定义新的文件名，若不输入，则为默认的文件名。

（3）使用默认模板：使用系统默认的模板选项，如默认的单位、视图、基准平面和图层等设置。若不勾选该项，单击【确定】按钮，则出现如图 1-33 所示的对话框，在该对话框中可以选取其他模板样式。

2．打开

单击【打开】命令，出现如图 1-34 所示的【文件打开】对话框，使用该对话框可以打开系统接收的图形文件。

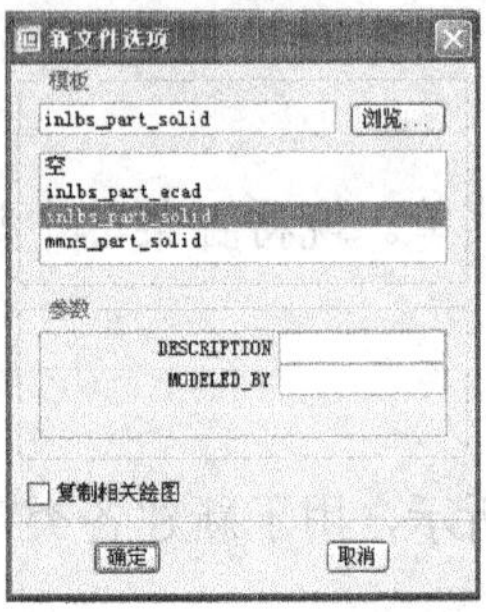

图 1-33 【新文件选项】对话框

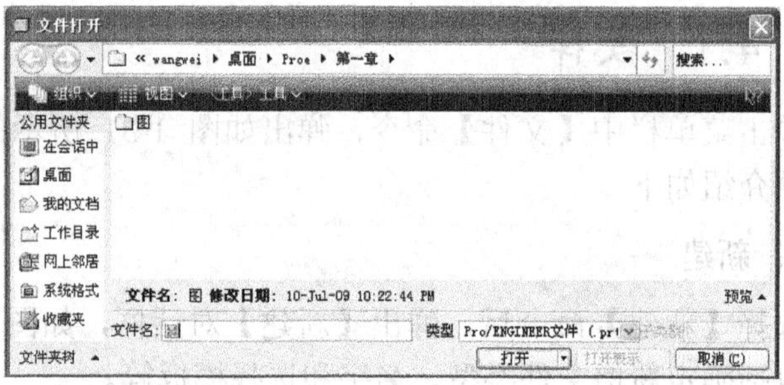

图 1-34 【文件打开】对话框

在【文件打开】对话框的【类型】下拉列表中，可以选择要打开的文件类型，如图 1-35 所示，默认打开的文件类型是【Pro/ENGINEER 文件】。在这些文件类型中，有许多是其他 CAD 系统的文件类型，可以实现与其他 CAD 系统的数据交换。

3．设置工作目录

单击【设置工作目录】命令，出现如图 1-36 所示的对话框。在【名称】栏中输入一个目录名称，单击【确定】按钮就可完成工作目录的设置。设置当前工作目录，可以方便文件的保存和打开，有利于文件的管理。

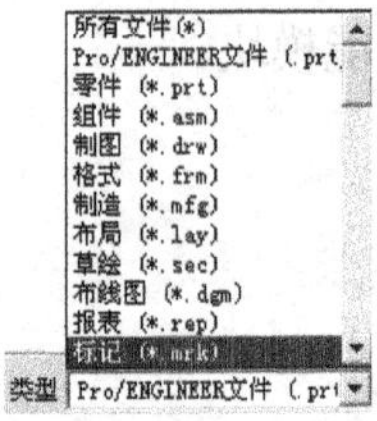

图 1-35 【类型】对话框

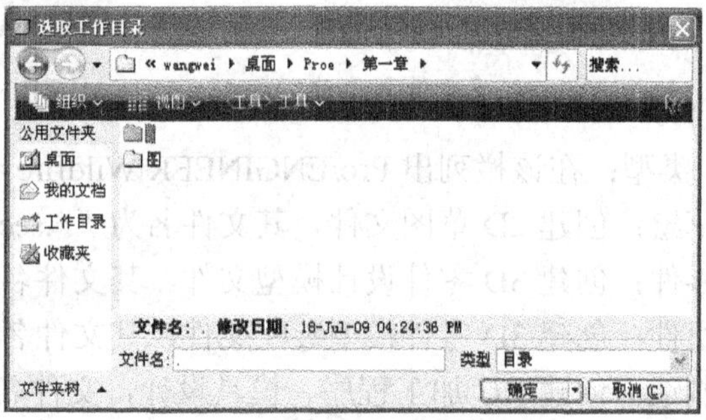

图 1-36 【设置工作目录】对话框

4．关闭窗口

单击【文件】菜单中的【关闭窗口】命令，可以关闭当前模型的工作窗口。但是关闭窗口后，创建或打开过的模型文件还保留在内存中，可以在【文件打开】对话框中打开该文件。

5．保存

单击【保存】命令，可以保存当前工作窗口的模型文件。每保存一次，就生成一个新的版本文件，原来版本的文件不会被覆盖。

6．保存副本

单击【保存副本】命令，出现如图 1-37 所示对话框。输入要保存的目录和文件名，选取相应的文件类型，单击【确定】按钮即可。

7. 备份

单击【备份】命令。出现如图 1-38 所示的对话框。在【备份到】文本框中输入要备份的路径名称，单击【确定】按钮完成备份。

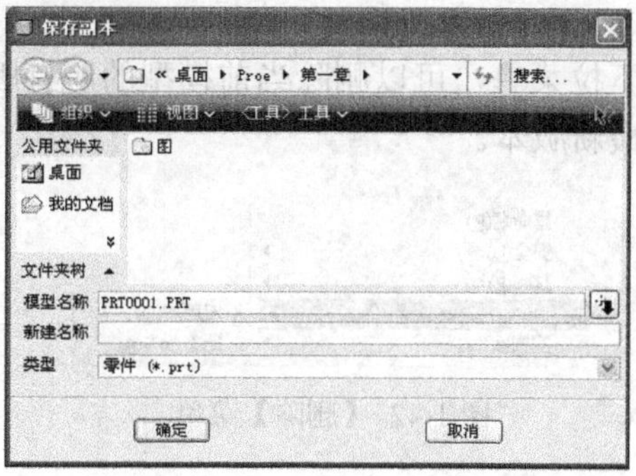

图 1-37 【保存副本】对话框

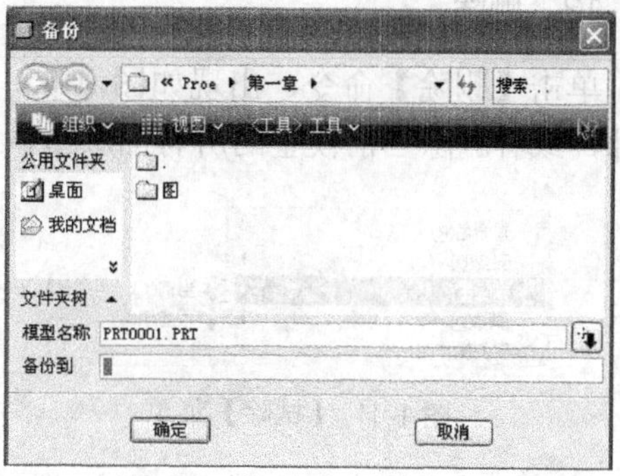

图 1-38 【备份】对话框

8. 复制自

当新建一个空模板的模型文件时，单击【复制自】命令。选取一个模型文件，单击【确定】按钮，则该模型复制到新建的模型工作窗口中。

9. 镜像零件

单击【镜像零件】命令，出现如图 1-39 所示的对话框。在【镜像类型】栏中，包括以下两个子项。

- 仅镜像几何：有从属关系控制，镜像后的特征只有几何形状，镜像特征不可更改。
- 包括全部特征数据：不受从属关系控制，镜像特征可以更改。

10. 重命名

单击【重命名】命令，出现如图 1-40 所示的对话框，可以修改当前工作窗口中模型文件的名称。在【新名称】文本框中输入新的文件名，再选择【在磁盘上和会话中重命名】（更改在硬盘和内存中的文件名）或【在会话中重命名】（更改内存中的文件名）选项。

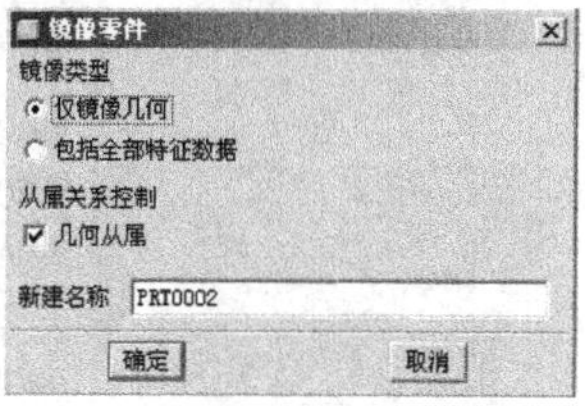

图 1-39 【镜像零件】对话框

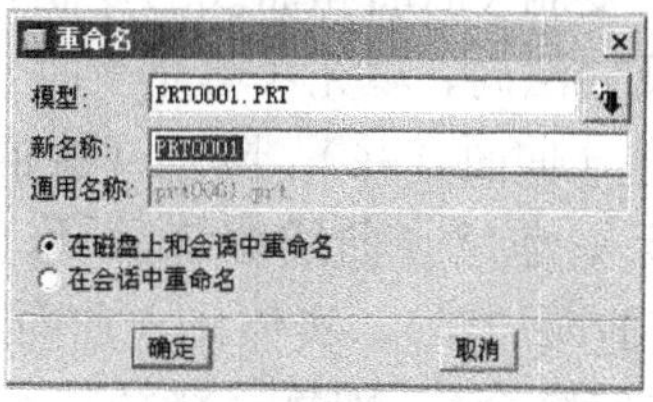

图 1-40 【重命名】对话框

11. 拭除

单击【拭除】命令，出现如图 1-41 所示的下拉菜单，可以将内存中的模型文件擦除，但不会删除硬盘中的源文件。

- 当前：将当前工作窗口中的模型文件从内存中擦除。
- 不显示：将没有显示在工作窗口中但存在内存中的所有模型文件擦除。
- 元件表示：拭除未使用的即时元件。

12．删除

单击【删除】命令，出现如图 1-42 所示的下拉菜单，可以删除当前模型的所有版本文件，或者删除当前模型的所有旧版本，只留下最新版本。

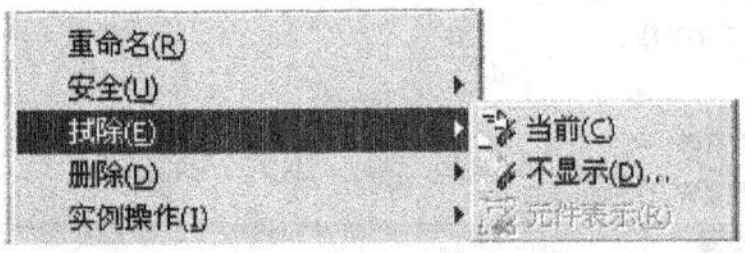

图 1-41 【拭除】菜单

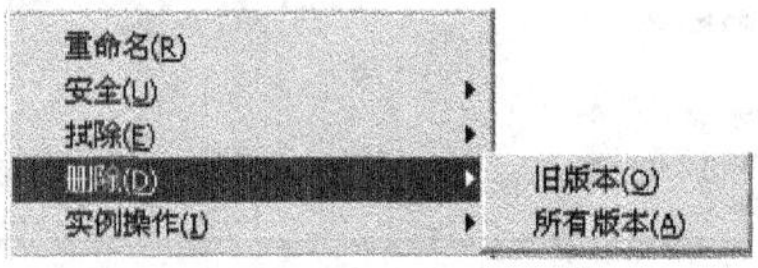

图 1-42 【删除】菜单

单击【所有版本】选项，出现如图 1-43 所示的确认对话框，若单击【是】按钮，则删除当前模型文件的所有版本。

若单击【旧版本】选项，出现如图 1-44 所示的提示信息框。

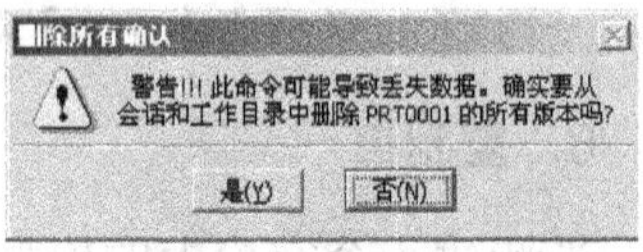

图 1-43 【删除所有确认】对话框

图 1-44 旧版本文本框

13．退出

单击【退出】命令，出现如图 1-45 所示的对话框，若单击【是】按钮，则退出当前系统。在使用【退出】命令前要先保存文件，否则数据会丢失。

图 1-45 退出对话框

1.4.2 编辑

单击主菜单的【编辑】命令，弹出如图 1-46 所示的下拉菜单。其内容涉及再生（模型重新生成）、复制（曲面和曲线的复制）、镜像（曲面的镜像）、反向法向、填充（填充平面）、相交（曲面相交）、合并（曲面合并）、阵列（特征阵列）、投影（曲线投影）、包络（曲线缠绕）、修剪、延伸、偏移、加厚（曲面加厚）、实体化（曲面实体化）替换、隐含（特征隐含）、恢复（释放特征）、删除、设置（模型的设置）、参照（替换参考）、定义（特征复位义）、阵列表（编辑表格阵列）、缩放模型（比例缩放）、组、分组操作、特征操作和选取（特征的选取）等功能。

图 1-46 【编辑】菜单

1.4.3 视图

单击主菜单中的【视图】命令，弹出如图1-47所示的下拉菜单。其内容涉及重画（刷新当前视图）、着色、渲染窗口、实时渲染、方向（模型定位）、可见性（模型的可见性）、表示（模型的简化表示）、视图管理器、区域、颜色和外观、模型设置、层和显示设置等功能。

1.4.4 插入

单击主菜单中的【插入】命令，弹出如图1-48所示的下拉菜单。其内容涉及孔、壳、筋、斜度、倒圆角、倒角、拉伸、旋转、扫描、混合、扫描混合、螺旋扫描、边界混合、可变剖面扫描、模型基准、修饰、造型、小平面特征、扭曲、独立几何、用户定义特征、共享数据和高级等功能。

1.4.5 分析

单击主菜单中的【分析】命令，弹出如图1-49所示的下拉菜单。其内容涉及测量、模型、几何、外部分析、机械分析、用户定义分析、敏感度分析、可行性/优化、多目标设计研究、Model CHECK、比较零件、保存的分析、隐藏全部、删除、删除全部等功能。

1.4.6 信息

单击主菜单中的【信息】命令，弹出如图1-50所示的下拉菜单。其内容涉及特征、模型、参照查看器、关系和参数、切换尺寸、特征列表、模型大小和会话信息等功能。

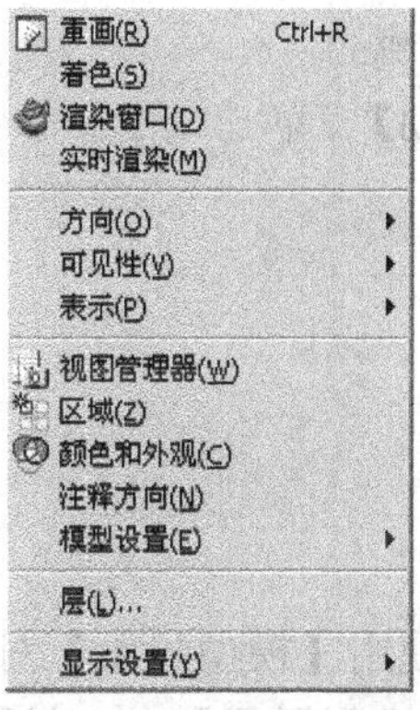

图1-47 【视图】菜单

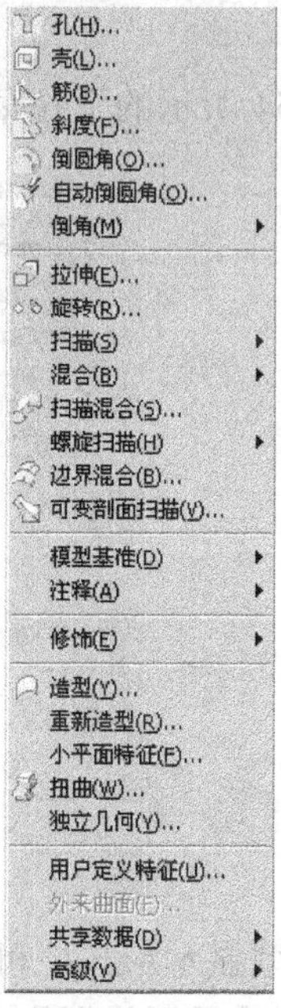

图1-48 【插入】菜单

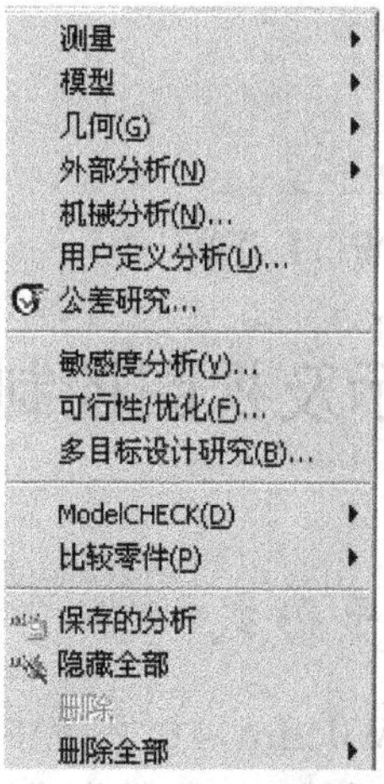

图1-49 【分析】菜单

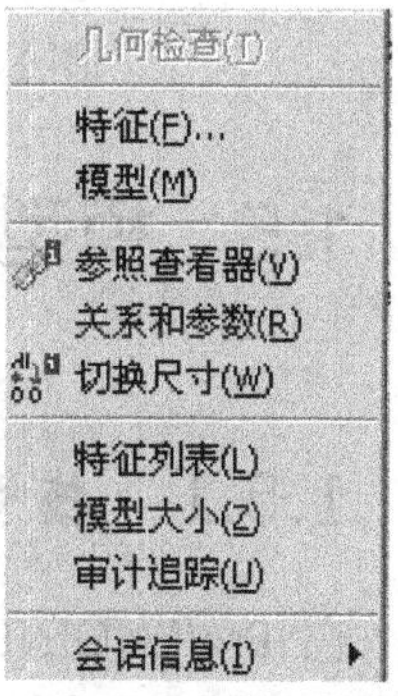

图1-50 【信息】菜单

1.4.7 应用程序

单击主菜单中的【应用程序】命令，弹出如图 1-51 所示的下拉菜单。其内容涉及标准、钣金件、继承、Mechanica（机构模块）、Plastic Advisor（塑料顾问）和模具/铸造等功能。用户购买的模块不同，在该菜单中显示的内容也会有所不同。

1.4.8 工具

单击主菜单中的【工具】命令，弹出如图 1-52 所示的下拉菜单。其内容涉及关系、参数、族表、程序、UDF库（用户定义特征库）、模型播放器和选项等。

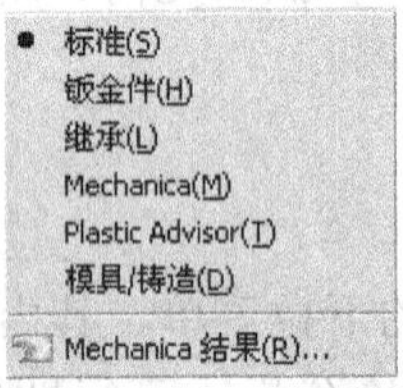

图 1-51 【应用程序】菜单

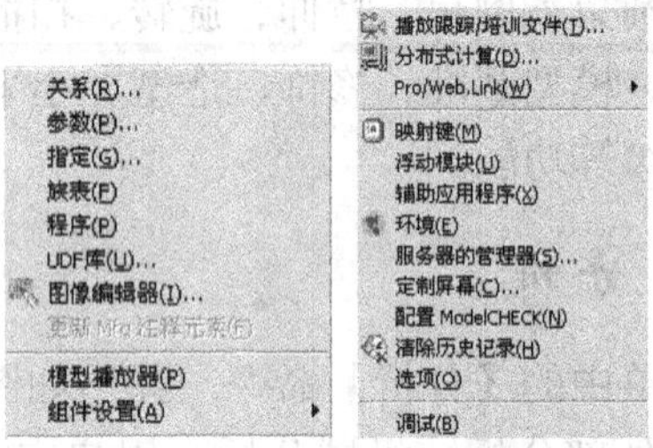

图 1-52 【工具】菜单

1.4.9 窗口

单击主菜单中的【窗口】命令，弹出如图 1-53 所示的下拉菜单。其内容涉及激活、新建、关闭、打开系统窗口、最大化、恢复和默认尺寸等。

1.4.10 帮助

单击主菜单中的【帮助】命令，弹出如图 1-54 所示的下拉菜单。

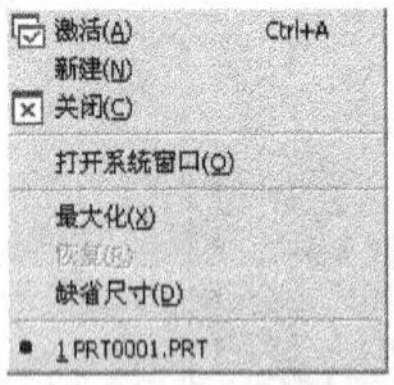

图 1-53 【窗口】菜单

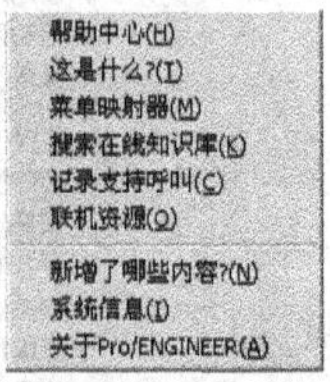

图 1-54 【帮助】菜单

1.5 模型显示及视图控制

1.5.1 模型显示形式

在 Pro/ENGINEER Wildfire 4.0 系统中，模型显示形式，可以使用【模型显示】对话框进行设置，如图 1-55 所示。依次操作【视图】、【显示设置】和【模型显示】。在对话框中【显示造型】栏中可设置模型的显示形式，其中包括【线框】、【隐藏线】、【无隐藏线】和【着色】显示4种情况，也可单击工具栏中的4个按钮。

1.【普通】选项卡

在【普通】选项卡中，有【显示造型】、【显示】、【重定向时显示】、【重定向时的动画】和【注释方向栅格】5个设置项。

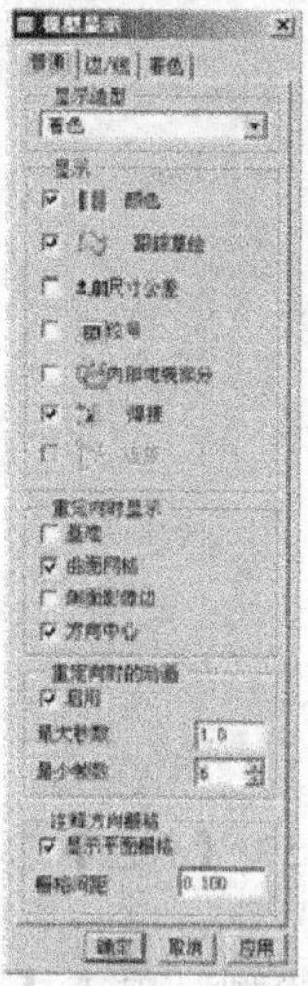

图 1-55 【普通】选项卡

- 【显示造型】下拉列表提供了 4 种模型显示，如图 1-55 所示。
- 【显示】选项组中有 7 个选项，【颜色】用于设置显示曲面颜色，【跟踪草绘】用于启动草绘跟踪器，【尺寸公差】用于设置显示带有公差的尺寸，【位号】用于设计模型的编号，【内部电缆部分】用于设置显示在电缆元件内部的电缆部分。
- 【重定向时显示】选项组用于设置模型旋转时的显示情况，其中【基准】选项表示旋转时显示基准，【曲面网络】选项表示旋转时显示曲面网格，【侧面影像边】选项表示旋转时显示边缘轮廓，【方向中心】选项表示显示旋转中心。
- 【重定向时的动画】选项组用于设置模型重定向时的动画情况，其中【启用】复选框表示允许动态地重定向模型，【最大秒数】文本框用于设置最大时间，【最少帧数】文本框用于设置最少帧数。
- 【注释方向栅格】选项组用于设置草绘时背景是否有一定单元的栅格。选中复选框则有，不选中则无。也可以通过改变栅格间距值来重新确定栅格。

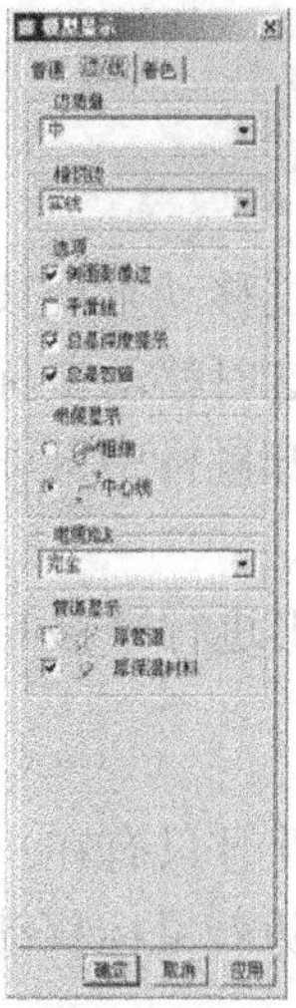

图 1-56 【边/线】选项卡

2.【边/线】选项卡

在【边/线】选项卡中，有【边质量】、【相切边】、【选项】、【电缆显示】、【电缆 HLR】和【管道显示】6 个选项组，如图 1-56 所示。

- 边质量：用于设置模型边的显示质量情况，分为【中】、【低】、【高】和【很高】4 个等级。
- 相切边：用于设置相切边缘的显示情况，其中有【实线】、【不显示】、【双点划线】、【中心线】和【灰色】5 个选项。
- 选项：【侧面投影边】用于显示侧影投影边，【平滑线】用于使对角线光滑显示，【总是深度提示】用于当可视性对话框关闭时显示深度提示，【总是剪辑】用于当可视性对话框关闭时显示修剪。
- 由于【电缆显示】、【电缆 HLR】和【管道显示】在常用的零件设计中使用较少，因此这里不再赘述。

3.【着色】选项卡

图 1-57 【着色】选项卡

在【着色】选项卡中，有【质量】、【着色】和【启用】3 个选项组，如图 1-57 所示。

- 质量：用于设置模型渲染的质量情况。
- 着色：用于设置着色的对象，包括曲面特征、带基准曲线、带边、小曲面和制造参照模型。
- 启用：用于设置材质和透明等知识。

1.5.2 模型显示的控制

为了在设计模型过程中从不同角度、不同方式和不同距离来观察模型，Pro/ENGINEER 系统提供了一系列的显示控制命令。

1．重画视图

重画视图功能可以刷新屏幕，清除所有临时显示信息，但不能再生模型。单击【视图】|【重画】选项，或单击按钮即可完成该操作。另外，使用快捷键 Alt+V 也可完成该操作。

2．缩放视图

常用的视角控制方法是改变模型在图形区中的显示方向和大小。要放大模型，单击按钮，可在图形窗口中将指针放置到目标几何的左上方或右上方。此区域即为缩放框的起始点。在放大区域按住鼠标左键并拖动鼠标，到合适的大小放开鼠标左键即完成放大模型。缩小模型通过按钮，具体方法与放大模型相似。

通过鼠标中键也可以放大或缩小目标几何。

3．平移视图

设计过程中往往会有部分图形不在绘图区范围内，这时就需要通过移动来观察特定的部分。要平移图形可以通过按住 Shift 和鼠标中键来移动三维图形。这时移动鼠标可以出现一条随鼠标移动的红色轨迹线，可显示图形的移动轨迹。然后，放开鼠标中键即可将图形移动到新的位置。

在草绘模式下或者二维状态下，可以直接按住鼠标中键实现对图形进行平移的操作。

4．旋转视图

在 Pro/ENGINEER 中，对模型的旋转操作是围绕鼠标进行的，并且只有在三维环境下才能进行操作。要旋转模型，可以按住鼠标中键，然后移动鼠标。随着鼠标移动方向的不同，模型就随之进行旋转。

单击工具栏中的按钮，可以设置模型的旋转中心。在模型中央就会出现旋转中心的标志，其中红、绿和蓝三个轴分别对应坐标系的三个轴。这时，如果进行旋转操作，模型只能围绕旋转中心进行旋转，而旋转中心不发生位置变化。

1.5.3 三键鼠标的基本操作

一般情况下，用户在 Pro/ENGINEER 建模过程中运用鼠标来执行绝大部分的菜单项目、草绘、选择命令等操作。鼠标按照种类不同分为三键鼠标和两键鼠标，其使用方法也略有不同。Pro/ENGINEER Wildfire 4.0 中必须使用三键鼠标。

1．常用的鼠标功能

随着操作环境的不同，鼠标的使用方法也有一定的差异。随着鼠标操作的不同，所执行的命令也不同，如表 1-1 所示。

表 1-1 鼠标常用功能

动 作	说 明
单击鼠标左键	选取单一的对象或图形
双击鼠标左键	激活编辑模式，变更选取对象的尺寸值或属性
按住 Ctrl+单击鼠标左键	可一次选取多个项目，也可以用来取消对所选取的对象或图形的选取
按住 Ctrl+双击鼠标左键	选取单一特征，激活编辑特征模式
按住 Shift+单击鼠标左键	选取边或曲线后，激活链构建模式，或选取实体曲面、面组后，激活曲面集构建模式
单击鼠标右键	激活快捷菜单
按住 Shift+双击鼠标左键	根据所选的锚点来查询所有可能的链

2．鼠标的使用方法

（1）3D 模式动态视图的鼠标用法

表 1-2 鼠标的 3D 模式的使用

功 能	操 作	功 能	操 作
旋转	鼠标中键（上/下/左/右）	扩大/缩小	Ctrl+鼠标中键（上/下）
平移	Shift+鼠标中键（上/下/左/右）	旋转	Ctrl+鼠标中键（左/右）

（2）2D 和 3D 模式中鼠标滚轮的使用方法

表 1-3 鼠标滚轮的使用

功 能	操 作
快速缩放	滚动鼠标滚轮
精确缩放（0.5）	Shift+滚动鼠标滚轮
粗略缩放（2）	Ctrl+滚动鼠标滚轮

1.5.4 模型视角的设置

单击【视图】│【方向】│【重定向】选项，弹出【方向】对话框，如图 1-58 所示。在【类型】的下拉列表中有【动态定向】、【按参照定向】和【优先选项】3 个选项。下面分别简单介绍这三个选项。

1．按参照定向

（1）单击【打开】按钮，在【文件打开】对话框中选择要打开的模型，单击【打开】按钮，打开零件模型。

（2）单击【视图】|【方向】|【重定向】选项，弹出【方向】对话框，在【参照 1】下拉列表中选取参照方向。

（3）在模型中选取基准面作方向参照，如果想重新选取基准面，单击【参照 1】中的【选取参照】按钮，然后在模型中重新选取。

（4）重复步骤（3），设置【参照 2】的方向，并在模型上选取基准面。

（5）单击【已保存的视图】选项，展开已保存视图的名称，如图 1-59 所示。

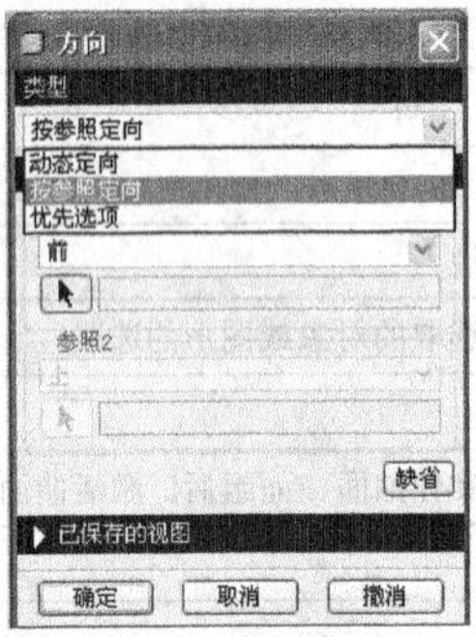

图 1-58 【方向】对话框

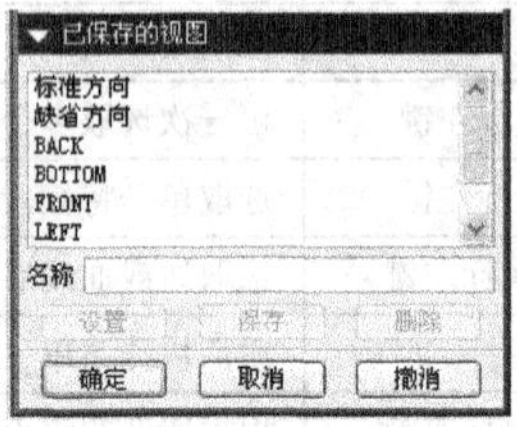

图 1-59 【已保存的视图】选项

（6）在【名称】文本框中输入该视角的名称，然后单击【保存】按钮。以后直接单击系统工具栏中的【保存的视图列表】按钮，从中选取该视角的名称，即可将模型显示为该视角对应的位置。

（7）单击【确定】按钮，完成设置视角。

2．动态定向

在图 1-58 所示的【方向】的对话框中，单击【类型】下拉列表，选择【动态定向】选项，如图 1-60 所示。通过拖动滑块的方式调整旋转角度，达到平移、旋转和缩放的目的，并保存视图。

3．优先选项

【优先选项】指的是优先设置某些选项，主要是【旋转中心】和【默认方向】。在图 1-58 所示的【方向】的对话框中，单击【类型】下拉列表，选择【优先选项】选项，如图 1-61 所示。

在【旋转中心】选项组中选中【模型中心】、【屏幕中心】、【点或顶点】、【边或轴】或【坐标系】单选按钮，如果选中的是【点或顶点】、【边或轴】或【坐标系】单选按钮，则需在草绘区的模型上选取相应的对象。

单击【缺省方向】的下拉按钮，在其下拉列表中选取默认方向，如图 1-62 所示，其意义如下。

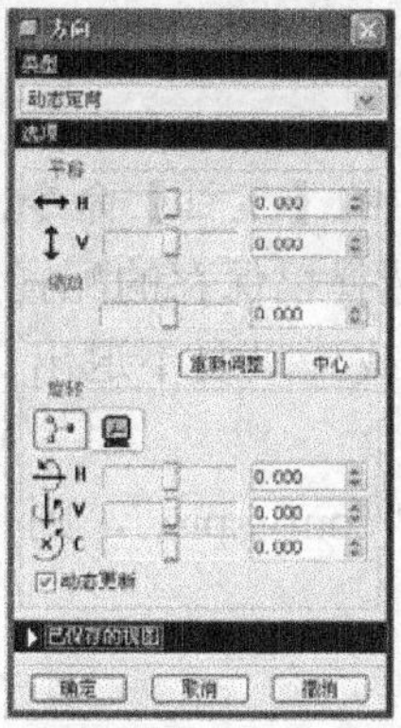

图 1-60 【动态定向】选项卡

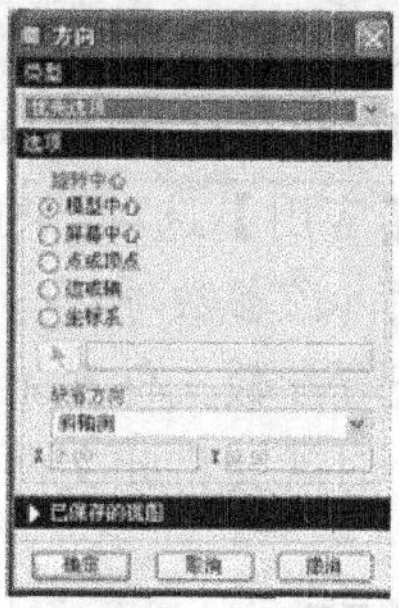

图 1-61 【优先选项】选项卡

- 等轴测：指的是以标准等轴测方向作为默认视角。
- 斜轴测：指的是以标准斜轴测图方向作为默认视角。
- 用户定义：指的是以用户定义的方向作为默认视角，此时 X 和 Y 文本框为可用，在文本框内输入绕 X、Y 轴旋转的角度即可。

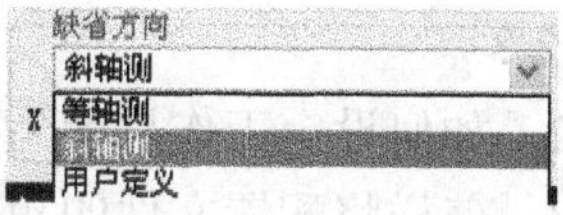

图 1-62 【缺省方向】下拉列表

最后，对视图进行保存。

1.6 Pro/ENGINEER Wildfire 4.0 系统环境的设置

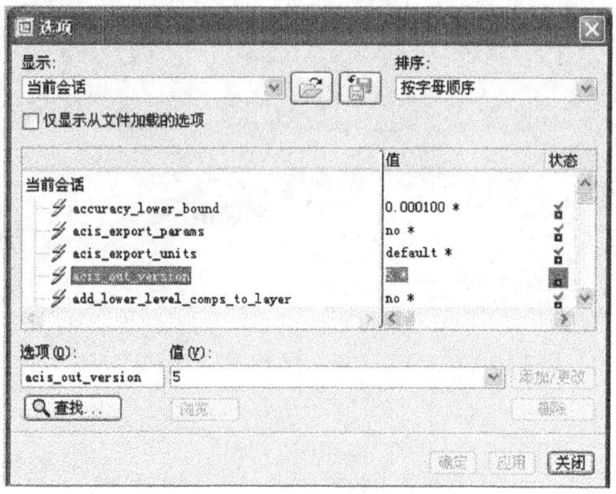

图 1-63 【选项】对话框

1.6.1 环境参数的配置

在进入零件模块的工作界面之前，单击【工具】|【选项】选项，弹出如图 1-63 所示的对话框。

在【选项】文本框中输入参数项目，在【值】文本框中输入参数项目的值，单击【添加/更改】按钮。等所有参数项目加载完毕，单击【确定】按钮，浏览保存文件的位置，输入文件名。

以下列出基本的配置参数：

allow_anatomic_features（允许不常用的特征选项）	yes（是）
bell	no（否）
pro_unit_length（长度设计单位）	unit_mm（毫米）
pro_unit_mass（质量设计单位）	unit_gram（克）
text_height_factor（文本高度比例因子）	40（值越大，字越小）

1.6.2 环境配置参数的加载

（1）在进入零件模块的工作界面之前，单击主菜单中的【工具】命令，选择【选项】，在弹出图 1-63 所示的选项对话框中单击打开图标按钮。选择已保存的配置参数文件。

（2）单击【应用】选项，则文件中的参数项目被加载。只要不退出 Pro/ENGINEER Wildfire 4.0 界面，该参数项目一直有效。

若保存的配置参数文件在工作目录中，且文件名为“config.pro”，则 Pro/ENGINEER Wildfire 4.0 启动时就会将此文件中的配置项目自动加载。

1.7 习题

1．Pro/ENGINEER Wildfire 4.0 的主界面主要包含哪几个部分？各个部分的主要功能是什么？

2．如何设定工作目录为指定的目录？

3．怎样将配置文件的 allow_anatomic_features 设置为 yes?

4．鼠标在 2D 和 3D 中的主要功能是什么？

第 2 章

绘制二维草图

绘制二维草图是 Pro/ENGINEER 的基本技术。它是指在 Pro/ENGINEER Wildfire 4.0 中使用直线、圆弧等草绘命令绘制形状和尺寸精确的几何图形。二维草图绘制贯穿整个零件建模过程，无论是 3D 建模、工程图的创建，还是 2D 组装示意图的创建，都要用到它。

2.1 二维草图绘制的命令

2.1.1 二维草图绘制的工作界面

通常情况下，建立草绘图都是在三维建模的过程中进行的。也可新建一个草绘文件，在需要时可以调用该文件，其文件名为“*.sec”。新建草绘文件的对话框如图 2-1 所示，包括供选择文件的类型和子类型。

选中【类型】选项组中的【草绘】单选按钮，在【名称】文本框中输入草图的名称，或取默认的名称（s2d####，如 s2d0001，#是文件流水号），单击【确定】按钮，进入草绘环境，如图 2-2 所示。

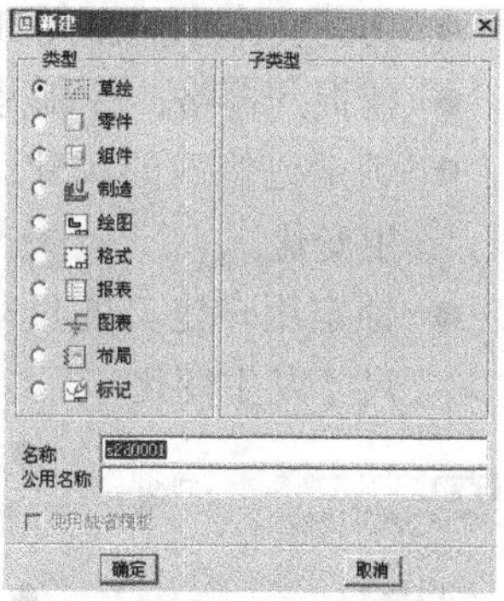

图 2-1 【新建】对话框

2.1.2 草图绘制的选项

Pro/ENGINEER Wildfire 4.0 中文版提供了充分的草绘功能。草绘设置就是设置草绘时用户界面的参数，用户根据个人要求设置草绘的环境，使之更好地满足用户的个性和工程设计。

在草绘模式窗口中，单击【草绘】|【选项】，弹出【草绘器优先选项】对话框，如图 2-3 所示。

在【草绘器优先选项】对话框中有 3 个选项卡：【杂项】、【约束】和【参数】，默认的是【显示】选项。下面分别进行介绍。

1.【显示】选项卡

【草绘器优先选项】对话框的【杂项】选项卡如图 2-3 所示，其中有 11 个复选框和 1 个【缺省】按钮。【缺省】按钮用于设置系统的默认值。完成后，单击☑按钮确认，或单击☒按钮取消设置。下面分别介绍每个复选框的功能。

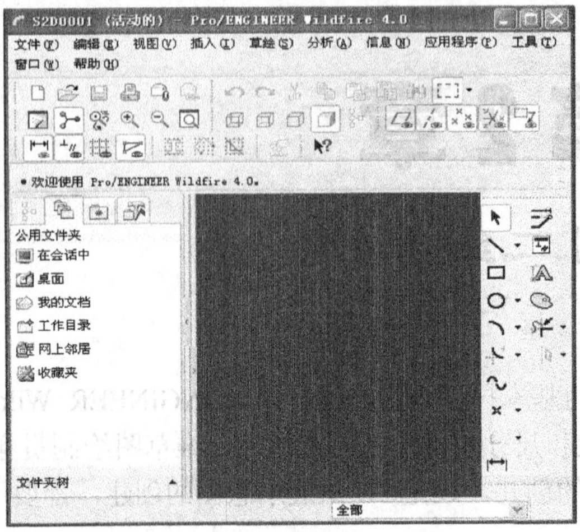

图 2-2 二维草图绘制界面

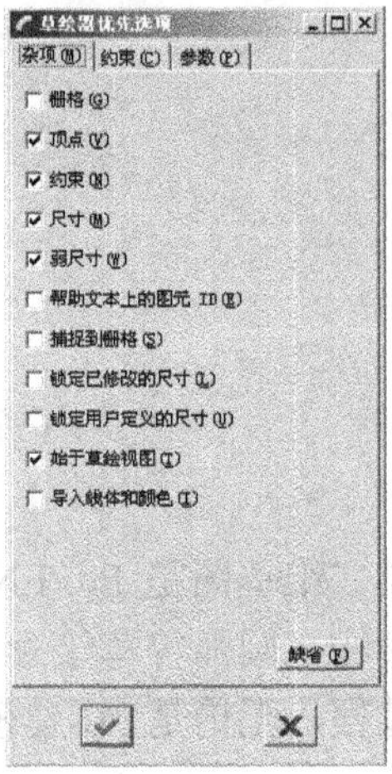

图 2-3 【草绘器优先选项】对话框

- 栅格：控制网格的显示与否，与【草绘器】工具栏的按钮功能相同。
- 顶点：控制截面顶点显示与否，与【草绘器】工具栏的按钮功能相同。
- 约束：控制约束显示与否，与【草绘器】工具栏的按钮功能相同。
- 尺寸：控制尺寸显示与否，与【草绘器】工具栏的按钮功能相同。
- 弱尺寸：控制弱尺寸的显示与否，弱尺寸就是默认认定的尺寸，一般淡显，当对该值进行修改时，弱尺寸变为强尺寸。
- 帮助文本上的图元 ID：显示帮助文本上的图元号。
- 捕捉到栅格：控制是否将鼠标指针定位到草绘器的网格上。
- 锁定已修改的尺寸：锁定修改过的尺寸，当拖动几何图元时，修改过的尺寸不发生变化。
- 锁定用户定义的尺寸：锁定用户定义的尺寸，即强尺寸。当拖动几何图元时，该尺寸发生变化。

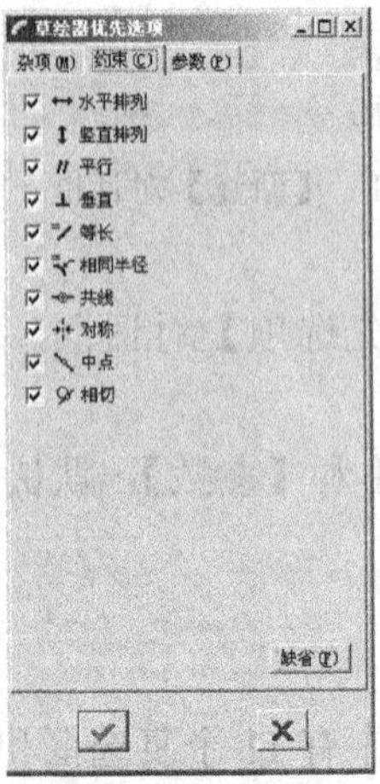

图 2-4 【约束】对话框

- 始于草绘视图：进入草绘器时定向模型，使草绘平面平行于屏幕。
- 导入线体和颜色：用来导入用户自定义的线体和颜色。

2.【约束】选项卡

在【草绘器优先选项】对话框中单击【约束】标签，将显示如图 2-4 所示的对话框。

约束就是在草绘过程中，自动加入一些限定条件，如两条直线有长度相等，这样可减少截面的尺寸标注。在【约束】选项卡中有 10 个复选框和 1 个【缺省】按钮，其具体使用方法在后面详细介绍。下面分别介绍每个复选框的功能。

- 水平排列↔：启用/禁用水平排列顶点。
- 竖直排列↕：启用/禁用竖直排列顶点。

- 平行：启用/禁用假设图元平行。
- 垂直：启用/禁用假设图元垂直。
- 等长：启用/禁用假定线段相等。
- 相同半径：启用/禁用假定半径大小相等。
- 共线：启用/禁用假定两条线共线。
- 对称：启用/禁用假定两顶点关于中心线对称。
- 中点：启用/禁用假定顶点在线的中点。
- 相切：启用/禁用假定图元相切。

当绘制草图时，会随时显示不同的约束符号。

3.【参数】选项卡

在【草绘器优先选项】对话框中单击【参数】标签，将显示如图 2-5 所示对话框。

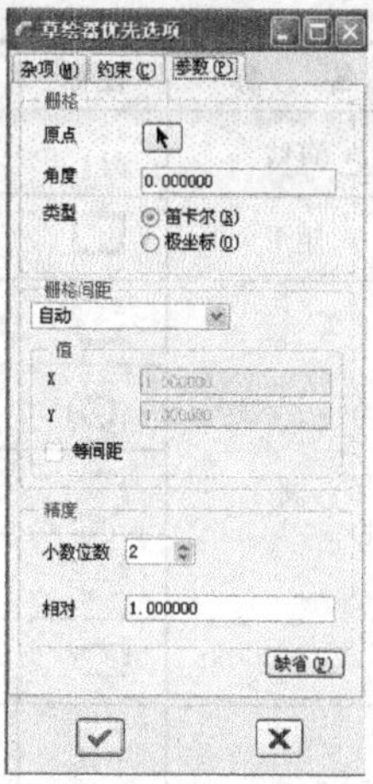

图 2-5　【参数】对话框

【参数】选项卡主要用于设置草绘网格类型和网格间距，以及尺寸标注的小数的位数，该选项卡中有【栅格】、【栅格间距】和【精度】3 个选项组。下面分别进行介绍。

（1）栅格：用于设置草绘网格类型、原点和倾斜角角度。

- 原点：用于指定网格的原点。
- 角度：用于指定网格的角度。
- 类型：用于指定网格类型，有笛卡儿（直角坐标系）坐标系和极坐标系两种。

（2）栅格间距：用于设置网格间距，其中可以采用“自动”或“手动”的设置方式。对于笛卡儿网格，要求设置 *X*、*Y* 轴方向的间距。对于极坐标网格，要求设置“径向”间距、“倾斜”角度和划分的“线数”。

（3）精度：用于设置尺寸标注的小数的位数，默认为 2 位。

对于以上讲解的草绘环境设置功能，读者可以自己进行多次练习，从而全面掌握这些功能，使之更好地符合自己的工程设计习惯。

2.1.3　草绘命令工具栏

草绘命令工具栏位于屏幕右侧，该栏中将绘制草图的各种绘制命令、尺寸标注、尺寸修改、几何约束和图素镜像等命令以图表按钮的形式给出，与之对应的草绘命令也可在主菜单中的草绘选项的下拉菜单中找到。

现将草绘命令工具栏中各命令按钮的功能用表 2-1 表示如下。

表 2-1　草绘工具栏按钮

名　称	图标	功 能 说 明
项目选取		单击该按钮表示进入选取状态，此时用户可以选择要编辑的对象，一般为一次选取一个对象，若选取多个对象，则要同时按住 Ctrl 键
直线		创建几何实体直线
		创建与两图元相切的直线

（续表）

名　称	图标	功 能 说 明
直线		创建中心线，如作为旋转特征的中心线或参照线
矩形		通过对角线上的两点来绘制矩形
圆		通过圆心和圆上任意一点创建圆
		创建同心圆
		通过三点方式创建圆
		创建与三个图元相切的圆
		以两点方式创建椭圆
圆弧		通过三点或通过在其端点与图元相切来创建圆弧
		创建同心圆弧
		通过圆弧的圆心和端点来创建图元
		创建与三个图元相切的弧
		创建圆锥曲线弧
圆角		创建与两图元相切的圆角
		创建与两图元相切的椭圆圆角
样条曲线		创建样条曲线
点		创建参考点
坐标系		创建相对坐标系
使用边		使用已有图元的边界作为草绘图素
偏距边		选择已有图元的边界，并给定偏移量，作为草绘图素
尺寸标注		人工标注尺寸
尺寸修改		修改尺寸值、样条几何或文本图元
约束		对图元施加约束，处于按下状态时选中该命令，弹出几何约束选择对话框
创建文本		创建文本
草绘调色板		将调色板中的外部数据插入到活动对象，并可进行编辑
图元修剪		动态修剪图元
		边界修剪
		分割修剪
镜像		对选定的图元进行镜像
旋转		对选定的图元进行缩放与旋转操作

2.2 绘制几何草图

2.2.1 绘制点

在进行辅助尺寸标注、辅助截面绘制和复杂模型中的轨迹定位时，经常使用该命令。具体操作方法如下。

单击【草绘】命令工具栏中的【创建点】按钮 ✕，或选择下拉菜单【草绘】|【点】选项，在绘图区单击鼠标左键即可创建第一个草绘点。移动鼠标至另一位置并再次单击鼠标左键即可创建第二个草绘点，此时屏幕上除了显示两个草绘点外，还显示两个草绘点间的位置关系，如图 2-6 所示。

2.2.2 绘制直线

直线的绘制很简单，只要确定直线的起点和终点，就可完成直线的绘制。当使用【草绘】菜单和【草绘】工具栏中的【直线】命令进行绘制时，会自动完成尺寸标注和约束，但当使用【草绘器】菜单时，就不会自动完成尺寸标注和约束。

1. 绘制直线的步骤

（1）在【草绘】命令工具栏中，单击绘制直线的图标按钮＼。

（2）在草绘区任意位置单击鼠标左键，该位置即为直线的起点，随着鼠标的移动，一条高亮显示的直线也会随之变化，拖动鼠标至直线的终点，单击鼠标左键即完成一条直线的绘制，如图 2-7 所示。

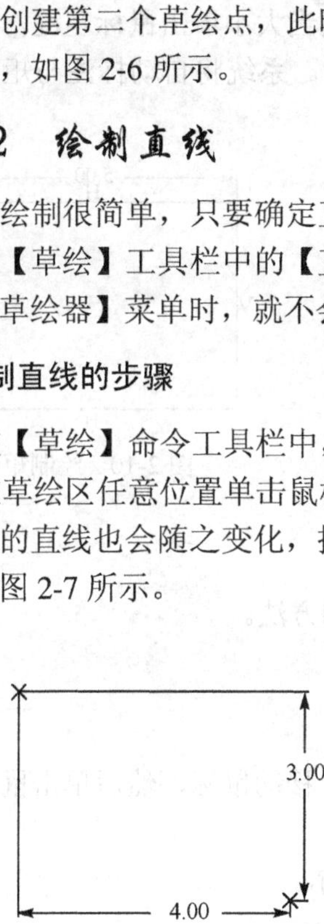

图 2-6 绘制点

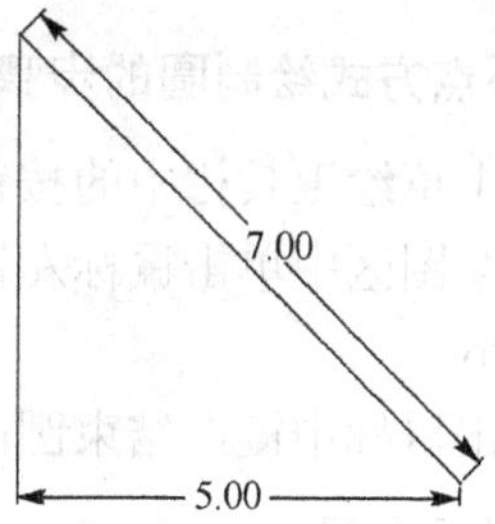

图 2-7 绘制直线

2. 绘制中心线的步骤

（1）在【草绘】命令工具栏中，单击绘制直线的图标按钮 ¦ 。

（2）鼠标左键单击草绘区任意一点，作为中心线一点。

（3）移动鼠标到另外一点，单击鼠标左键以确定中心线位置，在中心线外单击鼠标中键（或单击项目选取键 ↖）以结束绘制，如图 2-8 所示。

3. 绘制与两图元相切直线的步骤

（1）在【草绘】命令工具栏中，单击绘制直线的图标按钮 ╲ 。

（2）选取第一个图元，单击鼠标左键指定起始切点。

（3）选取第二个图元，单击鼠标中左键指定结束切点，如图 2-9 所示。

2.2.3 绘制矩形

使用绘制直线命令，通过绘制 4 条直线，并给予适当的尺寸标注和几何约束即可绘制矩形。此外，草绘命令工具栏中提供了更为方便的绘制矩形按钮□，可快速创建矩形。

绘制矩形的步骤如下。

（1）单击草绘工具栏中的按钮□。

（2）在绘图区域任意一点单击鼠标左键，作为矩形的一个端点。

（3）移动鼠标产生一个动态矩形，将矩形拖动到适当大小单击鼠标左键，完成矩形的绘制，单击鼠标中键可结束本次绘制，如图 2-10 所示。系统将自动标注与矩形相关的尺寸和约束条件。

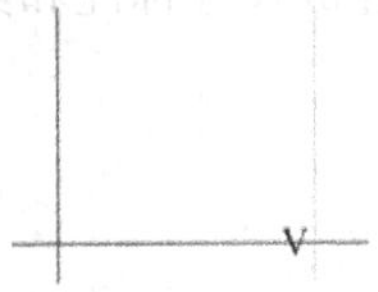

图 2-8 绘制中心线

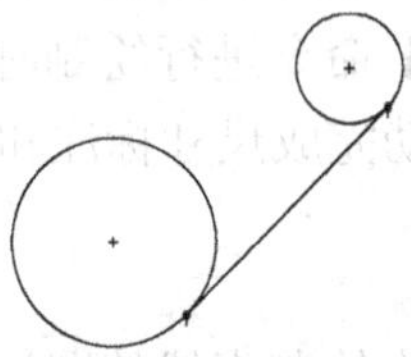

图 2-9 绘制相切线

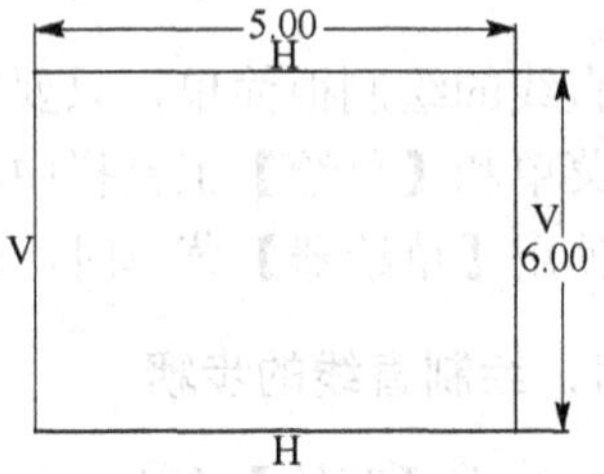

图 2-10 绘制矩形

2.2.4 绘制圆

Pro/ENGINEER Wildfire 4.0 中提供了 5 种绘制圆的方法。

1. 中心点方式绘制圆的步骤

（1）单击草绘工具栏中的按钮○。

（2）在绘图区中单击鼠标左键，以确定圆的圆心，移动鼠标，然后单击鼠标左键，以确定圆的大小。

（3）单击鼠标中键，结束圆的绘制，如图 2-11 所示。

2. 绘制同心圆的步骤

（1）单击草绘工具栏中的按钮◎。

（2）在绘图区单击一个已存在的圆，移动鼠标，然后单击鼠标左键，以确定圆的大小。

（3）单击鼠标中键，结束同心圆的绘制，如图 2-12 所示。

3. 3 点方式绘制圆的步骤

（1）单击草绘工具栏中的按钮○。

（2）在绘图区依次单击 3 个点，系统将自动生成过这 3 个点的圆，如图 2-13 所示。

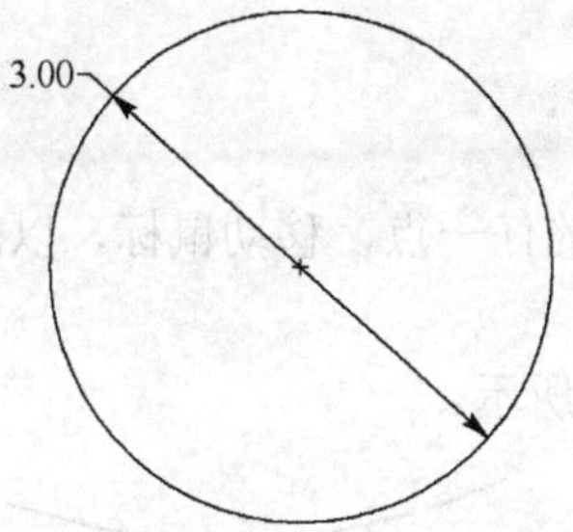

图 2-11　以中心点方式绘制圆

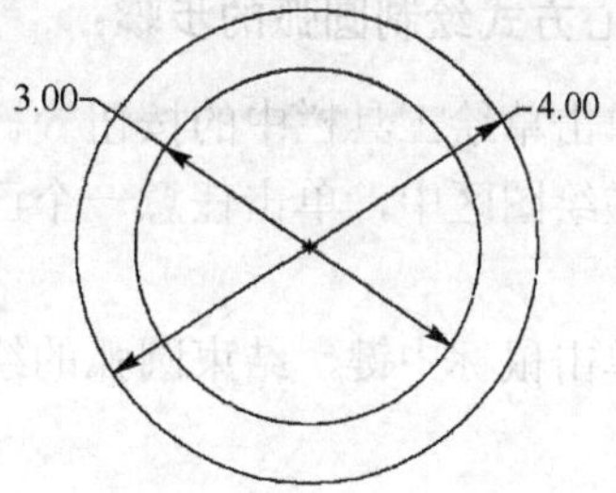

图 2-12　绘制同心圆

4．实体相切方式绘制圆

（1）单击草绘工具栏中的按钮。

（2）在绘图区依次选择 3 条实体边线，系统将自动生成与这 3 条边相切的圆，如图 2-14 所示。

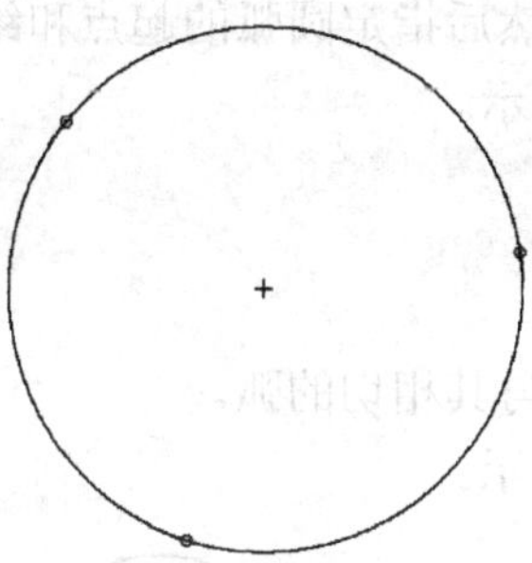

图 2-13　3 点方式绘制圆

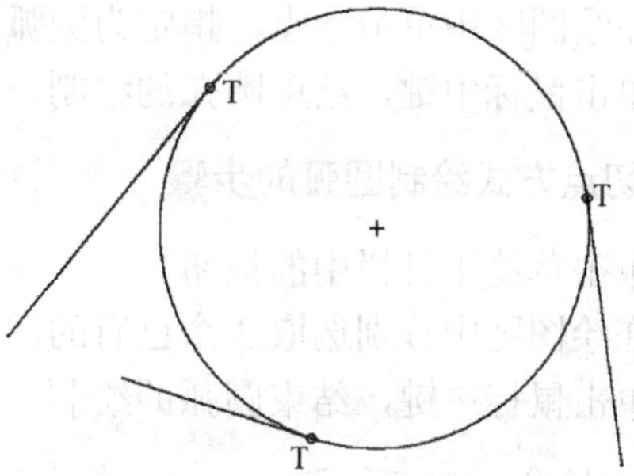

图 2-14　实体相切方式绘制圆

5．绘制椭圆的步骤

（1）单击草绘工具栏中的按钮。

（2）在绘图区中，选择适当的位置，单击鼠标左键，以确定椭圆中心。

（3）移动鼠标，以确定椭圆的形状，单击鼠标左键，完成椭圆的绘制。

（4）单击鼠标中键，结束绘制，如图 2-15 所示。

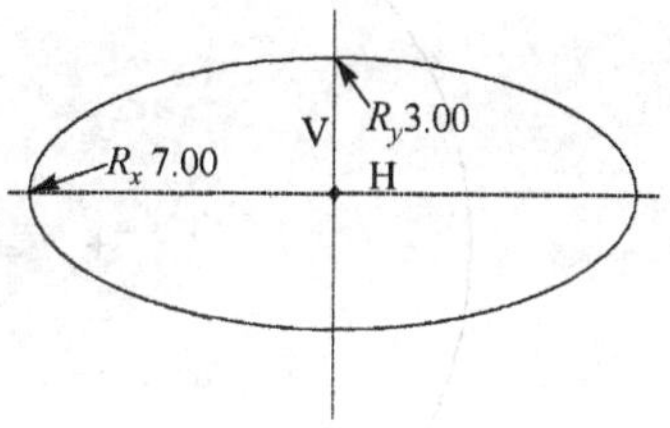

图 2-15　绘制椭圆

2.2.5　绘制圆弧

Pro/ENGINEER Wildfire 4.0 中提供了 5 种绘制圆弧的方法。

1．3 点方式绘制圆弧的步骤

（1）单击草绘工具栏中的按钮。

（2）在绘图区中的任意一点，单击鼠标左键，作为圆弧的起点，然后单击另一点作为圆弧的终点，移动鼠标，在产生的动态圆弧上指定一点，以定义圆弧的大小和方向。

（3）单击鼠标中键，结束圆弧的绘制，如图 2-16 所示。

2．同心方式绘制圆弧的步骤：

（1）单击草绘工具栏中的按钮。

（2）在绘图区中，单击任意一个已存在的圆弧上的任一点，移动鼠标，以确定圆弧的大小。

（3）单击鼠标中键，结束圆弧的绘制，如图 2-17 所示。

图 2-16　3 点方式绘制圆弧

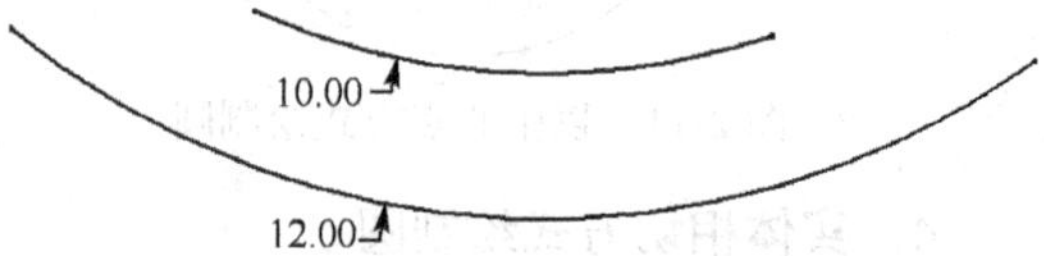

图 2-17　同心方式绘制圆弧

3．中心点方式绘制圆弧的步骤

（1）单击草绘工具栏中的按钮。

（2）在绘图区中单击一点，指定为圆弧的中心点，然后指定圆弧的起点和终点。

（3）单击鼠标中键，结束圆弧的绘制，如图 2-18 所示。

4．3 切点方式绘制圆弧的步骤

（1）单击草绘工具栏中的按钮。

（2）在绘图区中分别选取 3 个已有的图素，以绘制与其相切的弧。

（3）单击鼠标中键，结束圆弧的绘制，如图 2-19 所示。

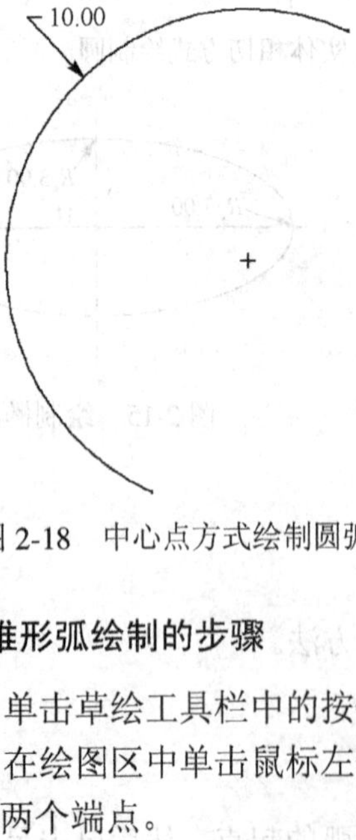

图 2-18　中心点方式绘制圆弧

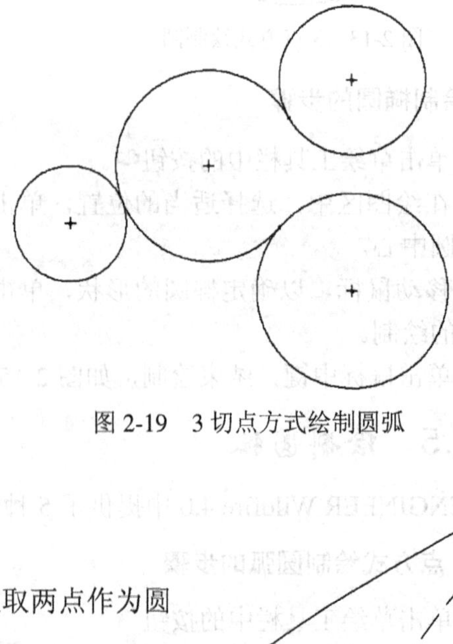

图 2-19　3 切点方式绘制圆弧

5．锥形弧绘制的步骤

（1）单击草绘工具栏中的按钮。

（2）在绘图区中单击鼠标左键，分别选取两点作为圆锥曲面的两个端点。

（3）移动鼠标，以决定圆锥曲线的形状。单击鼠标左键，完成圆锥曲线的绘制，如图 2-20 所示。

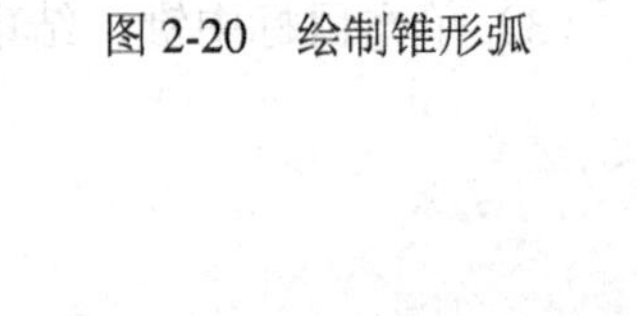

图 2-20　绘制锥形弧

2.2.6　绘制圆角

Pro/ENGINEER Wildfire 4.0 中提供了两种绘制圆角的方法。

1．圆形角的步骤

（1）单击草绘工具栏中的按钮。

（2）在草绘区选定已有的两个图元，系统就会自动创建圆角。

（3）单击鼠标中键，结束圆角的绘制，如图 2-21 所示。

2．绘制椭圆形角的步骤

（1）单击草绘工具栏中的按钮。

（2）在草绘区选定已有的两个图元，系统就会自动创建椭圆角。

（3）单击鼠标中键，结束椭圆角的绘制，如图 2-22 所示。

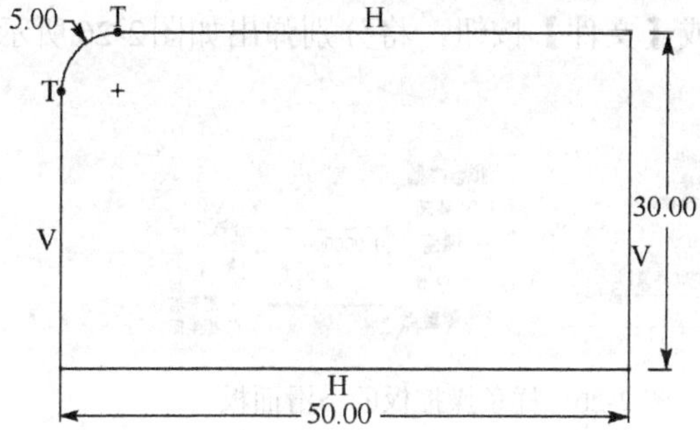

图 2-21　绘制圆角

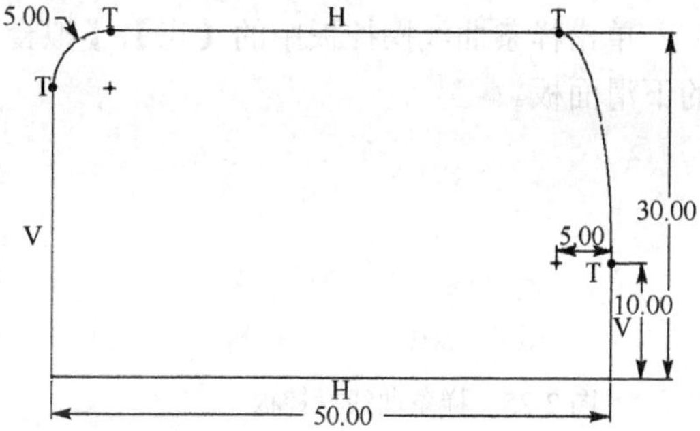

图 2-22　绘制椭圆角

2.2.7　绘制样条曲线

样条曲线是形状比较自由的曲线，它根据所选择的点，按照插值或拟合的方式建立曲线。

1．绘制样条曲线的步骤

（1）单击草绘工具栏中的按钮。

（2）在草绘区依次选择 3 个点或多个点（即选择样条曲线经过的点），系统会自动以平滑的方式将点依次连接起来形成曲线。

（3）单击鼠标中键，结束样条曲线的绘制，如图 2-23 所示。

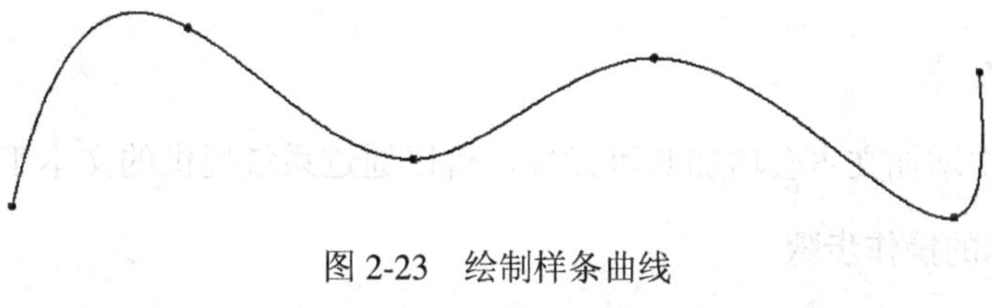

图 2-23　绘制样条曲线

由于样条曲线比较特殊，所以具体讲解其修改方法。修改样条曲线主要有以下三种方法。

- 单击【选取项目】按钮，用鼠标拖曳草绘区中样条曲线上的点，这样可以随便改变样条曲线的形状，但该方法不适合进行精确设计，一般用于自由造型中。
- 修改尺寸标注：在草绘区中双击尺寸标注，在弹出的尺寸文本框中输入修改的数值，按 Enter 键完成修改。系统允许输入负值，负值意味着曲线相对于基准向相反方向延伸，如图 2-24 所示。

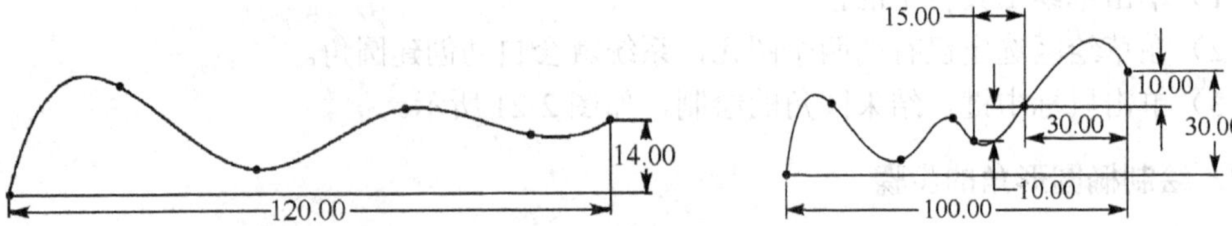

图 2-24　修改尺寸标注

- 利用样条曲线操控板来对样条曲线进行修改。双击样条曲线，在信息栏中将弹出样条曲线操控板，如图 2-25 所示。

单击样条曲线操控板中的【点】、【拟合】或【文件】按钮，将分别弹出如图 2-26 所示的下滑面板。

图 2-25　样条曲线操控板

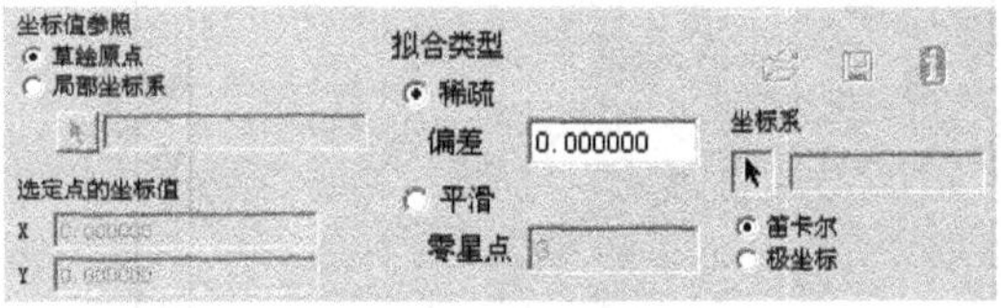

图 2-26　样条操控板的下滑面板

在样条曲线操作面板中，【点】、【拟合】或【文件】下滑面板的设置方法如下。

（1）在【点】下滑面板中，用户可以设定两种类型的坐标值参数，分别为【草绘原点】和【局部坐标系】，当在样条曲线上选定一个控制点时，该控制点的坐标值将以设定的参照类型在【选定点的坐标值】选项组中显示出来，修改该点的坐标值可以改变样条曲线的形状。

（2）在【拟合】下滑面板中，用户可以设置拟合的类型，拟合的类型分为两种：【稀疏】和【平滑】。【稀疏】选项的功能是简化样条曲线的控制点，移除偏差公差内的冗余数据，偏差值越大，简化的控制点就越多，而简化后曲线的变化也就越大；【平滑】选项是通过取平均移除冗余数，使样条曲线变得更加平滑，【零星点】取值越大，则曲线越平滑。

（3）在【文件】下滑面板中，只有选择或者定义了参考坐标，才能激活该面板上的三个功能按钮，用户才能从文件中读取点坐标，将点坐标保存到文件中，显示样条曲线的坐标信息。

2.2.8　文本

在草绘环境中增加文本会增加其可读性，可以通过系统提供的文本工具来实现。

1. 创建文本的操作步骤

（1）单击草绘工具栏中的按钮。

（2）在草绘区选择文本的起点和第二点（其第二点用来定义文本的高度和方向，起点的正向方向是由起点指向第二点）。

（3）确定两点后，将弹出【文本】对话框。在该对话框的【文本行】文本框中可以输入所需要的文本，如图 2-27 所示。

若单击【文本】对话框中的【文本符号】按钮，可以添加如图 2-28 所示的文本符号。另外，用户还可以在【文本】对话框中设置文本的字体、长宽比和倾斜度等。

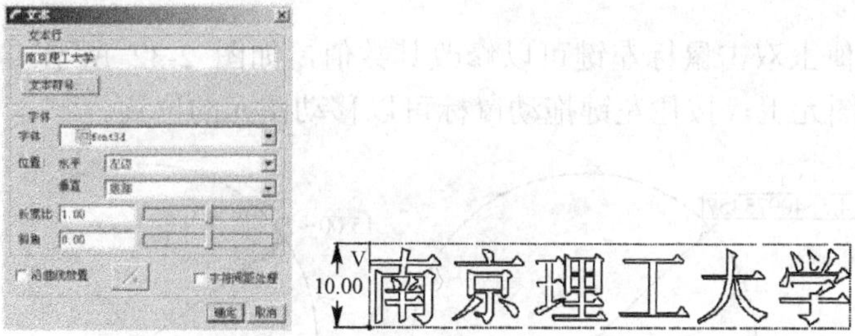

图 2-27　输入文本

图 2-28　【文本符号】对话框

如果选中【文本】对话框中的【沿曲线放置】复选框，则需要选择一条放置文本的曲线，如图 2-29 所示。单击 按钮，则将文本反向放置在曲线的另一侧，如图 2-29 所示。单击【确定】按钮，即可完成文本的创建操作。

图 2-29　文本放置类型

2.3　编辑几何草图

使用 Pro/ENGINEER Wildfire 4.0 系统提供的【动态剪切】、【镜像】、【分割】、【裁剪和延伸】和【旋转缩放】，而与这些编辑按钮相对应的命令也可以从如图 2-30 所示的【编辑】菜单中找到，其中【镜像】和【缩放和旋转】等命令只有在选择了图元对象之后才能被激活。

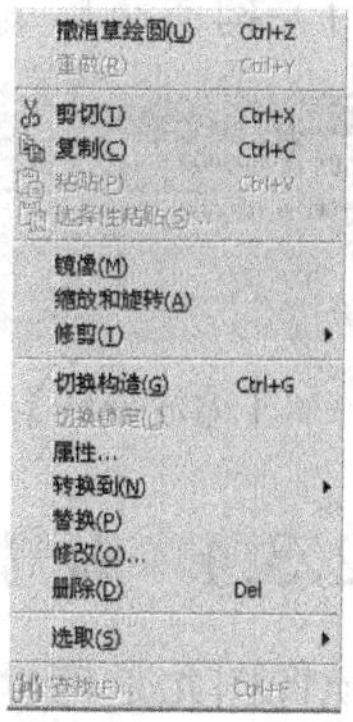

图 2-30　【编辑】对话框

2.3.1　选取图元

选取对象命令在草绘中经常用到。如选中曲线后可对其进行删除操作，也可对线条进行拖动修改等。单击【草绘】工具栏中的 按钮，按下按钮为选取状态，可用鼠标左键选取要编辑的图素。

单击【草绘】|【选取】选项，出现图 2-31 所示的下拉菜单，可以看到有多种选取对象的方法。

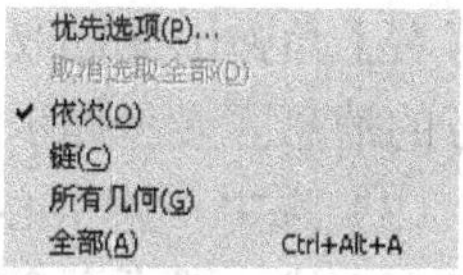

图 2-31　【选取】下拉菜单

- 依次：每次选取一个图素；按住 Ctrl 键时，则可选取多个图素。此外，按下鼠标左键拖动一个矩形框，这时框内的图素全被选中。
- 链：选取链的首尾，介于之间的曲线一起被选取。
- 所有几何：选取所有几何元素（不包括标注尺寸、约束）。
- 全部：选取所有项目。

2.3.2 修改与移动尺寸

选取状态下，在标注尺寸值上双击鼠标左键可以修改其数值，如图 2-32 所示。在标注尺寸被选中后，将鼠标放在图元上，按住左键拖动鼠标可以移动图元的位置。

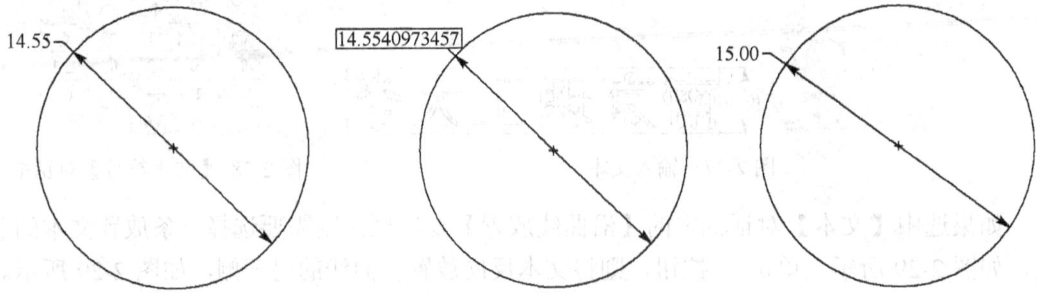

图 2-32 修改尺寸

2.3.3 复制图元

同删除对象一样，要想复制图元，必须首先选定对象才能激活复制命令，其步骤如下。

（1）构造选择集。单选或框选要复制的图元。

（2）单击【编辑】|【复制】选项（或使用 Ctrl+C 快捷键），将选定图元复制到粘贴板中。

（3）单击【编辑】|【粘贴】选项，在绘图区单击确定被复制对象的放置位置，然后在弹出的对话框中指定复制对象的比例和旋转角度，如图 2-33 所示。

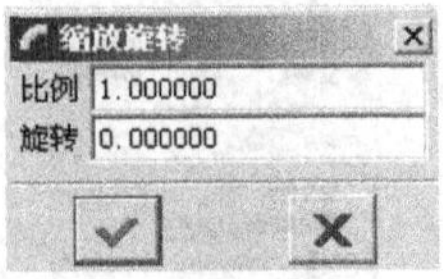

图 2-33 【缩放旋转】对话框

2.3.4 镜像图元

镜像图元是指以中心线为轴线，对称生成选中图元的副本。与复制图元一样，必须先选中对象才能激活镜像命令，其操作步骤如下。

（1）构造选择集。单选或框选要复制的图元。

（2）单击【编辑】|【镜像】选项或单击工具栏按钮，在屏幕右上角弹出【选取】对话框，如图 2-34 所示，同时在屏幕下方的消息区显示提示：选取一条中心线。。

图 2-34 【选取】对话框

（3）选中一条中心线，如图 2-35 所示。如果没有中心线，可在执行镜像命令前绘制一条中心线。镜像命令完成后的结果如图 2-36 所示。

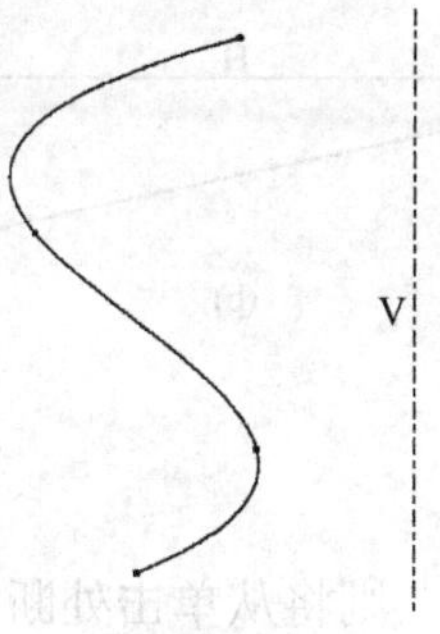

图 2-35　镜像前

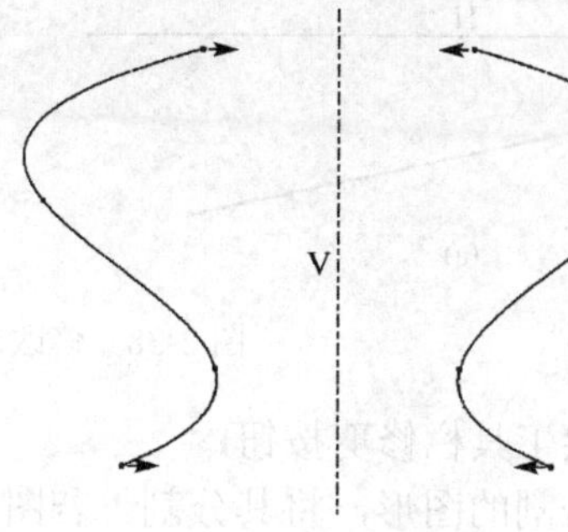

图 2-36　镜像后

2.3.5　修剪图元

Pro/ENGINEER Wildfire 4.0 提供了 3 种修剪工具，分别为动态修剪、剪切或延伸、分割，可完成不同功能的修剪操作。

1．动态修剪

使用动态修剪命令，可对绘图区中的任意图元进行动态修剪，其操作步骤如下。

（1）在草绘命令工具栏中单击动态修剪按钮。

（2）动态修改前的图形如图 2-37(a)所示。单击图元中要剪掉的部分，如图 2-37(b)所示。或按住鼠标左键拖动，使其经过要删除的线段，如图 2-37(c)所示，此线段高亮显示，抬起鼠标左键，选定的图形部分即被删除，如图 2-37(d)所示。

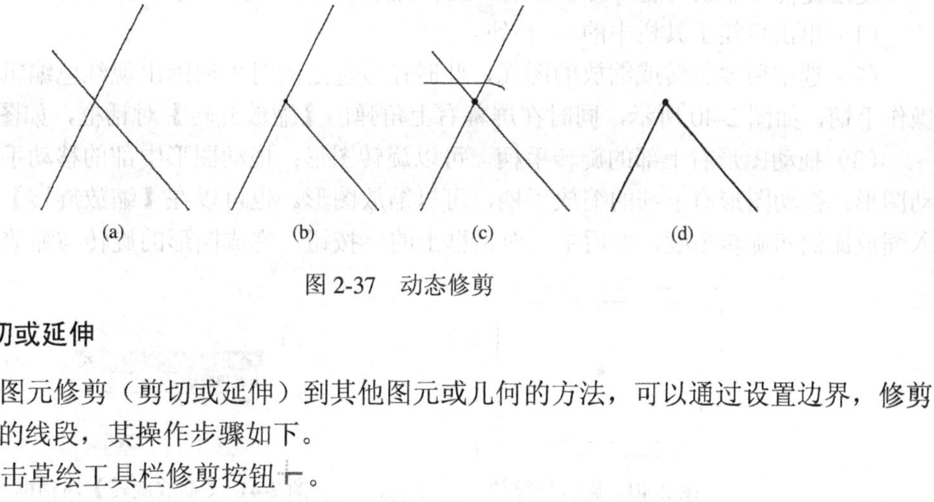

图 2-37　动态修剪

2．剪切或延伸

使用将图元修剪（剪切或延伸）到其他图元或几何的方法，可以通过设置边界，修剪或延伸制定的线段，其操作步骤如下。

（1）单击草绘工具栏修剪按钮。

（2）单击图形中的两条线段，如图 2-38(a)所示，系统将所选择部分保留，以形成夹角。在此命令执行过程中，多余的部分将被剪除，不相交的部分将被延伸，如图 2-38(b)所示。

3．分割

使用分割图元的方法，可将图元在鼠标选定的位置截断，其操作步骤如下。

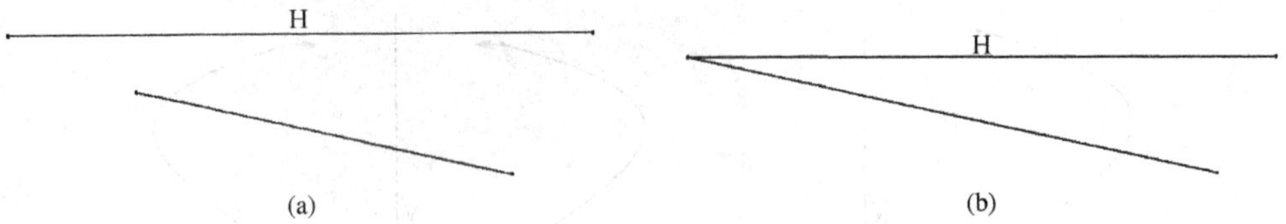

图 2-38 修改或延伸前后

（1）单击草绘工具栏修剪按钮 。

（2）单击要分割的图形，将其分割。若图形首尾相接，则将从单击处断开，以蓝色显示，如图 2-39(a)所示；若图形为一条直线，则图形从单击处一分为二，也以蓝色显示，如图 2-39(b)所示。

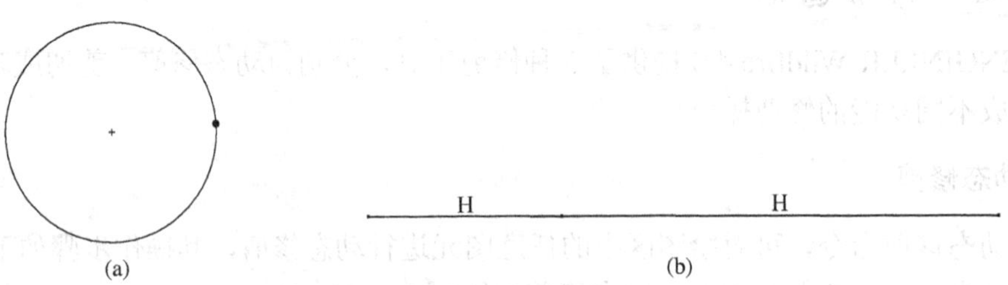

图 2-39 分割

2.3.6 旋转与缩放

使用旋转与缩放功能，可以移动、旋转并缩放图形，其操作步骤如下。

（1）单击草绘工具栏中的 按钮。

（2）选中所要旋转或缩放的图元，此时在被选定的对象周围出现红色编辑框，并显示操作手柄，如图 2-40 所示，同时在屏幕右上角弹出【缩放旋转】对话框，如图 2-41 所示。

（3）拖动图形右上部的旋转手柄，可以旋转图形；拖动图形中部的移动手柄，可以移动图形；拖动图形右下部的缩放手柄，可以缩放图形。也可以在【缩放旋转】对话框中写入缩放比例和旋转角度，然后单击对话框上的 按钮，完成图形的旋转与缩放。

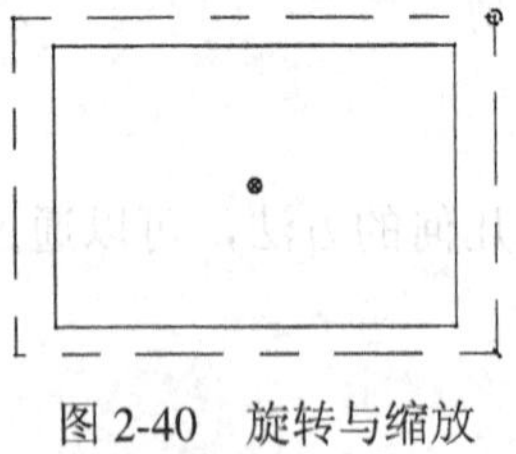

图 2-40 旋转与缩放

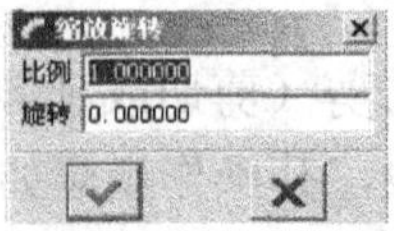

图 2-41 【缩放旋转】对话框

2.3.7 编辑图元的线样式与颜色

【编辑图元的线样式与颜色】是 Pro/ENGINEER Wildfire 4.0 中添加的一项新功能。使用此功能可以对选定的图元改变线性和颜色。

选中图元，单击【编辑】|【属性】选项，或右击并选择右键菜单中的【属性】，弹出【线体】对话框，如图 2-42 所示。单击【线型】右侧的下拉框，可以选择实线、点字线、

仿真字型、短划线和控制线等线型。单击颜色右侧的颜色框，弹出【颜色】对话框，如图 2-43 所示，有多种颜色方案可供选择。

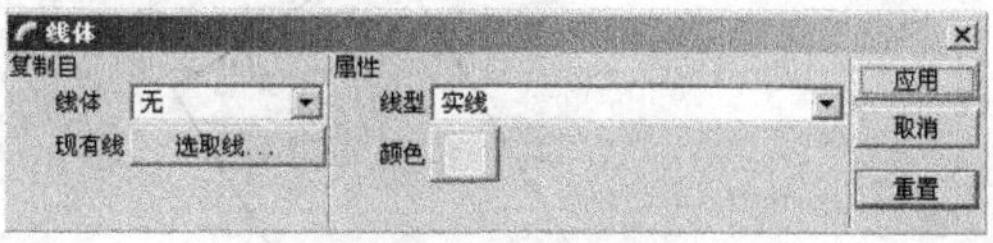

图 2-42 【线体】对话框

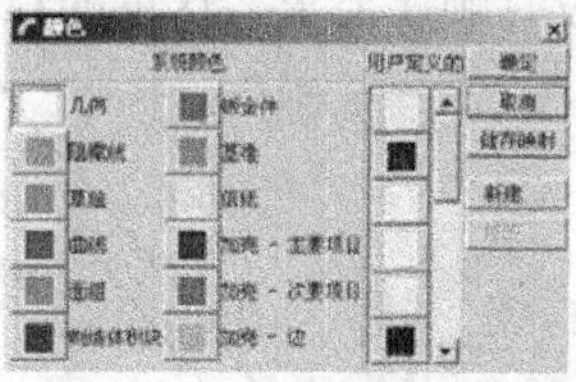
图 2-43 【颜色】对话框

线体的线型和颜色属性也可以取自其他已定义的线体或是图中存在的线体。单击【线体】右侧的下拉框，可以选择中心线、剖视线、方向指引或几何等已经定义好的线体，此时选中图元便具有选中线体的属性。单击【现有线】右侧的【选取线】按钮，然后在屏幕上选择图元，激活【属性】命令，之前选中的图元便与当前选中的图元具有了相同的线型和颜色属性。

2.4 尺寸标注

系统中的尺寸可分为弱尺寸和强尺寸。所谓弱尺寸，是指在没有用户确认的情况下，由草绘器自动生成并且可以自动移除的尺寸，系统默认的弱尺寸以灰色显示；而强尺寸是指草绘器不能自动删除并由用户创建或经过确认的尺寸。弱尺寸可以转换为强尺寸，单击【编辑】菜单下的【转换到】，然后选择【加强】命令（或单击鼠标右键，然后在弹出的快捷菜单中选择【加强】选项）即可。

2.4.1 标注线性尺寸

线性标注可分为线段、点与线、点与点、点与圆弧、线与圆弧以及平行线之间的标注，绘制线性标注的具体步骤如下。

（1）单击工具栏中的【创建定义尺寸】按钮 （或单击【草绘】|【尺寸】|【垂直】选项，或者单击鼠标右键，在弹出的快捷菜单中选择【尺寸】选项）。

（2）选择要标注的图元。

（3）移动鼠标指针至放置尺寸的位置，单击鼠标中键确认操作，即可完成尺寸标注。

1．标注线段长度

标注线段长度的步骤如下。

（1）单击草绘工具栏中的 。

（2）选取要标注的图元，将鼠标指针移动到合适位置，单击鼠标中键放置尺寸，如图 2-44 所示。在这里需要注意的是不能标注中心线，因为中心线是无限长的直线。

2．标注点与线间的距离

标注点与线的距离的步骤如下。

（1）单击草绘工具栏中的。

（2）单击点，再选择直线，然后单击鼠标中键放置尺寸，如图 2-45 所示。（点与直线的选择没有顺序要求，这里的点可以是圆或圆弧上的圆心，也可以是图元上的端点。）

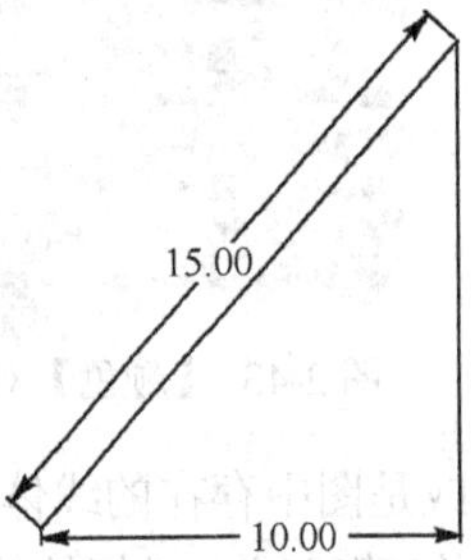

图 2-44　标注线段

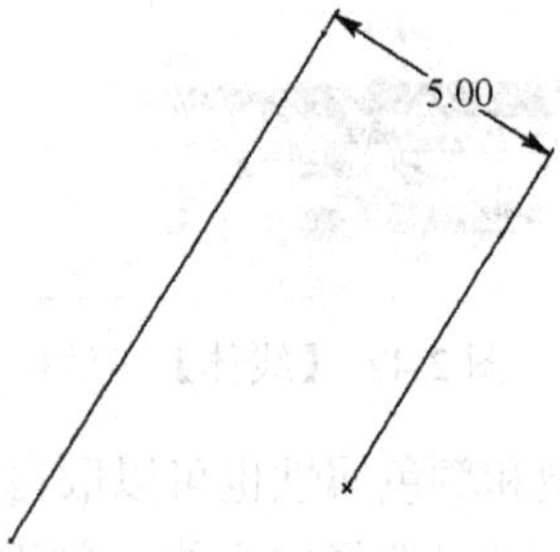

图 2-45　标准点与线的距离

3．标注点与点的距离

标注点与点的距离的步骤如下。

（1）单击草绘工具栏中的。

（2）先选择两点（两点包括圆或圆弧上的圆心，也可以是图元上的端点），然后单击鼠标中键来放置两点之间的距离尺寸，根据尺寸放置的位置不同，用户会得到三种不同类型的尺寸，如图 2-46 所示。

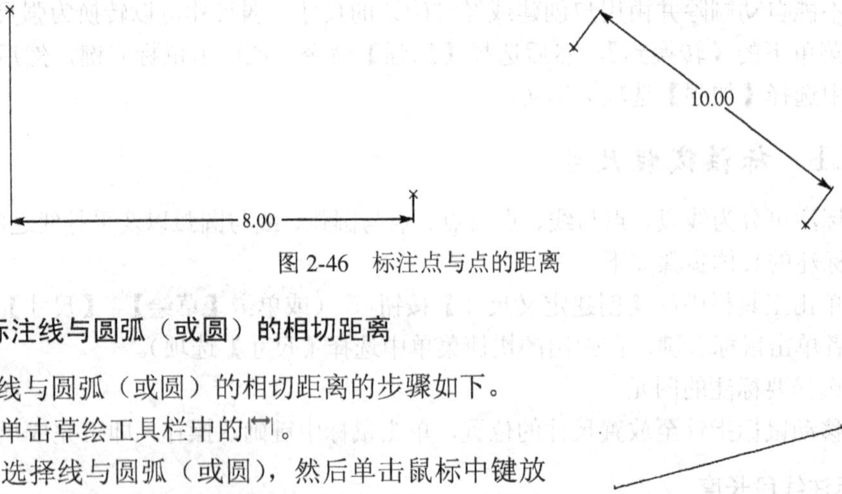

图 2-46　标注点与点的距离

4．标注线与圆弧（或圆）的相切距离

标注线与圆弧（或圆）的相切距离的步骤如下。

（1）单击草绘工具栏中的。

（2）选择线与圆弧（或圆），然后单击鼠标中键放置两个图元之间的距离尺寸，如图 3-47 所示，系统将自动根据圆弧的位置判断出两个图元间最近的切点。

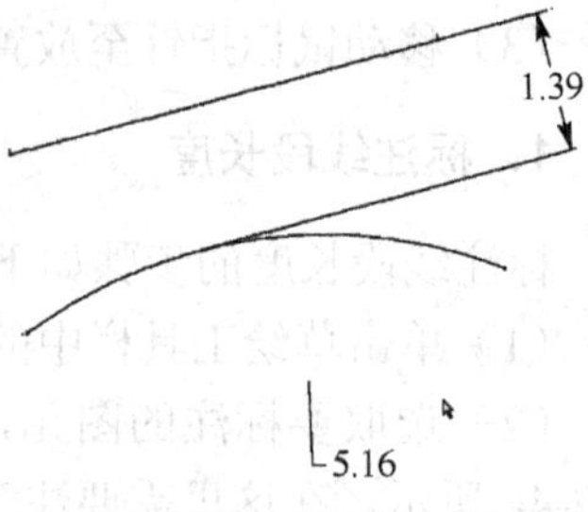

图 3-47　标注线与圆弧的相切距离

圆弧与圆之间相切距离的尺寸标注，只能采用水平和垂直方向的方式标注尺寸，具体操作方法如下。

（1）单击草绘工具栏中的。

（2）选择两个图元，单击鼠标中键放置尺寸，将弹出如图 2-48(a)所示的对话框。选中【水平】或【垂直】单选按钮，然后单击【接受】按钮，效果如图 2-48(b)所示。

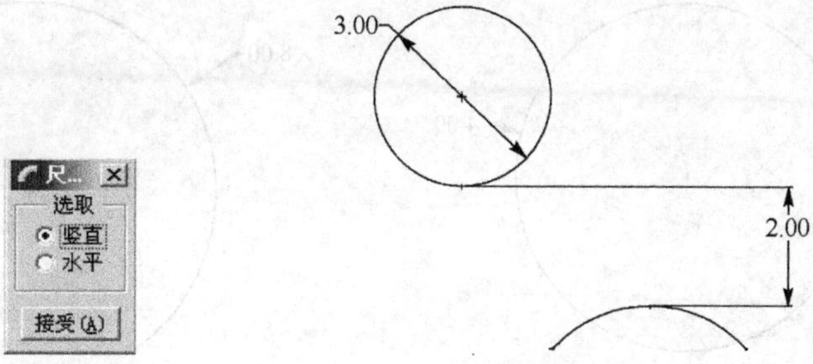

(a)　　(b)

图 2-48　标注圆与圆弧之间相切距离

5．标注平行线间的距离

标注平行线间的距离的步骤如下。

（1）单击草绘工具栏中的 。

（2）选择两条平行线，然后单击鼠标中键放置尺寸，如图 2-49 所示。

6．标注坐标系的距离

标注坐标系距离的步骤如下。

（1）单击草绘工具栏中的 。

（2）选择两个坐标系，然后单击鼠标中键放置尺寸，如图 2-50 所示。

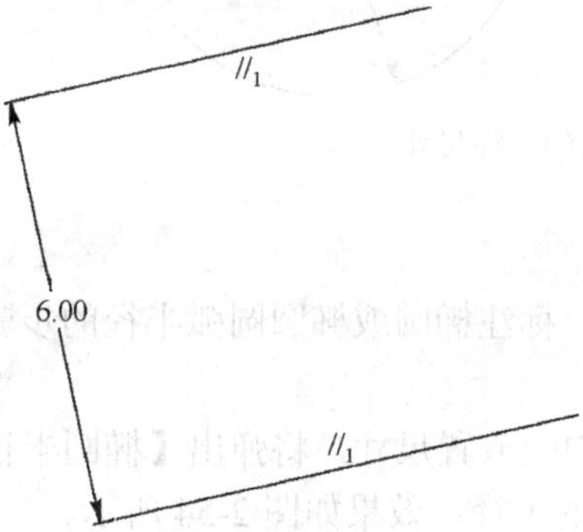

图 2-49　标注平行线的距离

图 2-50　标注坐标系的距离

2.4.2　标注径向尺寸

径向尺寸标注是指圆弧、圆或旋转截面上的尺寸标注，可以通过单击特征工具栏中的【创建定义尺寸】按钮 （或单击【草绘】|【尺寸】|【垂直】选项）来标注径向尺寸。下面将介绍有关径向标注的操作方法。

1．标注圆或圆弧半径

标注圆或圆弧半径的步骤如下。

（1）单击草绘工具栏中的 。

（2）单击圆或圆弧，然后单击鼠标中键，以放置尺寸，如图 2-51 所示。

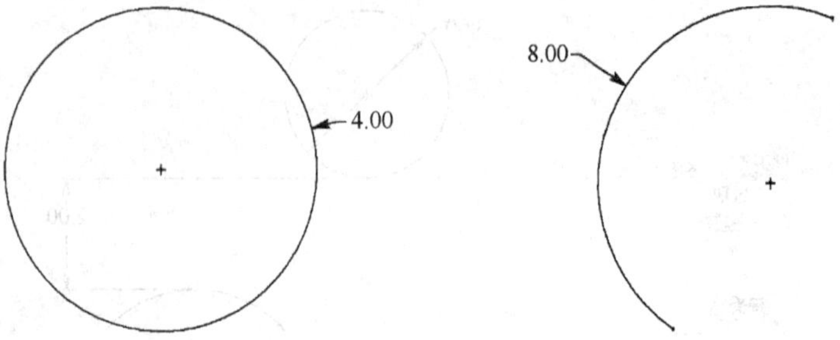

图 2-51　标注圆或圆弧的半径尺寸

2. 标注直径

对直径的标注分为两种：一是在圆或圆弧上标注，二是在旋转截面上标注，其步骤如下。

（1）单击草绘工具栏中的 。

（2）双击圆或圆弧，然后单击鼠标中键放置尺寸，如图 2-52 所示。

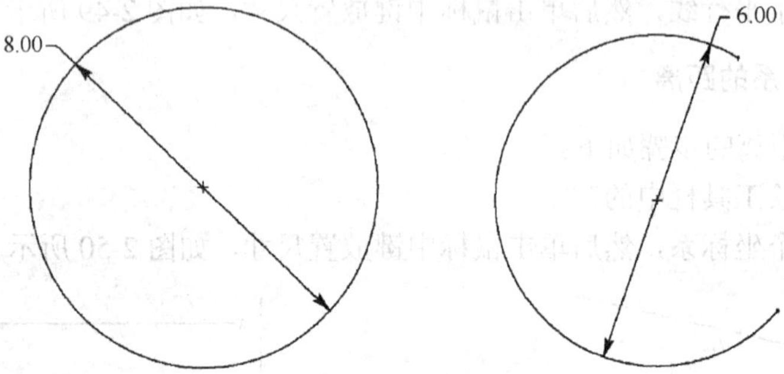

图 2-52　标注圆和圆弧的直径尺寸

3. 标注椭圆或椭圆圆弧半径

椭圆的尺寸标注用其 R_x、R_y 轴半径值来表示。标注椭圆或椭圆圆弧半径的步骤如下。

（1）单击草绘工具栏中的 。

（2）先选择椭圆或椭圆圆弧，然后单击鼠标中键放置尺寸，将弹出【椭圆半径】对话框，如图 2-53 所示。在该对话框中选择要标注轴的半径，效果如图 2-54 所示。

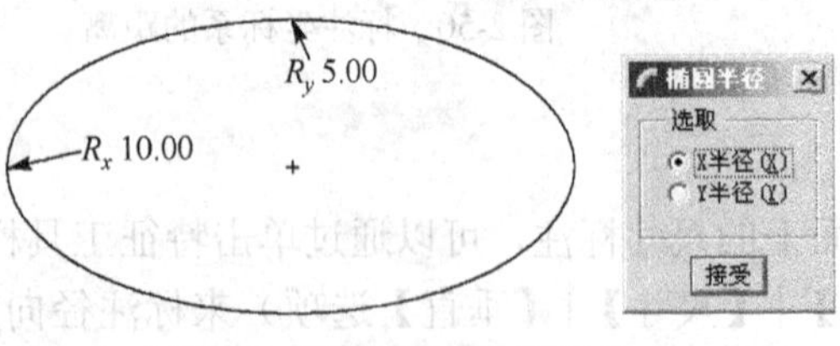

图 2-53　【椭圆半径】对话框

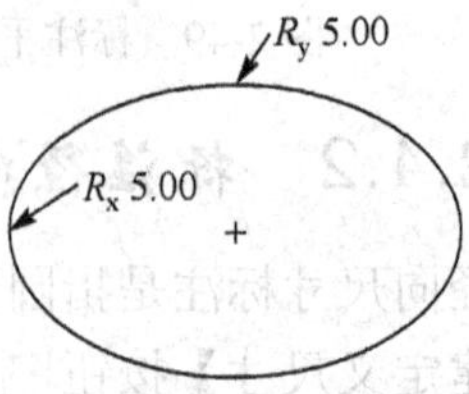

图 2-54　标注椭圆或椭圆圆弧半径

2.4.3　标注角度尺寸

角度尺寸是指两条直线的夹角或两个端点之间弧的角度。标注角度尺寸可以分为三种情况，即标注两条直线或圆弧角度、样条曲线上的角度或圆锥曲线上的角度。

1．标注直线或圆弧角度尺寸

标注两条直线角度的步骤如下。

（1）单击草绘工具栏中的|↔|。

（2）选择两条直线，单击鼠标中键放置尺寸。鼠标放置的位置不同，标注尺寸效果也不同，如图 2-55 所示。

标注圆弧角度的步骤如下。

（1）单击草绘工具栏中的|↔|。

（2）先选择圆弧两个端点，接着单击圆弧，再单击鼠标中键放置尺寸，如图 2-56 所示。

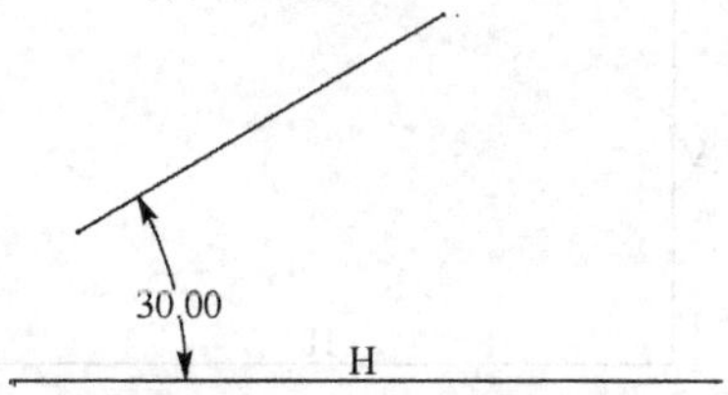

图 2-55　标注两条直线的角度

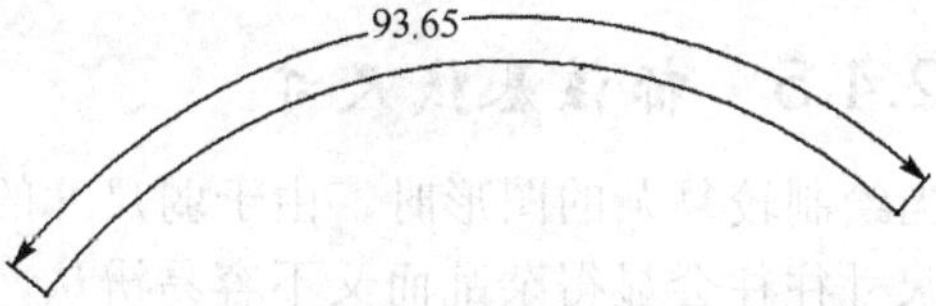

图 2-56　标注圆弧角度

2．标注样条曲线

样条曲线上常标注的尺寸有线性尺寸标注、相切尺寸标注和中间点的尺寸标注。

标注线性尺寸是指标注样条曲线两端点之间的直线尺寸以及端点与其他图元之间的直线尺寸标注，如图 2-57 所示。

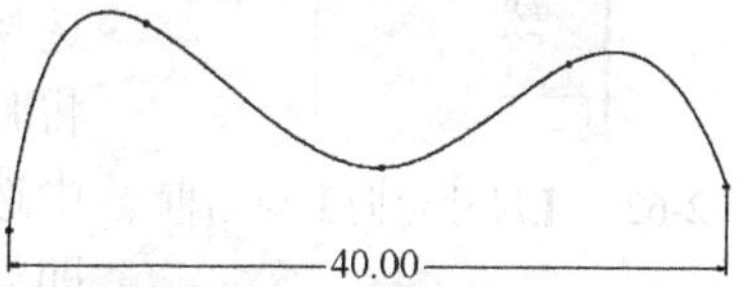

图 2-57　标注相切尺寸

标注相切尺寸是指标注样条曲线两端点与相切曲线的角度尺寸，标注前必须绘制或选择一条基准线，如图 2-58 所示。

标注中间点尺寸是指标注样条曲线中间点的尺寸，如图 2-59 所示。

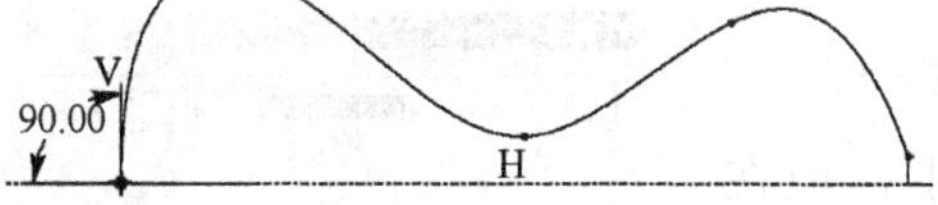

图 2-58　标注样条曲线角度尺寸

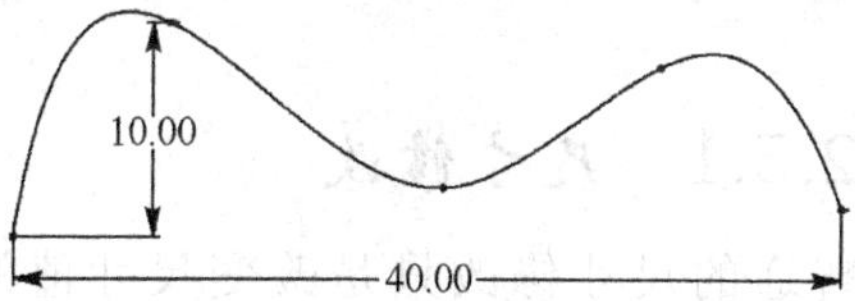

图 2-59　标注中间点尺寸

3．标注圆锥曲线

标注圆锥曲线有两种方法：标注两端点相切角度尺寸和标注 rho 值。

标注相切角度尺寸的步骤如下。

（1）单击草绘工具栏中的|↔|。

（2）选择圆锥曲线，然后选择中心线，再选择要标注相切角度的相应端点，最后单击鼠标中键放置尺寸。

标注 rho 值的步骤如下。

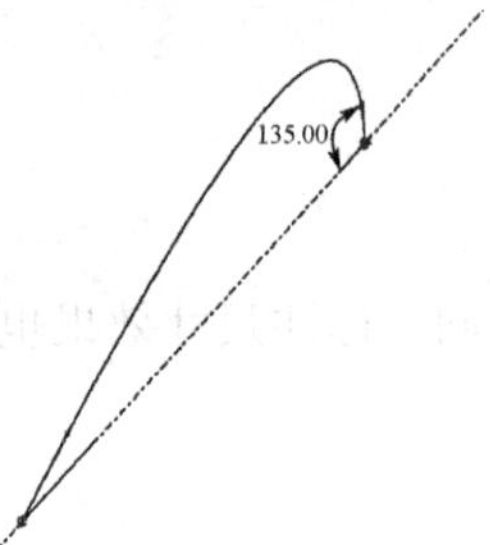

图 2-60　标注圆锥曲线

（1）单击草绘工具栏中的。

（2）选择圆锥曲线，然后单击鼠标中键放置尺寸，如图 2-60 所示。

2.4.4　标注周长尺寸

标注周长尺寸的步骤如下。

（1）单击草绘工具栏中的。

（2）选择周长所包含的图元（用户可框选图元），单击【编辑】|【转换到】|【周长】选项，然后选择所选图元上的一个尺寸，被选的尺寸成为由周长尺寸所控制的可变尺寸，系统将显示周长尺寸和可变尺寸，如图 2-61 所示。

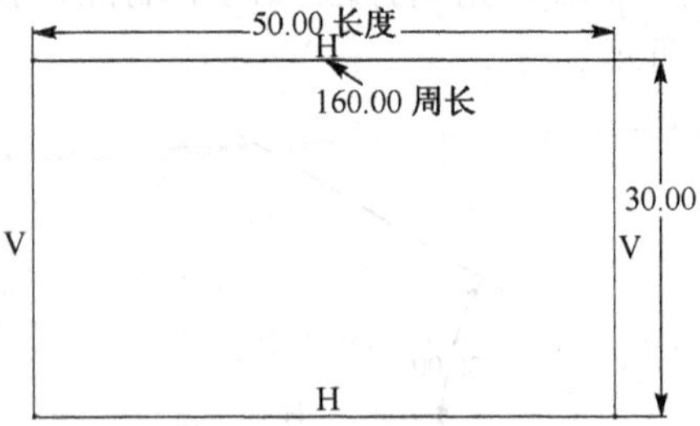

图 2-61　标注周长尺寸

2.4.5　标注基线尺寸

当绘制较复杂的图形时，由于弱尺寸的影响，标注尺寸往往会显得杂乱而又不容易辨认，这时就需要利用基线标注减少尺寸线，使视图更清晰。

标注基线尺寸的步骤如下。

（1）单击草绘工具栏中的。

（2）单击【草绘】|【尺寸】|【基线】选项，接下来选择图元，可以是直线、圆等，当指定以圆弧或圆为基准时，将弹出如图 2-62 所示的【尺寸定向】对话框。在该对话框中选中【竖直】或【水平】单选按钮后，单击【接受】按钮，即完成基线的标注。

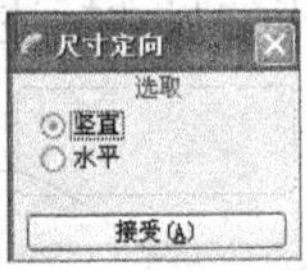

图 2-62　【尺寸定向】对话框

2.5　图元尺寸操作

2.5.1　尺寸修改

普通的尺寸修改只是改变尺寸值的大小，但在 Pro/ENGINEER Wildfire 4.0 中用户可以通过【修改尺寸】对话框，实现实时修改，而且部分同类尺寸间可以锁定比例来实现同时变化，如图 2-63 所示。

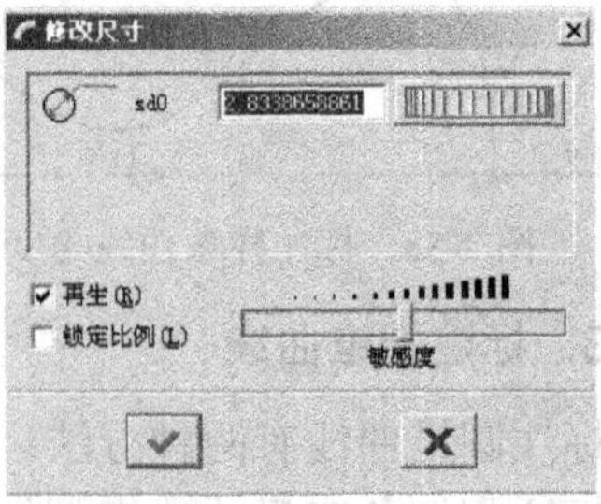

图 2-63　【修改尺寸】对话框

Pro/ENGINEER Wildfire 4.0 允许用户同时选取多个尺寸一起修改，按住 Ctrl 键，单击左键选取几个尺寸后，单击草绘工具栏中的【修改尺寸值】按钮，或单击【编辑】|【修改】选项，就会出现【修改尺寸】对话框，可以单独旋转各滚轮调整各尺寸值，也可以通过选中【锁定比例】复选框，按比例修改多个尺寸值，如图 2-64 所示。

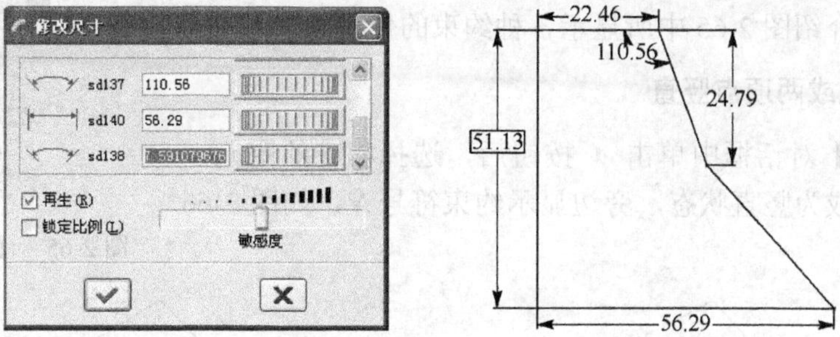

图 2-64　修改多个尺寸

2.5.2　尺寸强化

Pro/ENGINEER Wildfire 4.0 系统在草绘阶段会自动标注尺寸，这种尺寸以灰色显示，在设计的过程中，设计者往往要修改这些尺寸标注使其达到设计的要求。当草绘某个截面时，系统会自动标注几何尺寸，这些尺寸被称为弱尺寸。用户添加的尺寸被系统认为是强尺寸，当增加强尺寸时，系统将自动删除不必要的弱尺寸和约束，强尺寸显示为黄色。

尺寸强化的方法如下。

- 修改尺寸：修改后的尺寸会被自动强化。
- 创建新尺寸：直接创建新尺寸。

2.5.3　尺寸锁定

动态拖动图元可以方便地修改图元的尺寸，但是也会造成一些不希望变化的图元尺寸发生改变。这时，用户可以锁定不需要改变的图元的尺寸。选择所需锁定的尺寸，接着选择【编辑】菜单中的【切换锁定】命令，就可以实现尺寸的锁定，尺寸解锁的方法与此类似。

2.5.4　删除尺寸

草绘尺寸有两种：一种是系统自动生成的弱尺寸，另一种是经过用户修改、强化或锁定的尺寸，只有后者才能被删除。

尺寸的删除只要选择需要的尺寸，按 Delete 键即可。尺寸被删除后，系统会自动给出适当的尺寸和约束，来规范草图。

2.6　几何约束的设置

几何约束是指控制草图中几何图元的定位方向及几何图元之间的相互关系，几何约束显示为字母符号。

2.6.1　几何约束种类

在特征工具栏中单击在剖面上施加草绘器约束按钮，将弹出【约束】对话框，如图 2-65 所示。在该对话框中共有 9 种约束类型。

下面分别介绍图 2-65 中所显示各种约束的使用条件。

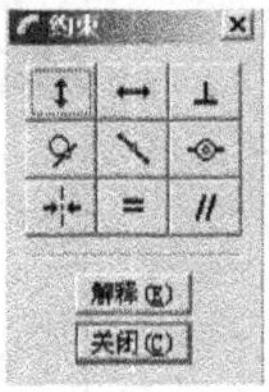

图 2-65 【约束】对话框

1．使直线或两顶点竖直 ↕

在【约束】对话框中单击 ↕ 按钮后，选择相应的图元，被选中的图元成为竖直状态，旁边显示约束符号 V，如图 2-66 所示。

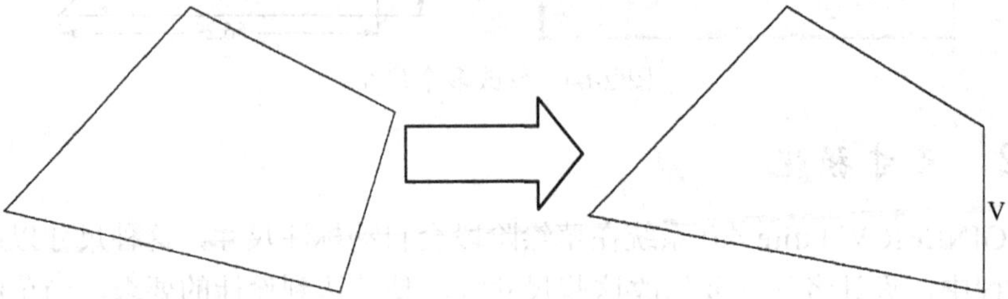

图 2-66 竖直约束

2．使直线或两顶点水平 ↔

在【约束】对话框中单击 ↔ 按钮后，选择相应的图元，被选中的图元成为水平状态，旁边显示约束符号 H，如图 2-67 所示。

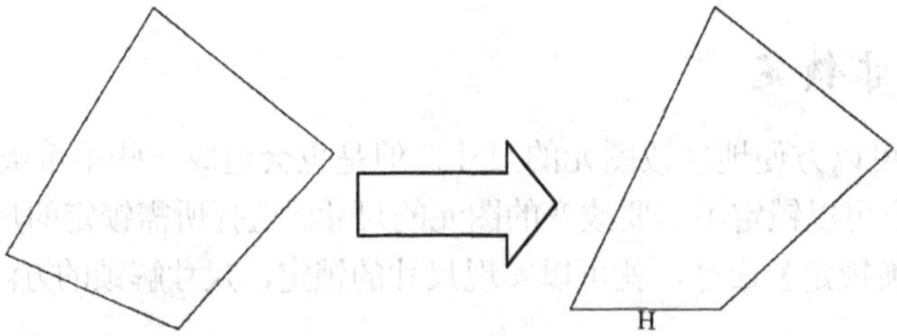

图 2-67 水平约束

3．使两图元正交 ⊥

在【约束】对话框中单击 ⊥ 按钮后，选择相应的图元，被选中的图元成为垂直状态，旁边显示约束符号⊥，如图 2-68 所示。

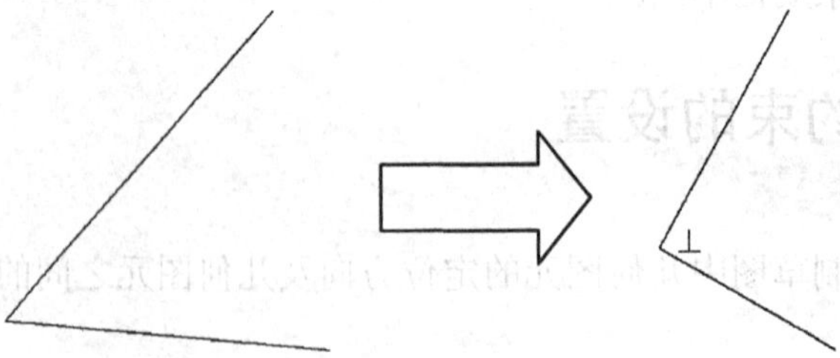

图 2-68 正交约束

4．使两图元相切

在【约束】对话框中单击按钮后，选择相应的图元，被选中的图元成为相切状态，旁边显示约束符号 T，如图 2-69 所示。

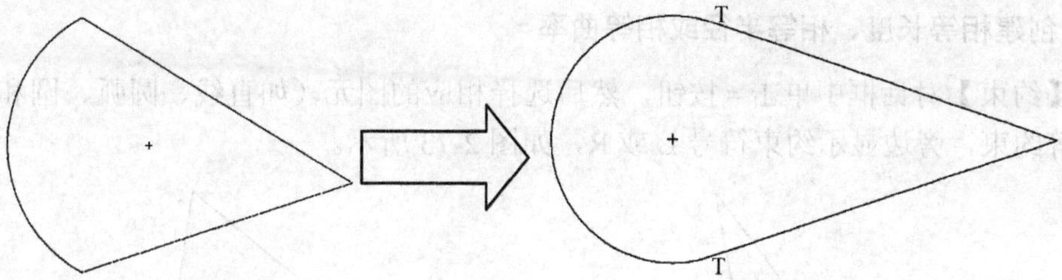

图 2-69 相切约束

5. 使线的中间放置一点

在【约束】对话框中单击按钮，然后用户可以先选择图元上的点（如端点、圆心等），再选择线。此时，先选择的点将位于线的中点位置，旁边显示约束符号 *，如图 2-70 所示。

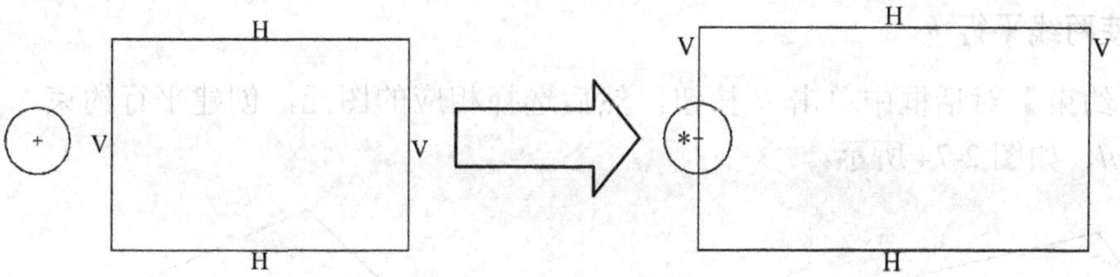

图 2-70 对其中心约束

6. 使两点共线

在【约束】对话框中单击按钮，然后可以选择图元上的点或线，再选择另一图元上的点或线，则先选择的点或线将位于另一图元的点或线上，旁边显示约束符号，如图 2-71 所示。

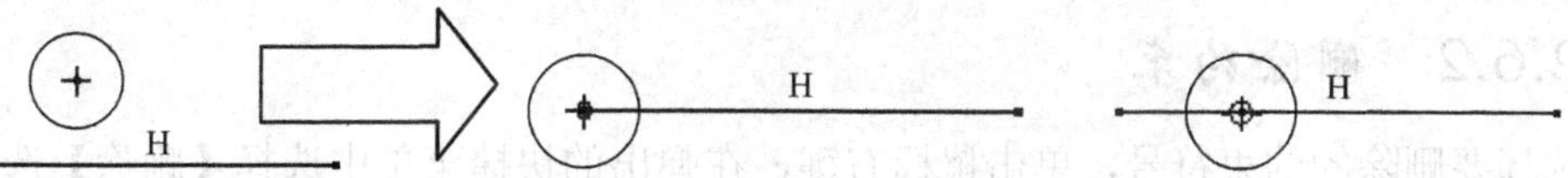

图 2-71 对其中心约束

7. 使两点或顶点关于中心对称

在【约束】对话框中单击按钮，然后可以先选择图元上的顶点或中心点，再选择中心线，创建对称约束，旁边显示约束符号→ ←，如图 2-72 所示。

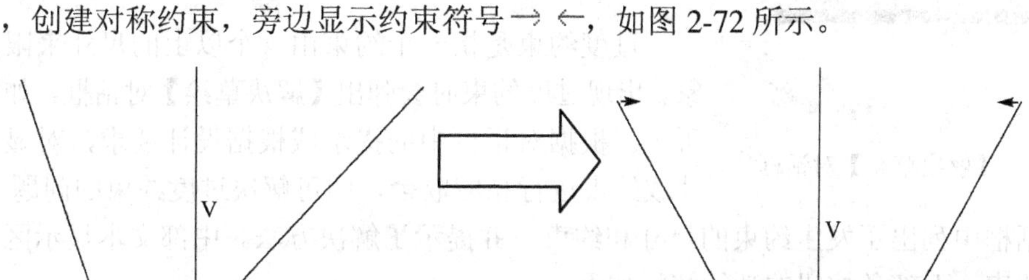

图 2-72 对称约束

8．创建相等长度、相等半径或相等曲率＝

在【约束】对话框中单击＝按钮，然后选择相应的图元（如直线、圆弧、圆和圆角），创建相等约束，旁边显示约束符号 L 或 R，如图 2-73 所示。

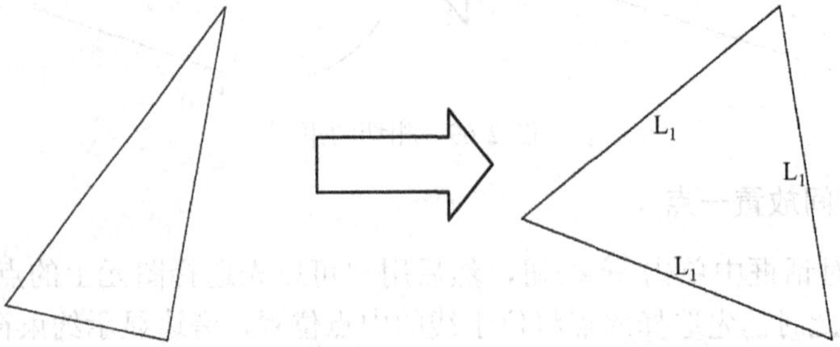

图 2-73　相等约束

9．使两线平行 //

在【约束】对话框中单击 // 按钮，然后选择相应的图元，创建平行约束，旁边显示约束符号//，如图 2-74 所示。

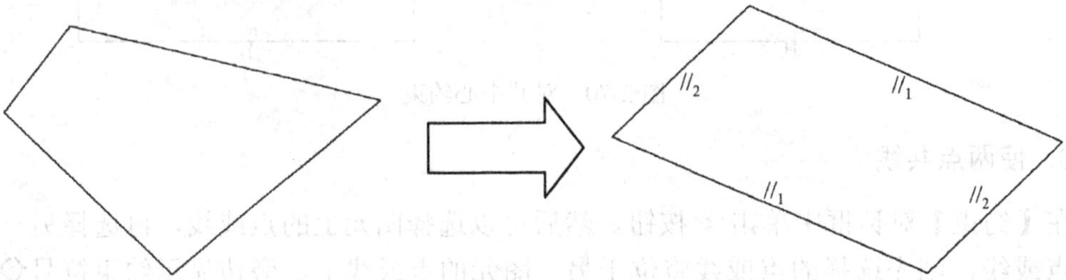

图 2-74　平行约束

2.6.2　删除约束

选择要删除的约束符号，单击鼠标右键，在弹出的快捷菜单中选择【删除】选项（或按键盘上面的 Delete 键）即可删除约束。删除约束后，系统会自动添加一个相应的弱尺寸来使截面图形保持可求解状态。

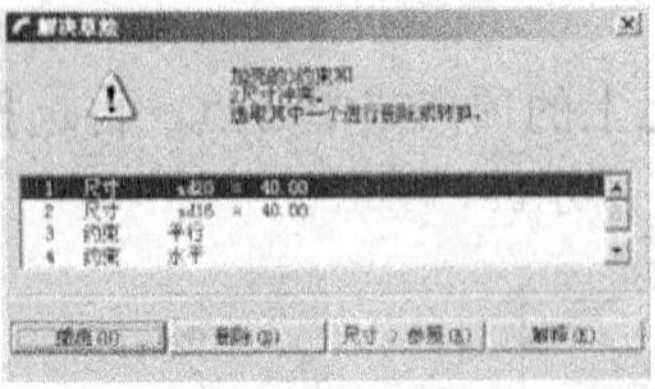

图 2-75　【解决草绘】对话框

2.6.3　解决过度约束

过度约束是指一个约束由一个以上的尺寸来限定的现象。出现过度约束时会弹出【解决草绘】对话框，如图 2-75 所示。根据对话框中的提示或根据设计要求，对显示的尺寸或约束进行相应取舍，即可解决过度约束的问题。

对话框中列出了发生约束的尺寸和约束，并提示了解决方法。中部文本显示区列出所有相关约束。下部各按钮的功能解释如下。

- 撤销：取消本次操作，回到原来完全约束的状态。
- 删除：删除选中的选项。

● 尺寸>参照：将某个不需要的尺寸改变为参照尺寸，同时该尺寸数字前会有“ref”符号标记。

● 解释：信息窗口显示选中尺寸或约束条件的作用。

2.7　草绘调色板的使用

单击【草绘】|【数据来自文件】|【调色板】选项，或单击【调色板】按钮，弹出【草绘器调色板】对话框，如图 2-76 所示。

可以单击【多边形】、【轮廓】、【形状】和【星形】选项卡来选择相应的形状，双击一个形状，在对话框上面会显示调色板的形状，然后在绘图区单击鼠标，即可将选中的调色板插入到当前活动的对象上，如图 2-77 所示。

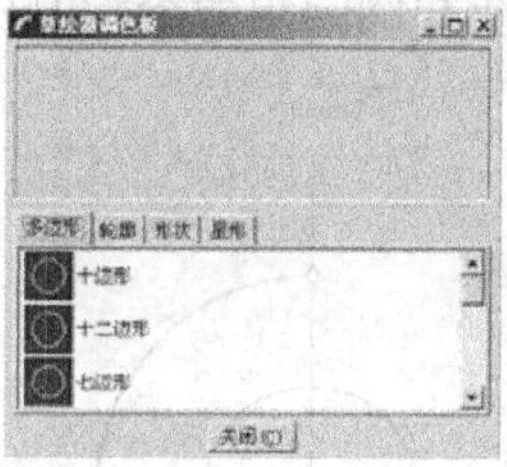

图 2-76 【草绘器调色板】对话框

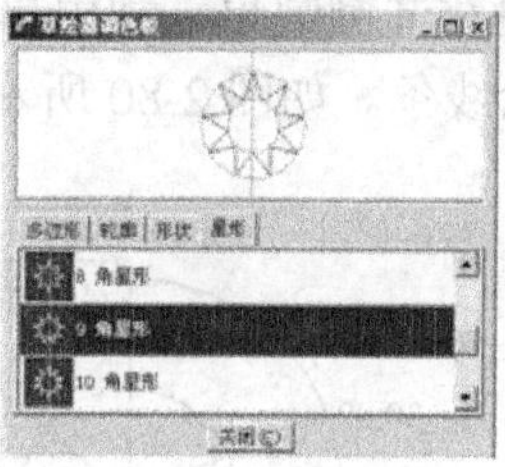

图 2-77　九角星形

2.8　草绘实例

绘制图 2-78 所示的草图。

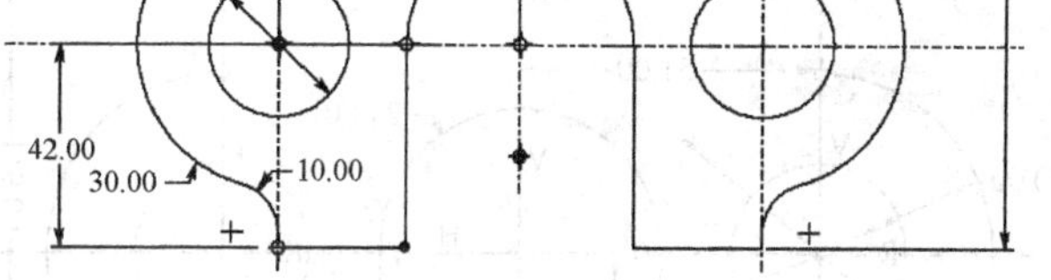

图 2-78　实例

具体步骤如下。

（1）新建草绘文件。单击主菜单中的新建文件夹按钮，在弹出的【新建】对话框中选择【草绘】类型，输入“caohui”，然后单击【确定】按钮。

（2）分别绘制两条中心线，直径为 48 mm、30 mm 和 60 mm 的圆。利用草绘工具栏中的虚线和圆命令绘制图形，然后修改各部分的尺寸，如图 2-79 所示。

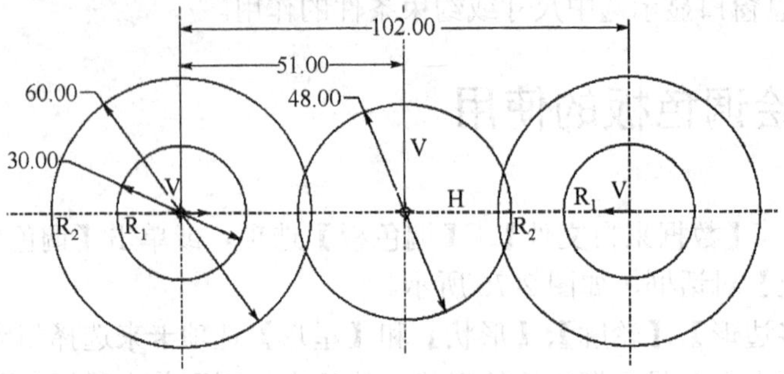

图 2-79　绘制圆

（3）绘制直线并倒圆角。利用草绘工具栏中的直线和倒圆角命令绘制图形，然后修改尺寸并删除多余线条。如图 2-80 所示。

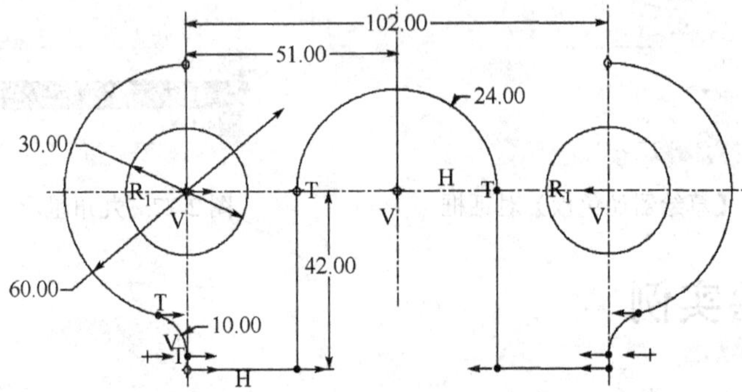

图 2-80　绘制直线并倒角

（4）绘制长度为 38 mm 的直线并倒角。单击草绘工具栏中的直线命令绘制长度 38 mm 的直线，接下来绘制竖直方向的直线，最后倒圆角，如图 2-81 所示。

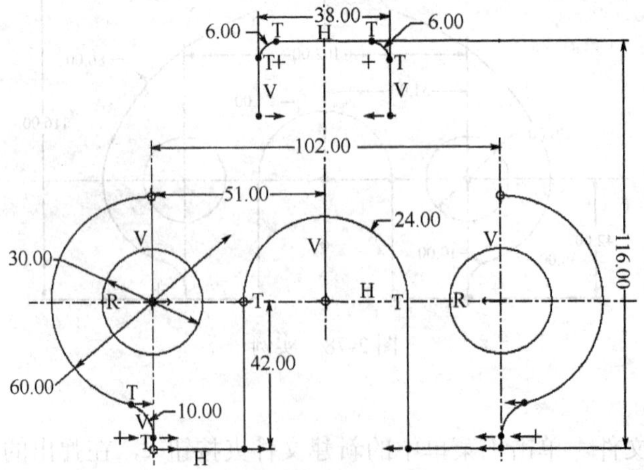

图 2-81　绘制直线并倒圆角

（5）绘制直径为 172 mm 的圆。利用草绘工具栏中的圆命令绘制圆，并利用相切约束进行约束。如图 2-82 所示。

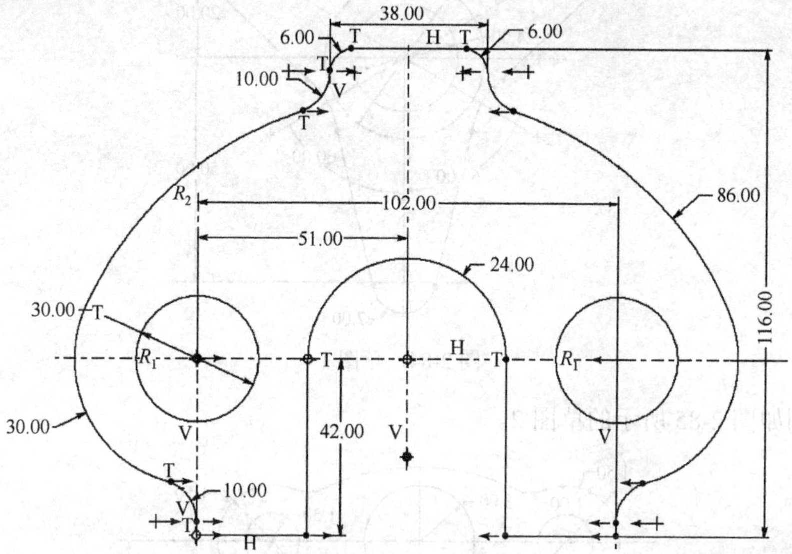

图 2-82　绘制直径为 172mm 的圆

（6）删除多余的线条，对尺寸进行调整，得到图 2-83 所示的图。

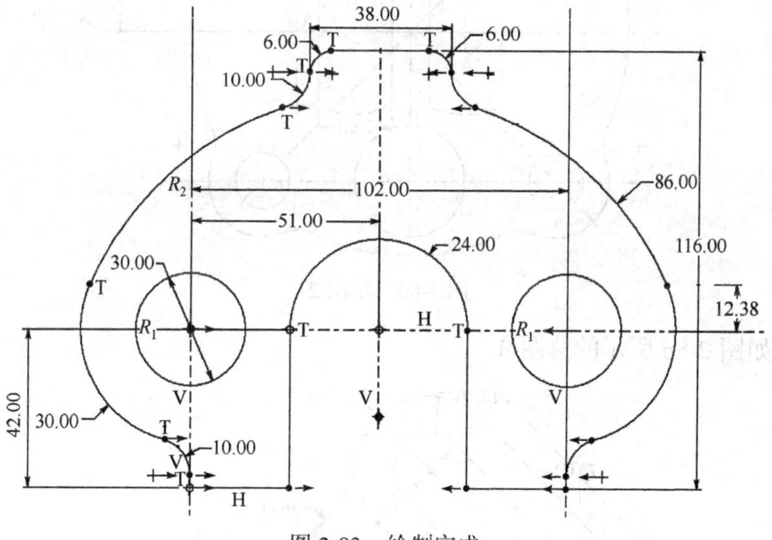

图 2-83　绘制完成

（7）保存草绘。

2.9　习题

1．绘制如图 2-84 所示的草图 1。

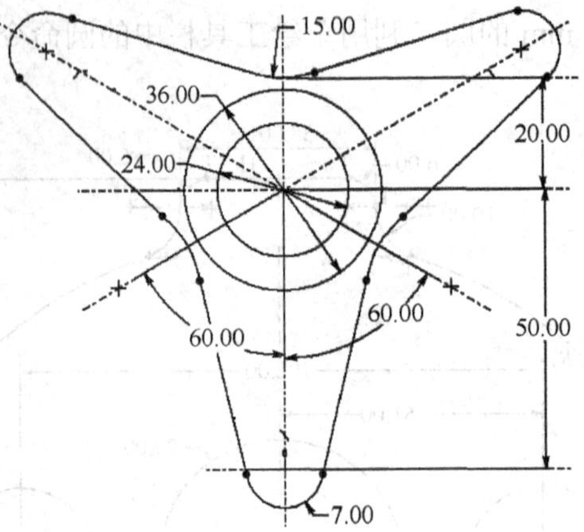

图 2-84　草图 1

2．绘制如图 2-85 所示的草图 2。

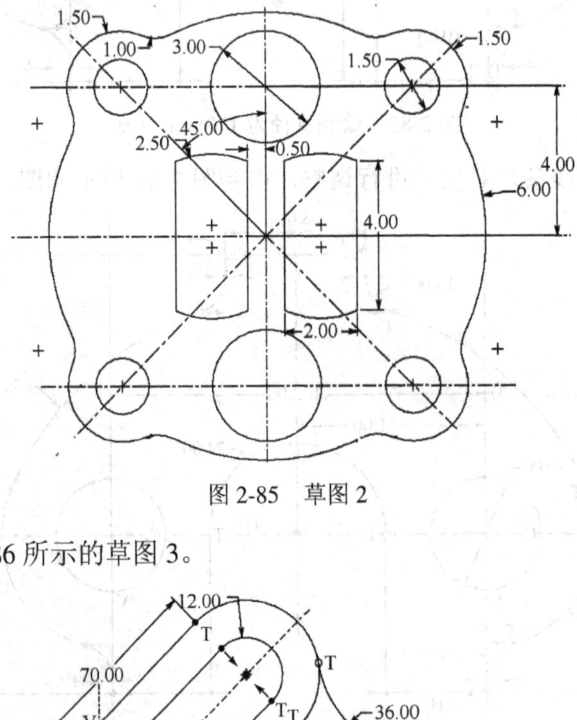

图 2-85　草图 2

3．绘制如图 2-86 所示的草图 3。

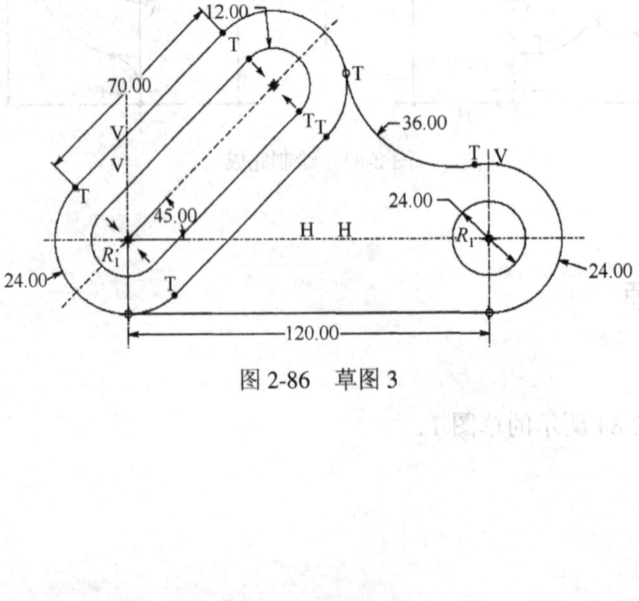

图 2-86　草图 3

第3章

实体零件建模

3.1 基准特征

基准是建模的重要参考，在生成特征时，往往需要一个或者多个基准来确定其具体的位置。它们只起辅助设计的作用，在图形窗口中可以看到，但在打印等情况下将不显示。基准特征包括基准平面、基准轴、基准点、基准曲线和坐标系。本节将详细地介绍这些基准特征的使用和添加方法。

3.1.1 基准特征的类型和设置

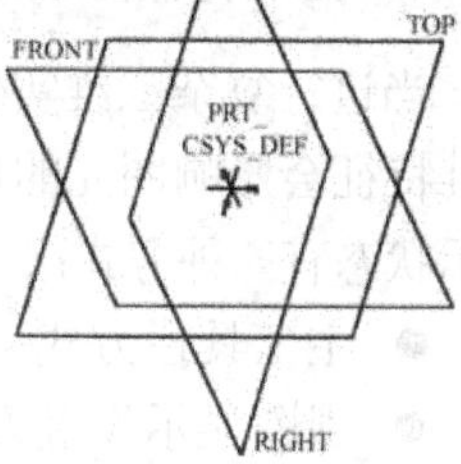

图 3-1 默认基准平面类型

三维造型中，基准特征起着非常重要的作用，特别是创建曲面时，若没有一些辅助基准，将无法创建。在 Pro/ENGINEER Wildfire 4.0 中文版中，默认情况下将显示 TOP、RIGHT 和 FRONT 三个基准平面。此外，系统还提供了一个坐标系 PRT_CSYS_DEF 和一个旋转中心，如图 3-1 所示。

基准特征与实体和曲面特征不同，它没有质量、体积和厚度，主要用于作为其他特征产生的参照。在创建零件一般特征、曲面、零件的剖切面、装配中，灵活运用基准特征，能够方便、快速地绘图。

基准特征主要用于放置参照、尺寸参照、设计参照和辅助特征操作等。如添加新基准平面可以作为某个特征的草绘平面、尺寸标注参考，新基准轴可以作为孔特征的中心线。

1. 基准类型

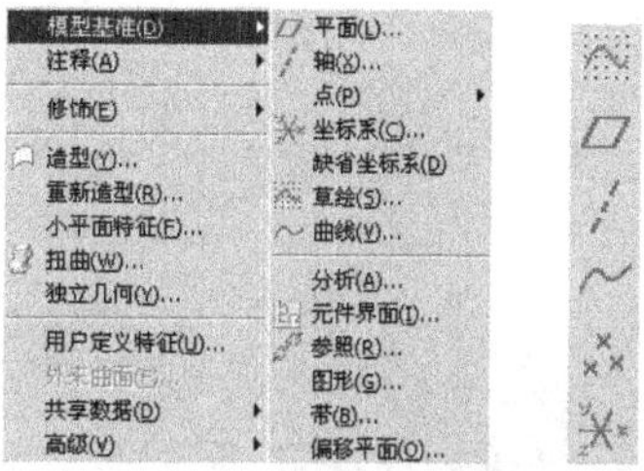

图 3-2 【基准特征】工具栏

基准类型主要包括 5 类：基准点、基准平面、基准轴、基准坐标系和基准曲线。它们分别对应基准特征工具栏上的按钮和【插入】主菜单中的【模型基准】菜单项，如图 3-2 所示。

1）基准点

基准点就是一些参照点，常用于辅助创建其他基准特征或辅助定义其他特征的放置。

2）基准平面

基准平面就是一个用做其他加入特征参考的平面，常用做草绘平面和参考平面，也可作为尺寸标注基准、零件装配基准等。它是一个无限大、平坦的平面，它实际并不存在，也没有任何重量和体积。

3）基准轴

基准轴是一条用做其他特征参考的中心线，也是一条无限长的直线，常用于建立基准平面、同心放置其他特征的参照。

4）基准坐标系

基准坐标系是设计中最重要的公共基准，常用来确定特征绝对尺寸。在一些模型设计中，如果建立了坐标系，其操作将更加方便、快捷。当特征在进行 CAD 数据转换时，基准坐标系就显得更加重要。

5）基准曲线。

基准曲线是三维实体造型中比较常用的一种基准特征，常用于建立曲面特征，通过基准曲线可以快速、准确地完成曲面特征的建立。基准曲线可以用做定义曲面特征的边界、产生扫描路径等。

2. 基准特征显示设置

当进行复杂三维实体造型设计时，常常需要添加很多基准特征来辅助设计。但是太多的基准特征会影响图元的选择，使屏幕显得杂乱无章，从而影响设计的效率。调整基准特征的显示状态有三种方式：一是主工具栏方式，二是视图显示设置方式，三是功能环境设置方式。

- 主工具栏方式：如图 3-3 所示，按钮处于按下状态时表示显示相应的基准特征。
- 视图显示设置方式：单击【视图】|【显示设置】|【基准显示】选项，弹出【基准显示】对话框，如图3-4所示。如果选中相应的复选框，系统将显示对应的基准特征，否则将隐藏该基准。【平面标签】、【轴标签】、【点标签】、【坐标系标签】和【曲线标签】复选框用于指定是否显示基准特征的名称，如 DTM1、A_2、PNT1 等。
- 功能环境设置方式：单击【工具】|【环境】选项，弹出【环境】对话框，如图 3-5 所示。如果选中其中有关基准特征的复选框，那么将显示对应的基准特征，否则就不显示。

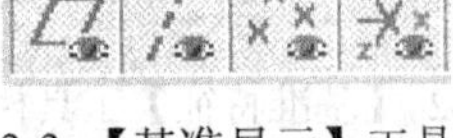

图 3-3 【基准显示】工具栏

图 3-4 【基准显示】对话框

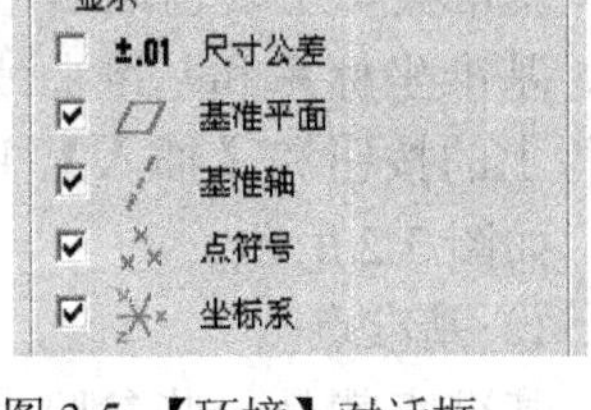

图 3-5 【环境】对话框

3．基准特征颜色的设置

当系统的基准特征很多且都必不可少、不能隐蔽时，可以设置不同的颜色来区分这些基准特征。

单击【视图】|【显示设置】|【系统颜色】选项，弹出【系统颜色】对话框，在【基准】选项卡中设置基准颜色，如图 3-6 所示。

4．基准特征名称的修改

对模型添加基准之后，通常生成默认的名称，在这里可以更改基准特征的名称。有两种修改的方法。

- 第一种方法：单击【编辑】|【设置】选项，出现【零件设置】对话框，如图 3-7 所示。然后选择【名称】选项，选取需要修改名称的基准特征，在【输入新基准名】文本框内输入新名称，再单击【接受值】按钮，并在提示区输入新名称，按 Enter 键即可。
- 第二种方法：在【模型树】窗口中右击基准特征，从快捷菜单中选择【重命名】选项，如图 3-8 所示。

图 3-6 【系统颜色】对话框

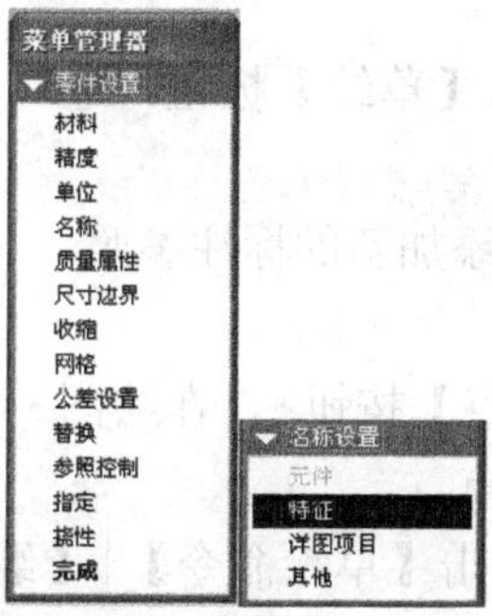

图 3-7 【零件设置】对话框

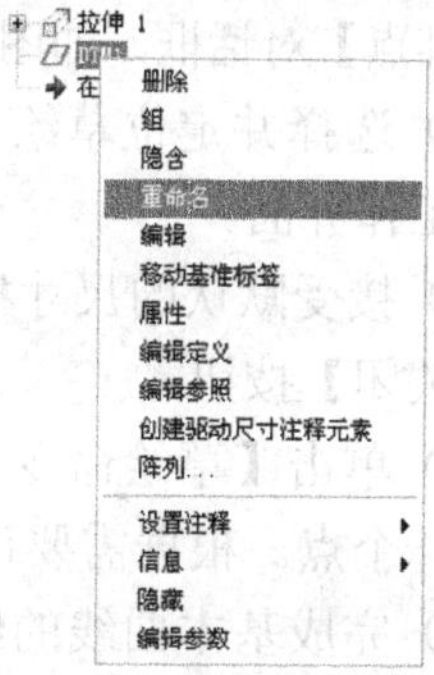

图 3-8 【模型树】中更改基准名称

3.1.2 基准点

基准点的用途很广泛，常常用来辅助创建其他基准特征，也用来辅助定义特征的位置。在 Pro/ENGINEER Wildfire 4.0 的基准特征中，每个基准点都有一个唯一的名称，基准点的文字名称是 PNT#，其中，#是基准点的流水号，如 PNT1、PNT2、PNT3 等。

在 Pro/ENGINEER Wildfire 4.0 中提供了 4 种类型的基准点，分别为一般基准点、草绘基准点、偏移坐标系基准点和域基准点。

- 一般基准点：指的是在图元的交点或偏移某图元处建立的基准点。
- 草绘基准点：指的是通过草绘创建的基准点。
- 偏移坐标系基准点：指的是利用坐标系，输入坐标偏移值产生的基准点。
- 域基准点：指的是直接在曲线、边或曲面上创建一个基准点，该基准点用于行为建模。

基准点的作用如下：建立基准平面、基准轴、基准坐标系的参考；建立孔特征的定位参考；定义特征深度；倒圆角时的半径控制点。

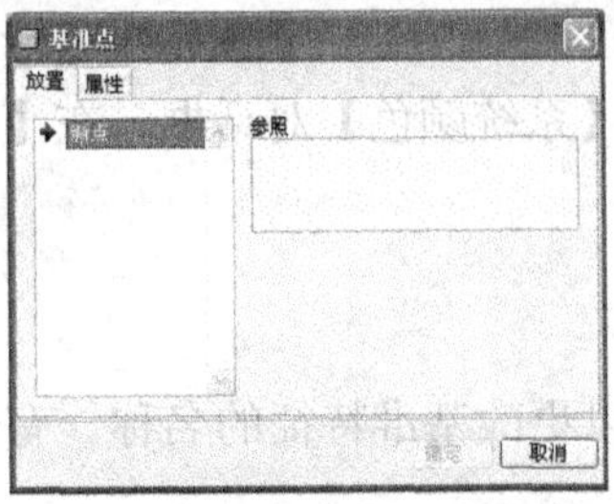

图 3-9 【基准点】对话框

1．添加基准点方法

1）添加一般基准点的方法

（1）选择一条边、曲线或基准轴等元素。

（2）在绘制区右侧工具栏中单击按钮，或者单击【插入】|【模型基准】|【点】|【点】选项，出现【基准点】对话框，如图 3-9 所示。

（3）单击鼠标左键确定基准点的位置，通过拖动基准点定位手柄，手动调节基准点位置，或者设置【设置】选项卡的相应参数定位基准点。

（4）单击【新点】添加更多的基准点，单击【确定】按钮，完成基准点的创建。

2）添加草绘基准点的方法

（1）在绘制区右侧工具栏中单击按钮，或者单击【插入】|【模型基准】|【点】|【草绘的】选项，出现【草绘的基准点】对话框，如图 3-10 所示。

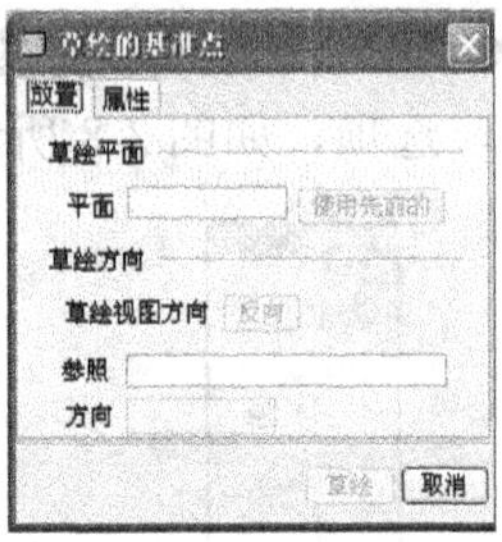

图 3-10 【草绘的基准点】对话框

（2）选择并定位草绘平面，单击【草绘】按钮，进入草绘工作界面。

（3）接受默认的尺寸标注参照或添加新的标注参照，单击【关闭】按钮。

（4）单击【草绘命令】|【创建点】按钮，在绘图区创建一个点。根据需要可创建多个点。

（5）完成基本曲线的绘制后，单击【草绘命令】|【继续当前部分】选项，完成草绘基准点的创建。

3）添加偏移坐标基准点

（1）在绘制区右侧工具栏中单击按钮，或者选择【插入】|【模型基准】|【点】|【偏移坐标系】选项，弹出【偏移坐标系基准点】对话框，如图 3-11 所示。

（2）在图形窗口或模型树中选择要放置点的坐标系。

（3）在【类型】列表中选择要使用的坐标系类型。

（4）单击【偏移坐标系基准点】对话框区域中的单元框，系统将自动添加一个点，可修改坐标值进行更精确的定位。

（5）添加点后，单击【确定】按钮。

4）添加域基准点

（1）在绘制区右侧工具栏中单击按钮，弹出【域基准点】对话框，如图 3-12 所示。

（2）选取实体上的一个曲线、边、曲面或面组作为域基准点的参照，如图 3-13 所示选取实体的一条边，单击【确定】按钮，完成域基准点的创建。

图 3-11 【偏移坐标系】基准点

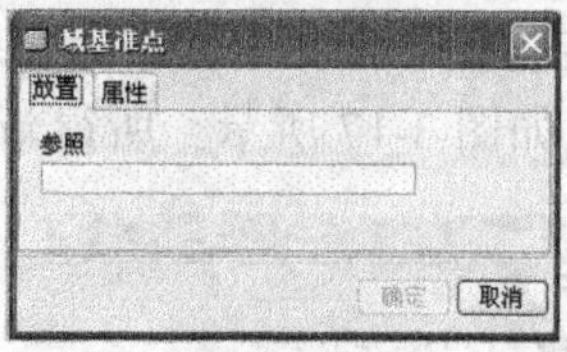

图 3-12 【域基准点】对话框

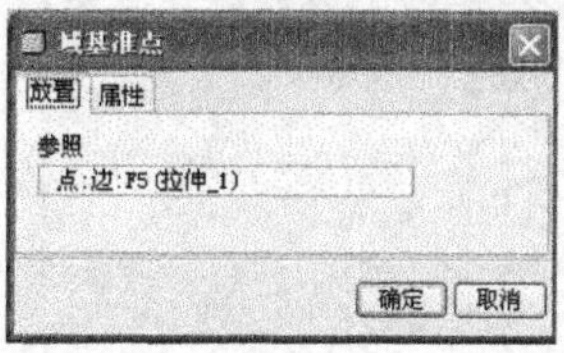

图 3-13 【域基准点】对话框

2．添加基准点实例

下面通过例子来介绍基准坐标系的添加过程。

1）添加一般基准点的步骤

（1）打开几何模型。单击【文件】|【打开】选项，弹出【文件打开】对话框，打开配套资源中的 finish/第 3 章/3-2/3-2-1.prt，打开的几何模型如图 3-14 所示。

（2）在绘制区右侧工具栏中单击按钮，或者单击【插入】|【模型基准】|【点】|【点】选项，出现【基准点】对话框，如图 3-9 所示。

（3）选择需要在上面添加基准点的轴或直线，在这里选择一条直线，则【基准点】对话框显示如图 3-15 所示。

（4）修改偏移距离，单击【确定】按钮即可得到新的基准点 PNT0、如图 3-16 所示。

图 3-14 添加基准线模型

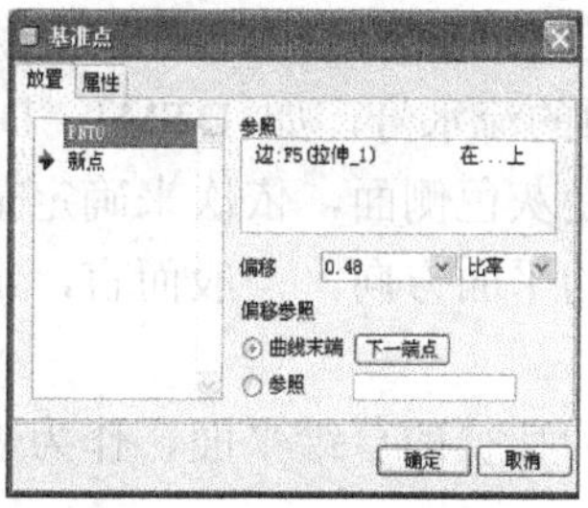

图 3-15 【基准点】对话框

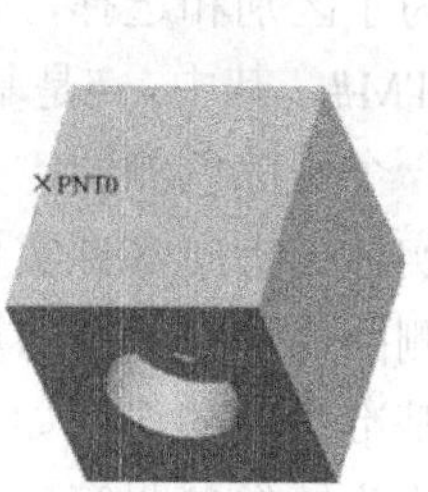

图 3-16 新添加的基准点 PNT0

2）使用草绘方法添加新基准点

前面的操作和添加一般基准点的方法一样，不同的是使用草绘方法创建基准点首先选择一个基准面作为草绘平面，然后以草绘的方式添加新的基准点。

3）使用偏移坐标系方法添加新基准点

（1）在绘制区右侧工具栏中单击按钮，或者选择【插入】|【模型基准】|【点】|【偏移坐标系】选项，弹出【偏移坐标系基准点】对话框，如图 3-17 所示。

（2）在【类型】下拉列表框中选择要使用的坐标系 PRT_CSYS_DEF。

（3）单击【偏移坐标系基准点】对话框区域中的单元框，系统自动添加一个点，然后修改坐标值，如图 3-17 所示。所得新的基准点 PNT1 如图 3-18 所示。

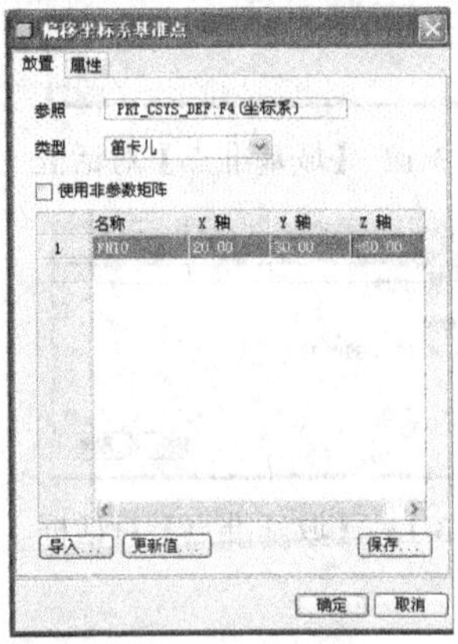

图 3-17 【偏移坐标系基准点】对话框

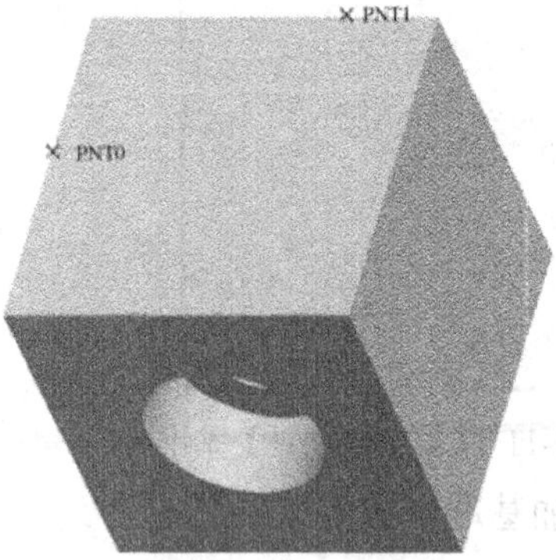

图 3-18 使用偏移坐标系新添加的基准点

4）使用域基准点添加新基准点

域基准点仅仅用于行为建模，一个域点代表一个几何区域。域基准点一般很少用到，这里不做详细的介绍。

3.1.3 基准平面

在实体造型设计中，使用最多的基准特征是基准平面，基准平面不是几何实体的一部分，但它有助于模型的生成，它实际上是一种二维的、无限延伸的平面。为了便于可视化，在 Pro/ENGINEER Wildfire 4.0 系统中默认基准平面存在边线，可视范围也可修改。

为了区别和选择，每个基准平面都有一个唯一的名称。通常情况下，基准平面的名称是 DTM#，其中，#是基准平面的流水号，如 DTM1、DTM2 等。每个基准平面有两个侧面，一个是棕色侧面，另一个是灰色侧面，依次来确定基准平面的正反向。棕色侧面是指零件实体上指向零件实体外侧的平面方向，一般而言，定义棕色侧面为基准平面的正向，灰色侧面为基准平面的反向。

基准平面的作用如下：作为特征的草绘平面、作为视图的定位参照、作为尺寸标注参照、作为镜像参照等。

1. 添加基准平面的方法

添加基准平面的过程就是指定约束定位基准面的过程，其具体步骤如下。

（1）单击【插入】|【模型基准】|【平面】选项，或者直接在绘图区右侧工具栏中单击▱按钮。

（2）弹出【基准平面】对话框，包括【放置】、【显示】、【属性】三个选项卡，分别如图 3-19、图 3-20、图 3-21 所示。

【放置】选项卡用于设置相应的约束条件。将鼠标放在参照选项上，单击鼠标右键会弹出如图 3-22 所示的快捷菜单。其中，【移除】指的是删除所选择的参照，【信息】指的是弹出【信息】窗口，其上显示所选参照的具体信息。在 Pro/ENGINEER Wildfire 4.0 中，用户选取的参照可以分为平面、边/线点及坐标系等，与其对应的约束类型有穿过、法向、平行、偏移等，如图 3-23 所示的下拉列表，具体介绍如下。

图 3-19 【基准平面】对话框

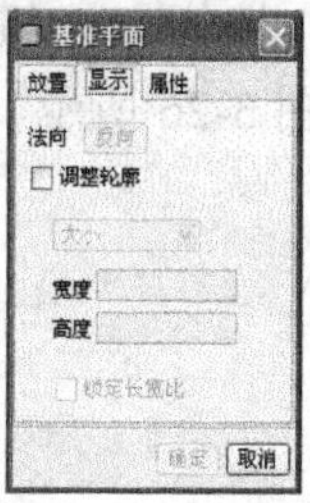

图 3-20 【显示】选项卡

图 3-21 【属性】选项卡

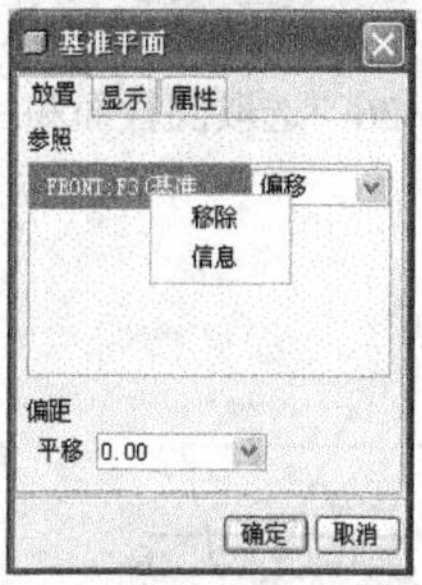

图 3-22　右键快捷菜单

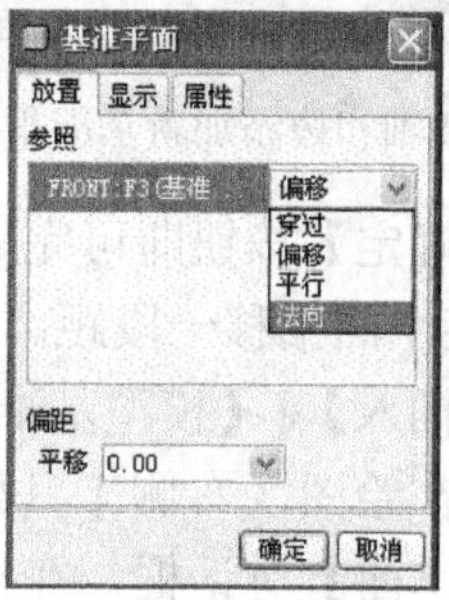

图 3-23　约束类型

- 穿过：通过选定的平面或者参照点、轴、线、基准曲线放置新基准平面。
- 偏移：将选定的参照平面、基准平面或者坐标系平行移动一定距离以确定新的基准平面，此时需要指定偏移的距离值。
- 平行：平行于选定的平面来放置新基准面。
- 法向：垂直于选定的平面或曲面来放置新基准平面。

【显示】选项卡用于设置基准平面的方向和轮廓大小，如图 3-20 所示。在此选项卡中，【反向】按钮可以更改基准平面的法向方向，【调整轮廓】复选框可以设定基准平面的轮廓大小，可以通过输入数值的方式来调整其大小。

【属性】选项卡用于设置基准平面的名称和查看基准平面的特征信息，如图 3-21 所示。

2．添加基准平面实例

下面通过例子来介绍基准平面的添加过程。

1）通过某个轴、平面的边或顶点添加基准平面

（1）打开几何模型。单击【文件】|【打开】选项，弹出【文件打开】对话框，打开前面已完成的几何模型，如图 3-24 所示。

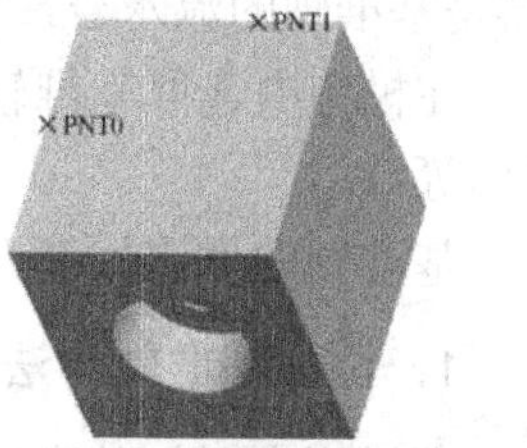

图 3-24　添加基准平面的模型

（2）单击【插入】|【模型基准】|【平面】选项，或者直接在绘图区右侧工具栏中单击▱按钮。弹出【基准平面】对话框，在模型中选择轴 A_1 和 PNT0 点，选择的时候要按住 Ctrl，在模型和【基准平面】对话框中的显示如图 3-25 所示。

（3）单击【确定】按钮即可完成基准平面的创建。

2）通过某个圆弧或圆锥面添加与之相切的基准平面

（1）单击【插入】|【模型基准】|【平面】选项，或者直接在绘图区右侧工具栏中单击按钮。弹出【基准平面】对话框，按住 Ctrl 键，在模型中选择圆柱面和一条边，在模型中和【基准平面】对话框中显示如图 3-26 所示。

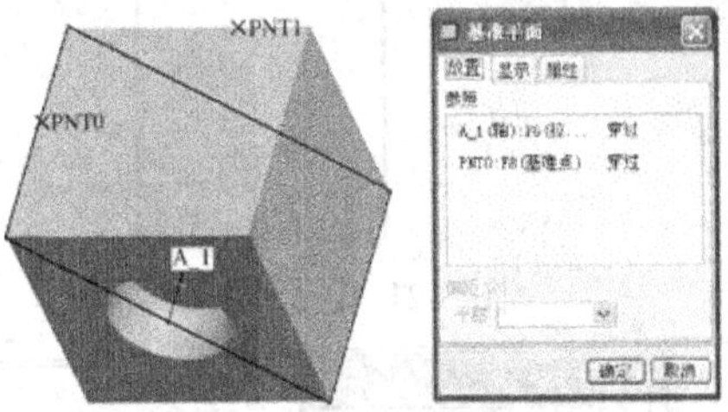

图 3-25　选取轴和边添加新基准平面

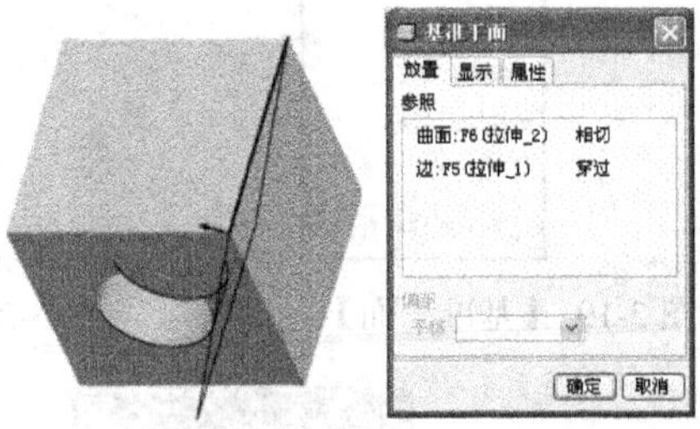

图 3-26　选取圆柱面和边添加新基准平面

（2）单击【确定】按钮即可完成基准平面的创建。

3）添加与某个面偏移一段距离的新基准平面

（1）单击【插入】|【模型基准】|【平面】选项，或者直接在绘图区右侧工具栏中单击按钮。弹出【基准平面】对话框，在模型中选择一个平面，在【平移】中输入偏移距离，在模型和【基准平面】对话框中显示如图 3-27 所示。

（2）单击【确定】按钮即可完成基准平面的创建。

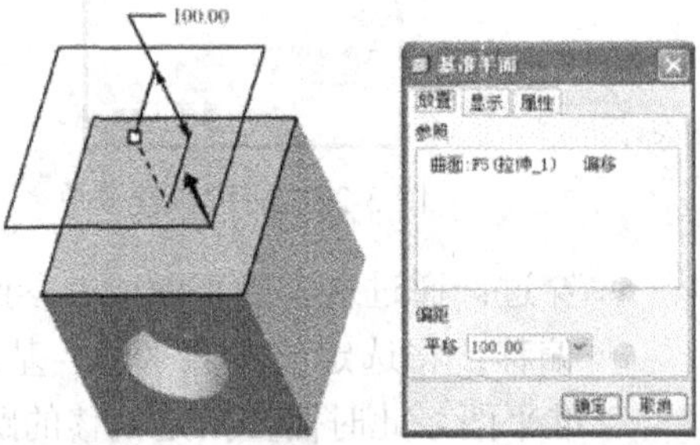

图 3-27　选择平面添加新基准平面

3.1.4　基准轴

基准轴常用于建立基准面、创建特征、同心放置的参照，也可于创建旋转特征时的参考等。特别在创建圆孔等旋转特征时是一种重要的辅助基准特征。基准轴也是一条无限长的直线。

在 Pro/ENGINEER Wildfire 4.0 中，基准轴用褐色中心线表示，是一条用于其他特征参考的中心线。每一个基准轴都有一个唯一的名称，默认情况下基准轴的名称是 A_#，其中#是基准轴的流水号，如 A_1、A_2、A_3 等。

在模型中选取基准轴的方法有：通过其名称选取、单击轴线选取、通过菜单项选取其名称等。

基准轴的作用如下：作为特征的中心线，如孔、圆柱等；作为其他特征的参考等。

1．添加基准轴方法

在模型中添加基准轴的具体步骤如下。

（1）单击【插入】|【模型基准】|【轴】选项，或者直接在绘图区右侧工具栏中单击按钮。

（2）将弹出【基准轴】对话框，如图3-28 所示。在模型中选择至多两个参照，可选择已有的基准轴、平面、曲面、边、顶点、曲线、基准点，选择的参照显示在【参照】栏中，如图 3-29 所示，加入参照条件，完成基准轴的创建。

图 3-28 【基准轴】对话框

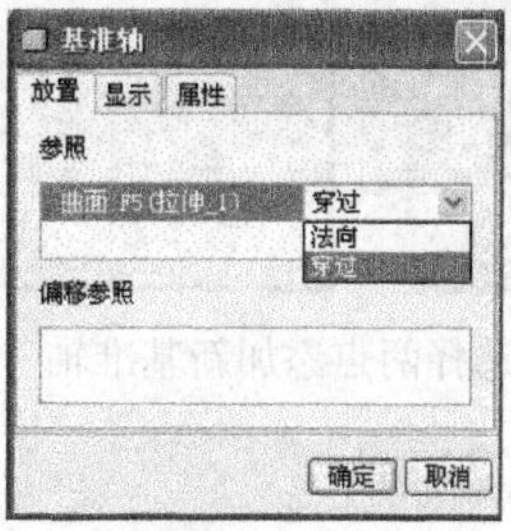

图 3-29 选择参照平面后

【基准轴】对话框包括 3 个选项卡：【放置】、【显示】和【属性】，分别如图 3-28、3-30、3-31 所示。其中，【放置】选项卡用于创建基准轴的参照及约束条件，主要约束类型有穿过、法向和相切。如果选择了法向约束类，就要选取偏移参照。

图 3-30 【显示】选项卡

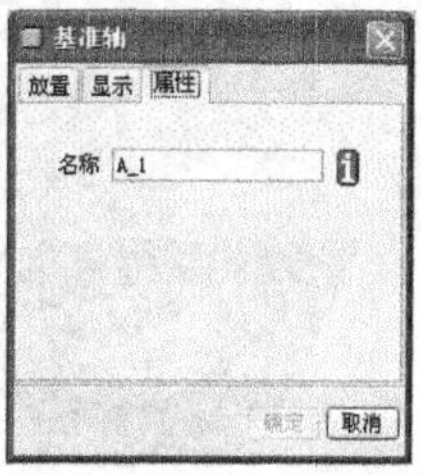

图 3-31 【属性】选项卡

2．添加基准轴实例

下面通过例子来介绍基准平面的添加过程。

1）通过两点添加新基准轴

（1）打开几何模型。单击【文件】|【打开】选项，弹出【文件打开】对话框，打开前面已完成的几何模型如图 3-32 所示。

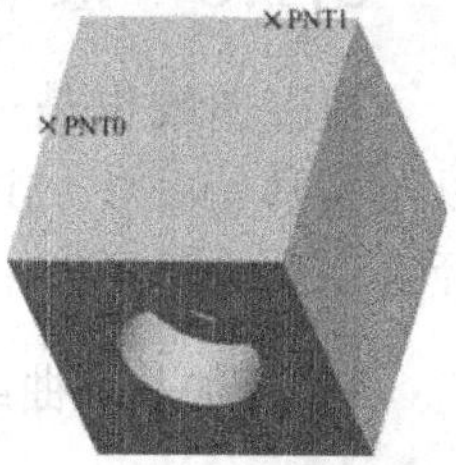

图 3-32 添加新基准轴的几何模型

（2）单击【插入】|【模型基准】|【轴】选项，或者直接在绘图区右侧工具栏中单击 按钮。弹出【基准轴】对话框，在模型中选择两点，选择第二点的时候要按住 Ctrl 键，在模型和【基准轴】对话框中显示如图 3-33 所示。

（3）单击【确定】按钮即可完成基准平面的创建。

2）添加与已知平面垂直的基准轴

（1）打开图 3-32 所示的文件。

（2）单击【插入】|【模型基准】|【轴】选项，或者直接在绘图区右侧工具栏中单击 按钮。弹出【基准轴】对话框，在模型中选择一个平面，然后选择两个偏移参照，输入偏距值，在模型中和【基准轴】对话框中显示如图 3-34 所示。

（3）单击【确定】按钮即可完成基准平面的创建。

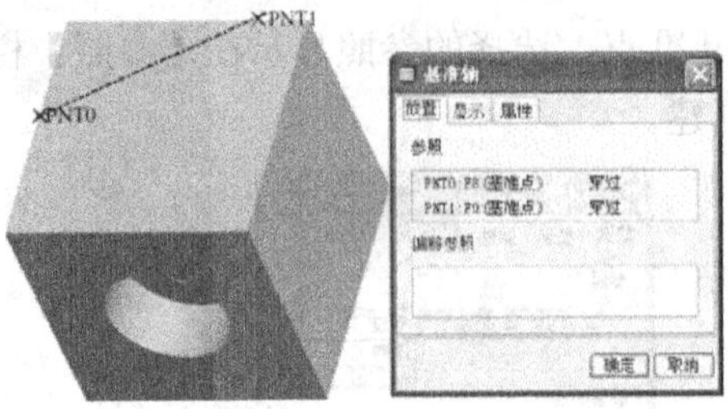

图 3-33 选择两点添加新基准轴

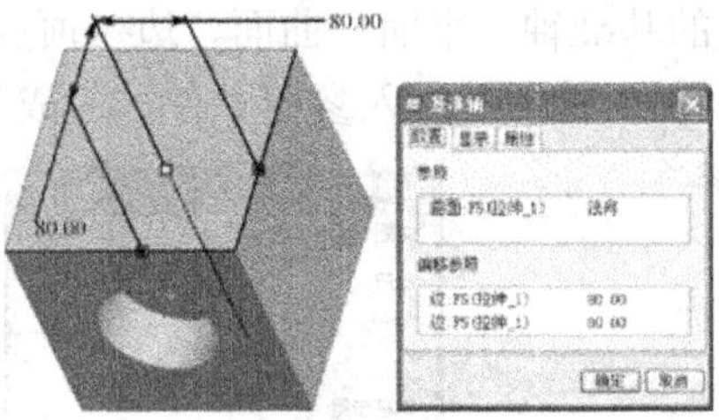

图 3-34 选择某个面添加新基准轴

3）添加圆弧基准轴

（1）打开图 3-32 所示的文件。

（2）单击【插入】|【模型基准】|【轴】选项，或者直接在绘图区右侧工具栏中单击按钮。弹出【基准轴】对话框，在模型中选择一个圆弧，【约束】属性设为穿过，在模型和【基准轴】对话框中显示如图 3-35 所示

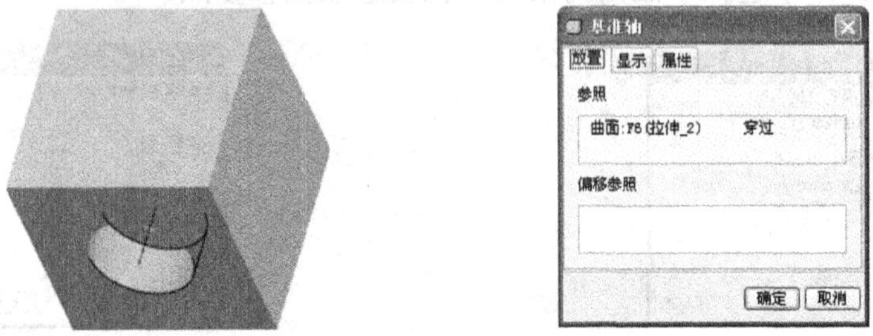

图 3-35 选择某圆弧添加新基准轴

（3）单击【确定】按钮即可完成基准平面的创建。

3.1.5 基准曲线

基准曲线也是三维实体造型中经常用到的一种基准特征。基准曲线常被用做轨迹以及实体特征生成过程中的辅助曲线等，也被用做定义曲面特征的边界、产生扫描路径等。

1．添加基准曲线方法

在 Pro/ENGINEER Wildfire 4.0 中，添加基准曲线的方法有两种：草绘和使用基准曲线工具。

1）使用草绘方法

（1）单击【插入】|【模型基准】|【草绘】选项，或者直接在绘图区右侧工具栏中单击按钮。

（2）弹出【草绘】对话框，如图 3-36 所示。在对话框中选择相应的草绘平面和参照平面，就可以通过草绘工具在草绘平面上直接绘制基准曲线。这种方法添加的基准曲线为平面曲线，曲线分为开放型或封闭型。

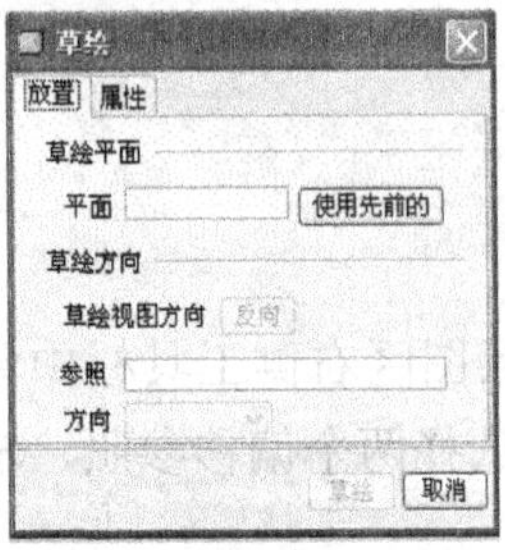

图 3-36 【草绘】对话框

2）使用基准曲线工具方法

（1）单击【插入】|【模型基准】|【曲线】选项，或者直接在绘图区右侧工具栏中单击～按钮。

（2）将弹出【菜单管理器】对话框，如图3-37所示。利用该管理器可通过【经过点】、【自文件】、【使用剖截面】和【从方程】4种方式创建基准曲线。

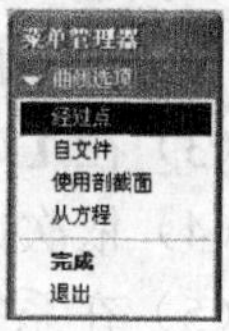

图3-37 【菜单管理器】对话框

- 【经过点】指的是可以通过多个基准点创建一条基准曲线。它是默认创建基准曲线的方法，是把一系列的点连接成样条曲线、单一半径或多重半径的基准曲线。
- 【自文件】指的是直接使用外部文件提供的点的坐标值来建立基准曲线，这些外部文件的格式有*.ibl，*.igs，*.vda 等。
- 【使用剖截面】指的是选择截面的边来建立基准曲线。
- 【从方程】指的是通过一个数学方程来创建基准曲线，这种方法适合于复杂而精确的曲线设计。

2．添加基准曲线实例

下面通过例子来介绍基准坐标系的添加过程。

1）使用草绘方法添加基准曲线

（1）打开几何模型。单击【文件】|【打开】选项，弹出【文件打开】对话框，打开前面已完成的几何模型如图3-38所示。

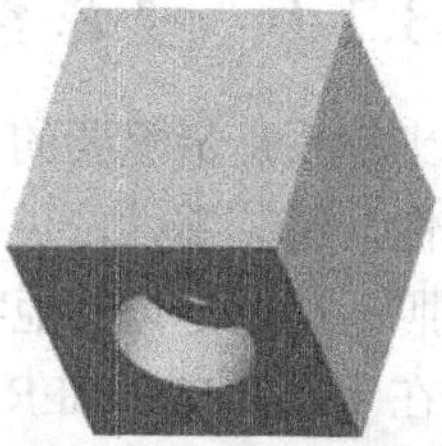

图3-38 添加基准曲线模型

（2）单击【插入】|【模型基准】|【草绘】选项，或者直接在绘图区右侧工具栏中单击按钮，打开【草绘】对话框，如图3-39所示。选取需要绘制基准曲线的平面，在草绘界面，单击样条曲线按钮，草绘一条曲线。

（3）单击工具栏中的✔按钮，退出草绘环境，完成基准曲线绘制。绘制的基准曲线如图3-40所示。

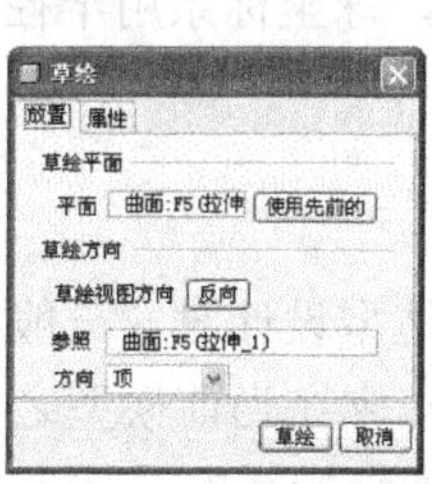

图3-39 【草绘】对话框

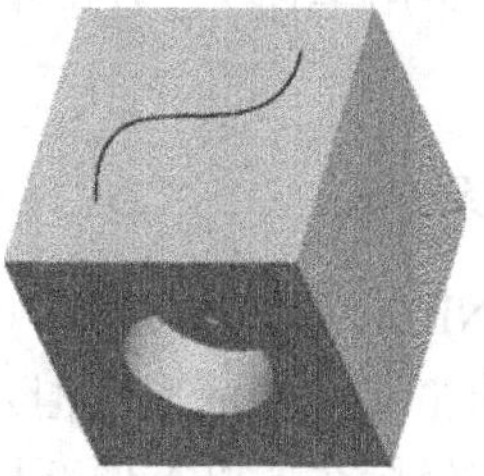

图3-40 新添加的基准曲线

2）使用基准曲线工具添加基准曲线

（1）打开如图3-38所示的几何模型。

（2）单击【插入】|【模型基准】|【曲线】选项，或者直接在绘图区右侧工具栏中

单击 按钮。弹出【曲线选项】菜单管理器，在此管理器中选取【经过点】和【完成】选项，打开【曲线：通过点】对话框和【连结类型】对话框，分别如图 3-41、3-42 所示。

（3）在【连结类型】对话框中，选择【多重半径】、【单个点】和【添加点】选项。

（4）依次选取图 3-43 中的基准点 PNT0、PNT1、PNT2。

（5）在系统输入折弯半径的提示下，输入折弯半径为 60，通过三点创建一条基准曲线，然后单击选取基准点 PNT3，在【连结类型】对话框中选择【新值】，在系统输入折弯半径的提示下，输入折弯半径为 30，单击【完成】。

（6）单击曲线特征信息对话框中的【确定】按钮，完成特征曲线的绘制，如图 3-43 所示。

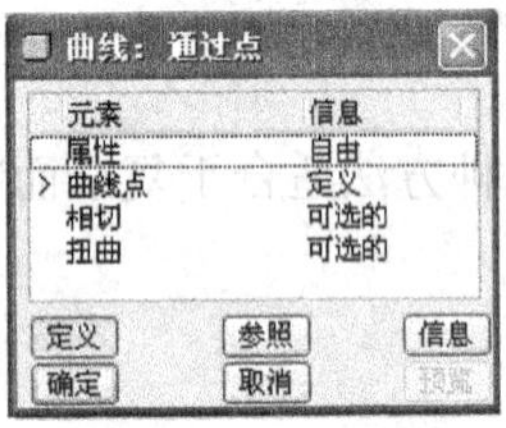

图 3-41 【曲线：通过点】对话框

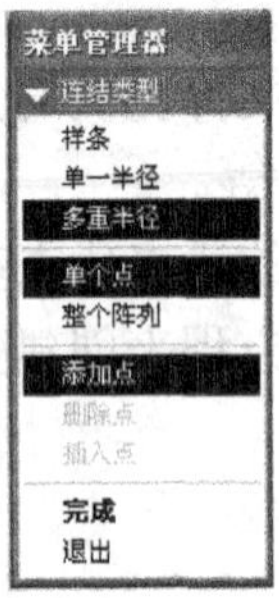

图 3-42 【连结类型】对话框

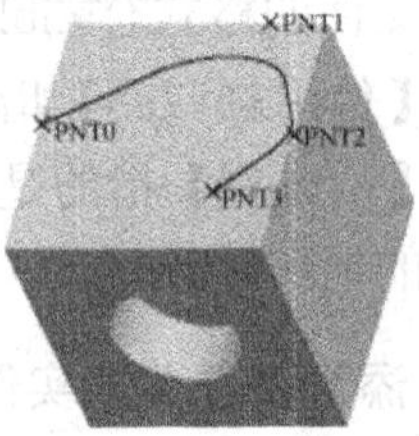

图 3-43 新添加的特征曲线

3.1.6 坐标系

坐标系是最重要的公共基准，常用来确定特征的绝对位置。使用坐标系可计算模型质量属性，组装零件，进行有限元分析时放置约束，使用加工模块时为刀具轨迹提供制造操作参照、用做定位其他特征的参照（坐标系、基准点、平面和轴线、输入的几何等）。

在 Pro/ENGINEER Wildfire 4.0 中，同一模型中可以有多个坐标系，每个坐标系都有一个唯一的名称，默认情况下，坐标系的名称是 CS#，其中，#是坐标系的流水号，如 CS0、CS1、CS2 等。

坐标系可分为笛卡儿坐标系、圆柱坐标系和球坐标系三种。笛卡儿坐标系就是常用的直角坐标系，所有创建的坐标系都遵守右手定则。其中，笛卡儿坐标系用 X、Y 和 Z 表示坐标值，圆柱坐标系用半径 r、方位角 θ 和 Z 来表示，球坐标系用半径 r、方位角 θ 和 φ 来表示。

1. 添加坐标系方法

在 Pro/ENGINEER Wildfire 4.0 中进行三维实体造型设计时，一般很少用到坐标系，而直接使用默认的笛卡儿坐标系。但是当其他模型要建立在当前模型之上时，则需要在当前模型上建立基准坐标系，以方便新模型的建立。添加坐标系的具体步骤如下。

1）单击【插入】|【模型基准】|【坐标系】选项，或直接在绘图区工具栏中单击 按钮。

2）弹出【坐标系】对话框，如图 3-44 所示。【坐标系】对话框包括【原始】、【定向】、【属性】三个选项卡，分别如图 3-44、图 3-45、图 3-46 所示。

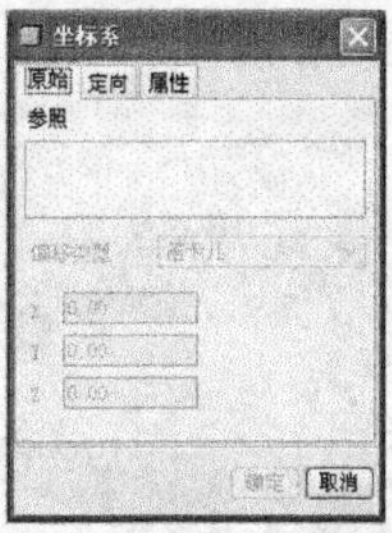

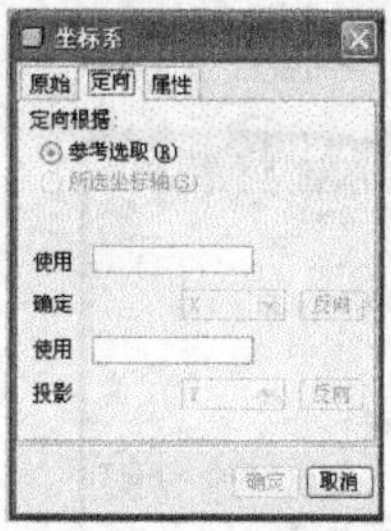

图 3-44 【坐标系】对话框　　图 3-45 【定向】选项卡　　图 3-46 【属性】选项卡

- 【原始】选项卡用来设定或更改参照或者约束类型，参照可以是平面、边、轴、曲线、基准点、顶点或坐标系等。
- 【定向】选项卡用来确定新建坐标系的方向和位置。其中，【参考选取】指的是该项允许通过选取坐标系中任意两根轴的方向参照定向坐标系；【所选坐标轴】指的是该项允许定向坐标系，方法是绕着作为放置参照使用的坐标系的轴旋转该坐标系。
- 【属性】选项卡用来查看其基本名称等属性。

2. 添加坐标系实例

下面通过例子来介绍基准坐标系的添加过程。

1）通过三条边添加新基准坐标系

（1）打开几何模型。单击【文件】|【打开】选项，弹出【文件打开】对话框，打开前面已完成的几何模型，如图 3-47 所示。

（2）单击【插入】|【模型基准】|【坐标系】选项，或者直接在绘图区右侧工具栏中单击按钮。在模型中选择第一条边，然后按住 Ctrl，选取另外一条边，此时【坐标系】对话框如图 3-48 所示。

（3）接着单击【确定】按钮，即可得到新添加的坐标系 CS0，如图 3-49 所示。

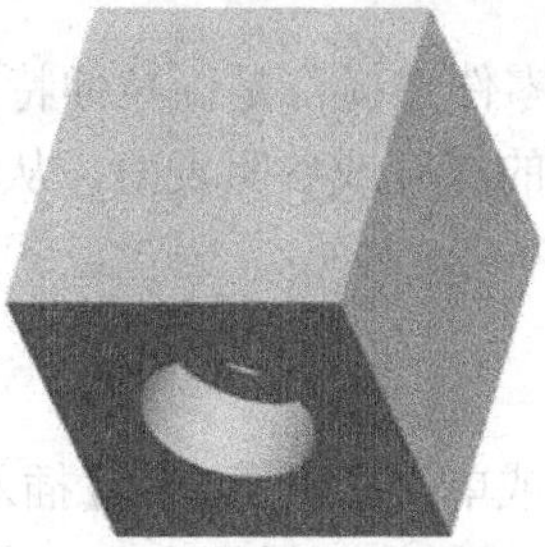

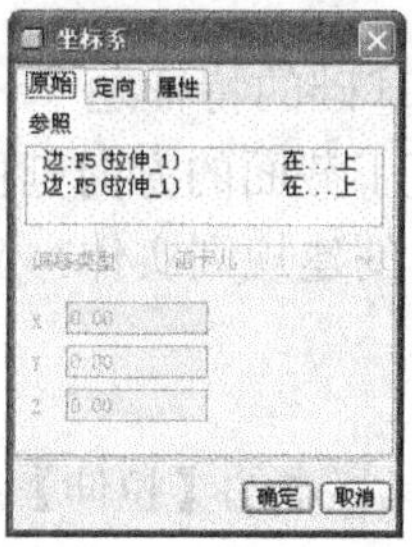

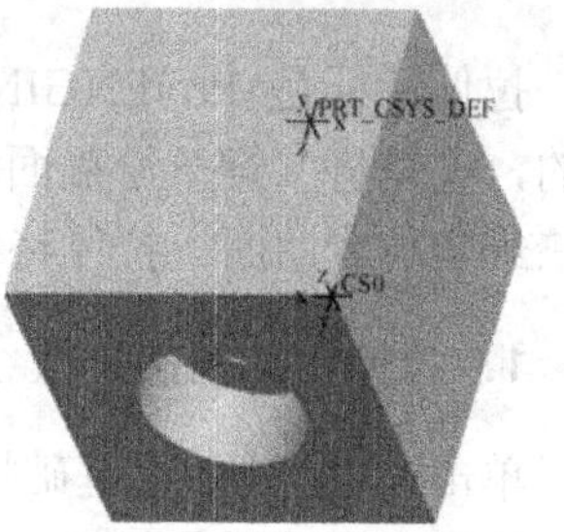

图 3-47　添加坐标系模型　　图 3-48 【坐标系】对话框　　图 3-49　新添加的坐标系 CS0

2）通过三个平面添加新基准坐标系

（1）打开如图 3-47 所示的几何模型。

（2）单击【插入】|【模型基准】|【坐标系】选项，或者直接在绘图区右侧工具栏中单击按钮。在模型中选取一个平面，然后按住 Ctrl，依次选取另外两个平面。模型中会出现 *X*、*Y*、*Z* 轴，【坐标系】对话框如图 3-50 所示。接下来单击【定向】选项，打开【定向】选项卡，如图 3-51 所示，选取坐标轴的方向。

（3）单击【确定】按钮，即可得到新添加的坐标系，如图 3-52 所示。

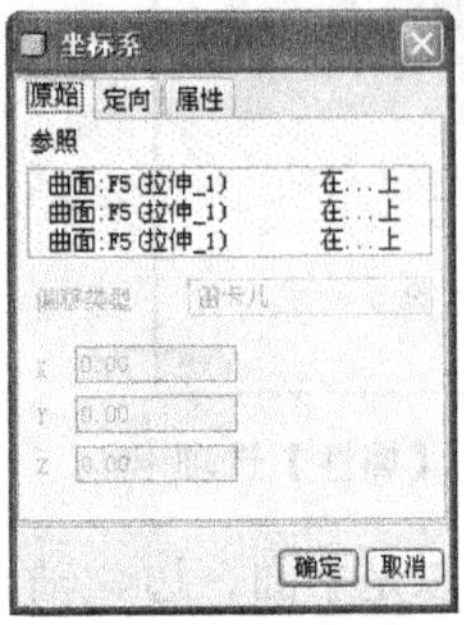

图 3-50 选取三个平面

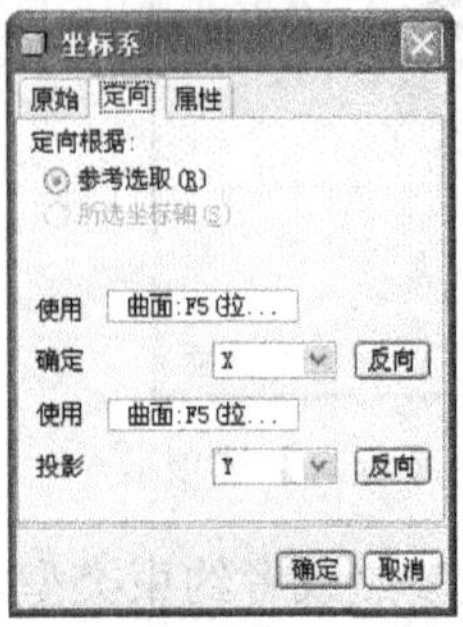

图 3-51 【定向】选项卡

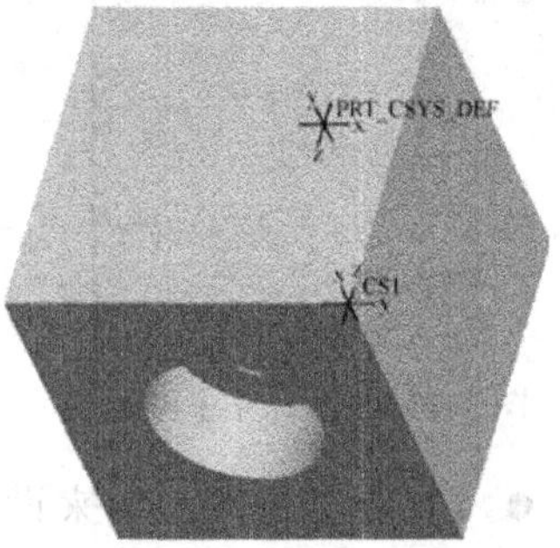

图 3-52 新添加的坐标系 CS1

3.1.7 基准特征范例

请读者结合本章学过的创建基准平面的知识创建经过 FRONT 面和 RIGHT 面的交线，并与 FRONT 面成 45°角的基准平面 DTM1，如图 3-53 所示。

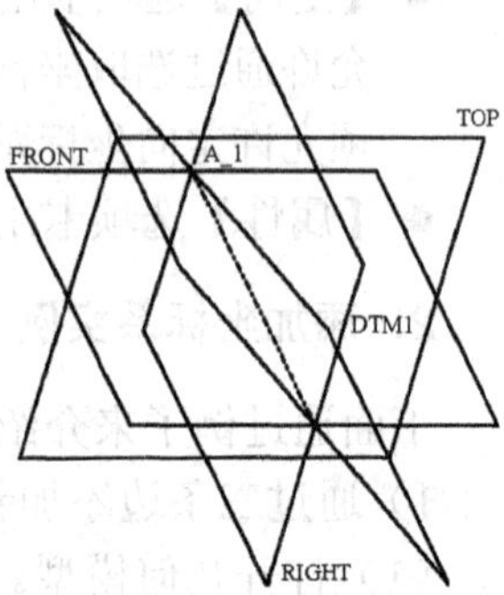

图 3-53 DTM1 平面

3.2 基础实体特征建模

任何一个零件都是从基础特征的创建开始的，基础特征往往是父特征，就像高层建筑的地基、机械加工的原材料，是进行下一步施工或加工的基础。在三维实体造型设计的过程中，首先创建基础特征，然后在基础特征的基础上创建工程特征和构造特征。

3.2.1 拉伸特征

拉伸特征是 Pro/ENGINEER 最基础的特征之一，大部分零件建模都是以拉伸特征开始的，它是将二维草绘截面沿着垂直于截面的方向延伸至指定的深度或参照表面，从而生成三维实体或曲面。拉伸特征适用于创建规则实体，应当熟练掌握。

1. 拉伸特征的操控板

单击绘图区右侧【基础特征】工具栏中的【拉伸】按钮，或单击系统菜单的【插入】|【拉伸】命令，系统打开如图 3-54 所示的【拉伸】操控面板，该操控面板的含义如表 3-1 所示。

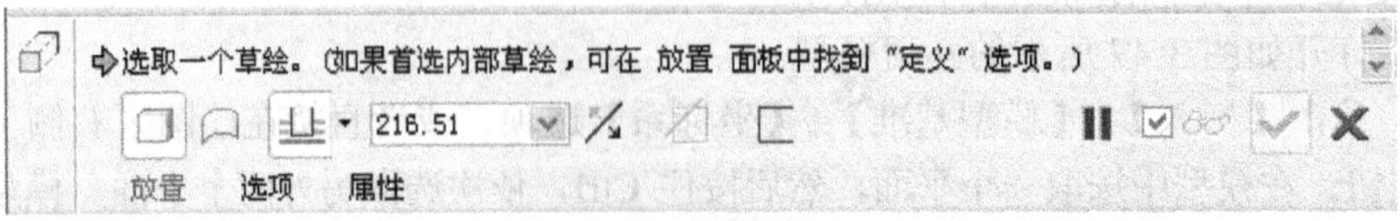

图 3-54 【拉伸】操控板

表 3-1 【拉伸】操控板中的选项

选　　项	图　标	作　　用
公共【拉伸】选项		拉伸为实体
		拉伸为曲面
		约束拉伸特征的深度
		设定相对于草绘平面拉伸特征方向
		切换拉伸类型“切口”或“伸长”
创建【加厚草绘】选项		拉伸为薄板
		改变添加厚度的一侧，或向两侧添加厚度
创建【曲面修剪】选项		切减材料
		改变要被移除的面组侧，或保留两侧

【拉伸】工具提供下列下滑面板，如图 3-55 所示。

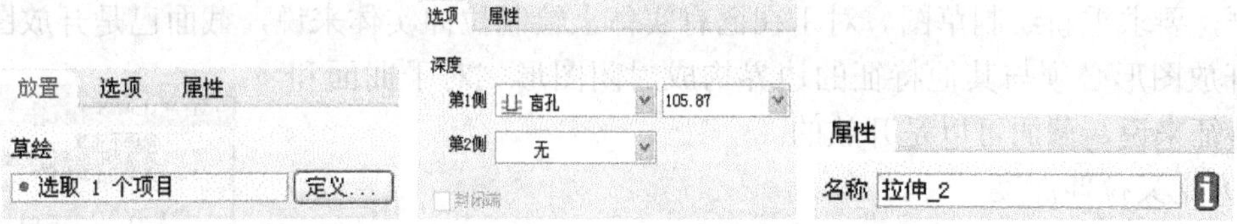

图 3-55 【拉伸特征】下滑面板

- 放置

使用该下滑面板重定义特征截面。单击【定义】按钮可以创建或更改截面。

- 选项

使用该下滑面板可以重定义草绘平面每一侧的特征深度及孔的类型（如盲孔、通孔）。

- 属性

使用该下滑面板可以编辑特征名，并在 Pro/ENGINEER 浏览器中打开特征信息。

2. 拉伸的一般步骤

1）决定拉伸类型

（1）单击【拉伸为实体】按钮，在模型中添加实体材料特征。

（2）单击【拉伸为实体】按钮和【去除材料】按钮，在模型中切除实体材料特征。

（3）单击【拉伸为实体】按钮和【加厚草绘】按钮，在模型中添加薄板材料特征。

（4）单击【拉伸为实体】按钮、【加厚草绘】按钮和【去除材料】按钮，在模型中切除薄板材料特征。

（5）单击控制面板中的【拉伸为曲面】按钮，在模型中创建拉伸曲面特征。

2）绘制草绘截面

拉伸特征就是截面沿着垂直于截面的方向生成特征。截面的形状决定拉伸特征的形状，所以首先必须绘制好截面。

（1）单击操控板上的【放置】按钮，打开【放置】面板，如图 3-55 所示。

（2）单击【定义】按钮，此时系统会弹出一个【草绘】对话框，如图 3-56 所示。

【草绘】对话框中的【草绘平面】选项组的选项用来定义截面放置的平面，单击绘图区中的某个基准面，会看到一个黄色箭头，它的方向就是拉伸产生的方向，单击【反向】可以改变箭头的指向。用户也可以后来在操控板中选择左侧的方向按钮来改变生成拉伸的方向。

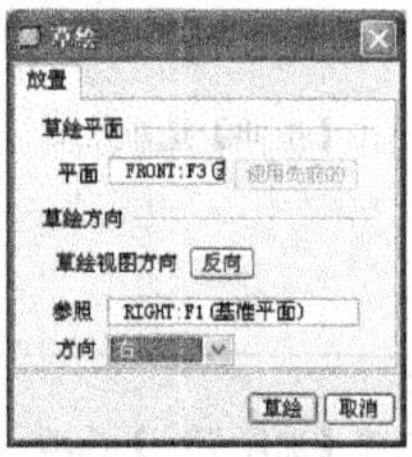

图 3-56　草绘定义界面

【参照】和【方向】需要结合起来使用。选择与草绘平面垂直的基准面作为参照面，再在方向下拉列表中选择一个选项即可。该列表中有 4 个选项，分别为【顶】、【底部】、【左】和【右】，分别是指参照平面位于草绘平面的顶部、底部、左部和右部。

（3）截面草绘。完成以上设置后，单击【草绘】按钮，进入草绘界面。草绘完成后，单击右下角的✔按钮，退出草绘状态，返回操控板，系统生成拉伸特征的预览。

注意：对于初次生成拉伸实体来说，截面必须全封闭，否则会弹出如图 3-57 所示的对话框，要求重新绘制草图。对于在已有实体上绘制拉伸实体来说，截面已是开放图形，但该开放图形必须与其他特征的边界构成封闭图形。对于曲面和薄板特征来说，截面可以是开放的。

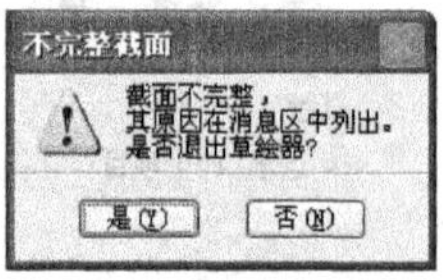

图 3-57　提示信息

3）定义拉伸深度

深度定义有 6 种形式，分别为盲孔、对称、到下一个、穿透、穿至、到选定。各种深度模式的含义如下：

- 盲孔：变量模式，该选项是直接指定拉伸特征总深度值，并沿拉伸方向生成该深度的特征。选择框后面的下拉框表示深度值，可以下拉选择，也可以输入。
- 对称：该选项是直接指定拉伸特征总深度值，特征将在草绘平面两侧对称拉伸，并且其两端面的距离即为拉伸深度。
- 到选定：到选定的点或面，该选项是以草绘平面为特征的起始面，用户指定的一个参照为特征的结束面，沿着箭头指示的特征方向建立拉伸特征，其底面形状与选定的面相同。
- 到下一个：该选项是以草绘平面为特征的起始面，与草绘平面相邻的下一个平面为特征的结束面，沿着箭头指示的特征方向建立拉伸特征。
- 穿透：该选项是以草绘平面为特征的起始面，沿着箭头指示的特征方向，穿透模型的所有表面而建立拉伸特性。
- 穿至：该选项是以草绘平面为特征的起始面，用户指定的一个平面为特征的结束面，沿着箭头指示的特征方向建立拉伸特征。

注意：当所作的拉伸特征是模型的首个特征时，拉伸特征的深度模式只有前面三种，而以后如果继续创建其他特征，便会有后面的几种深度类型。

前面讲到的都是从草绘平面开始沿着拉伸方向第一侧指定拉伸深度。若需要从草绘平面的两侧同时进行拉伸，可以单击操控板的【选项】，出现下滑面板，此面板控制了特征生成的深度模式。其中【第 1 侧】表示拉伸特征在草绘平面一侧的生成方式，而【第 2 侧】表示在草绘平面另一侧的生成方式。通过对【第 1 侧】和【第 2 侧】深度指定的配合使用，可生成不对称深度。

4）去除材料模式

上面做的拉伸特征是添加材料形成的，同样拉伸也可以在已有的实体特征上去除材料，如图 3-58 所示模型中的圆孔。此模型制作过程为：先做第一个拉伸特征形成长方体，如图 3-58(a)所示；然后做第二个拉伸特征，在拉伸操控板中选择【去除材料】按钮，形成中间的孔，如图 3-58(b)所示；单击操控板中按钮将去除材料方向更改为草绘的另一侧，如图 3-58(c)所示。

(a) 原图　(b) 去除了草图内侧的材料　(c) 去除了草图外侧的材料

图 3-58　去除材料模式

5）薄板特征

如果希望生成薄板，则在操控板上单击【薄板】按钮，然后通过其右侧的按钮来决定薄板生成的方向，并输入薄板厚度。生成的薄板可以在草绘的内侧、外侧或是两侧，当生成薄板位于草绘两侧时，输入的厚度值被草绘图形平均分割。

6）结束拉伸特征操作

最后单击【确定】按钮，即可完成整个拉伸特征的创建。用户也可以单击特征操控板的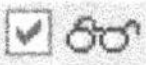按钮，预览该拉伸特征。

3．拉伸特征实例

【例 3-1】　用拉伸命令创建如图 3-59 所示的实体模型。

经分析可以看出，此模型包含一个拉伸的立方体特征、两个在立方体内去除材料的拉伸特征。所以，此模型的生成可以分为 3 个步骤：（1）拉伸生成边长为 200 的立方体；（2）去除材料拉伸生成深度为 50，直径为 100 的孔；（3）去除材料拉伸生成直径为 50 的通孔。

操作步骤：

（1）打开 Pro/ENGINEER 系统，新建一个【零件】设计环境。

单击【文件】|【新建】菜单项或工具栏中按钮，在弹出的新建对话框中，选择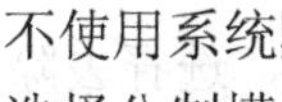，在【名称】文本输入框中输入文件名，并取消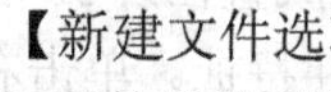复选框前的对钩，不使用系统默认的模板，单击【确认】按钮。在随后弹出的【新建文件选项】对话框中，选择公制模板：mmns_part_solid，并单击【确认】按钮，进入零件设计环境。

（2）拉伸生成立方体特征。

① 激活拉伸特征命令。单击【插入】|【拉伸】菜单项或特征工具栏中的拉伸特征命令按钮，系统打开拉伸特征操控面板。

② 定义截面。单击操控面板的【放置】，出现【草绘】下滑面板，单击【定义】按钮，弹出【草绘】对话框。选择 FRONT 面作为草绘平面、RIGHT 面作为参照平面，方向向右，单击【草绘】按钮进入草绘界面。绘制位于坐标系正中的正方形草图，如图 3-60 所示。单击✔按钮，退出草绘状态，返回操控板，系统生成拉伸特征的预览。

③ 确定拉伸深度与方向。保证拉伸特征生成在 TOP 平面的正方向，如果不是，单击操控板上的按钮改变拉伸方向。定义拉伸深度模式为盲孔，在其后的深度值输入框中输入 200，生成图形如图 3-61 所示。

图 3-59　拉伸模型

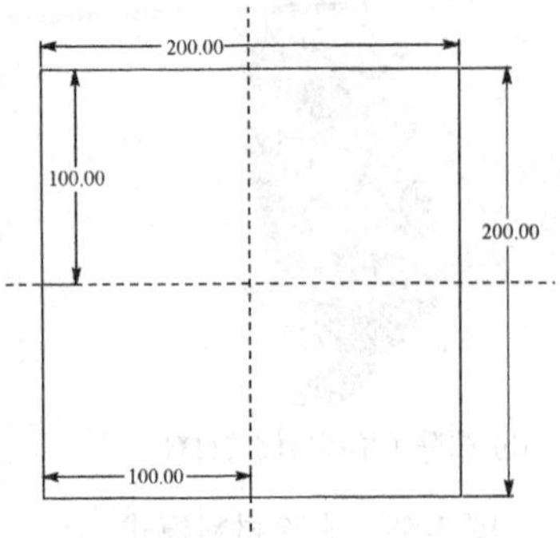

图 3-60　草绘截面

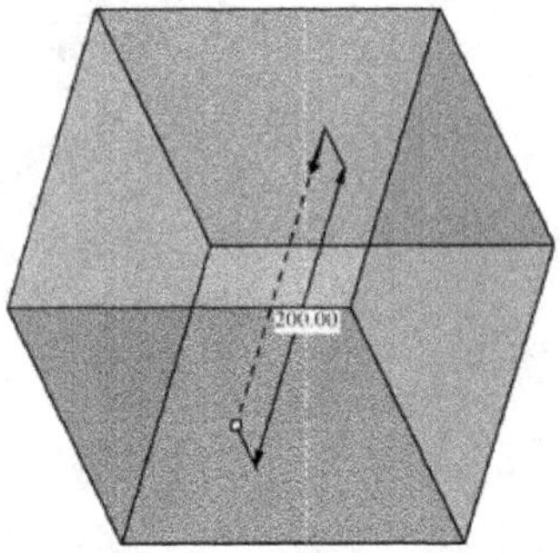

图 3-61　深度预览

④ 预览特征。单击特征操控板的按钮，预览该拉伸特征。若不符合要求，按▶按钮退出暂停环境，继续编辑特征。若符合要求，单击操控板中的✔按钮，完成拉伸特征的创建。生成的特征如图 3-62 所示。

（3）拉伸生成直径为 100 的孔。

① 激活拉伸特征。单击右侧工具栏中的，系统打开拉伸特征操控面板，选择去除材料模式。

② 定义截面。单击操控面板的【放置】，出现【草绘】下滑面板，单击【定义】按钮，弹出【草绘】对话框。选择立方体的上表面作为草绘平面、RIGHT 面作为参照平面，方向向右，单击【草绘】按钮进入草绘界面。以正方形的中心为圆心，绘制直径为 100 的圆作为草图，单击✔按钮，退出草绘状态，返回操控板，系统生成拉伸特征的预览。

③ 确定拉伸深度与方向。保证去除材料位于立方体的内部，如果不是，单击操控板的按钮。选择深度模式为盲孔，在其后的深度值输入框中输入 50。

④ 预览特征。单击特征操控板的按钮，预览该拉伸特征。若不符合要求，按▶按钮退出暂停环境，继续编辑特征。若符合要求，单击操控板中的✔按钮，完成拉伸特征的创建。生成的特征如图 3-63 所示。

（4）拉伸生成直径为 50 的通孔。

① 激活拉伸特征。单击右侧工具栏中的，系统打开拉伸特征操控面板，选择去除材料模式。

② 定义截面。单击操控面板的【放置】，出现【草绘】下滑面板，单击【定义】按钮，弹出【草绘】对话框。选择上个圆柱体的上表面作为草绘平面、RIGHT 面作为参照平面，方向向右，单击【草绘】按钮进入草绘界面。以正方形的中心为圆心，绘制直径为 50 的圆作为草图，单击✔按钮，退出草绘状态，返回操控板，系统生成拉伸特征的预览。

③ 确定拉伸深度与方向。保证去除材料位于立方体的内部，如果不是，单击操控板的按钮。选择深度模式为穿透。

④ 预览特征。单击特征操控板的按钮，预览该拉伸特征。若不符合要求，按▸按钮退出暂停环境，继续编辑特征。若符合要求，单击操控板中的✔按钮，完成拉伸特征的创建。生成的特征如图 3-64 所示。

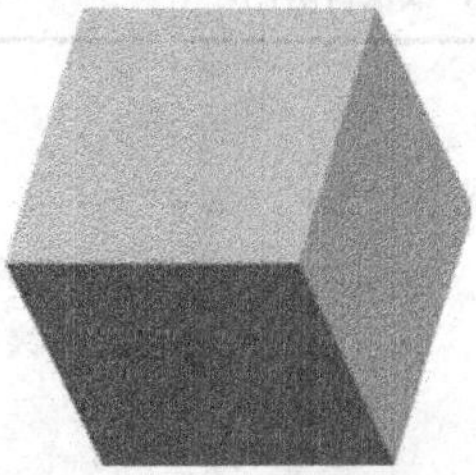
图 3-62　立方体模型

图 3-63　直径为 100 的孔

图 3-64　直径为 50 的通孔

3.2.2　旋转特征

旋转特征也是 Pro/ENGINEER 最基础的特征之一，它是将草绘截面绕定义的中心线旋转一定角度来创建特征的。与【拉伸】特征一样，它允许通过旋转截面来创建旋转几何，以及添加或去除材料。旋转特征适用于创建回转类零件，应当熟练掌握。

在建立旋转特征时要注意 3 个问题：① 旋转特征必须有一条绕其旋转的中心线，此中心线可以是包含在草绘截面中的，也可以是以前建立的独立于本特征的轴线，如果有多条中心线，则以第一条中心线作为旋转轴；② 截面必须全部位于中心线的一侧；③ 生成旋转实体时，截面必须是封闭的，而生成曲面和薄板特征时，截面可以是开放的。

1. 旋转特征的操控板

单击绘图区右侧【基础特征】工具栏中的【旋转】按钮，或单击系统菜单的【插入】|【旋转】命令，系统打开如图 3-65 所示的【旋转】操作面板，该控制面板的含义如表 3-2 所示。

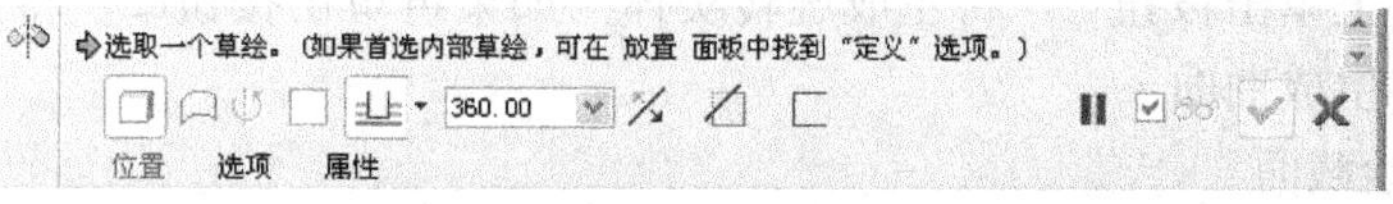

图 3-65 【旋转】操控板

表 3-2 【旋转】操控板的选项

选　项	图　标	用　途
公共【旋转】选项		旋转为实体
		旋转为曲面

（续表）

选 项	图 标	用 途
公共【旋转】选项		相对于草绘平面反转特征创建方向
【加厚草绘】选项		通过为截面轮廓指定厚度创建特征
		改变添加厚度的一侧，或向两侧添加厚度
创建【切口】的选项		使用旋转特征体积块创建切口
		创建切口时改变要移除的侧
创建【旋转曲面修剪】的选项		使用旋转截面修剪曲面
		改变要被移除的面组侧，或保留两侧

【旋转】工具提供下列上滑面板，如图 3-66 所示。

图 3-66 【旋转】特征下滑面板

● 位置

使用该下滑面板重定义草绘界面并指定旋转轴。单击【定义】按钮可以创建或更改截面。在【轴】列表框中单击并按系统提示定义旋转轴。

● 选项

使用该下滑面板可以重定义草绘的一侧或两侧的旋转角度及孔的性质；通过选取【封闭端】选项用封闭端创建曲面特征。

● 属性

使用该下滑面板可以编辑特征名，并在 Pro/ENGINEER 浏览器中打开特征信息。

2．旋转的一般步骤

1）决定旋转类型

在旋转面板上单击按钮，将生成旋转实体；如果再单击按钮，将生成薄板特征；单击按钮，将生成曲面。

2）绘制草绘截面

旋转特征就是截面围绕旋转轴转动一定角度生成的特征。截面的形状决定旋转特征的形状，所以首先必须绘制好截面。

单击操控板上的【位置】按钮，打开【位置】面板，如图 3-66 所示。再单击【定义】按钮，此时系统会弹出一个【草绘】对话框。【草绘】对话框中的【草绘平面】选项组的选项用来定义截面放置的平面，单击绘图区中的某个基准面，会看到一个黄色箭头，它的方向就是旋转产生的方向，单击【反向】可以改变箭头的指向。其余各项含义见拉伸特征。

完成设置后，单击【草绘】按钮，进入草绘界面。草绘完成后，单击右下角的✔按钮，退出草绘状态，返回操控板，系统生成旋转特征的预览。

3）定义旋转角度

旋转角度的定义有 3 种形式，分别为变量、对称和到选定。各种深度模式的含义如下：

- 变量：该选项是直接指定旋转特征角度值，并沿旋转方向生成该角度的特征。选择框后面的下拉框表示旋转角度值，可以下拉选择，也可以输入，系统一般默认为 360°。
- 对称：该选项是直接指定旋转特征总角度值，而产生的特征是关于草绘平面对称的，与【变量】不同的是，变量旋转的角度是从草绘平面到结束平面的夹角，而【对称】旋转的角度是关于草绘平面对称的，且两端面的夹角即为旋转角度。
- 到选定：该选项是以草绘平面为旋转的起始面，以用户指定的一个参照（如曲面、曲线、轴或点）为旋转的结束位置，沿着箭头指示的特征方向建立旋转特征，其底面形状与选定的面相同。

当选择【到选定】形式创建旋转特征时，可以从草绘平面两侧分别指定旋转角度。当已经选择好一个参照作为结束面时，单击【选项】按钮，如图 3-67 所示，在【角度】设置面板中分别设置两个方向上的旋转角度，通过对【第 1 侧】和【第 2 侧】角度的指定配合使用，可以使造型更为快捷。

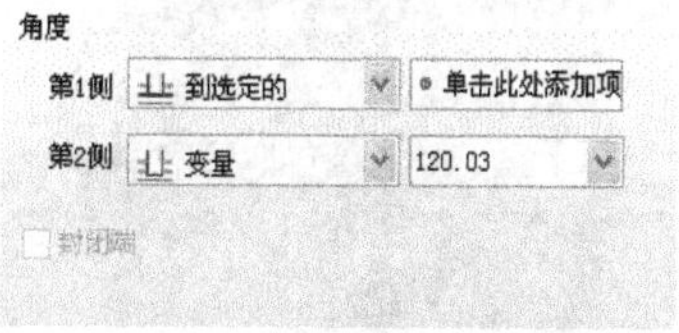

图 3-67 设置两侧旋转角度

4）去除材料模式

与拉伸特征一样，旋转也可以在已有的实体特征上去除材料，在旋转操控板中选择【去除材料】按钮。操控板中按钮用来决定去除材料的方向。

5）薄板特征

如果希望生成薄板，则在操控板上单击【薄板】按钮，然后通过其右侧的按钮来决定薄板生成的方向，并输入薄板厚度。生成的薄板可以在草绘的内侧、外侧或是两侧，当生成薄板位于草绘两侧时，输入的厚度值被草绘图形平均分割。

6）结束旋转特征操作

最后单击【确定】按钮✔，即可完成整个旋转特征的创建。用户也可以单击特征操控板的按钮，预览该旋转特征。

3. 旋转特征实例

【例 3-2】 创建如图 3-68 所示的减速器端盖。

经分析可以看出此模型可以通过一次旋转、一次拉伸来实现。所以，此模型的生成可以分为两个步骤：（1）旋转生成端盖的整体形状；（2）去除材料，拉伸生成端面上的四个小孔。

操作步骤：

（1）打开 Pro/ENGINEER 系统，新建一个【零件】设计环境。

单击【文件】|【新建】菜单项或工具栏中按钮，在弹出的新建对话框中，选择 ◉ ❒ 零件，在【名称】文本输入框中输入文件名，并取消☐使用缺省模板复选框前的对钩，

不使用系统默认的模板，单击【确认】按钮。在随后弹出的【新建文件选项】对话框中，选择公制模板：mmns_part_solid，并单击【确认】按钮，进入零件设计环境。

（2）旋转生成端盖整体形状。

① 激活拉伸特征命令。单击【插入】|【旋转】菜单项或特征工具栏中的旋转特征命令按钮，系统打开旋转特征操控面板。

② 定义截面。单击操控面板的【放置】，出现【草绘】下滑面板，单击【定义】按钮，弹出【草绘】对话框。选择FRONT面作为草绘平面、RIGHT面作为参照平面，方向向右，单击【草绘】按钮进入草绘界面。绘制如图3-69所示的图形。单击✔按钮，退出草绘状态，返回操控板，系统生成拉伸特征的预览。

③ 确定旋转角度。定义旋转方式为变量，在其后的角度值输入框中输入360°（系统一般默认为360°）。

④ 预览特征。单击特征操控板的按钮，预览该旋转特征。若不符合要求，按▶按钮退出暂停环境，继续编辑特征。若符合要求，单击操控板中的✔按钮，完成旋转特征的创建。生成的特征如图3-70所示。

图3-68 减速器端盖

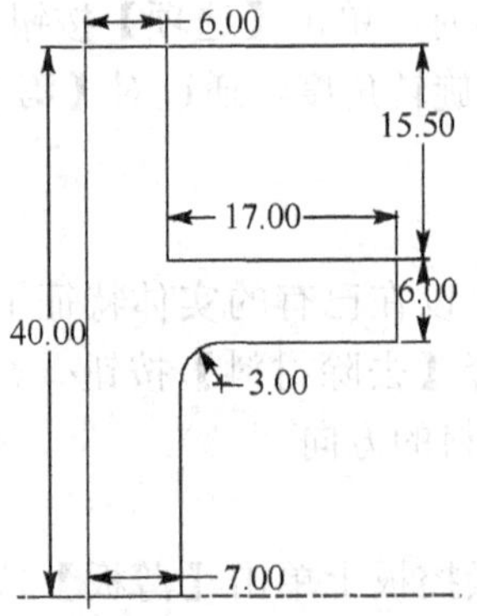

图3-69 旋转草绘图

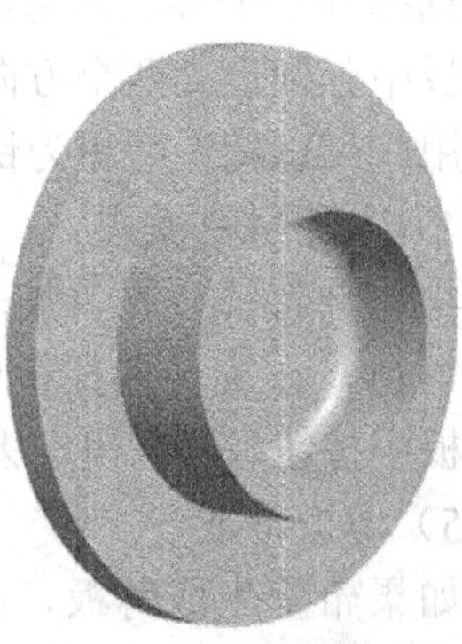

图3-70 旋转生成端盖整体

（3）生成四个小孔

① 激活拉伸特征。单击右侧工具栏中的，系统打开拉伸特征操控面板，选择去除材料模式。

② 定义截面。单击操控面板的【放置】，出现【草绘】下滑面板，单击【定义】按钮，弹出【草绘】对话框。选择端盖的外表面（RIGHT平面）作为草绘平面，单击草绘试图方向的【反向】按钮，以FRONT面作为参照平面，方向向右，单击【草绘】按钮进入草绘界面。绘制如图3-71所示的草图，单击✔按钮，退出草绘状态，返回操控板，系统生成拉伸特征的预览。

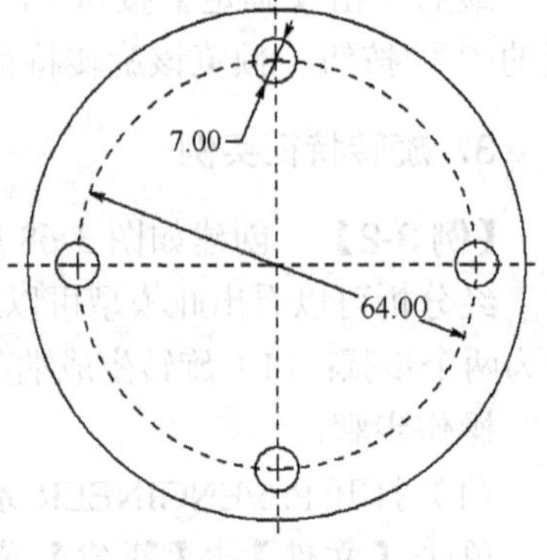

图3-71 草图绘制

③ 确定拉伸深度与方向。保证去除材料位于立方体端盖的内部，如果不是，单击操控板的按钮。选择深度模式为穿透。

④ 预览特征。单击特征操控板的☑ ☌ 按钮，预览该拉伸特征。若不符合要求，按▶按钮退出暂停环境，继续编辑特征。若符合要求，单击操控板中的✔按钮，完成拉伸特征的创建。生成的特征如图 3-68 所示。

3.2.3 基本扫描特征

通过前面的学习会发现，由于截面与扫描轨迹垂直，所以在造型方面受到很多限制。对此，Pro/ENGINEER 提供了更加灵活的扫描特征，即将绘制好的剖面沿着一条轨迹线移动，直到穿越整个迹线，从而得到的特征。从扫描特征的定义可知，扫描特征的截面与轨迹线决定扫描特征的形状。

扫描特征的应用比较灵活，能够产生形状复杂的零件。按复杂性来分，扫描特征分为基本的扫描特征和高级的螺旋扫描特征。基本的扫描特征是按照平面上的曲线进行扫描的；螺旋特征可以生成弹簧、螺纹等空间扫描实体。本节主要讲解基本的扫描特征。

1. 扫描特征的设置项

扫描特征是将绘制好的截面沿着轨迹线扫出来的特征，因此如何绘制好剖面和轨迹线对于扫描特征非常重要。通常在绘制扫描剖面之前，需要绘制一条曲线作为扫描剖面移动的轨迹线，该轨迹线决定剖面的走向，从而控制产生特征的整体外形。

执行【插入】|【扫描】|【伸出项】，系统进入扫描特征界面，屏幕右上角弹出【伸出项：扫描】对话框，同时菜单管理器弹出【扫描轨迹】浮动菜单，如图 3-72 所示。【伸出项：扫描】对话框包含了建立实体扫描特征所需要的元素：轨迹和截面。此时【轨迹】项前面有“>”，同时后面【信息】列中显示其状态为“定义”，表示现在正在定义轨迹；【截面】项的状态为“必需的”，表示还没有定义而且必须要定义。

1）轨迹

轨迹线的产生有两种方式，一种是绘制轨迹线，另一种是选取绘制好的基准线（或边缘）作为轨迹线，所以如图 3-72 所示，菜单管理器将显示【扫描轨迹】浮动菜单。在【扫描轨迹】栏有如下两个选项。

- 草绘轨迹：通过草绘获得扫描轨迹，系统会提示指定草绘平面；
- 选取轨迹：选择已经存在的曲线作为扫描轨迹。

（1）草绘轨迹

轨迹线的绘制必须转换到二维平面上，因此在绘制之前需要制定草绘平面。在选择【草绘轨迹】菜单项之后，系统将弹出【设置草绘平面】浮动菜单，如图 3-73 所示，同时还弹出【选取】对话框，要求指定绘制轨迹线草图的草绘平面。【设置草绘平面】下有三个选项：

- 平面：从当前草绘区中选择一个平面作为草绘平面，草绘平面可以选择为某一基准面或零件的某个表面；
- 产生基准：生成一个新的基准平面作为草绘平面；
- 放弃平面：不定义，放弃草绘平面的指定。

设置草绘平面后，弹出【方向】菜单，如图 3-73 所示，要求客户指定草绘视图的方向，选择好草绘方向后单击【正向】选项，这表示确认和认可的意思，系统弹出【草绘视图】菜单，如图 3-73 所示，单击【缺省】选项，进入草图绘制模式。在草图绘制环境下，使用草绘器工具条中的绘图命令绘制轨迹线。

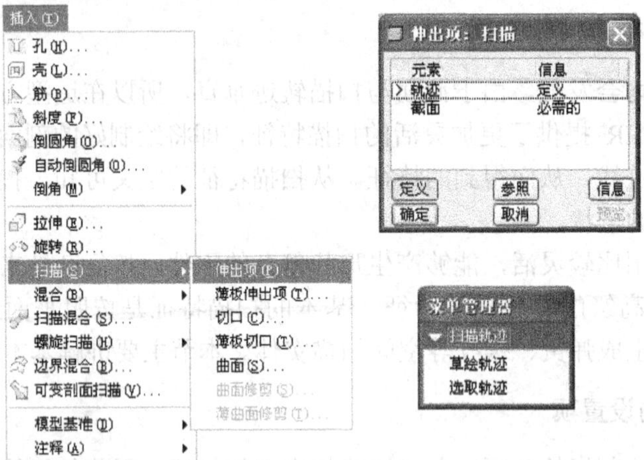

图 3-72 扫描特征定义

图 3-73 草图轨迹设置

注意：① 轨迹线可以是闭合的，也可以是不闭合的；② 草绘的轨迹线不能与自身相交，轨迹线的弧和样条曲线的半径不能太小，否则扫描剖面扫描至此时，创建的特征与自身相交，会导致特征创建失败。

（2）选取轨迹

该项用于选择已有的基准线或者其他特征的边线作为扫描特征的轨迹线。选择该项后，【菜单管理器】将出现【链】菜单，如图所示3-74所示。【链】菜单共有 6 种选择方式，分别为【依次】、【相切链】、【曲线链】、【边界链】、【曲面链】和【目的链】。此外，该菜单还有 4 个设置项，分别为【选取】、【撤销选取】、【修剪/延伸】和【起始点】。在选择轨迹之前，后 3 个选项不可选。

【链】菜单各项释义如下。

- 依次：表示一段一段选取曲线轨迹，直到选完为止。
- 相切链：用于选取相切的边缘曲线；以该方式选择某条边线时，Pro/ENGINEER 自动选择与该边线相切的所有边线，作为特征的轨迹线。
- 曲线链：用于选取相连的曲线。当曲线链是由多条曲线构成时，选择该选项将弹出【链选项】菜单，其中的【选取全部】选项用于选择曲线链中的所有曲线；【从-到】选项用于在用户指定的两个顶点之间选择曲线，如图 3-74 所示。

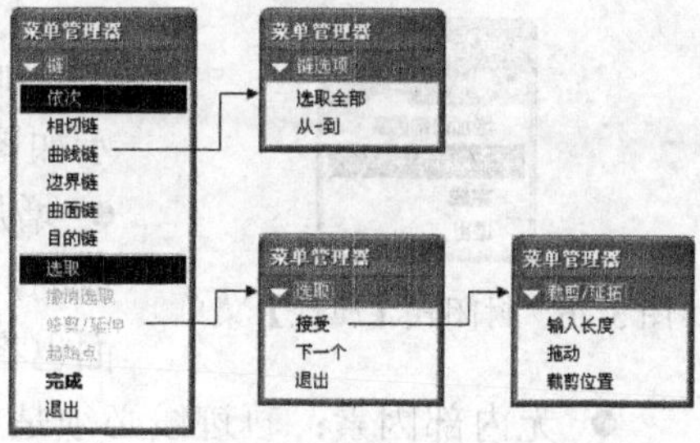

图 3-74 选择轨迹设置

- 边界链：用于选取曲面相切的边界。当以该方式选取某一曲线的边线时，Pro/ENGINEER 会自动选择与该边相切的所有边线作为特征的轨迹线。
- 曲面链：用于选取曲面的边线。当以该方式选择某一曲面时，Pro/ENGINEER 将自动选取该曲面的边线作为特征的轨迹线。
- 目的链：用于选取实体边链为扫描路径。
- 选取：用于选择图元。
- 撤销选取：用于取消已经选择的图元。
- 修剪/延伸：用于修剪或延伸轨迹的端点。当需要修改轨迹的长度时，可以选择该选项，弹出【选取】菜单，如图 3-74 所示，同时提示用户选择轨迹线的终点。此时一个红色的箭头出现在轨迹线的终点，执行【选取】|【接受】命令，接受该端点为轨迹的终点，单击【下一个】选项，则红色箭头出现在下一个端点的位置。

  单击【接受】选项后，弹出【剪裁/延拓】菜单，如图 3-74 所示，其含义如下。

  ✧ 输入长度：将轨迹线延伸到指定的长度；
  ✧ 拖移：拖曳的方式调整轨迹线的终点；
  ✧ 剪裁位置：在指定位置裁剪轨迹线。
- 起始点：用于设置轨迹线的起始点位置与方向。

注意：草绘环境下绘制的轨迹是二维的，而选取的轨迹线可以是二维的，也可以是三维的，取决于已有特征的形状。

2）属性设置

在完成轨迹线之后，系统就要求指定扫描特征的属性。但系统根据不同的扫描轨迹线显示不同的【属性】菜单。下面将分别予以讲解。

（1）开放式轨迹扫描

如果绘制（或选取）的轨迹线是开放的，并且当与已有特征相交时，系统将显示如图 3-75 所示的【属性】菜单，用来确定扫描特征的端面与相邻特征的结合状况。

- 合并终点：在轨迹的端点处，扫描特征的端面与另一个特征合并，即融合成一体，由系统自动完成。
- 自由端点：在轨迹的端点处，扫描特征的端面与另一个特征不进行合并。

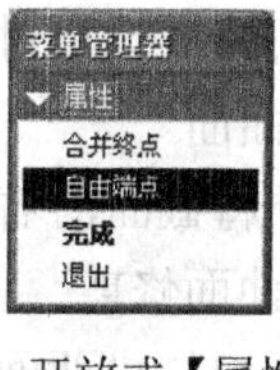

图 3-75 开放式【属性】菜单

注意：当建立的扫描特征是零件模型的第一个特征时，即使绘制的轨迹线为开放型，也不会显示【属性】菜单，而是直接产生扫描特征。

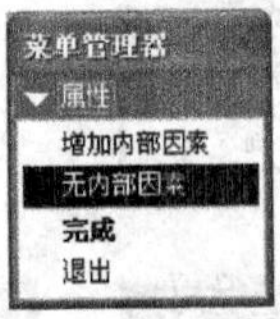

图 3-76 封闭式【属性】菜单

（2）封闭式轨迹扫描

如果绘制（或选取）的轨迹线是封闭的，则系统将显示如图 3-76 所示的【属性】菜单。

- 增加内部因素：轨迹线必须是封闭的，扫描剖面必须是开放的，系统将在产生特征的内部加上一个面，即其顶面和底面也将是封闭的。
- 无内部因素：轨迹线必须是封闭的，扫描剖面也必须是封闭的，产生的扫描特征在轨迹线内部无面。

3）截面设置

当用户单击【完成】，确定了扫描特征的轨迹后，系统将自动进入草绘模式中，此时，坐标系出现于轨迹线的起始点，同时，在绘图区中有两条垂直相交的中心线和一条轨迹线在水平面上的投影线。

利用草绘工具绘制扫描特征的截面。在截面时，建议用户以草绘平面上的这两条中心线为中心进行绘制，同时将截面的几何中心设置在中心线的交点上。

截面绘制好后，单击草绘工具条中的✔按钮继续扫描特征。单击对话框中的【确定】按钮完成扫描特征。

注意：在扫描特征对话框中显示了已经设置的所有扫描特征信息。如果要对某些设置项进行重新定义，首先选取需要修改的设置项，然后单击特征信息对话框中的【定义】按钮，就可以修改定义。

2. 扫描特征的其他项

1）薄板伸出项

薄板伸出项实际上是沿着扫描轨迹线首先生成曲面，然后由曲面长厚，生成薄壁实体。

创建扫描【薄板伸出项】特征的操作步骤，与创建扫描【伸出项】实体特征的操作步骤基本类似。只是在绘制完截面后，会弹出【薄板选项】菜单和模型，由用户根据窗口中的箭头提示选择薄板伸出的长厚方向。选定方向后，系统显示【输入薄特征的宽度】，输入数值后，单击【确定】按钮确认即可。

2）切口扫描

切口扫描指的是截面沿着扫描轨迹线进行扫描，从而剪裁原有实体特征的方法，类似于拉伸特征的减材料操作。

3）薄板切口

薄板切口是指对薄板伸出项的减材料操作。

4）曲面

该项将截面沿着扫描轨迹线扫描，从而创建一个曲面特征，操作方法与伸出项类似。

5）曲面修剪

该项用扫描曲面修剪另一个曲面。具体操作方法与扫描曲面大致相同，不同的是在创建扫描曲面之前，要选择确定被裁剪的曲面或组面。扫描曲面创建完后，弹出【属性】菜单，由用户选择被裁剪曲面的方式。之后又弹出【材料侧】菜单，由用户选择要保留材料曲面的方向。

6）薄曲面修剪

该项用薄板伸出项扫描生成的曲面，修剪另一个曲面或面组。具体操作法方法与薄板切口方法大致相同，与曲面修剪类似。

3．扫描特征实例

【例 3-3】　创建如图 3-77 所示的回形针。

经分析可以看出，此模型可以通过一次扫描特征来实现。

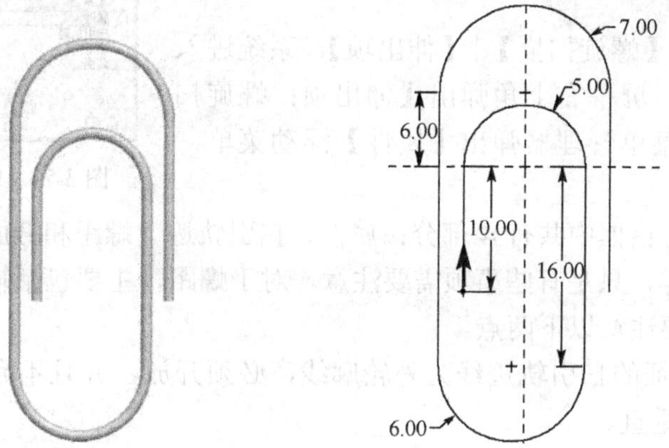

图 3-77　回形针

操作步骤：

（1）打开 Pro/ENGINEER 系统，新建一个【零件】设计环境。

单击【文件】|【新建】菜单项或工具栏中□按钮，在弹出的新建对话框中，选择 零件，在【名称】文本输入框中输入文件名，并取消 使用缺省模板 复选框前的对钩，不使用系统默认的模板，单击【确认】按钮。在随后弹出的【新建文件选项】对话框中，选择公制模板：mmns_part_solid，并单击【确认】按钮，进入零件设计环境。

（2）扫描特征生成回形针

单击【插入】|【扫描】|【伸出项】命令，弹出【伸出项：扫描】对话框和【扫描轨迹】菜单，选择【草绘轨迹】，系统将弹出 【设置草绘平面】浮动菜单，选择 FRONT 平面作为草绘平面，设置草绘平面后，系统将弹出【方向】菜单，单击【正向】选项，系统弹出【草绘视图】菜单，单击【缺省】选项，进入草图绘制模式。

在草图绘制环境下，使用草绘器工具条中的绘图命令绘制如图 3-77 所示的轨迹线。轨迹线绘制好后，单击草绘工具条中的✔按钮继续扫描特征。

完成轨迹线的绘制后，系统将自动进入草绘模式中，以草绘平面上的两条中心线的交点为圆心，绘制一个直径为 1 的圆作为草绘截面。

截面绘制好后，单击草绘工具条中的✔按钮继续扫描特征。单击对话框中的【确定】按钮完成扫描特征。生成的特征如图 3-77 所示。

3.2.4 螺旋扫描特征

从 3.2.3 节可以看出，其扫描轨迹始终位于一个平面上，而在实际工作中，却经常遇到弹簧、螺纹等空间曲线扫描模型，Pro/ENGINEER 为此专门提供了螺旋扫描命令来创建这些特征。螺旋扫描是指将设定的截面沿着螺旋轨迹扫描而创建的特征。

螺旋轨迹由旋转曲面的轮廓（定义螺旋特征的截面原点到其旋转轴的距离）与螺距（螺圈间的距离）来定义，特征的建立还需要旋转轴和截面。轮廓不能是封闭的曲线，螺距可以是恒定的，也可以是可变的。

1. 螺旋扫描特征的设置项

执行【插入】|【螺旋扫描】|【伸出项】，系统进入螺旋扫描特征界面，屏幕右上角弹出【伸出项：螺旋扫描】对话框，同时菜单管理器弹出【属性】浮动菜单，如图 3-78 所示。

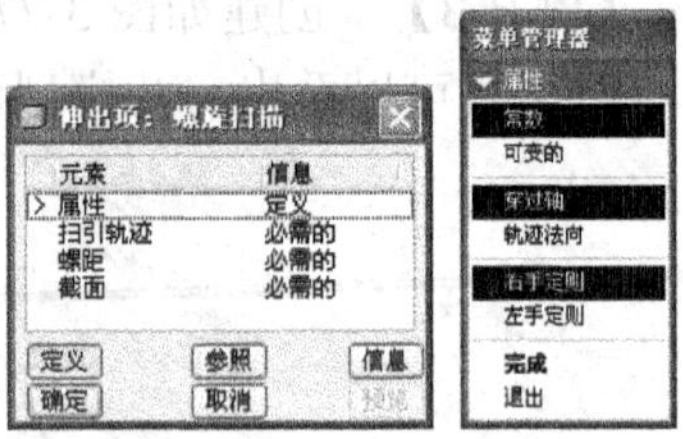

图 3-78 螺旋扫描特征定义

【螺旋扫描】对话框中共有 4 部分：属性、扫引轨迹、螺距和截面。绘制扫引轨迹和截面与扫描操作一样，只是有些事项需要注意。对于螺距，主要包括输入值和决定螺距变化点。扫引轨迹需要注意以下两点。

- 螺旋扫描特征的扫引轨迹线为外轮廓线，必须开放，并且不允许与中心线（即螺旋轴）相互垂直。
- 当以轨迹法向方式建立螺旋扫描特征时，其扫引轨迹线可由多条曲线组成，但这些曲线之间必须以相切的方式连接。

【属性】菜单中有 3 组共 6 个选项，其含义分别如下。

- 常数：螺距数值为恒定。
- 可变的：螺距可变，而且由图形定义，即在同一个轮廓线上，不同区段有不同的螺旋值。
- 穿过轴：特征截面在扫描过程中始终穿过旋转轴线。
- 轨迹法向：特征截面在扫描过程中始终垂直于螺旋轨迹线。
- 右手定则：使用右手定则定义轨迹。
- 左手定则：使用左手定则定义轨迹。

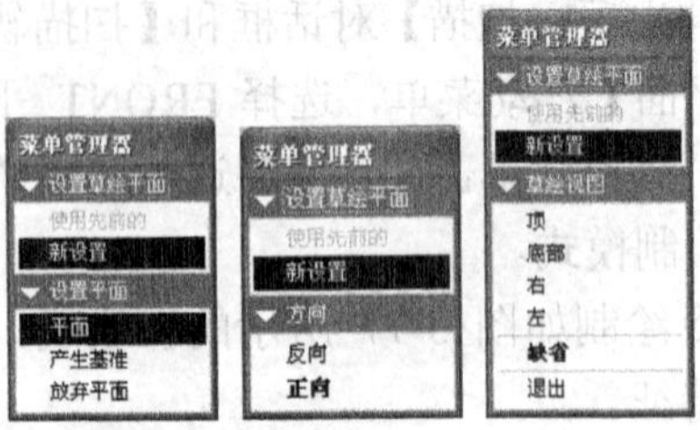

图 3-79 设置草绘平面

属性设置结束后，单击【完成】选项，系统即弹出【设置绘图平面】菜单管理器，如图 3-79 所示，选择草绘平面和方向后，选择【草绘视图】中的默认【缺省】选项，即进入草绘模式。

在草绘模式中，先绘制轨迹线和一条旋转轴，如图 3-80 所示。然后单击确定按钮✔，系统会弹出节距值输入框，输入节距值 30 后，单击确定按钮☑，系统转入螺旋扫描截面的绘制，绘制如图 3-81 所示的截面，完成截面后单击确定按钮✔，然后在【伸出项：螺旋扫描】对话框中单击【确认】按钮，即可创建一个恒定螺距值的螺旋扫描特征值，如图3-82所示。

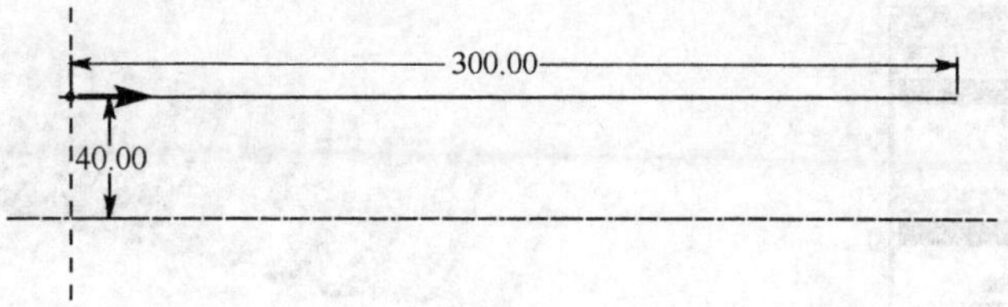

图 3-80　轨迹线绘制

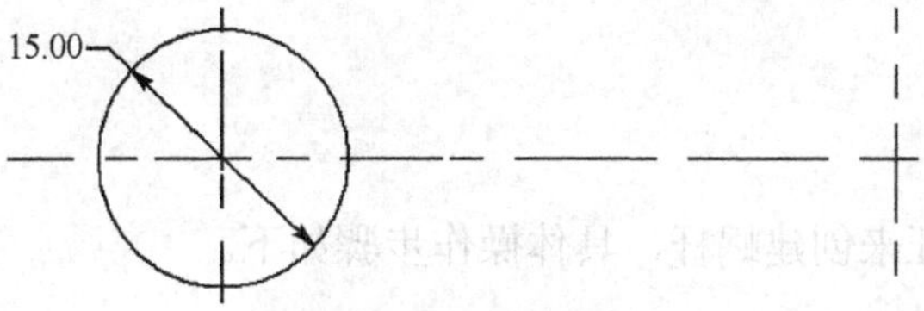

图 3-81　绘制截面

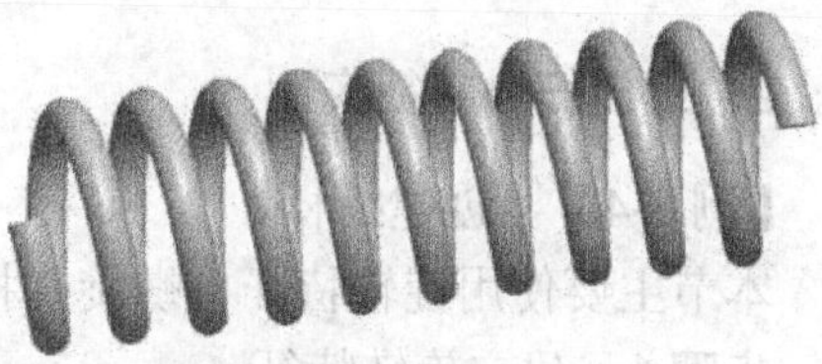

图 3-82　螺旋扫描特征

上面讲的是固定螺距值，即在【属性】菜单中选择的是【常数】项；如果选择的是【可变的】项，则说明螺距是可变的，螺旋线之间的距离由螺距图形控制。

可变螺距的螺旋扫描与固定螺距的螺旋扫描操作基本一样，只是在输入节距值时有所变化。固定节距值的输入如图 3-83 所示，可变节距值的输入如图 3-84 所示。在输入了起点和终点节距值后，系统会弹出一个带有初始螺距图的子窗口和一个【控制曲线】菜单管理器，如图 3-85、图 3-86 所示。可以通过该菜单管理器和子窗口添加、删除或改变控制点，来定义一条复杂的曲线，该曲线用来控制螺旋线沿旋转轴方向之间的距离。定义完成后，选择【完成/返回】选项。采用可变节距生成的螺旋扫描特征如图 3-87 所示。

图 3-83　固定节距输入框

图 3-84　可变节距输入框

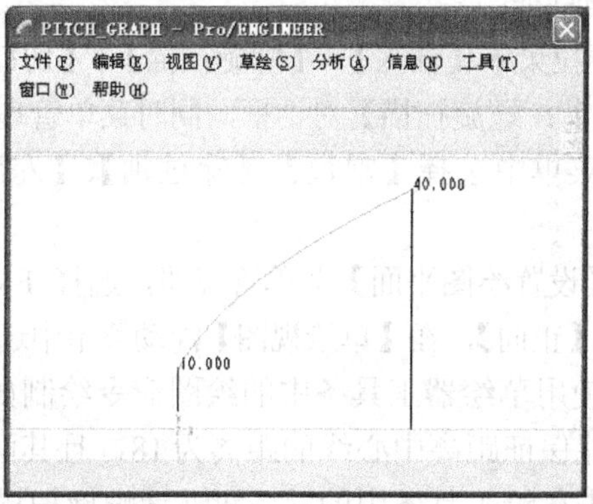

图 3-85　子窗口

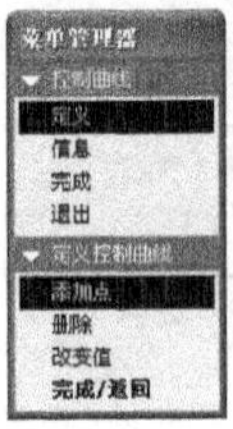

图 3-86 【控制曲线】菜单管理器

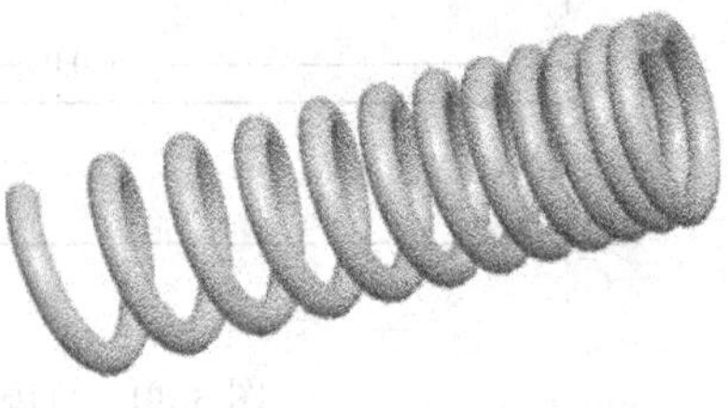

图 3-87 可变螺距的螺旋扫描特征

2. 螺旋扫描特征实例

【例 3-4】 创建蜗杆。

本节主要使用旋转特征与螺旋扫描特征来创建蜗杆，具体操作步骤如下。

步骤 1：建立旋转特征。

（1）打开 Pro/ENGINEER 系统，新建一个【零件】设计环境，不使用默认模板。

（2）建立旋转特征 1。

单击【插入】|【旋转】菜单项或特征工具栏中的拉伸特征命令按钮，建立旋转特征。选取 FRONT 基准平面作为草绘平面，以 RIGHT 基准平面为【右】方向参照，其草绘截面如图 3-88(a)所示，旋转角度为 360°，完成模型如图 3-88(b)所示。

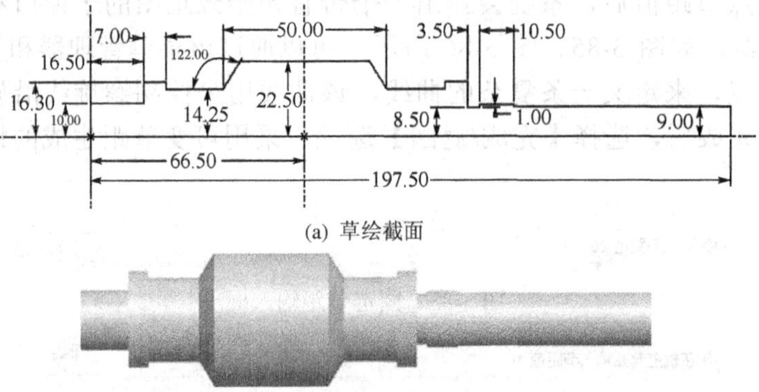

(a) 草绘截面

(b) 旋转特征

图 3-88 旋转特征 1

步骤 2：建立螺旋扫描特征。

（1）选择命令。单击下拉菜单【插入】|【螺旋扫描】|【切口】，系统进入螺旋扫描特征界面，屏幕右上角弹出【切剪：螺旋扫描】对话框，同时菜单管理器弹出【属性】浮动菜单。

（2）在【属性】浮动菜单中选择【常数】、【穿过轴】、【左手定则】，设置完成后，单击【完成】。

（3）随后系统将弹出【设置绘图平面】菜单管理器，选择 FRONT 平面作为草绘平面，在【方向】浮动菜单中选择【正向】，在【草绘视图】浮动菜单中选择【缺省】，进入草绘模式。

（4）草绘扫引轨迹。使用草绘器工具条中的绘图命令绘制如图3-89 所示的扫引轨迹和旋转轴线。扫引轨迹线要能保证距离中心线的距离为 18，且其两端均超过需要生成螺旋特征的部分。绘制好后，单击草绘工具条中的✓按钮继续螺旋扫描特征。

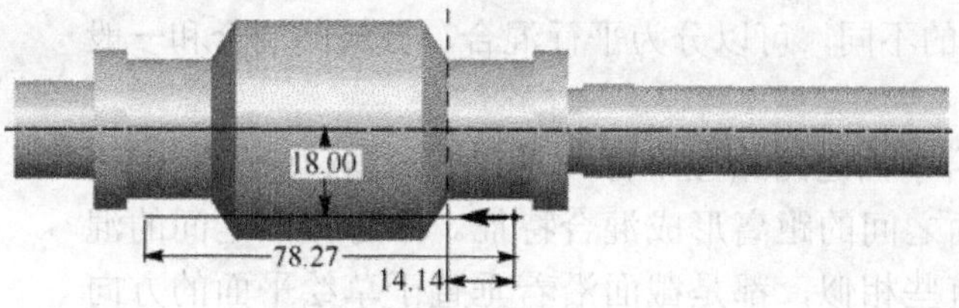

图 3-89 扫引轨迹

（5）随后系统会弹出节距值输入框，输入节距值 9.42487，单击确定按钮☑，系统转入螺旋扫描截面的绘制。

（6）绘制如图 3-90 所示的梯形截面，完成截面后单击确定按钮✔。

（7）随后系统弹出【方向】菜单管理器，如图 3-91 所示，选择【正向】，即剪切方向为材料内侧。

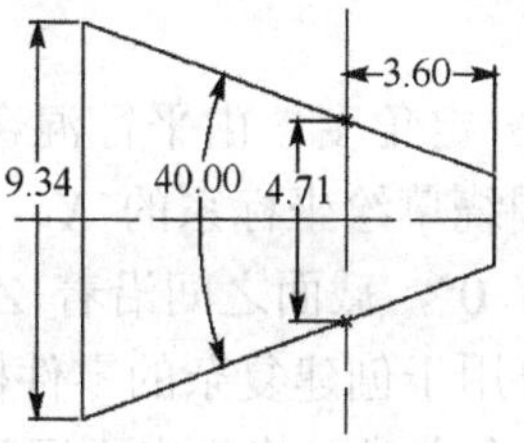

图 3-90 草绘截面

图 3-91 【方向】菜单管理器

（8）然后在【切剪：螺旋扫描】对话框中单击【预览】按钮，预览该旋转特征。若不符合要求，则选择相应的元素，单击【定义】按钮，重新定义；若符合要求，则单击【切剪：螺旋扫描】对话框中的【确定】按钮，完成螺旋扫描特征的创建。此时就创建了一个恒定螺距值的螺旋扫描特征值，如图 3-92 所示。

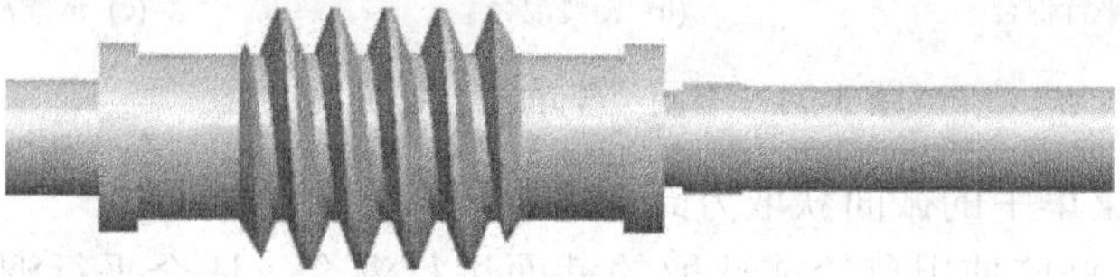

图 3-92 螺旋扫描特征

3.2.5 混合特征

前面所学的扫描特征是截面沿着轨迹扫描而成的，但是截面形状不变。那么，如果扫描过程中的截面形状发生变化怎么办？Pro/ENGINEER 为此专门提供了混合特征命令来解决这个难题。混合特征是将位于不同平面上的截面（至少两个平面截面，而且每个平面必须拥有相同的图元数）按照指定的规则及其形成机理拟合而成的特征。

1．混合特征的设置项

执行【插入】|【混合】|【伸出项】，屏幕右上角弹出【混合选项】菜单管理器，如图 3-93 所示。

按照混合方式的不同，可以分为平行混合、旋转的混合和一般混合 3 种类型。

图 3-93 【混合选项】管理器

- 平行：混合平面之间相互平行，且在同一窗口中绘制，通过定义截面之间的距离形成混合特征。平行截面之间的混合与拉伸有些相似，都是截面沿着垂直于草绘平面的方向运动而形成特征，只不过拉伸是单截面运动，而混合是多截面运动，平行截面的混合可以看做变截面的拉伸。
- 旋转的：各截面之间旋转一定的角度形成的特征，角度最大可达到 120°，每个截面都单独草绘，并用截面坐标系对齐。旋转截面之间的混合与旋转特征有些类似，都是截面通过旋转而形成的特征，只不过旋转特征是单截面旋转，而混合特征是多截面旋转，旋转截面的混合可以看做变截面旋转。另外，旋转特征是截面围绕草绘的轴线旋转，而旋转混合特征是截面围绕草绘坐标系的 Y 轴旋转。
- 一般：各截面之间在三维空间中设置成一定角度，由平行混合与旋转混合组合而成。一般混合特征的草绘截面可以分别围绕草绘坐标系的 X、Y、Z 轴旋转，其旋转角度的大小为−120°～+120°，默认值为 0°，截面之间沿着 Z 轴可拥有一定的线性距离。此类型的混合特征最为灵活，可用于创建复杂的零件模型。

在【混合选项】菜单管理器中选择不同的混合方式，将弹出不同类型的混合特征对话框，如图 3-94 所示。

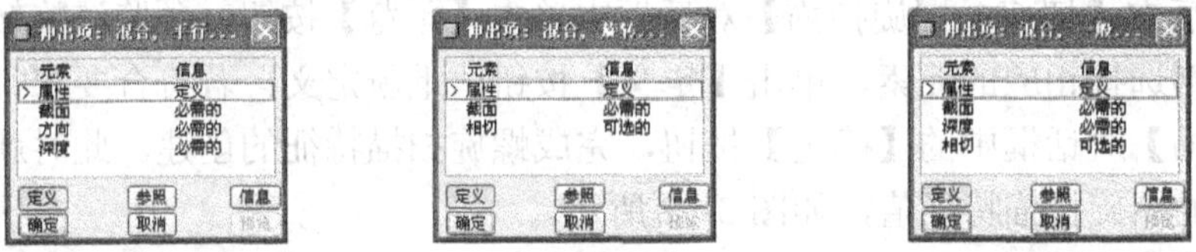

(a) 平行混合　(b) 旋转混合　(c) 一般混合

图 3-94 不同类型的混合特征对话框

【混合选项】菜单中的截面获取方式如下。

- 规则截面：直接使用草绘或选取的截面进行混合，适合平行混合、旋转混合和一般混合，是默认选项。
- 投影截面：指混合的截面草绘完成后，将草绘截面首先投影至所选取的曲面上，再利用截面的投影创建混合特征，只适用于平行混合特征。截面的位置由所选的投影参照曲面确定，不需要定义混合深度。
- 选取截面：对旋转混合和一般混合有效，即选取截面几何作为混合截面。
- 草绘截面：适用于平行混合、旋转混合和一般混合，混合截面由草绘完成，是默认选项。

2．平行混合特征

下面通过实例来介绍平行混合特征。

【例 3-5】　创建如图 3-95 所示的花瓶实体模型。

经分析可以看出，此模型是对称结构，主体为旋转体。这里采用平行混合特征，需要建立 3 个截面，进行平行混合生成，且截面都是圆。

具体操作步骤如下。

（1）打开 Pro/ENGINEER 系统，新建一个【零件】设计环境。

（2）执行【插入】|【混合】|【伸出项】命令，系统进入混合特征界面，屏幕右上角弹出【混合选项】菜单管理器。

（3）在菜单管理器中执行【平行】|【规则截面】|【草绘截面】|【完成】命令，系统弹出【伸出项：混合，平行...】对话框和【属性】菜单，如图 3-96 所示。

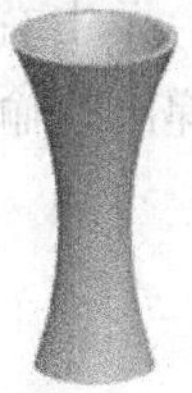

图 3-95　花瓶

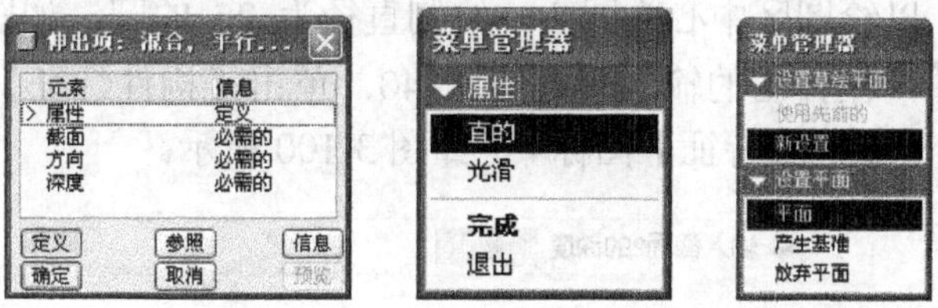

图 3-96　平行混合特征的设置项

【属性】菜单各选项释义如下。

- 直的：设置截面与截面之间通过直线连接，混合特征的边线呈现平直状态，其外形为平直面；
- 光滑：设置截面与截面之间通过光滑曲线连接，混合特征的边线呈现平滑状态，其外形为平滑曲面。

（4）在【属性】菜单中执行【光滑】|【完成】，系统弹出【设置草绘平面】菜单，如图 3-96 所示。

【设置草绘平面】各选项释义如下。

- 使用先前的：使用上一次使用过的平面；
- 新设置：重新设置草绘平面；
- 平面：在草绘区内选取草绘平面；
- 产生基准：创建一个基准平面作为草绘基准；
- 放弃平面：不选取平面。

（5）在绘图区选择系统基准平面 TOP，弹出【方向】菜单，绘图区显示提示草绘截面混合方向的箭头，如图 3-97 所示。

（6）执行【正向】命令，弹出【草绘视图】菜单，如图 3-98 所示。

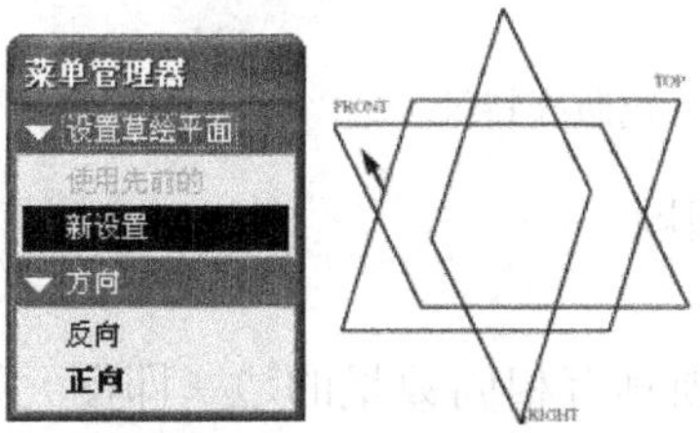

图 3-97　【方向】菜单

图 3-98　【草绘视图】菜单

（7）执行系统默认【缺省】命令，系统进入草绘界面。

（8）单击【圆和点】图标，以绘图区中心点为圆心，绘制一个圆，修改尺寸为 35。

（9）执行【草绘】|【特征工具】|【切换剖面】命令，或单击鼠标右键，在弹出的快捷菜单中执行【切换剖面】命令，窗口显示截面圆变成灰色，即可进入下一个截面绘制。

（10）以绘图区中心为圆心，绘制直径为 15 的圆，执行【草绘】|【特征工具】|【切换剖面】命令，进入下一个截面绘制。

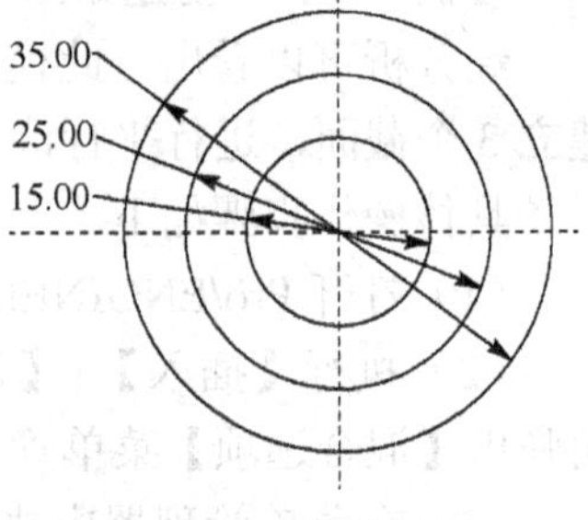

图 3-99 草绘截面

（11）以绘图区中心为圆心，绘制直径为 25 的圆，如图 3-99 所示，单击右下角的确认按钮，在弹出的输入框内输入 40，单击【构件特征】图标，在弹出的输入框内输入 30，单击【构件特征】图标，如图 3-100 所示。

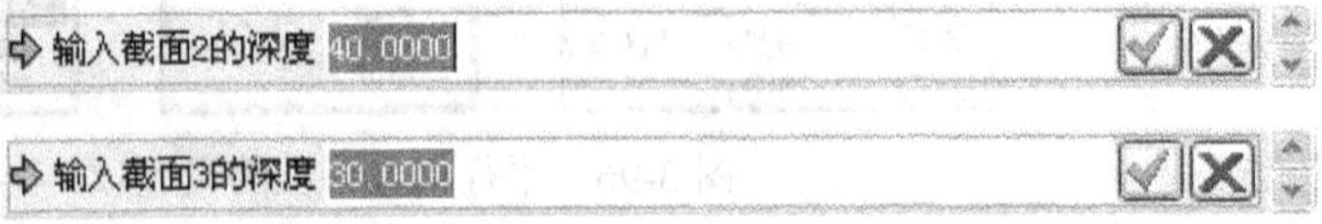

图 3-100 深度定义

（12）再单击【伸出项：混合，平行…】对话框的【预览】按钮，预览该平行混合特征。若不符合要求，则选择相应的元素，单击【定义】按钮，重新定义；若符合要求，则单击【伸出项：混合，平行…】对话框中的【确定】按钮，完成平行混合特征的创建，如图 3-102 左图所示。

图 3-101 【壳】特征操控板

（13）执行【插入】|【壳】命令，或者单击工具条图标，弹出【壳】操控面板，如图 3-101 所示。在【厚度】数值框中输入 2，然后选取直径为 35 的上截面，单击特征操控板的按钮，预览该特征。若不符合要求，按按钮退出暂停环境，继续编辑特征。若符合要求，单击操控板中的按钮，完成【壳】特征的创建。生成的特征如图 3-102 所示。

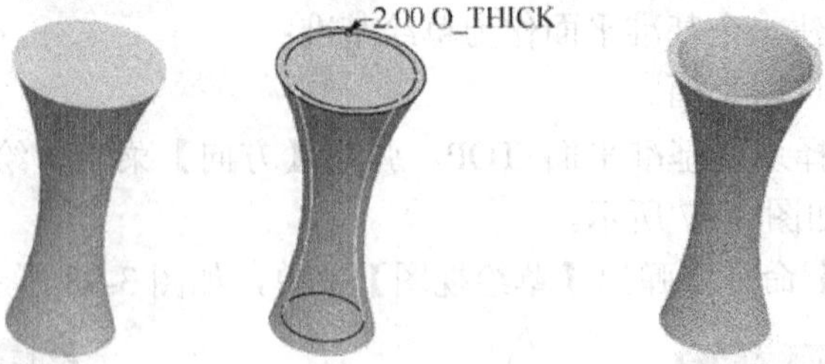

图 3-102 花瓶壳特征

平行混合特征建立过程中有如下两个问题。

1）各截面图元数量的问题

建立混合特征时，所有的混合截面必须具有相同数量的边（即图元数）。若边数不相同，则可通过如下方法解决。

- 使用草绘工具栏中的分割命令将一条边分割成两条或多条。
- 采用混合顶点的方法指定一个点作为一条边，使此点可与其他截面上的一条边相连。即选中顶点，右击，在弹出的快捷菜单中选择【混合顶点】菜单项，或单击下拉菜单的【草绘】|【特征工具】|【混合顶点】菜单项，顶点处会出现一个圆圈，表示此点为混合顶点。

在例 3-5 中，截面的形状均为圆形，只是尺寸不同，所以每个截面的图元数量相同，均为 0。而在图3-103 中，截面 1 为圆，图元数量为 0；截面 2 为正方形，图元数量为 4。若直接单击右下角的确定按钮✔，则草绘环境上方会显示【每个截面的图元数必须相等。】的提示。

此时，切换到截面 1（即两次单击鼠标右键，在快捷菜单中执行【切换剖面】命令），单击【分割】图标，在圆和中心线的交点处单击，形成 4 个分割点，此时图元数量为 4，窗口显示起始位置，如图 3-104 左图所示。若单击确定按钮✔，输入深度为 8，生成如图 3-104 右图所示的实体模型。

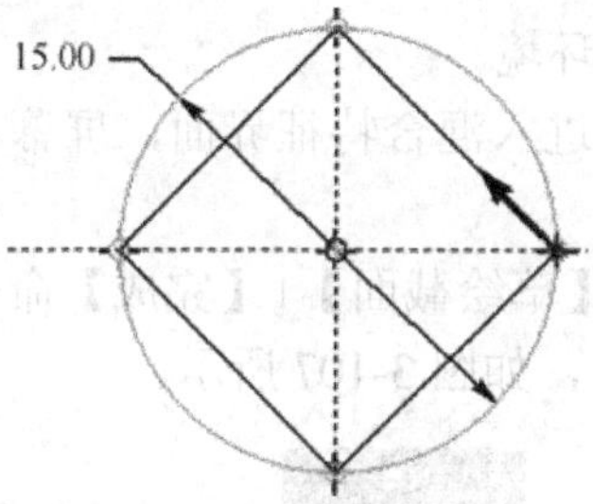

图 3-103　图元数不等

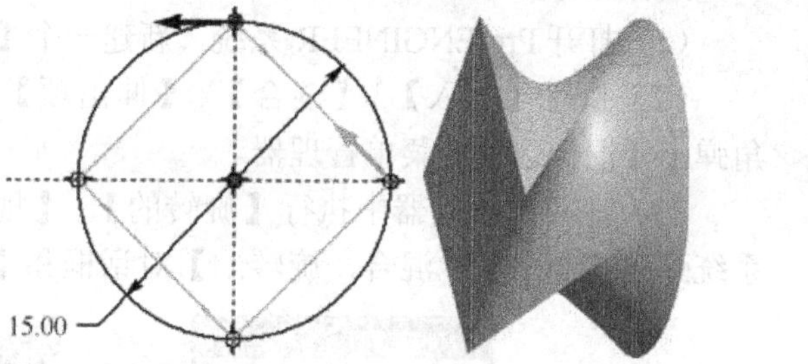

图 3-104　增加图元数

2）起始点问题

每个截面都要指定一个起始点，截面间的连接从起始点开始按照起始点箭头方向依次连接。若截面间起始点不合适，则可更改某截面的起始点。

- 若想改变起始点，选中要作为起始点的点，单击下拉菜单【草绘】|【特征工具】|【起始点】菜单项，或右击，在弹出的右键菜单中选择【起始点】菜单项，此时箭头移至此点，表示此点成为新的起点。
- 若想改变顶点的连接方向，选中起始点，单击下拉菜单【草绘】|【特征工具】|【起始点】菜单项，或右击，在弹出的右键菜单中选择【起始点】菜单项，此时箭头移方向翻转，表示顶点连接时顺序翻转。

若在图 3-104 左图中单击圆右边的图元点，执行【草绘】|【特征工具】|【起始点】命令，改变起始点的位置，如图 3-105 左图所示，则生成的实体模型如图 3-105 右图所示。

3．旋转混合特征

旋转混合与平行混合特征最大的区别在于，旋转混合特征截面之间可以具有一定的角度。Pro/ENGINEER 将根据用户定义的坐标系而绕 Y 轴旋转，其旋转的角度范围是 0°～120°，默认值为 45°。选择该选项时，混合特征的各个截面是在不同的草绘平面上绘制的。

下面通过实例来介绍旋转混合特征。

【例 3-6】 创建如图 3-106 所示的实体模型。

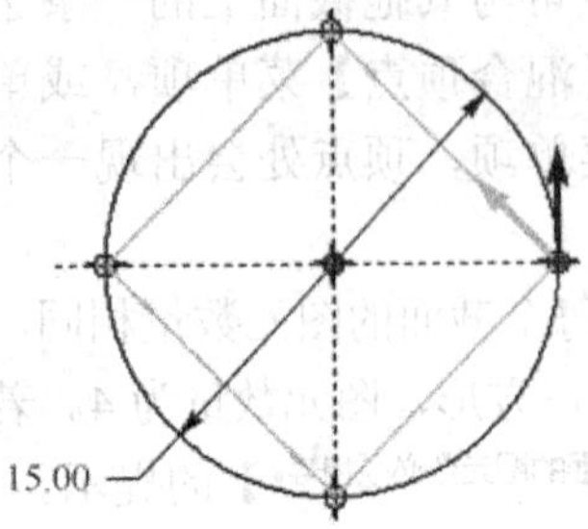

图 3-105 改变起始点

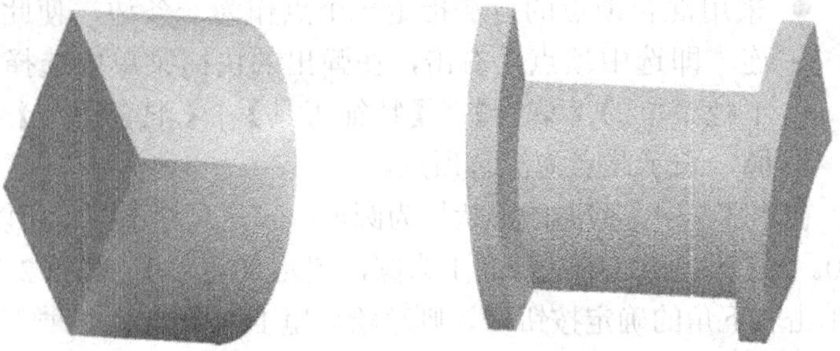

图 3-106 旋转混合特征模型

经分析可以看出，此模型是非对称结构，主体为旋转体。这里采用旋转混合特征，需要建立 2 个截面，进行旋转混合生成。

具体操作步骤如下。

（1）打开 Pro/ENGINEER 系统，新建一个【零件】设计环境。

（2）执行【插入】|【混合】|【伸出项】命令，系统进入混合特征界面，屏幕右上角弹出【混合选项】菜单管理器。

（3）在菜单管理器中执行【旋转的】|【规则截面】|【草绘截面】|【完成】命令，系统弹出【伸出项：混合，旋转...】对话框和【属性】菜单，如图 3-107 所示。

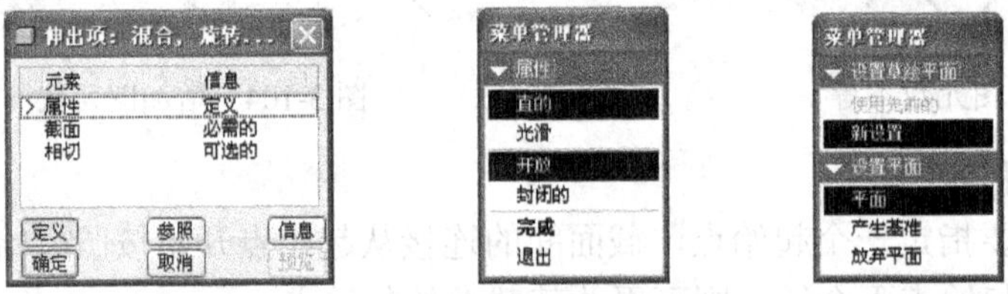

图 3-107 旋转混合特征的设置项

【属性】菜单各选项释义（直的、光滑的两项释义同平行混合）如下。

- 开放：旋转混合特征首尾两个截面不连接；
- 封闭的：旋转混合特征首尾两个截面自动进行连接。

（4）在【属性】菜单中执行【光滑】|【开放】|【完成】，系统弹出【设置草绘平面】菜单，如图 3-107 所示，【设置草绘平面】各选项释义与平行混合特征相同，这里不再详解。

（5）在绘图区选择系统基准平面 FRONT，弹出【方向】菜单，绘图区显示提示草绘截面混合方向的箭头，执行【正向】命令，弹出【草绘视图】菜单，执行系统默认【缺省】命令，系统进入草绘界面。

（6）首先单击草绘器工具条中的【创建坐标系】按钮，添加截面坐标系，然后绘制如图 3-108 所示截面，并将该截面保存起来。确定后单击【确定】按钮✔。

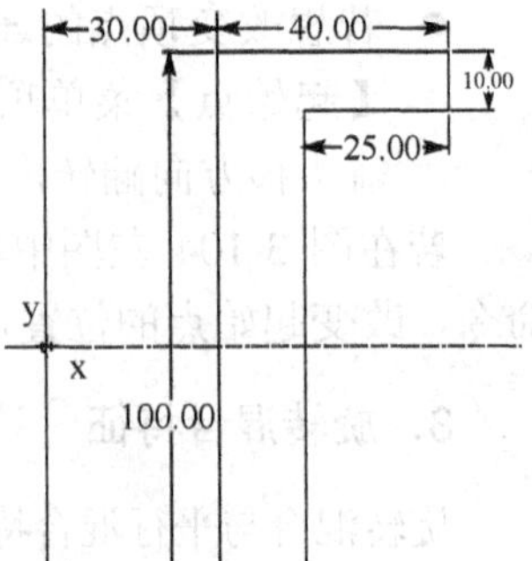

图 3-108 草绘截面 1

（7）在弹出的输入框内输入 90，单击【构件特征】图标✔，如图 3-109 所示，进入草绘环境。

图 3-109 旋转角度输入框

（8）执行【草绘】|【数据来自文件】|【文件系统】命令，打开刚才保存的文件，弹出【缩放旋转】对话框，比例值输入 1.2，旋转值输入 0，如图 3-110 所示，单击确认按钮✔，草绘环境中随后产生如图 3-111 所示的截面，确定后单击【确定】按钮✔。

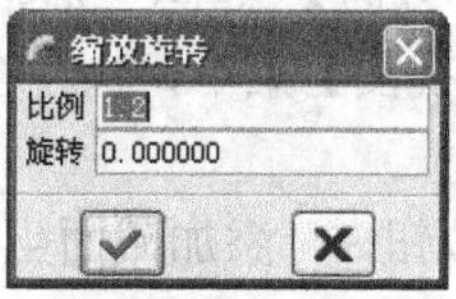

图 3-110 【缩放旋转】对话框

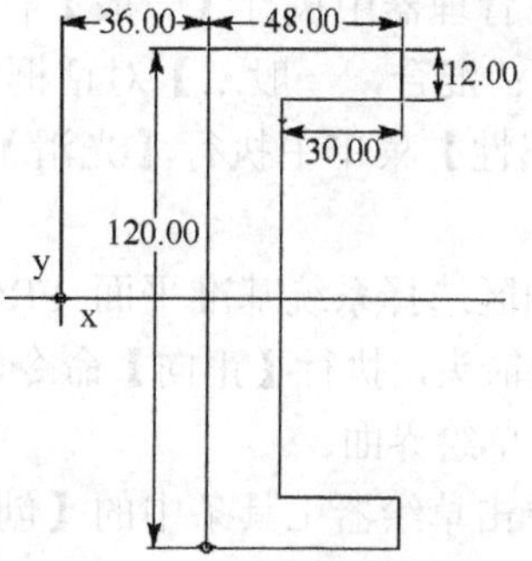

图 3-111 草绘截面 2

（9）在弹出的输入框内选择【否】按钮，不再绘制其他截面，如图 3-112 所示。在混合对话框中单击【预览】按钮，预览该旋转混合特征。若不符合要求，则选择相应的元素，单击【定义】按钮，重新定义；若符合要求，则单击【伸出项：混合，旋转…】对话框中的【确定】按钮，完成旋转混合特征的创建，如图 3-113 所示。

图 3-112 输入框

若在【属性】菜单中执行【直的】|【开放】|【完成】，其他不变，则生成如图 3-114 所示的实体。

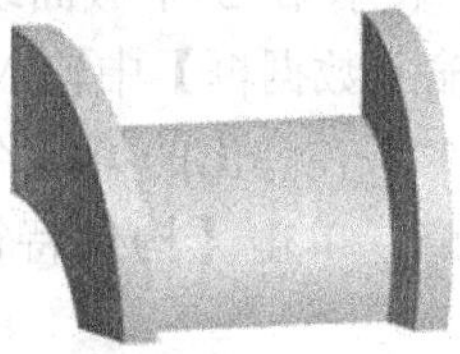

图 3-113 属性为【光滑】情况

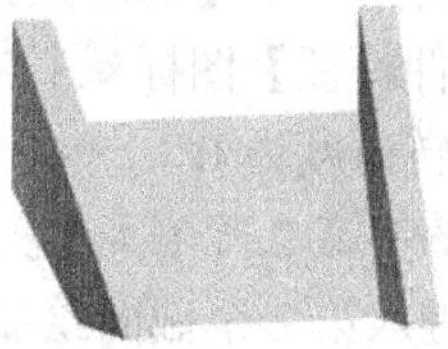

图 3-114 属性为【直的】情况

4．一般混合特征

与平行混合特征和旋转混合特征相比，一般混合特征是二者的结合体，即各个面之间既可以形成平行情况，也可以围绕所有轴旋转，所以生成的情况更加丰富。

一般混合特征所提示的各个菜单管理器内容与前面的两个混合特征相同，在此不再赘述。

下面通过实例来介绍一般混合特征。

【例 3-7】 创建如图 3-115 所示的铣刀实体模型。

经分析可以看出此模型可采用一般混合特征生成。

具体操作步骤如下。

图 3-115 铣刀实体模型

（1）打开 Pro/ENGINEER 系统，新建一个【零件】设计环境。

（2）执行【插入】|【混合】|【伸出项】命令，系统进入混合特征界面，屏幕右上角弹出【混合选项】菜单管理器。

（3）在菜单管理器中执行【一般】|【规则截面】|【草绘截面】|【完成】命令，系统弹出【伸出项：混合，一般...】对话框和【属性】菜单，如图 3-116 所示。

（4）在【属性】菜单中执行【光滑】|【完成】，系统弹出【设置草绘平面】菜单，如图 3-116 所示。

（5）在绘图区选择系统基准平面 FRONT，弹出【方向】菜单，绘图区显示提示草绘截面混合方向的箭头，执行【正向】命令，弹出【草绘视图】菜单，执行系统默认【缺省】命令，系统进入草绘界面。

（6）首先单击草绘器工具条中的【创建坐标系】按钮，添加截面坐标系，然后使用圆、中心线、直线、镜像、约束和尺寸修改等工具，绘制如图 3-117 所示截面，并将该截面保存起来。确定后单击【确定】按钮✔，完成第一个剖面。

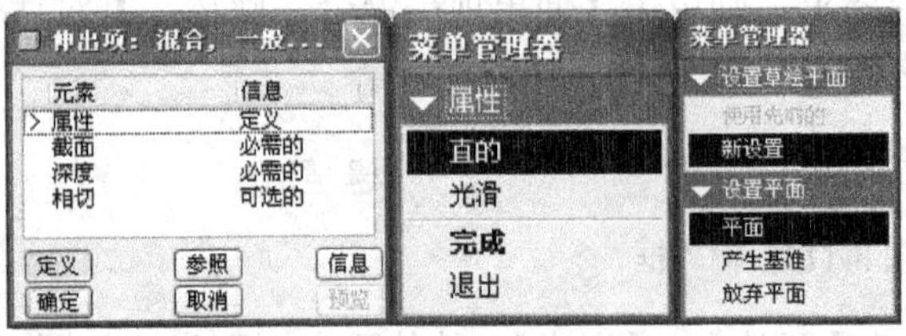

图 3-116 一般混合特征的设置项

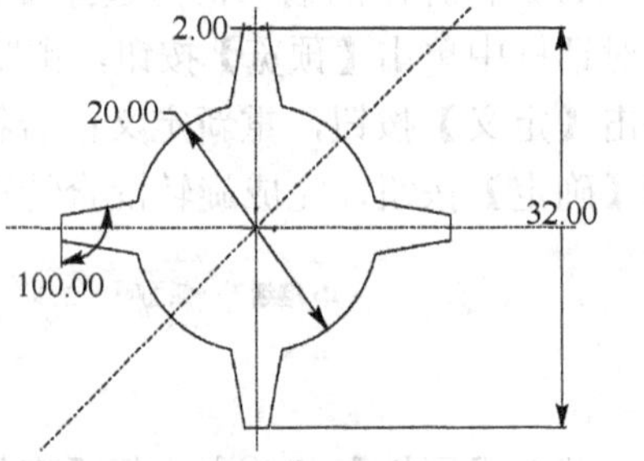

图 3-117 草绘截面

（7）在弹出的第一个【输入数据框】中输入“0”，表示第 2 个截面绕 X 轴旋转角度为 0°，单击【构件特征】图标；在弹出的第 2 个【输入数据框】中输入“0”，表示第 2 个截面绕 Y 轴旋转角度为 0°，单击【构件特征】图标；在弹出的第 3 个【输入数据框】中输入“45”，表示第 2 个截面绕 Z 轴旋转角度为 45°，单击【构件特征】图标，如图 3-118 所示，进入第 2 个截面绘制界面。

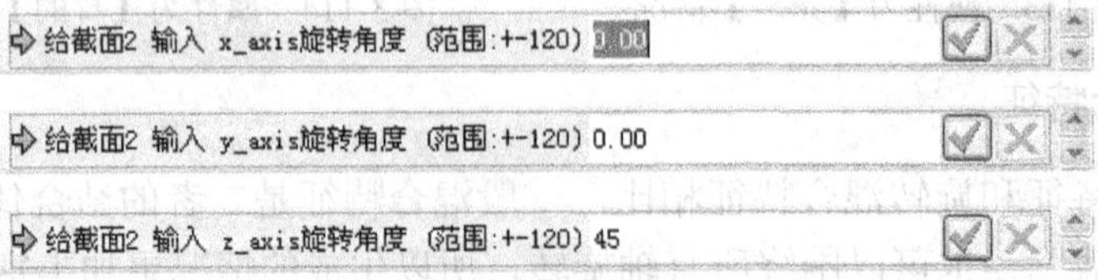

图 3-118 旋转角度输入框

（8）执行【草绘】|【数据来自文件】|【文件系统】命令，打开刚才保存的文件，弹出【缩放旋转】对话框，比例值输入 1，旋转值输入 0，单击确认按钮✔，草绘环境中随后产生与截面 1 一样大小的截面 2，确定后单击【确定】按钮✔，完成截面绘制。

（9）系统弹出【继续下一截面吗？】对话框，输入 y 后，按提示输入对 X、Y、Z 轴的旋转角度分别为“0”、“0”、“45”，单击确认按钮✔，系统进入第 3 个截面的绘制。

（10）按上述方法再绘制 4 个截面。绘制截面完成后，在【继续下一截面吗？】对话框，输入 n，按回车。

（11）系统提示输入各截面之间的距离，输入尺寸均为“10”。

图 3-119　一般混合特征

（12）在混合对话框中单击【预览】按钮，预览该一般混合特征。若不符合要求，则选择相应的元素，单击【定义】按钮，重新定义。若符合要求，则单击【伸出项：混合，一般…】对话框中的【确定】按钮，完成一般混合特征的创建，如图 3-119 所示。

（13）拉伸圆柱体。单击【拉伸】图标，在拉伸操控板中选择参照选项，单击【定义】按钮，选择最后一个截面为草绘平面，默认系统方向和参照，进入草绘界面。以坐标原点为中心，绘制直径为 20 的圆，如图 3-120 所示，单击【确定】按钮✔，输入拉伸深度为“30”。

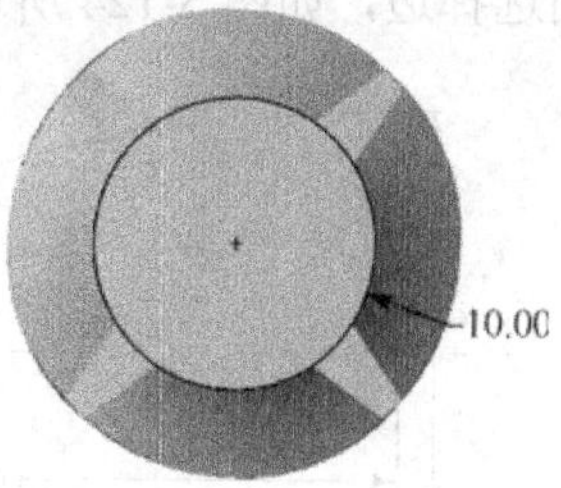

图 3-120　拉伸草绘截面

（14）单击特征操控板的☑ 6o 按钮，预览该特征。若不符合要求，按▶按钮退出暂停环境，继续编辑特征。若符合要求，单击操控板中的✔按钮，完成拉伸特征的创建。生成的特征如图 3-121 所示。

注意： 三种混合特征的方法，要特别注意多个截面边数的统一，如果边数不一致，一定要建立混合顶点。旋转混合和一般混合，一定要注意截面坐标系的建立，否则系统将报错。

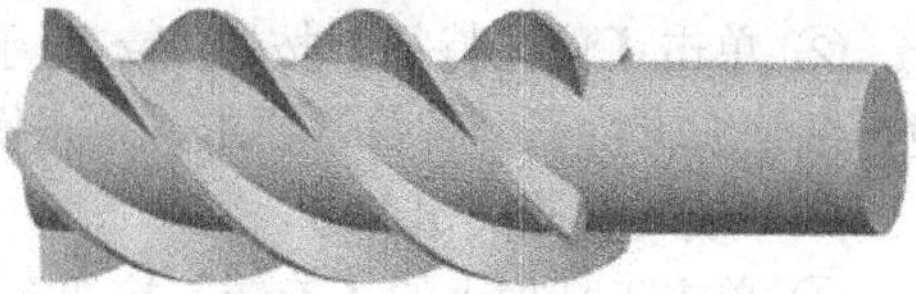

图 3-121　拉伸特征

3.2.6　基础实体建模综合范例

【例 3-8】　电饭煲顶盖

思路分析：如图 3-122 所示，首先通过旋转得到顶盖的基体，接着创建倒圆角特征，通过旋转得到突出部分，拉伸得到连接扣，接着创建倒圆角特征，手柄通过拉伸得到，拉伸切除盖腔和出气孔，最终形成模型。

图 3-122　电饭煲顶盖实体模型

操作步骤如下。

（1）新建模型。

选择【新建】选项，新建一个【零件】设计环境，命名为“gai”（使用默认模板）。

（2）旋转顶盖基体。

① 单击工具栏上的【旋转】按钮。

② 在【旋转】操控板上选择【位置】|【定义】。

③ 在工作区上选择基准平面 TOP 作为草绘平面。旋转截面在基准平面 TOP 上绘制。用户可以选择与此基平面关联的标签，或选择基准平面边界的任一部分，或者在模型树上选择这个基准平面。

④ 要定向草绘环境，通过选择设置【草绘】对话框上的方向。选择自动选择的定向方向。

⑤ 选择【草绘】对话框上的【草绘】选项，系统进入草绘环境。

⑥ 使用【线】按钮和【圆弧】按钮，绘制如图 3-123 所示的截面图。

⑦ 使用【创建尺寸】按钮和【修改】按钮创建尺寸标注方案。

⑧ 单击【确定】按钮，退出草绘环境。

⑨ 在操控板上设置旋转方式为【变量】。

⑩ 在操控板上输入“360”作为旋转的变量角。

（3）创建倒圆角特征。

① 单击工具栏上的【倒圆角】按钮。【倒圆角】用来创建倒圆角。在旋转特征的表面选择边，如图 3-124 所示。输入“2.00”作为圆角的半径。

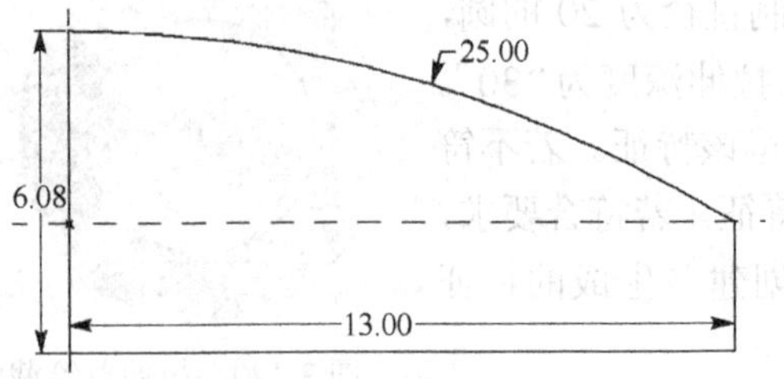

图 3-123　草绘截面

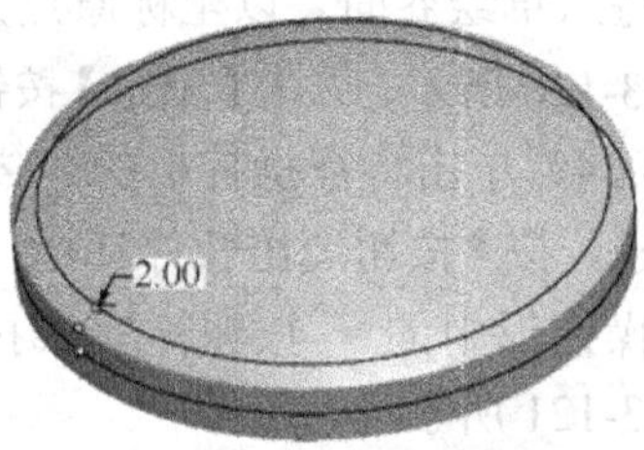

图 3-124　选择倒脚边

② 单击【预览特征】按钮，预览该特征。若不符合要求，按按钮退出暂停环境，继续编辑特征。若符合要求，单击操控板中的按钮，完成该特征的创建。

（4）旋转顶盖突出部分。

① 单击工具栏上的【旋转】按钮。

② 在草绘平面 TOP 上绘制如图 3-125 所示的草图。

③ 以“180”为旋转的变量角，【变量】的旋转方式切除材料生成如图 3-126 所示的模型。

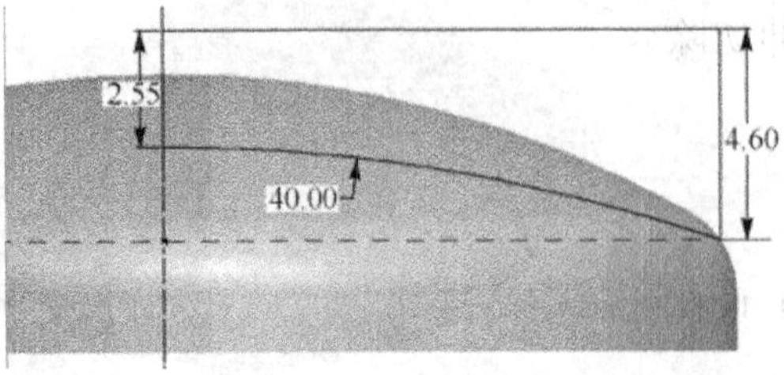

图 3-125　截面绘制

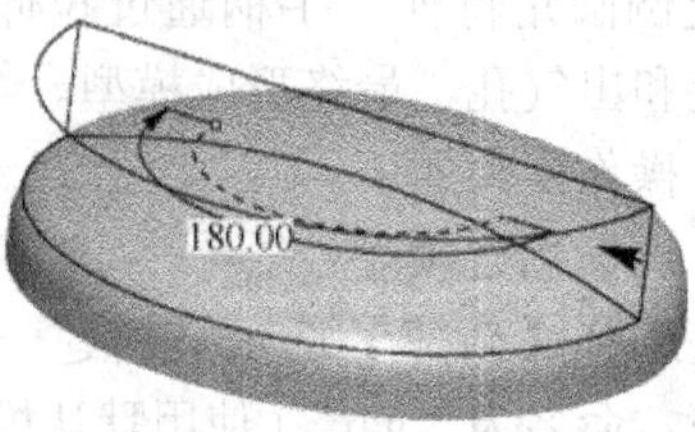

图 3-126　特征预览

（5）拉伸连接扣。

① 单击基本特征工具栏的【拉伸】按钮。

② 在如图 3-127 所示旋转特征底面绘制如图 3-128 所示的草图。

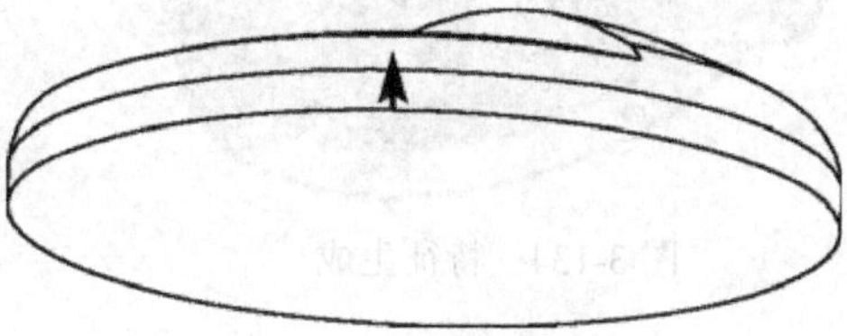

图 3-127 选择草绘平面

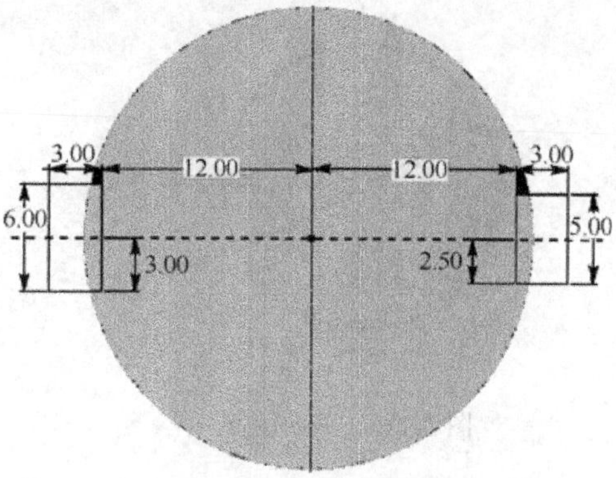

图 3-128 截面草绘

③ 以【可变】深度“2.00”拉伸材料。

（6）创建倒圆角特征。

以“2.00”作为圆角的半径，对拉伸特征的外表面进行倒圆角，如图 3-129 所示。完成后的模型如图 3-130 所示。

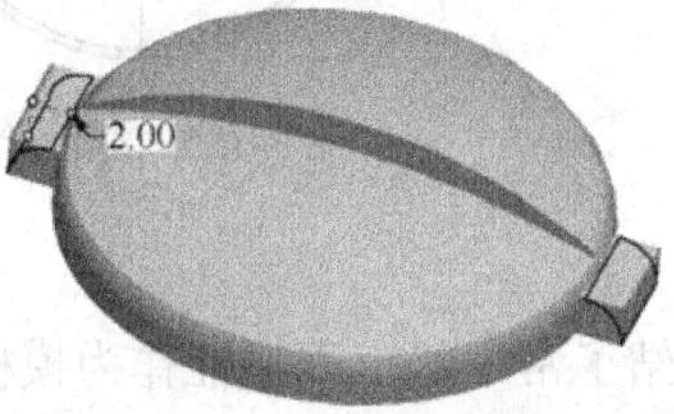

图 3-129 选择倒角边

图 3-130 特征生成

（7）拉伸手柄。

① 单击基本特征工具栏的【拉伸】按钮。

② 在旋转特征的端面绘制如图 3-131 所示的草图。

③ 以【可变】深度“4.00”拉伸材料，如图 3-132 所示。

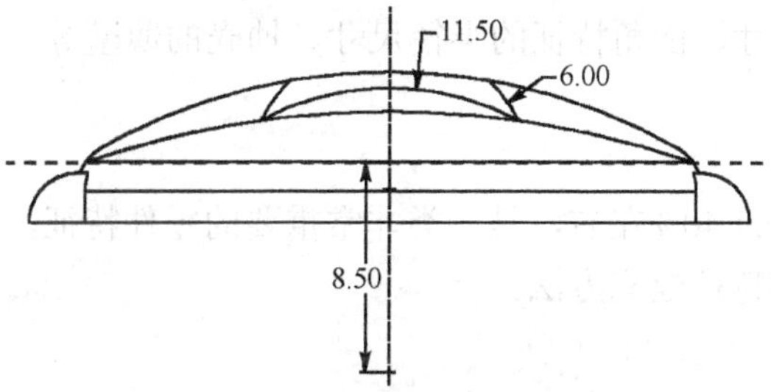

图 3-131 截面草绘

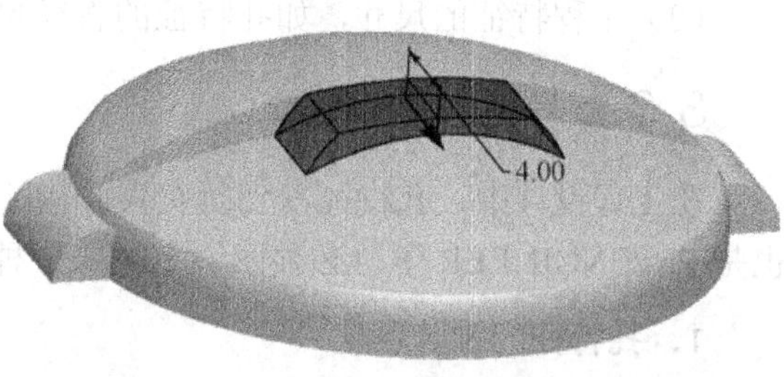

图 3-132 特征预览

（8）切除盖腔。

① 单击基本特征工具栏上的【拉伸】按钮。

② 在旋转特征的底面绘制如图 3-133 所示的草图。

③ 以【可变】深度“2.00”切减材料，如图 3-134 所示。

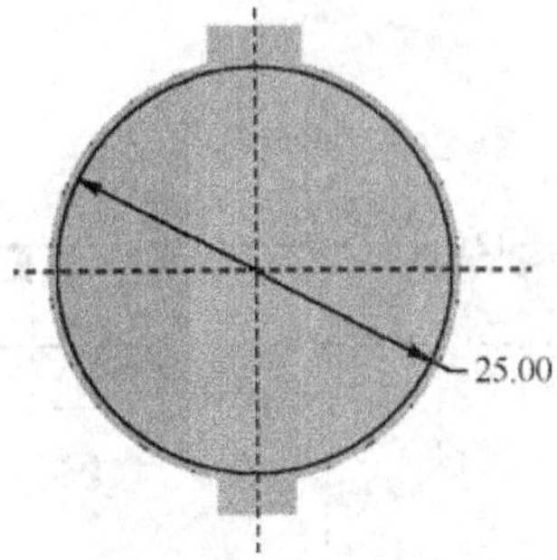

图 3-133　截面绘制

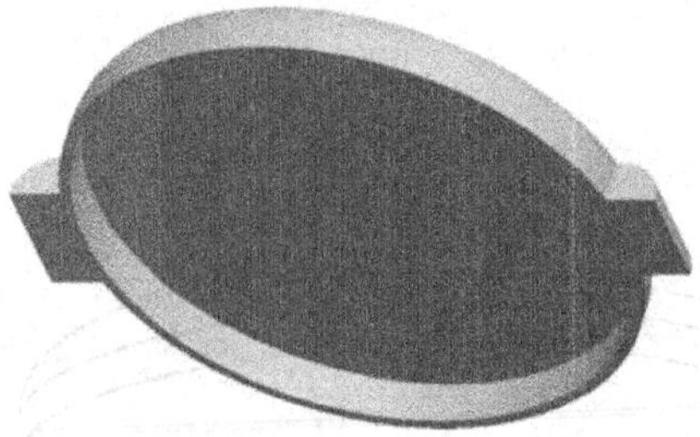

图 3-134　特征生成

（9）切除出汽孔。

① 单击基本特征工具栏的【拉伸】按钮。

② 在拉伸切除特征的底面绘制如图 3-135 所示的草图。

③ 以完全贯穿为深度条件进行切除材料。完成后的模型如图 3-122 所示。

④ 保存文件。最后单击保存零件按钮，保存文件。

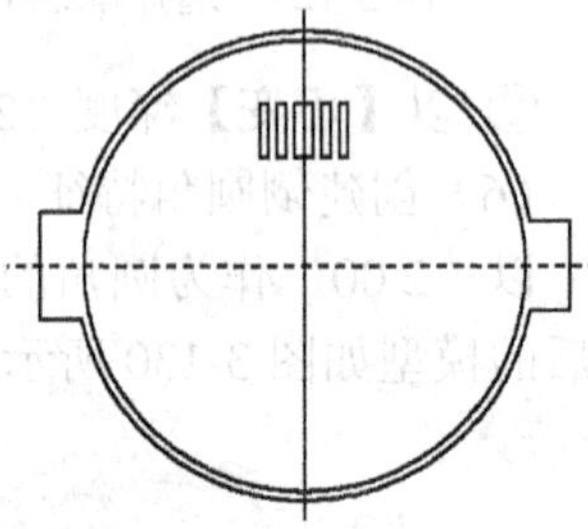

图 3-135　截面绘制

3.3　工程特征建模

在基础特征的基础上，Pro/ENGINEER 进一步总结了常用的工程特征作为模板提供给用户，这些特征包括孔特征、壳特征、筋特征、拔模特征、倒圆角特征和边倒角特征，工程特征可以视为基础特征的组合。

工程特征可以在已有零件的基础上添加或去除材料，其几何形状是确定的，通过改变其尺寸可以得到相似形状的几何特征，在零件建模过程中使用工程特征，一定要给系统提供如下两方面信息。

（1）工程特征的位置，如孔特征需要指定打孔的平面，并确定孔在该平面的位置。

（2）工程特征的尺寸，如孔特征的直径尺寸、倒角特征的半径尺寸、抽壳的薄壁等。

3.3.1　孔特征建模

在工程设计中，孔特征占到所有表面特征的 40%左右，是一类非常重要的零件特征，也是 Pro/ENGINEER 学习必须熟练掌握的一种特征建立方法。

1．孔特征的设置项

单击绘图区右侧【基础特征】工具栏中的【孔】按钮，或单击系统菜单的【插入】|【孔】命令，系统打开如图 3-136 所示的【孔】操控板，该操控板中各项的含义如下。

图 3-136 【孔】控制板

（1）：选择生成孔的类型，此处可以选择生成简单孔或标准孔，简单孔又分如下三类。

● 预定义矩形轮廓孔：又称简单直孔，孔的截面形状为矩形，是最简单、常用的一类孔。

● 标准孔轮廓孔：孔的截面形状为带钻孔顶角的标准孔轮廓，使用麻花钻加工而成。

● 草绘轮廓孔：孔的截面形状由草图定义。

（2）40.00：指定孔的直径。

（3）83.55：指定孔的深度模式和深度值。孔的深度模式有【盲孔】、【对称】、【到下一个】、【穿透】、【穿至】和【到选定】6 个选项，各选项的含义与前面拉伸、旋转特征相同，这里不再详解。

（4）放置：单击弹出下滑面板，可以指定孔的主放置参照和次参照。

（5）选项：单击弹出下滑面板，可以指定孔的各参数。孔的直径、深度等在此下滑面板中也可以指定。

（6）注释：单击弹出下滑面板，用于显示标准孔的注释。此面板仅在标准孔时可用，在选择孔的类型为【简单孔】或【草绘孔】时不可用。

（7）属性：单击弹出下滑面板，可以更改孔特征的名称。

不论哪一种孔，都需要确定放置方式和参照，因此，建立孔的过程也就是确定孔的形式、位置和形状的过程。

单击操控板中的【放置】，在弹出的下滑面板中指定孔特征的主放置参照、放置方式及指定次参照，系统会以当前默认值自动生成孔的轮廓，如图 3-137 所示，可以通过拖动轮廓图中的手柄来改变孔的直径、深度、放置面。

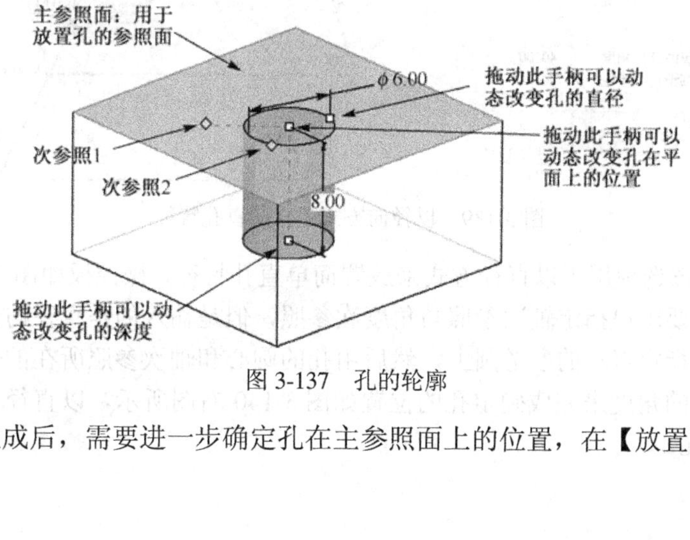

图 3-137 孔的轮廓

孔轮廓图生成后，需要进一步确定孔在主参照面上的位置，在【放置】的上滑面板单击【反向】按钮可以使孔的方向反向，按钮的下面有【放置类型】列表，孔的放置类型有4项。

（1）线性：该选项用于以线性方式来放置直孔特征，操控板如图 3-138 左图所示。从图 3-138 中可见，用户需要指定两个线性次参照，可以是边、轴、平面或者基准面。在【次参照】列表中单击，然后按下 Ctrl 键，选择两个次参照，分别输入孔特征与线性参照之间的距离，其中线性参照如图 3-138 右图所示，以线性方式建立一个直径为 20 的直孔。

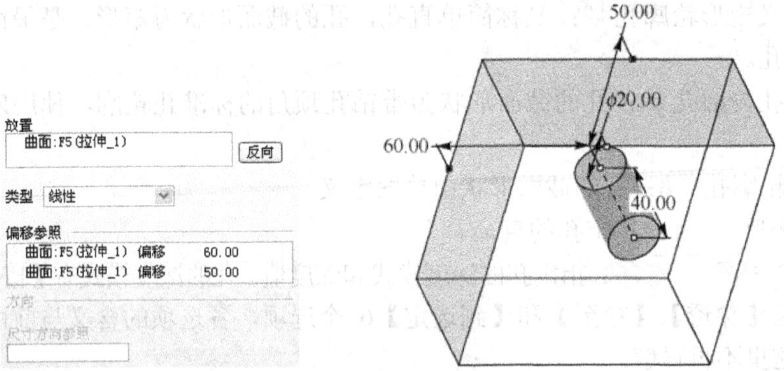

图 3-138 以线性方式建立的直孔特征

（2）径向：该选项用于以径向方式来放置直孔特征，即以极坐标形式确定直孔特征位置，操控板如图3-139左图所示。从图3-139中可见，用户需要指定轴次参照与角度次参照，同时输入孔特征与轴次参照之间的距离、孔特征与角度次参照之间的角度。其中，轴次参照为垂直于主参照面的轴线，角度参照为用于标注角度的参照平面。如图3-147 右图所示，以径向方式建立了一个直径为 20 的简单孔。在执行此操作时，要插入一个基准轴。

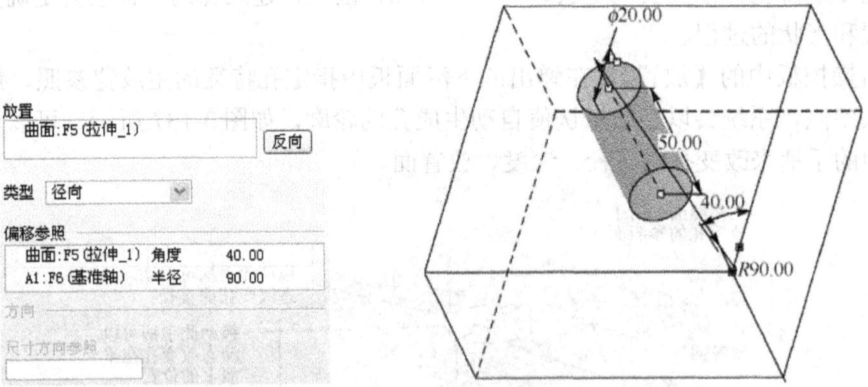

图 3-139 以径向方式建立的直孔特征

（3）直径：该选项用于以直径方式来放置简单直孔特征，操控板如图 3-140 左图所示。以该方式同样需要用户指定轴次参照与角度次参照，但是输入的是直径与角度，即建立孔特征的圆心位于指定直径的参考圆上，然后由孔的圆心和轴次参照所在的平面与角度次参照平面构成指定的角度来完成确定孔的位置如图 3-140 右图所示，以直径方式建立了一个直径为 20 的直孔。

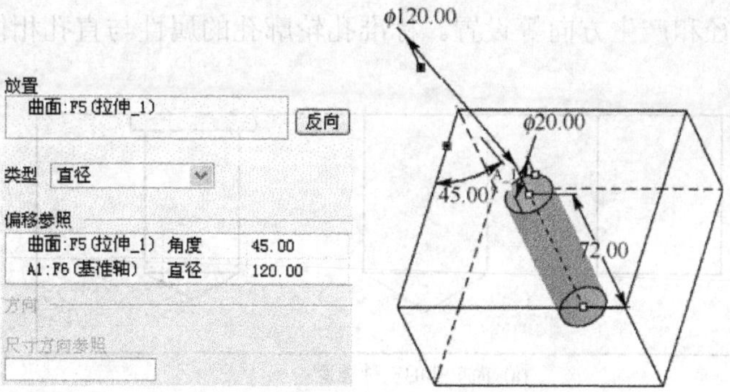

图 3-140 以直径方式建立的孔特征

（4）同轴：该选项用于以同轴方式放置孔特征，只要选择一根参照轴线作为孔特征的轴线，同时选择孔所在的平面，操孔板如图 3-141 左图所示。图 3-141 右图以同轴方式建立了一个直径为40 的孔。

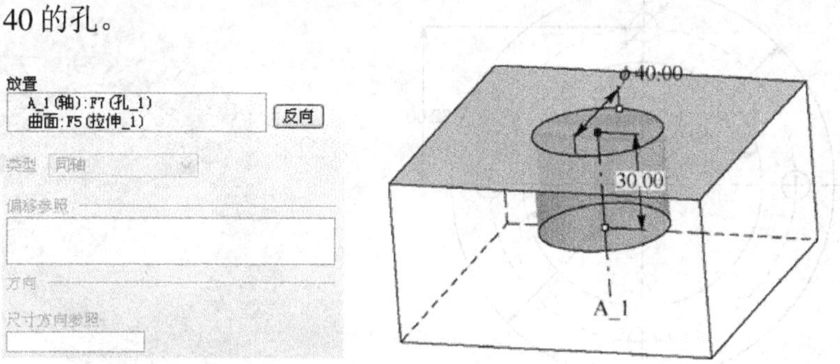

图 3-141 以同轴方式建立孔特征

选择的主放置平面不同时，可选用的放置方式也不同，总结如下。

- 主参照为平面时，可选用【线性】、【径向】和【直径】放置方式。
- 主参照为曲面时，可选用【径向】放置方式。
- 主参照为轴线和平面时，可选用【同轴】放置方式。

2．简单孔特征建模

Pro/ENGINEER 提供了两大类孔供用户使用：简单孔和标准孔。本节主要讲解简单孔特征。简单孔分为 3 类：预定义矩形轮廓孔（又称简单直孔）、标准孔轮廓孔和草绘轮廓孔。

- 简单直孔：使用系统预定义的形式生成的直孔，此孔生成于主放置平面，并向实体内延伸至指定深度，其断面形状为矩形，如图 3-142(a)左侧图形所示。
- 标准孔轮廓孔：带顶角的简单孔。此孔生成于主放置平面，向实体延伸至指定深度，在孔的末端，具有麻花钻钻孔形成的顶角，如图 3-142(a)中间图形所示。
- 草绘孔：在定义了孔的放置平面及孔中心的位置后，进入草绘环境下创建孔的截面，如图 3-142(b)所示，然后旋转得到孔，其断面形状为草绘图形，如图 3-142(a)右侧图形所示。

1）简单直孔与标准孔轮廓孔特征

直孔的产生比较简单，它的产生主要涉及直孔的定位类型、定位参考、产生属性、产生深度、直孔直径和产生方向等设置。标准孔轮廓孔的属性与直孔相似，下面通过实例来简单介绍。

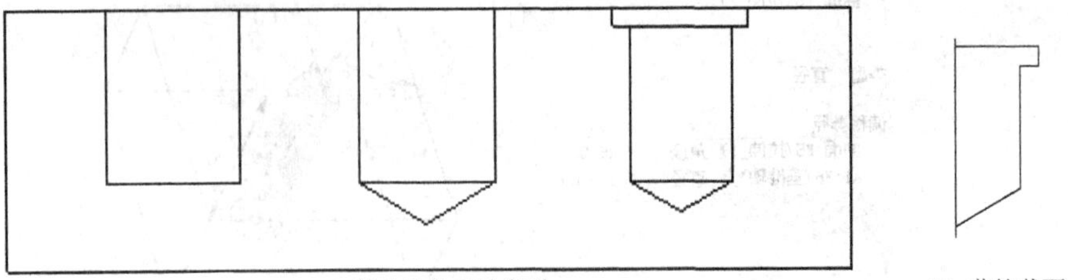

(a) 简单孔的三种类型　　(b) 草绘截面

图 3-142　简单孔

【例 3-9】　创建如图 3-143 所示的调整垫片。

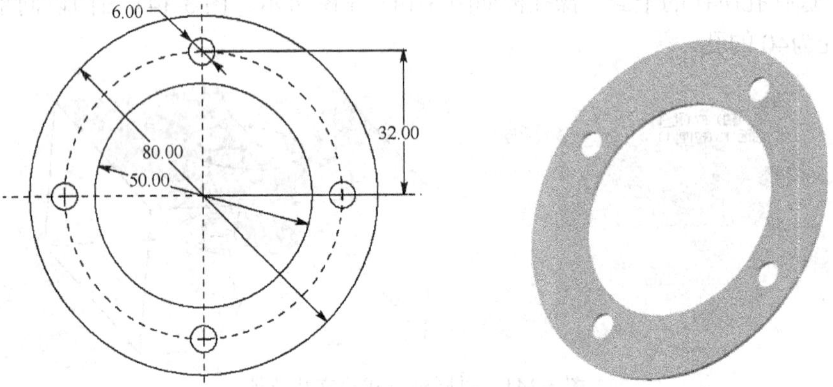

图 3-143　调整垫片

经分析可以看出此模型是对称结构，主体为旋转体。这里首先采用旋转混合特征，生成垫片的整体模型，再用简单直孔特征生成 4 个小孔。

具体操作步骤如下。

（1）打开 Pro/ENGINEER 系统，新建一个【零件】设计环境。

（2）单击【插入】|【旋转】菜单项或特征工具栏中的旋转特征命令按钮，选用 TOP 面作为草绘平面、RIGHT 面为参照，方向向右，建立草图截面如图 3-144 左图所示，生成旋转特征如图 3-144 右图所示。

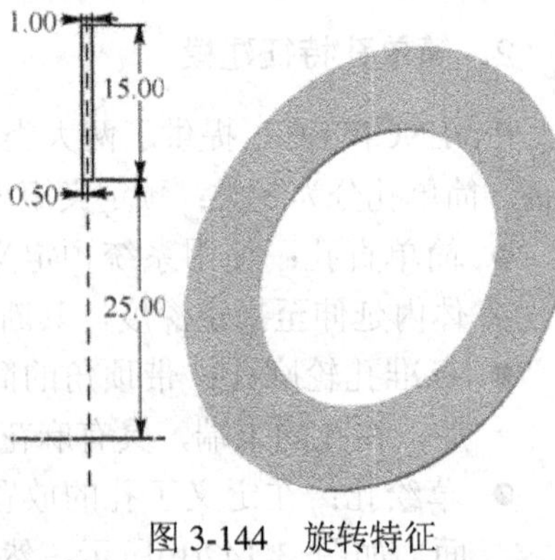

图 3-144　旋转特征

（3）单击绘图区右侧【基础特征】工具栏中的【孔】按钮，或单击系统菜单的【插入】|【孔】命令，系统打开【孔】操控板。

（4）单击【放置】按钮，选择旋转特征的上表面作为主参照面，设置放置方式为【径向】，选择 A_1 轴作为次参照 1，半径值为“32”；FRONT 基准面作为次参照 2，角度为“0”，选择深度模式为【穿透】，圆孔直径为 6，如图 3-145 所示。

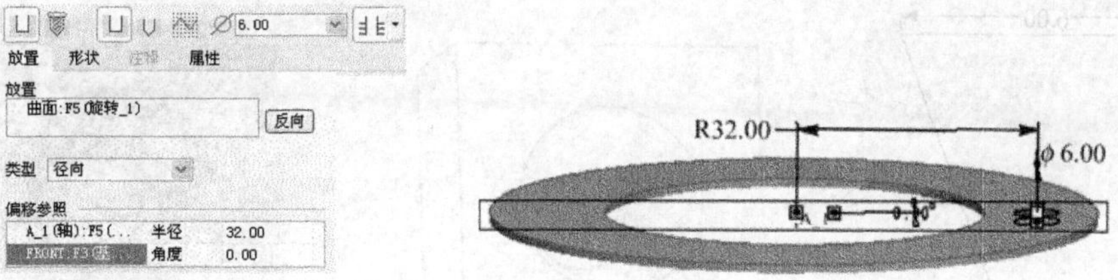

图 3-145　孔特征

（5）单击特征操控板的☑👓按钮，预览该特征。若不符合要求，按▶按钮退出暂停环境，继续编辑特征；若符合要求，单击操控板中的✔按钮，完成简单孔特征的创建。

（6）按照上述方法，再绘制三个孔，注意将次参照 2 的角度分别设置为“90”、“180”、“270”。完成后的模型如图 3-143 右图所示。

2）草绘孔特征

草绘孔的使用更为灵活，可以生成各种形状的孔特征。草绘孔的形状关键取决于绘制孔的纵向剖面，因此系统对剖面的绘制提供了更多的限制条件，如果剖面不符合条件，系统将不能生成孔特征。

在操控板上单击【草绘】按钮，系统将自动进入草绘模式，在草绘模式下绘制孔的纵向剖面。如果单击【打开文件】按钮，可以打开已有截面图形来创建草绘孔。

在绘制孔的纵向剖面时需要注意以下几点。

- 剖面必须是封闭的。
- 剖面中必须要绘制一条中心线作为旋转轴，并且是竖直的，因为孔特征是通过剖面草图旋转而产生的。
- 剖面少要有一条水平线，用于对齐放置平面。如果剖面中只有一条水平线，那么系统将自动把该水平线与放置平面对齐。如图 3-146(a)所示，剖面中只有一条水平线，虽然它在剖面的最下面，但是为了将水平线与放置平面对齐，生成的孔特征相当于将整个剖面翻过来而生成的，如图 3-146(b)的线框型和图 3-146(c)的实体模型所示。如果如图 3-147 所示，剖面中有两条水平线，那么系统将自动使用上部的水平线与放置平面对齐，生成的孔特征如图 3-147(b)，(c)所示。

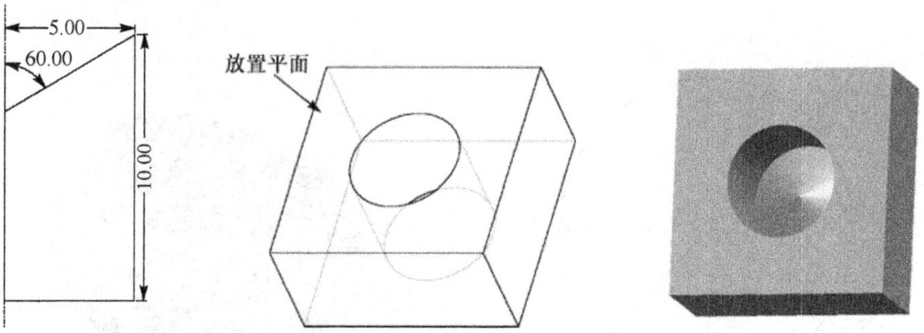

(a)　(b)　(c)

图 3-146　水平线与放置平面对齐而生成的孔特征

- 剖面必须与中心线有相当尺寸，或剖面上有点、线与中心线重合。

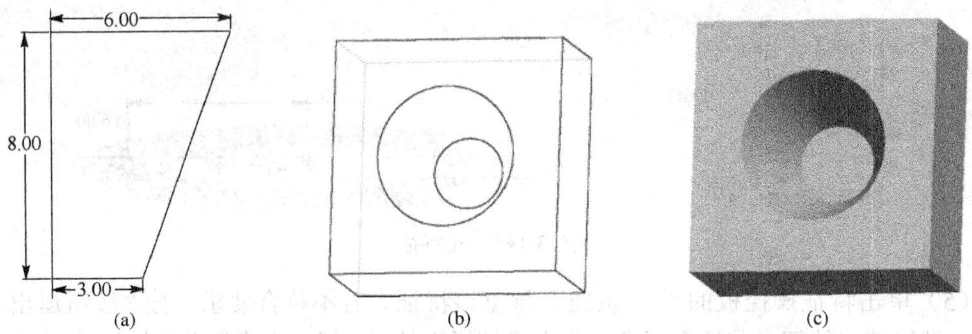

图 3-147　上部的水平线与放置平面对齐而生成的孔特征

● 封闭剖面的全部元素必须在中心线的一侧。

下面举例说明草绘孔的创建过程。

【例 3-10】　利用草绘孔特征创建如图 3-148 所示的图形上的孔。

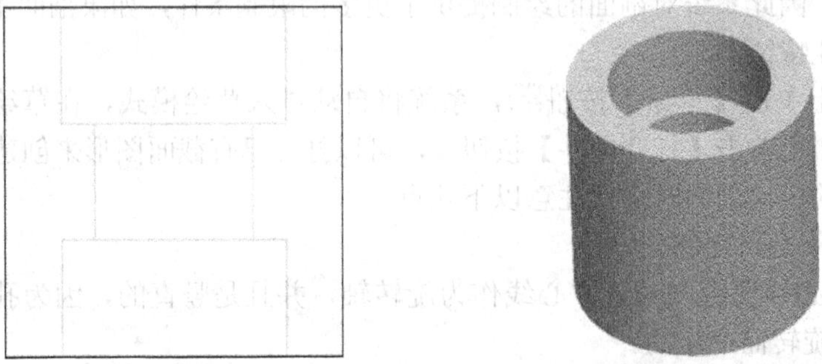

图 3-148　草绘孔特征

具体操作步骤如下。

（1）打开 Pro/ENGINEER 系统，新建一个【零件】设计环境。

（2）单击【插入】|【拉伸】菜单项或特征工具栏中的拉伸特征命令按钮，选用 TOP 面作为草绘平面、RIGHT 面为参照，方向向右，建立草图截面如图 3-149 左图所示。完成草绘后指定模型生成方向为 TOP 面的上部，特征深度指定为 30，生成拉伸特征如图 3-149 右图所示。

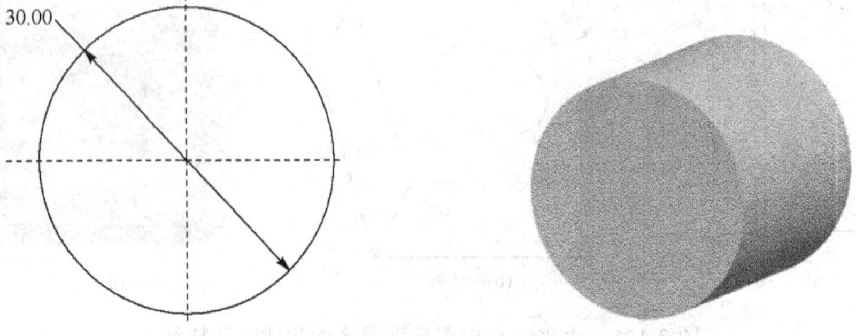

图 3-149　拉伸特征实体模型

（3）单击绘图区右侧【基础特征】工具栏中的【孔】按钮，或单击系统菜单的【插入】|【孔】命令，系统打开【孔】操控板。

（4）单击操控板上的按钮，选择草绘孔特征，再单击按钮，系统进入草绘环境。

（5）绘制如图 3-150 所示的纵向剖面，然后单击完成按钮✔，结束草绘。

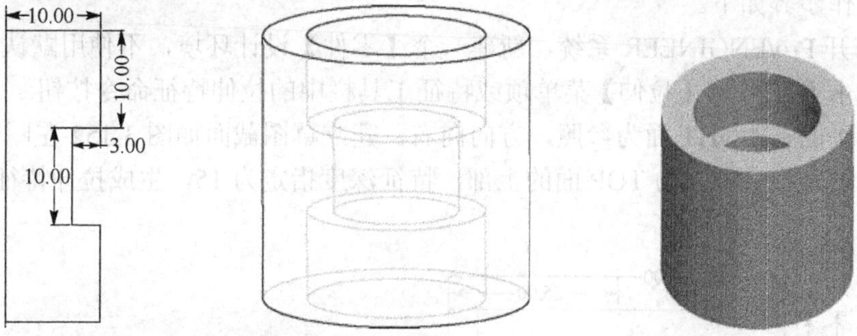

(a) 纵向剖面　(b) 线框型模型　(c) 实体模型

图 3-150　草绘孔特征

（6）在操控板上单击【放置】按钮，按住 Ctrl 键选择 A_1 轴和旋转特征的上表面作为主参照面，设置放置方式默认为【同轴】，如图 3-150 所示。

（7）单击特征操控板的按钮，预览该特征。若不符合要求，按▸按钮退出暂停环境，继续编辑特征；若符合要求，单击操控板中的✔按钮，完成草绘孔特征的创建。

3．标准孔特征建模

使用标准孔特征可以创建符合相关工业标准的标准螺纹孔，并且在创建的孔中可带有不同的末端形状，如沉头、埋头等。设计者可以通过选择孔的类型、指定参数建立复杂的孔截面形状，如图 3-151 所示。同时，系统提供了 ISO、UNC、UNF、ISO 7/1、NPT、NPTF 6 个标准的螺纹孔供用户选择，其中前 3 个标准对应的是普通螺纹，后 3 个标准对应的是锥管螺纹，操作如下。

- 单击按钮/，生成的孔形状如图 3-151 所示的第一个孔；
- 单击按钮//，生成的孔形状如图 3-151 所示的第二个孔；
- 单击按钮//，生成的孔形状如图 3-151 所示的第三个孔；
- 单击按钮//，生成的孔形状如图 3-151 所示的第四个孔；
- 单击按钮/，生成的孔形状如图 3-151 所示的第五个孔。

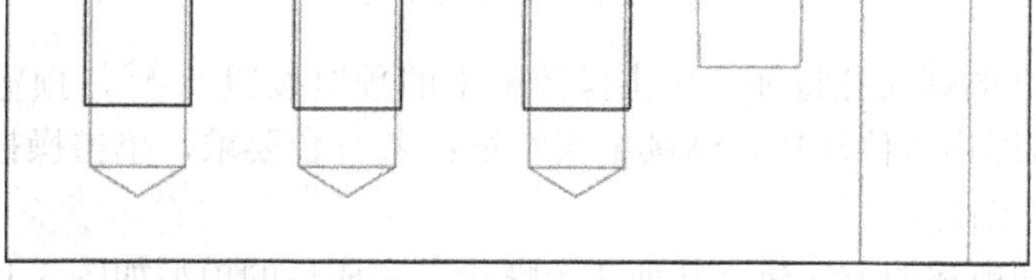

图 3-151　标准孔

【例 3-11】 标准螺纹孔的建立除了选定螺纹孔的参数外，其主放置参照、放置方式、次参照的指定与简单直孔相同，建立的步骤也与简单直孔基本相同。下面以在一个长宽高分别为 50 mm、30 mm、15 mm 的六面体上表面的四个角上分别建立代号为 M5×0.5 的标准 ISO 螺纹孔为例，介绍螺纹孔的建立过程。

具体操作步骤如下。

（1）打开 Pro/ENGINEER 系统，新建一个【零件】设计环境，不使用默认模板。

（2）单击【插入】|【拉伸】菜单项或特征工具栏中的拉伸特征命令按钮，选用 TOP 面作为草绘平面、RIGHT 面为参照，方向向右，建立草图截面如图 3-152 左图所示。完成草绘后指定模型生成方向为 TOP 面的上部，特征深度指定为 15，生成拉伸特征如图 3-152 右图所示。

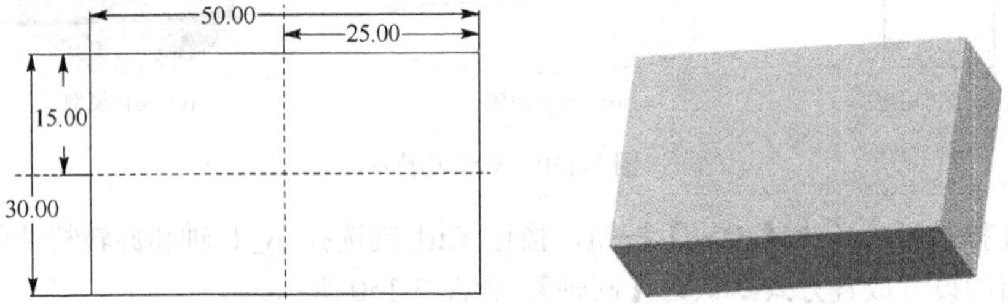

图 3-152 拉伸特征实体模型

（3）单击工程特征工具栏上的孔特征按钮，或单击系统菜单的【插入】|【孔】命令，弹出孔特征操作面板。

（4）选择操控板中的选项，在随后的下拉列表中指定 ISO 标准，并指定螺纹孔的代号为 M5×0.5，深度为 12，不指定埋头孔和沉头孔。

（5）指定螺纹孔的放置。选择模型上表面为主放置平面，指定其放置方式为【线性】，并指定其次参照为主放置平面两侧，输入参照尺寸均为 5，如图 3-153 所示。

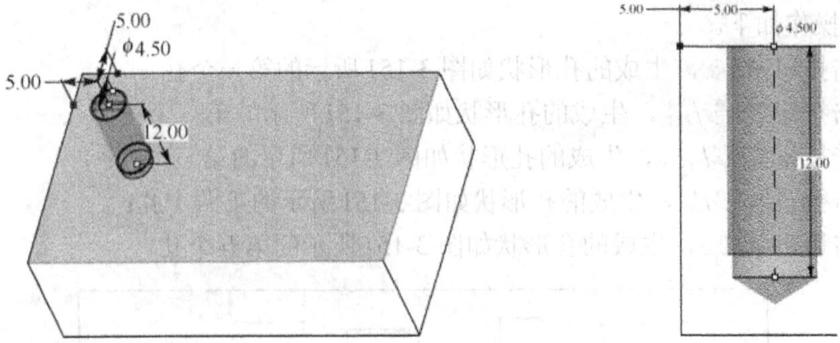

图 3-153 指定螺纹位置

（6）预览建立的螺纹孔特征。单击操控板上的预览按钮，预览该特征。若不符合要求，按按钮退出暂停环境，继续编辑特征；若符合要求，单击操控板中的按钮，完成螺纹孔特征的创建。

（7）使用上面所述的方法建立其他 3 个螺纹，完成后的模型如图 3-154 所示。

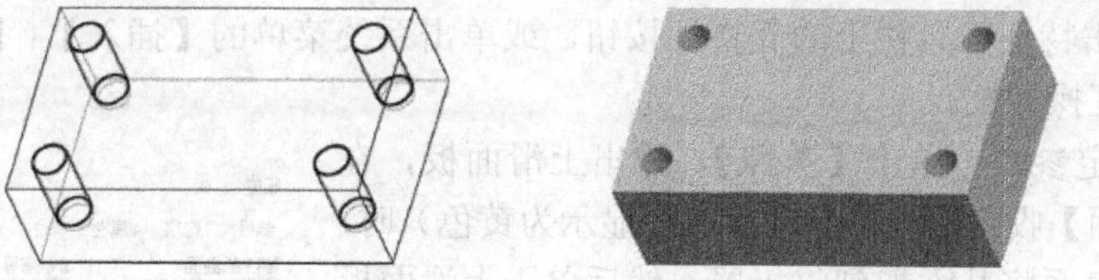

图 3-154 最终模型

3.3.2 壳特征建模

在工程实践中，经常会遇到箱体、产品外罩等零件，它们实际上都是通过在实体中切减一部分内容后而形成的。Pro/ENGINEER 中的壳特征就是通过切减实体模型内部的材料，使其形成空心形状而产生的特征。它可用于指定要从壳移除一个或多个曲面。如果未选取要移除的曲面，则会创建一个【封闭】壳，将零件的整个内部都掏空，且空心部分没有入口。在这种情况下，可在以后添加必要的切口或孔来获得特定的几何。如果将厚度值反向（例如，通过输入负值或在对话栏中单击），那么壳厚度被添加到零件的外部。

当定义壳时，也可选取要在其中指定不同厚度的曲面。可为每个此类曲面指定单独的厚度值。但是，无法为这些曲面输入负的厚度值或反向厚度值。厚度值由壳的默认厚度确定。

也可通过在【选项】的【排除的曲面】收集器中指定曲面来排除一个或多个曲面，使其不被壳化。此过程称为部分壳化。要排除多个曲面，请在按住 Ctrl 的同时选取这些面。不过，Pro/ENGINEER 不能壳化同在【排除的曲面】收集器中指定曲面的相垂直的材料。

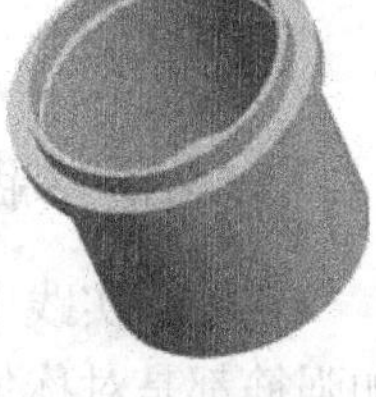

图 3-155 杯子模型

【例 3-12】 下面以如图 3-155 所示杯子的制作为例，说明壳特征的建立步骤。注意，图 3-155 中杯子的边缘厚度为 1.5，而底的厚度为 3。

具体操作步骤如下。

（1）打开 Pro/ENGINEER 系统，新建一个【零件】设计环境，不使用默认模板。

（2）建立旋转特征，作为壳的基体。使用【旋转】的方法建立如图 3-156(b)所示的实体特征，旋转特征的截面如图 3-156(a)所示。

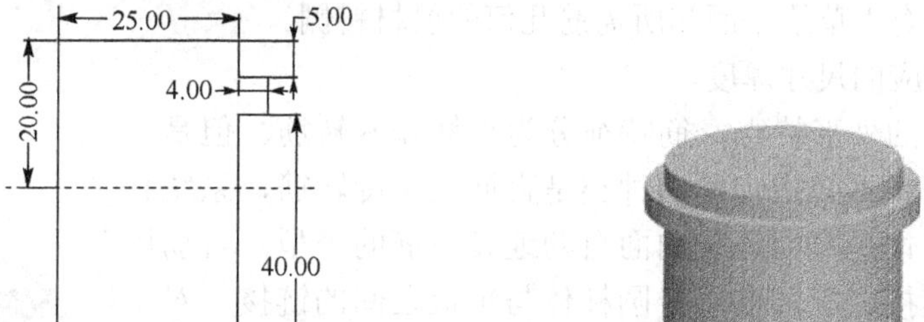

(a) 截面图　　(b) 旋转特征

图 3-156 旋转特征

（3）单击特征工具栏上的壳特征按钮，或单击系统菜单的【插入】|【壳】命令，系统打开壳特征操控板。

（4）选定参照。单击【参照】，弹出上滑面板，在【移除的曲面】收集器处于活动状态（显示为黄色）时，单击模型上表面将其添加到收集器；然后单击上滑面板右侧【非默认厚度】收集器，单击模型底面将其添加到此收集器中，并单击后面的数值，将其修改为厚度 3。完成的【参照】上滑面板如图 3-157 所示。

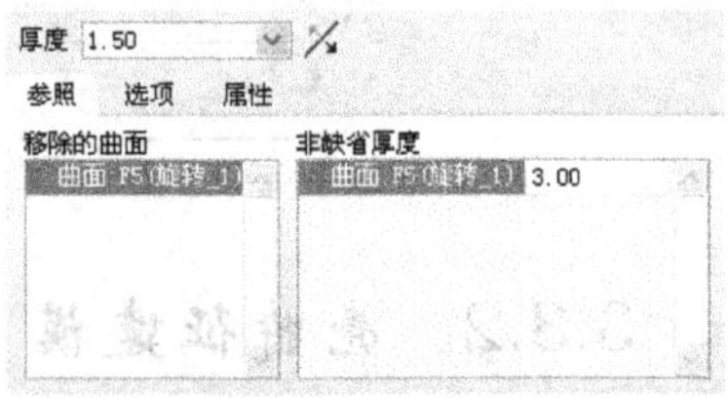

图 3-157 参照选定

（5）在操控面板【厚度】输入框中指定默认厚度 1.5。

（6）预览建立的壳特征。单击操控板上的预览按钮查看建立的壳特征。若不符合要求，按按钮退出暂停模式，继续编辑特征；若符合要求，单击操控板中的按钮，完成壳特征的创建，生成特征如图 3-158 所示。

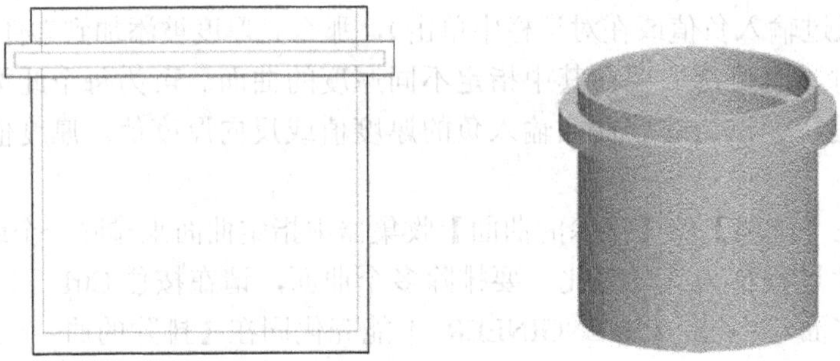

图 3-158 壳特征

3.3.3 筋特征建模

在工程实践中，经常会遇到元件强度不够的问题，这时就需要添加加强筋。一般来说，加强筋都是对称使用的。

筋特征是连接到实体曲面的薄翼或腹板伸出项，必须建立在其他特征之上。利用筋工具可快速开发简单的或复杂的筋特征。设计筋特征要求执行以下操作。

（1）草绘筋几何轮廓。

（2）确定相对于草绘平面和所需筋几何的筋材料侧。

（3）设置相应的尺寸厚度。

根据筋特征的外形特点，筋特征分为直筋和旋转筋。但是，设计过程中设计者不必指定筋的种类是直筋还是旋转筋，系统会根据其连接的实体是直面还是曲面自动地设置筋的类型。直筋用于平板之间的连接，旋转筋用于圆柱体与平板之间的链接。对于筋特征，可执行普通的特征操作，这些操作包括阵列、修改、重定参照和重定义。

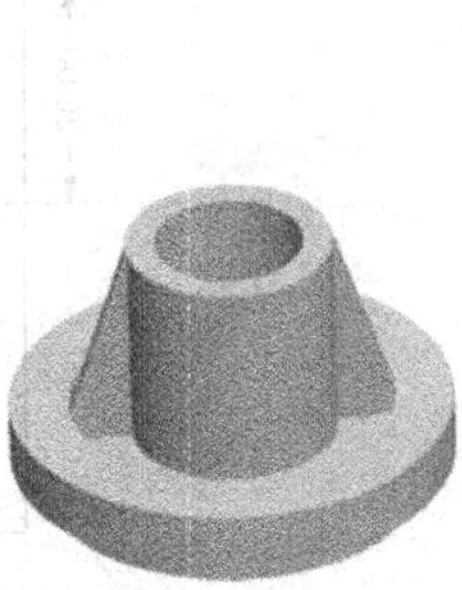

图 3-159 观察孔

【例 3-13】 下面以如图 3-159 所示观察孔的制作为例，说明筋特征的建立步骤。

具体操作步骤如下。

（1）打开 Pro/ENGINEER 系统，新建一个【零件】设计环境，不使用默认模板。

（2）建立旋转特征，作为筋的基体。使用【旋转】的方法建立如图 3-160(b)所示的实体特征，旋转特征的截面如图 3-160(a)所示。

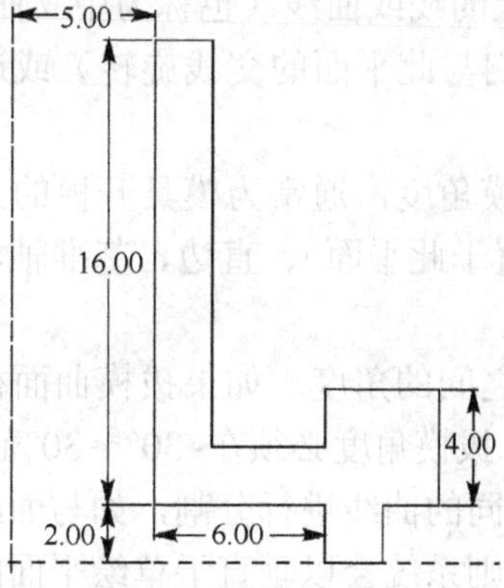

(a) 草绘截面

(b) 旋转特征

图 3-160　旋转体特征创建

（3）单击特征工具栏上的筋特征按钮，或单击系统菜单的【插入】|【筋】命令，系统打开筋特征操控板。

（4）进入筋操控板的【参照】下滑面板，再单击【定义】按钮，弹出【草绘】对话框。选择 FRONT 面作为草绘平面，TOP 面作为参照面。

（5）单击【草绘】按钮，进入草绘环境。绘制如图 3-161 所示的筋轮廓线。

（6）单击【确定】按钮✓，回到实体建模环境。在【筋】操控板上输入筋的厚度 1，使用↗按钮可以改变筋相对草绘平面的位置。

（7）预览建立的筋特征。单击操控板上的预览按钮☑👓查看建立的筋特征，若不符合要求，按按钮▶退出暂停模式，继续编辑特征；若符合要求，单击操控板中的✓按钮，完成筋特征的创建，生成特征如图 3-162 所示。

（8）使用上面所述的方法建立另一个对称筋，完成后的模型如图 3-163 所示。

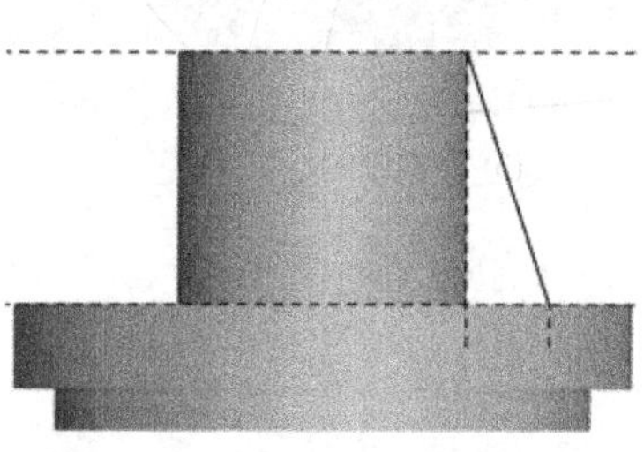

图 3-161　筋轮廓线

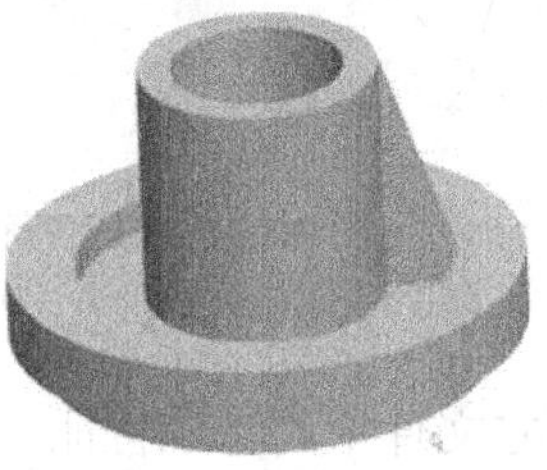

图 3-162　筋特征生成

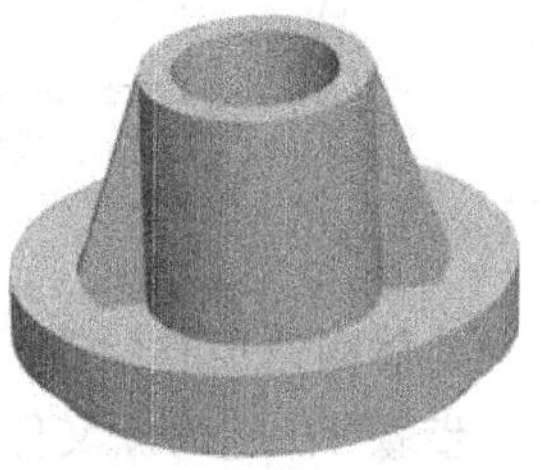

图 3-163　对称加强筋

3.3.4　拔模特征建模

在金属铸造件、锻造件及塑料拉伸件中，为了便于加工脱模，在设计模型时，要留有一定的拔模斜度。拔模角度的范围为−30°～30°之间。可以对单一平面、圆柱面或曲面创建拔模角度。当曲面边的边界周围有圆角时不能拔模，不过可以先拔模，然后对边进行圆角过渡。

关于拔模特征，有如下几个术语。

- 拔模曲面：要拔模的模型的面。
- 拔模枢轴：曲面围绕其旋转的拔模曲面上的线或曲线（也称为中立曲线）。可通过选取平面（在此情况下拔模曲面围绕它们与此平面的交线旋转）或选取拔模曲面上的单个曲线链来定义拔模枢轴。
- 拖动方向：也称拔模方向，用于测量拔模角度，通常为模具开模的方向。可通过选取平面（在这种情况下，拖动方向垂直于此平面）、直边、基准轴、两点（如基准点或模型顶点）或坐标系对其进行定义。
- 拔模角度：拔模方向与生成的拔模曲面之间的角度。如果拔模曲面被分割，则可为拔模曲面的每侧定义两个独立的角度。拔模角度必须在–30°～30°范围内。

拔模曲面可以按拔模曲面上的拔模枢轴或不同的曲线进行分割，如与面组或草绘曲线的交线。如果使用不在拔模曲面上的草绘分割，则系统会以垂直于草绘平面的方向将其投影到拔模曲面上。如果拔模曲线被分割，可以有三种方式：① 为拔模曲面的每一侧指定两个独立的拔模角度；② 指定一个拔模角度，第二侧以相反方向拔模；③ 仅拔模曲面的一侧（两侧均可），另一侧仍位于中性位置。

创建简单拔模特征主要内容包括：选取拔模曲面，选定拔模枢轴及选定拖动方向，指定拔模角度等。下面通过实例来简单介绍拔模特征的步骤。

【例 3-14】 图 3-164(a)所示零件为铸造件，为了脱模方便，需要构造内表面 3°、外表面 2°的拔模斜度，完成后的模型如图 3-164(b)所示，下面以此为例，介绍恒定拔模斜度的建立方法。

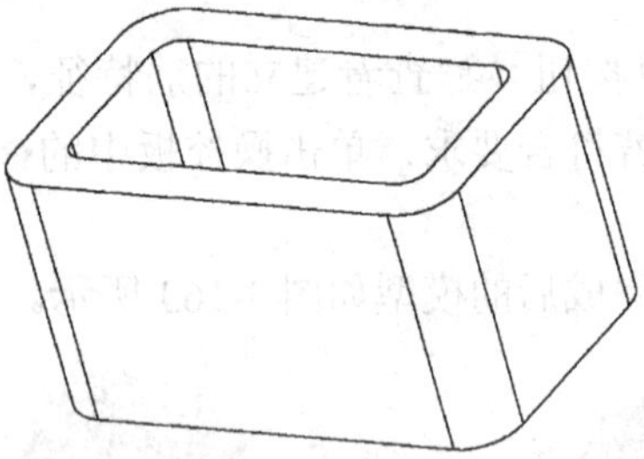

(a) 脱模前

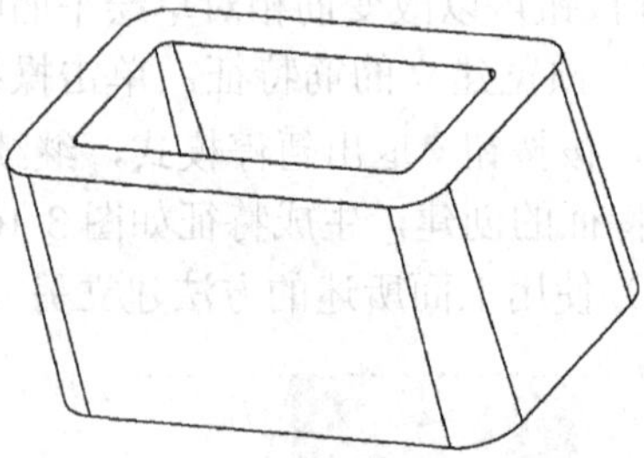

(b) 脱模后

图 3-164 脱模特征

具体操作步骤如下。

步骤 1： 建立新文件并建立文件中的基础特征。

（1）打开 Pro/ENGINEER 系统，新建一个【零件】设计环境，不使用默认模板。

（2）建立基础特征。单击【插入】|【拉伸】菜单项或特征工具栏中的拉伸特征命令按钮，建立拉伸特征。其草绘截面如图 3-165 所示，在操控板中输入拉伸深度为 100，完成模型如图 3-164(a)所示。

步骤 2： 建立外表面上的拔模特征。

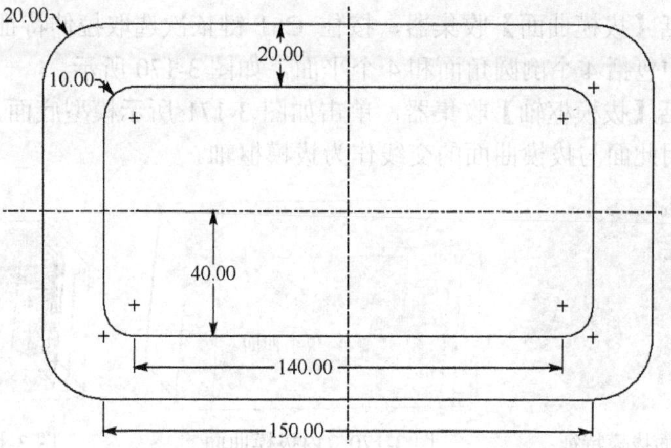

图 3-165 草绘截面

（1）单击工具栏上的按钮或单击【插入】|【拔模】菜单项，弹出拔模特征操控板。

（2）单击操控板中的【参照】，在弹出的下滑面板中指定拔模曲面，选定拔模枢轴及拖动方向。

（3）单击激活【拔模曲面】收集器，按住 Ctrl 键依次选取拉伸特征的 8 个外侧面作为拔模曲面，其中包括 4 个倒圆角面和 4 个平面，如图 3-166 所示。

（4）单击激活【拔模枢轴】收集器，单击如图 3-167 所示模型底面，将其选取到收集器中，系统将使用此面与拔模曲面的交线作为拔模枢轴。

（5）单击激活【拖动方向】收集器，单击模型上表面将其选取到收集器中。系统默认此表面向上，表示拖动方向为向上（即开模方向为向上）。

指定拔模曲面、拔模枢轴及拖动方向后，【参照】上滑面板如图 3-168 所示。

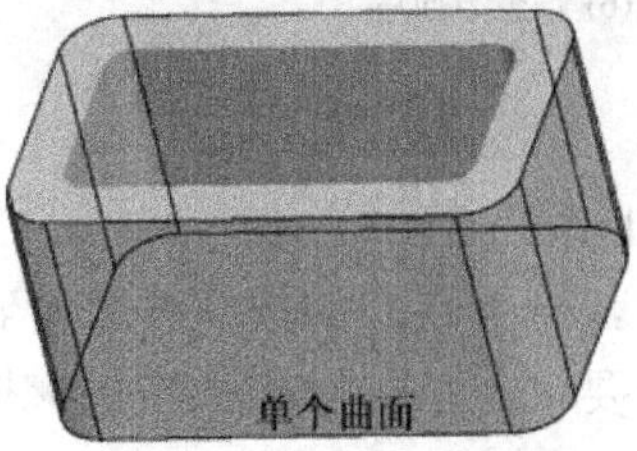

图 3-166 外拔模曲面

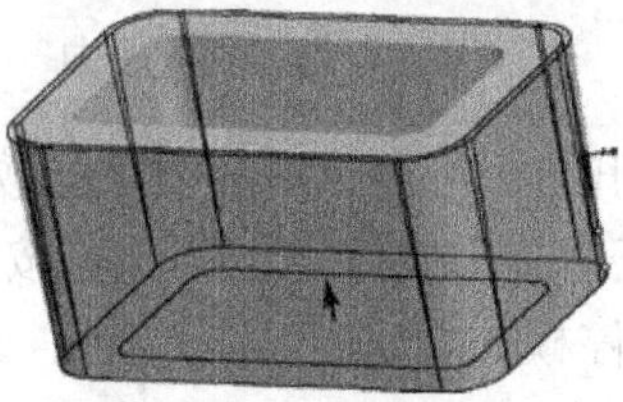
图 3-167 拔模枢轴

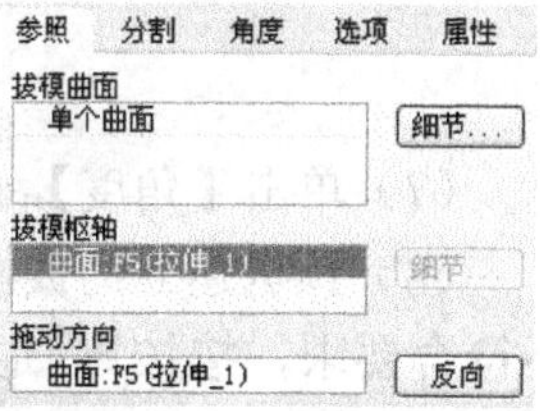

图 3-168 【放置】上滑面板

（6）单击【角度】，在弹出的上滑面板中将默认拔模斜角 1°改为 2°。

（7）预览建立的拔模特征。单击操控板上的预览按钮，查看建立的拔模特征。若不符合要求，按按钮退出暂停模式，继续编辑特征；若符合要求，单击操控板中的按钮，外表面拔模特征建立完成，生成的特征如图 3-169 所示。

步骤 3：使用与步骤 2 相同的方法，建立内表面上的拔模特征。

（1）单击工具栏上的按钮或单击【插入】|【拔模】菜单项，弹出拔模特征操控板。

（2）单击操控板中的【参照】，在弹出的下滑面板中指定拔模曲面，选定拔模枢轴以及选定拖动方向。

（3）单击激活【拔模曲面】收集器，按住 Ctrl 键依次选取拉伸特征的 8 个内侧面作为拔模曲面，其中包括 4 个倒圆角面和 4 个平面，如图 3-170 所示。

（4）单击激活【拔模枢轴】收集器，单击如图 3-171 所示模型底面，将其选取到收集器中，系统将使用此面与拔模曲面的交线作为拔模枢轴。

图 3-169　外表面拔模特征

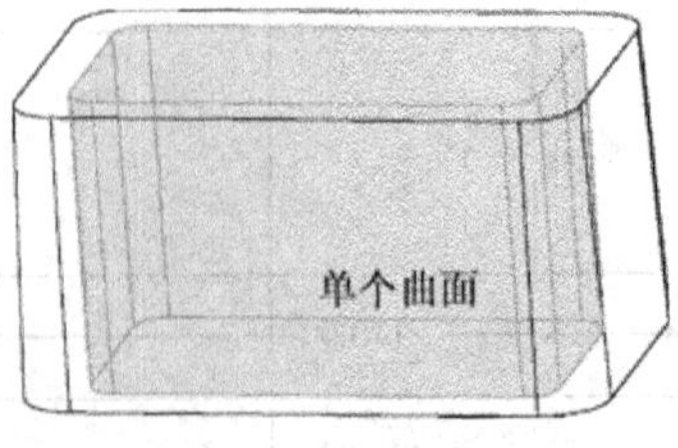

图 3-170　内拔模曲面

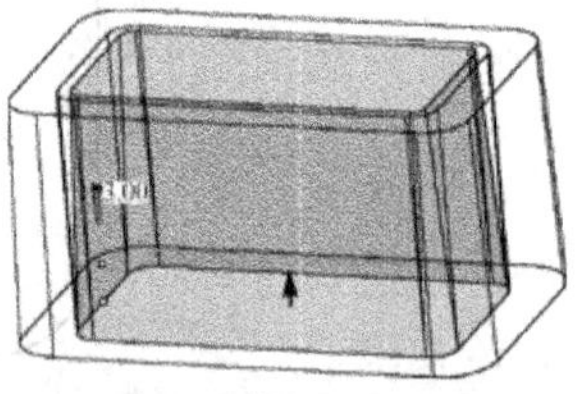

图 3-171　拔模枢轴

（5）单击激活【拖动方向】收集器，单击模型上表面将其选取到收集器中。如图 3-171 所示，系统默认此表面向上，表示拖动方向为向上（即开模方向为向上）。

（6）系统生成拔模特征的预览如图 3-172(a)所示，其拔模方向向里，此时内孔由下向上是渐小的，单击操控板上的翻转角度按钮，使拔模方向向外，此时预览如图 3-172(b)所示。

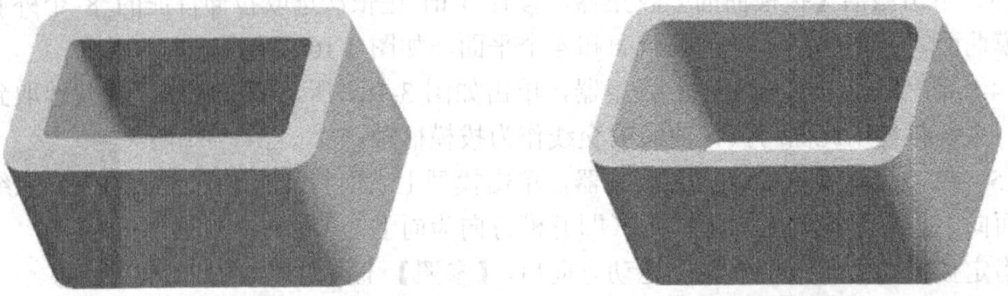

(a) 改变方向前　　(b) 改变方向后

图 3-172　拔模方向

（7）单击【角度】，在弹出的上滑面板中将默认拔模斜角 1°改为 3°。

（8）预览建立的拔模特征。单击操控板上的预览按钮，查看建立的拔模特征。若不符合要求，按按钮退出暂停模式，继续编辑特征；若符合要求，单击操控板中的✔按钮，内表面拔模特征建立完成。

3.3.5　倒圆角特征建模

圆角在现代零件设计过程中，是重要的结构之一。倒圆角特征是指在零件的边角棱线上建立平滑过渡曲面的特征。使用圆角代替棱边可以使模型表面更光滑，既可增加美感，又可提高产品的实用性。

1．圆角类型

按照半径定义的方式，倒圆角可以分为恒定半径倒圆角、可变半径倒圆角、曲线驱动倒圆角和完全倒圆角。

（1）恒定半径倒圆角：倒圆角段具有恒定半径，如图 3-173 所示。

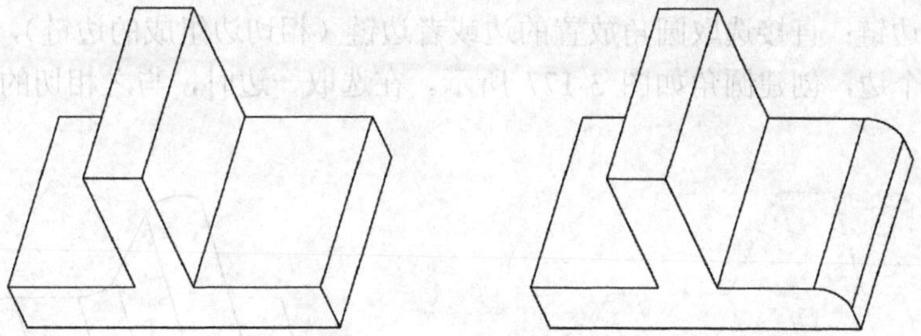

图 3-173　恒定半径倒圆角

（2）可变半径倒圆角：倒圆角段具有多个半径，如图 3-174 所示。

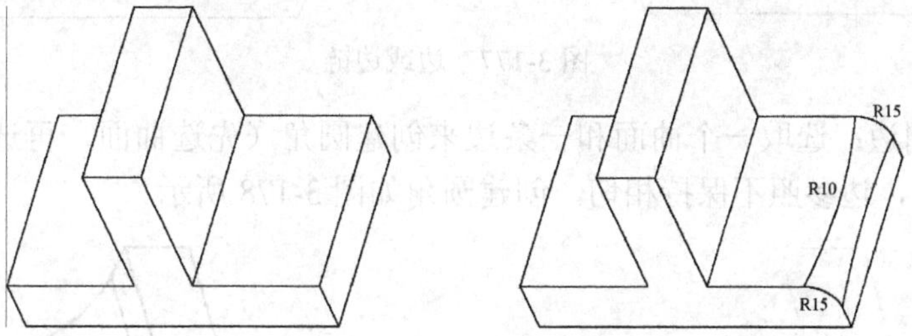

图 3-174　可变半径倒圆角

（3）曲线驱动倒圆角：通过选择曲线来创建倒圆角，如图 3-175 所示。

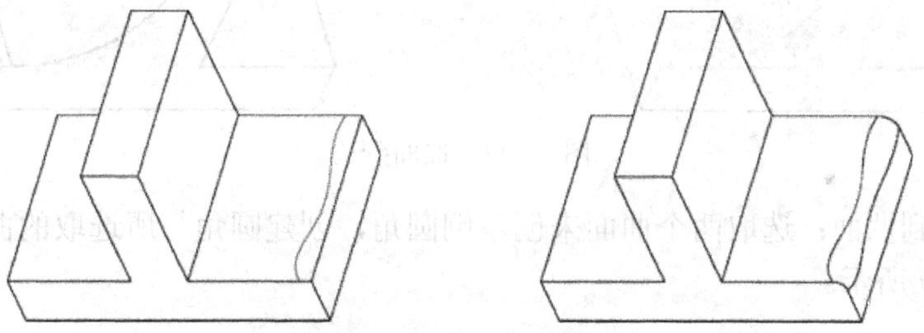

图 3-175　曲线驱动倒圆角

（4）完全倒圆角：不需要输入半径值，系统直接将指定的曲面或平面倒成圆角，如图 3-176 所示。

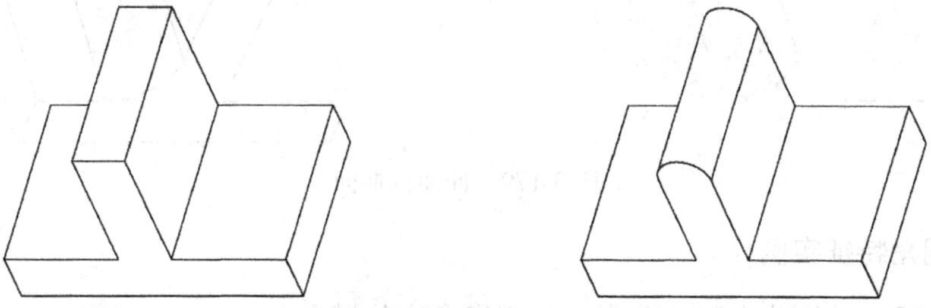

图 3-176　完全倒圆角

2．放置参照

Pro/ENGINEER 系统提供了以下 4 种类型的放置参照。

（1）边或边链：直接选取圆角放置的边或者边链（相切边组成的边链），可以按住 Ctrl 键一次选取多个边，创建圆角如图 3-177 所示。在选取一边时，与之相切的边链会同时被选取。

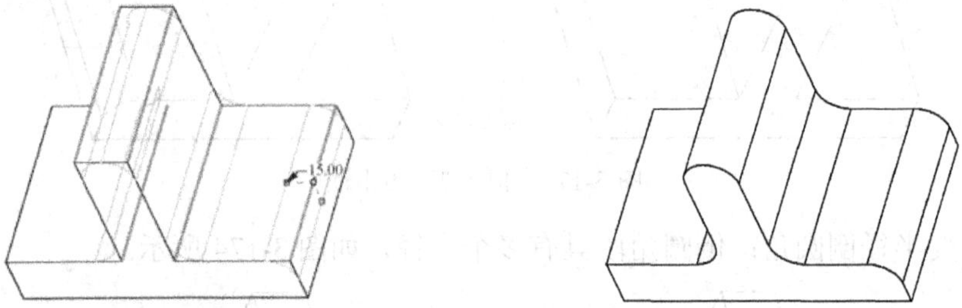

图 3-177 边或边链

（2）曲面到边：选取一个曲面和一条边来创建圆角（先选曲面，再选边），该倒圆角与曲面保持相切，边参照不保持相切，创建圆角如图 3-178 所示。

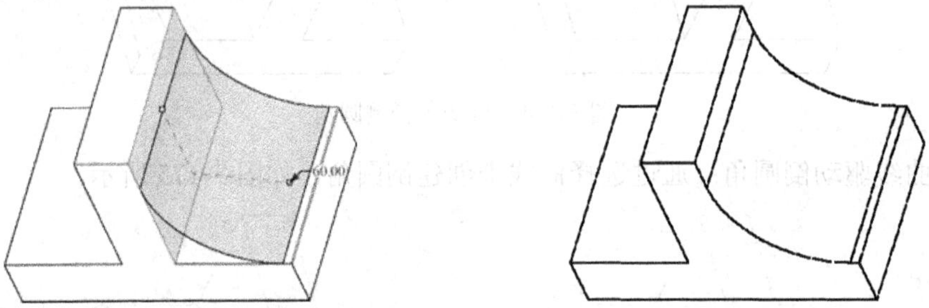

图 3-178 曲面到边

（3）曲面到曲面：选取两个曲面来创建倒圆角，创建圆角与所选取的曲面相切，创建圆角如图 3-179 所示。

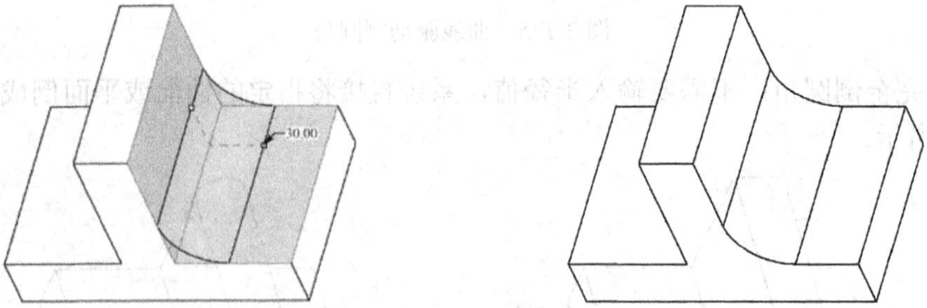

图 3-179 曲面到曲面

3．倒圆角特征实例

【例 3-15】 创建如图 3-180 所示的肥皂盒实体模型。

经分析可以看出，此模型通过对盒顶两侧边进行曲线驱逐倒圆角，前后边进行可变半径倒圆角。

具体操作步骤如下。

步骤 1：建立新文件并建立文件中的基础特征。

（1）打开 Pro/ENGINEER 系统，新建一个【零件】设计环境，不使用默认模板。

（2）建立基础特征。单击【插入】|【拉伸】菜单项或特征工具栏中的拉伸特征命令按钮，建立拉伸特征。其草绘截面如图 3-181(a)所示，在操控板中输入拉伸深度为 20，完成模型如图 3-181(b)所示。

图 3-180 肥皂盒实体模型

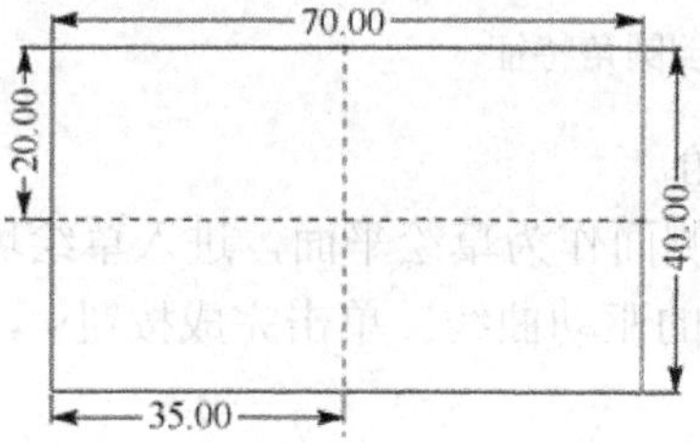

(a) 草绘截面

(b) 拉伸特征实体

图 3-181 拉伸特征

步骤 2：建立上表面前后边的可变倒圆角。

（1）单击工具栏上的按钮或单击【插入】|【倒圆角】菜单项，弹出倒圆角特征操控板。

（2）选取圆角的放置参照。按住 Ctrl 键，在模型上表面，选取前后两边作为圆角的放置参照。

（3）单击操控板中的【设置】，弹出上滑面板，在其【半径】列表中右击，从右键菜单中选取【添加半径】，添加一个新的半径，此时两个半径分别放置在倒圆角所在的边参照的两个端点。同样的方法再添加一个新的半径。单击可修改各个端点的半径值，系统会形成平滑连接的可变半径倒圆角特征。在本例中，将四个点的半径值均改为 4，如图 3-182(a)所示。

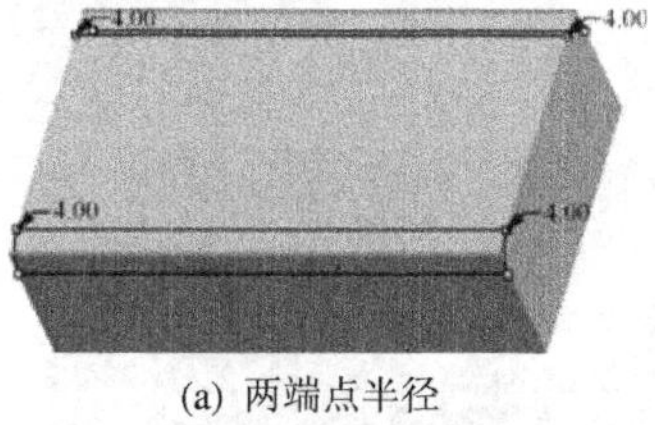

(a) 两端点半径

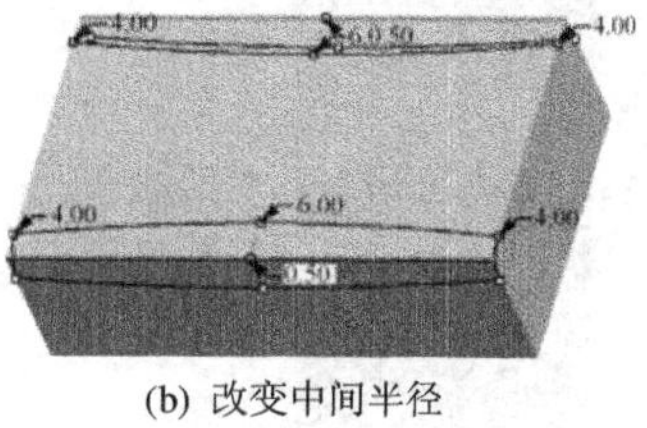

(b) 改变中间半径

图 3-182 倒圆角特征

（4）在【半径】列表中 #1 上右击并选取【添加半径】右键菜单项，生成一个中间点的半径。同样的方法，再在 #3 上右击生成一个新的半径。单击其【位置】列可修改此半径在参照上的相对位置；单击【半径】列可以修改此半径的值。本例中将两个半径的位置均改成0.5，半径改为6，系统会形成平滑连接，如图3-182(b)所示。最终生成模型预览如图 3-183(a)所示，此时的【设置】上滑面板如图3-183(b)所示。

（5）预览特征。单击操控板上的预览按钮查看建立的倒圆角特征；若不符合要求，按按钮退出暂停模式，继续编辑特征。若符合要求，单击操控板中的按钮，完成此次可变倒圆角特征。

(a) 可变半径倒圆角特征

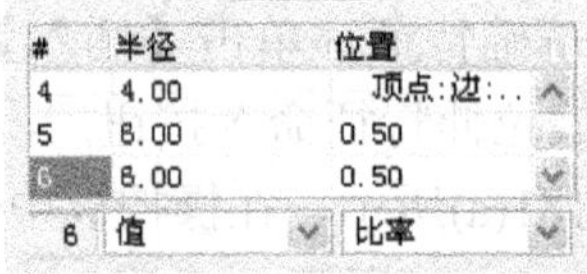

(b)【位置】列表中【半径】项

图 3-183　可变半径倒圆角特征

步骤 3：建立上表面两侧边的曲线驱逐倒圆角。

（1）单击工具栏的按钮，选取肥皂盒的左侧面作为草绘平面，进入草绘环境。绘制如图 3-184 所示的曲线，作为左侧边倒圆角特征的驱动曲线。单击完成按钮，退出草绘环境。

（2）单击工具栏上的按钮或单击【插入】|【倒圆角】菜单项，弹出倒圆角特征操控板。

（3）选取圆角特征的放置参照。单击选取模型上表面的左侧边，作为圆角特征的放置参照。

（4）在图形窗口中按住 Shift 键并拖动半径控制滑块，将其捕捉至作为驱动曲线参照的曲线上。也可以在【设置】上滑板中单击【通过曲线】选项，然后单击作为驱动的曲线，将其收集到【驱动曲线】收集框即可。

（5）预览特征。单击操控板上的预览按钮，查看建立的倒圆角特征。若不符合要求，按按钮退出暂停模式，继续编辑特征；若符合要求，单击操控板中的按钮，完成此次左侧边曲线驱逐倒圆角特征。生成如图 3-185 所示的实体模型。

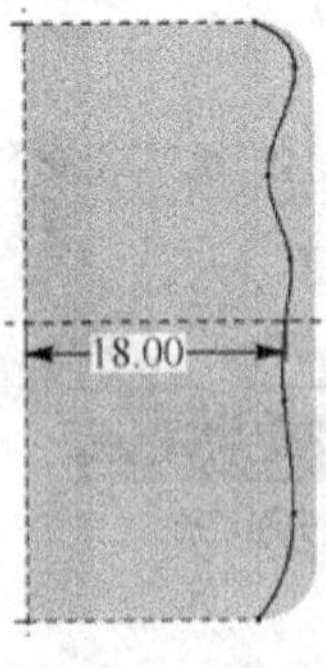

图 3-184　驱动曲线

图 3-185　一边曲线驱逐倒圆角

（6）单击工具栏的按钮，选取肥皂盒的上表面作为草绘平面，进入草绘环境。单击按钮，捕捉到草绘 1 的曲线，采用镜像命令，绘制如图 3-186 所示的曲线，作为右侧边倒圆角特征的驱动曲线。单击完成按钮，退出草绘环境。

（7）单击工具栏上的按钮或单击【插入】|【倒圆角】菜单项，弹出倒圆角特征操控板。

（8）选取圆角特征的放置参照。单击选取模型上表面的右侧边，作为圆角特征的放置参照。

（9）在图形窗口中按住 Shift 键并拖动半径控制滑块，将其捕捉至作为驱动曲线参照的曲线上。也可以在【设置】上滑板中单击【通过曲线】选项，然后单击作为驱动的曲线，将其收集到【驱动曲线】收集框即可。

（10）预览特征。单击操控板上的预览按钮，查看建立的倒圆角特征。若不符合要求，按按钮退出暂停模式，继续编辑特征；若符合要求，单击操控板中的按钮，完成此次右侧边曲线驱逐倒圆角特征。生成如图 3-187 所示的实体模型。

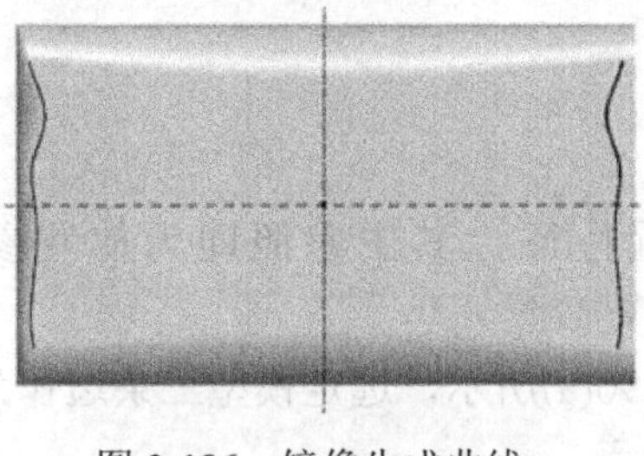

图 3-186　镜像生成曲线

图 3-187　两边曲线驱逐倒圆角

（11）在左侧模型树的【草绘 1】右击选取【隐藏】，同样的方法将【草绘 2】的曲线隐藏。

步骤 4：拉伸去除底面材料。

单击【插入】|【拉伸】菜单项或特征工具栏中的拉伸特征命令按钮，建立拉伸特征。选取底面为草绘平面，其草绘截面如图 3-188(a)所示，在操控板中输入拉伸深度为 16，完成模型如图 3-188(b)所示。

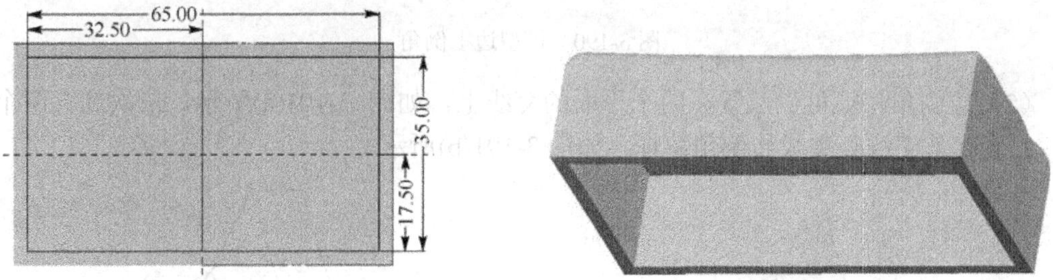

(a) 草绘截面　　(b) 拉伸去除材料特征

图 3-188　拉伸特征

3.3.6　倒角特征建模

倒角是用来处理模型周围棱角的方式之一，与倒圆角功能类似。

1．倒角类型

倒角是对边或拐角进行斜切削而产生的一种特征，根据所选取放置参照的不同，将倒角特征分为边倒角特征和拐角倒角特征。

（1）边倒角：将所选择的实体边切除，以斜面连接共有此边的两个曲面。

（2）拐角倒角：将实体的顶点切除，产生斜面倒角，如图 3-189 所示。

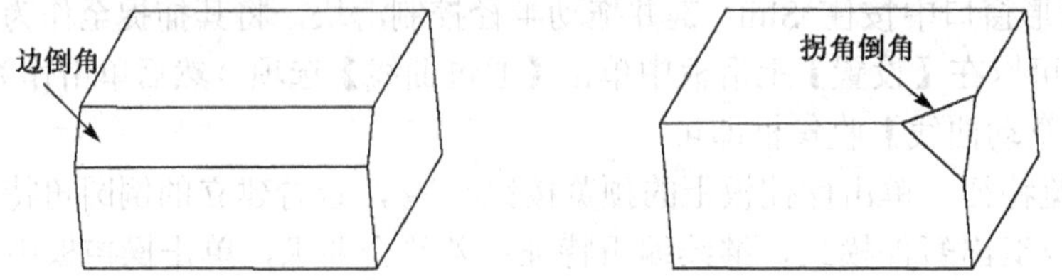

图 3-189　倒角特征

2．边倒角特征

1）边倒角的放置参照

与倒圆角特征相似，边倒角特征也属于放置特征，其主参照即为放置参照，Pro/ENGINEER 提供了 3 种可以放置边倒角特征的放置参照。

（1）边倒角特征可以放置在模型边上。如图 3-190(a)所示，选定模型三条边作为放置倒角的参照，生成边长为 1 的倒角，如图 3-190(b)所示。

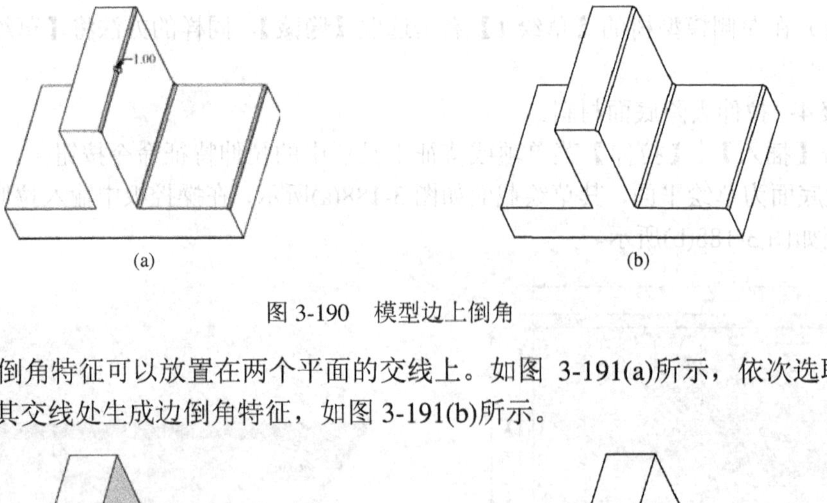

(a)　　(b)

图 3-190　模型边上倒角

（2）边倒角特征可以放置在两个平面的交线上。如图 3-191(a)所示，依次选取两个平面，系统在其交线处生成边倒角特征，如图 3-191(b)所示。

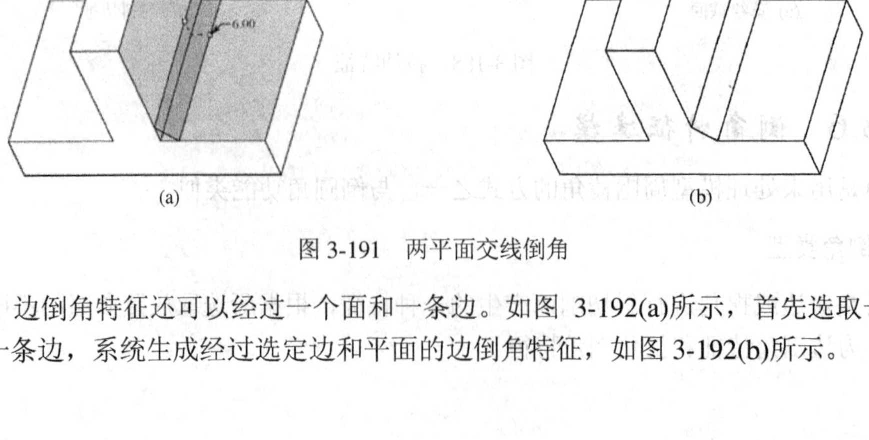

(a)　　(b)

图 3-191　两平面交线倒角

（3）边倒角特征还可以经过一个面和一条边。如图 3-192(a)所示，首先选取一个面，再选择一条边，系统生成经过选定边和平面的边倒角特征，如图 3-192(b)所示。

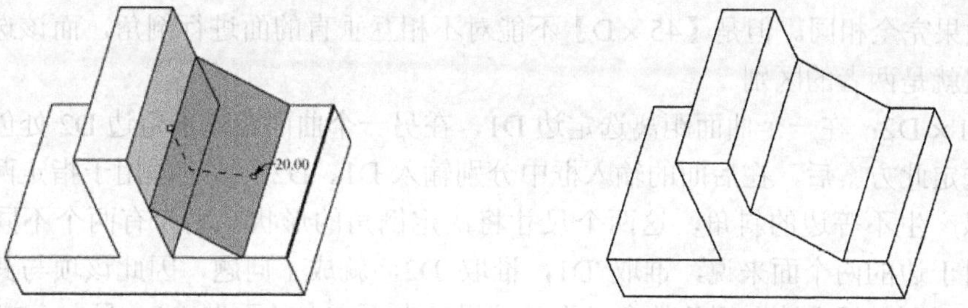
(a) (b)

图 3-192 一面一边倒角

2）边倒角的操控板

单击工程特征工具栏的边倒角特征按钮，或单击【插入】|【倒角】|【边倒角】菜单项，弹出边倒角特征操控板，如图 3-193 所示。利用该面板可建立边倒角特征。

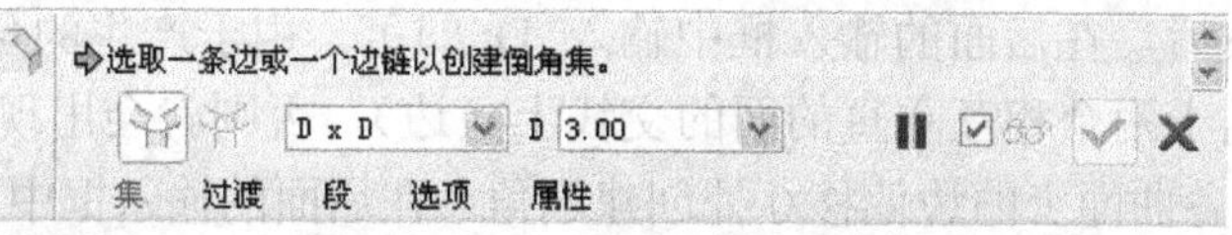

图 3-193 边倒角操控板

（1）边倒角的设置模式。在此状态下单击操控板上的【集】，在弹出的上滑面板中可以建立边倒角的集合，并可以设定每组边倒角的放置参照、长度等参数。

（2）边倒角的过渡模式。几个边倒角的相交处或终止处可以设定边倒角过渡的不同类型，当在模型中生成边倒角后此选项才可用。在最初创建边倒角时，系统使用默认方式设定过渡。单击切换到此模式后，可以修改边倒角过渡的类型，图 3-194 所示的是两种不同过渡模式。

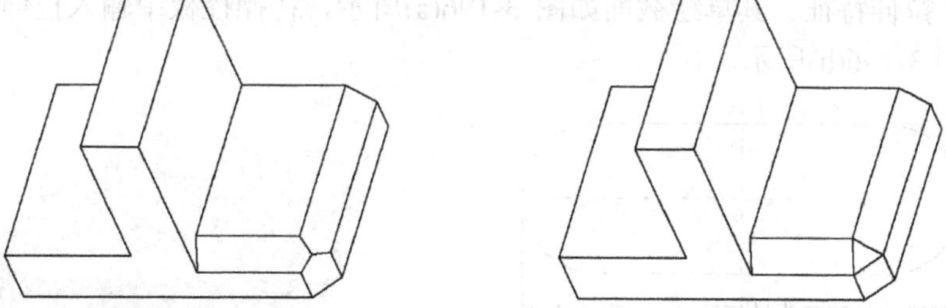
(a) 边倒角设置模式 (b) 边倒角过渡模式

图 3-194 边倒角

（3）设计倒角方案 D x D 及倒角的边长 D 3.00。

单击边倒角方案下拉列表，弹出列表如图 3-195 所示。对其中的倒角方案解释如下。

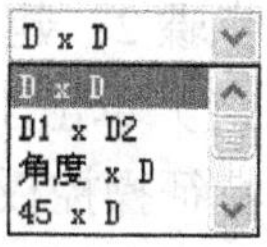

图 3-195 边倒角下拉列表

● D × D：距所选边距离为 D 的位置创建倒角，没有角度限制，所以，两面可以不相互垂直，是系统默认的一种形式。对于两个相互垂直的面的边来说，产生的效果与后面的选项【45 × D】的效果完全相同。但是【45×D】不能对不相互垂直的面进行倒角，而该选项可以，这就是两者的区别。

- D1×D2：在一个曲面距离选定边 D1，在另一个曲面距离选定边 D2 处创建倒角；选定此方案后，在后面的输入框中分别输入 D1、D2。该选项用于指定两个尺寸，以产生不等边的斜角，这两个尺寸将决定倒角的形状。因为有两个不同的尺寸，对于边的两个面来说，谁取 D1，谁取 D2，就成了问题，因此该项与其他项最大的区别是要求选取倒角的参考面，即沿参考面方向的面取 D1，另一个就取 D2。
- 角度×D：创建一个倒角，它距相邻曲面的选定边距离为 D，与该曲面的夹角为指定角度；选定此方案后，在后面的输入框中分别输入角度和 D。该选项只能用于两个相互垂直的面的交线上，它与【D1×D2】选项相同，要求选取倒角参照面，即沿参考面方向的面取 D，另一个就根据角度确定其位置。
- 45×D：创建一个倒角，它与两个曲面都成 45°角，且与各曲面上的边的距离为 D；选定此方案后，在后面的输入框中输入 D 即可。由于产生的角度是 45°，因此该选项只能用于两个相互垂直的面的交线上（边），否则就会出现错误。
- 0×0：在沿各曲面上的边偏移 0 处创建倒角；在后面的输入框中要求输入 0 的数值。
- 01×02：在一个曲面距离选定边的偏移距离 01，在另一个曲面距离选定边的偏移距离 02 处创建倒角。

3）边倒角特征实例

【例 3-16】 创建标准键 A12×16。

具体操作步骤如下。

步骤 1：建立新文件并建立文件中的基础特征。

（1）打开 Pro/ENGINEER 系统，新建一个【零件】设计环境，不使用默认模板。

（2）建立基础特征。单击【插入】|【拉伸】菜单项或特征工具栏中的拉伸特征命令按钮，建立拉伸特征。其草绘截面如图 3-196(a)所示，在操控板中输入拉伸深度为 10，完成模型如图 3-196(b)所示。

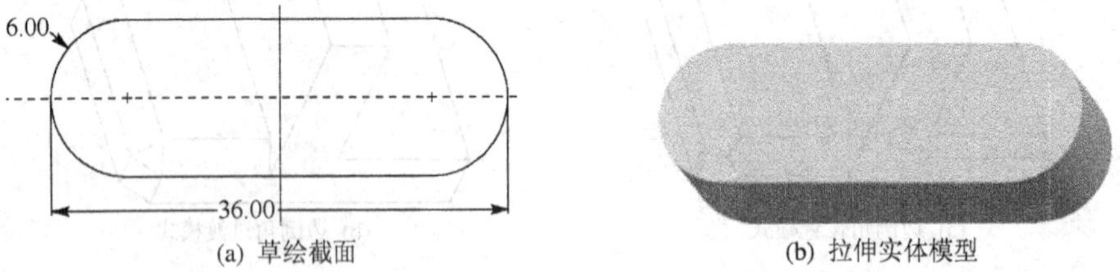

(a) 草绘截面　　(b) 拉伸实体模型

图 3-196 拉伸特征

步骤 2：建立上下表面的边倒角特征。

（1）单击工具栏上的按钮或单击【插入】|【倒角】|【边倒角】菜单项，弹出边倒角特征操控板。

（2）选取边倒角的放置参照。按住 Ctrl 键，在模型上下表面，选取所有的边，如图 3-197(a)所示。

（3）选取【D×D】方案，在 D 值输入框内输入“0.5”。

（4）预览特征。单击操控板上的预览按钮☑ ,查看建立的边倒角特征。若不符合要求，按按钮▶退出暂停模式，继续编辑特征；若符合要求，单击操控板中的✔按钮，完成此次边倒圆角特征，生成特征如图 3-197(b)所示。

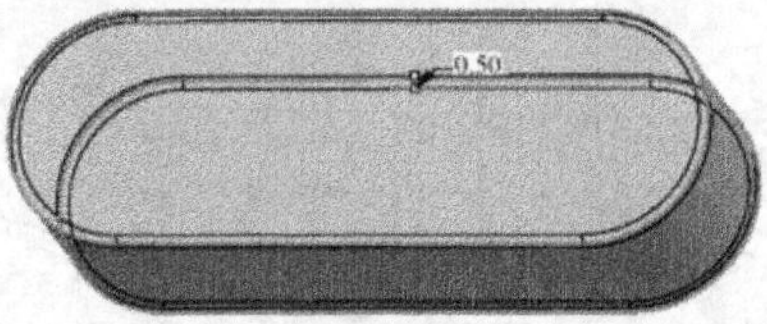

(a) 倒角边选择

(b) 倒角边特征生成

图 3-197　边倒角特征

3．拐角倒角特征

拐角倒角的建立与边倒角相似，是位于拐角处的斜切削特征。定义拐角特征需要如下两个要素。

（1）放置该特征的拐角。拐角特征是多条边的交汇点，但选取放置参照时并不直接选取此交点，而是选取要倒角的拐角的边作为放置参照，如图 3-198(a)所示，此时系统会默认在离选取点较近的端点建立拐角特征。

（2）拐角的尺寸。拐角倒角尺寸的定义，如图 3-198(b)所示的 3 个尺寸，可以通过选取各边上的【选出点】定义，也可以通过直接输入各尺寸值定义。

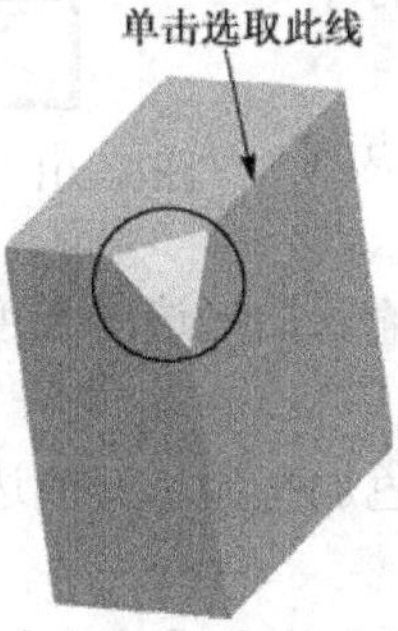

(a) 拐角倒角

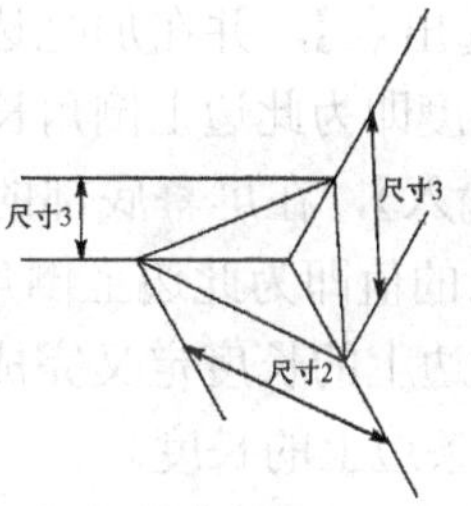

(b) 拐角尺寸

图 3-198　拐角倒角特征

拐角倒角的定义就是对上面两个要素的定义，根据定义要素的对话框即可顺序完成，下面以图 3-198 所示的拐角倒角为例，介绍拐角倒角的定义步骤。

【例 3-17】　建立如图 3-198 所示的拐角倒角。

具体操作步骤如下。

步骤 1：建立新文件并建立文件中的基础特征。

（1）打开 Pro/ENGINEER 系统，新建一个【零件】设计环境，不使用默认模板。

（2）建立基础特征。单击【插入】|【拉伸】菜单项或特征工具栏中的拉伸特征命令按钮，建立拉伸特征。其草绘截面如图 3-199(a)所示，在操控板中输入拉伸深度为 10，完成模型如图 3-199(b)所示。

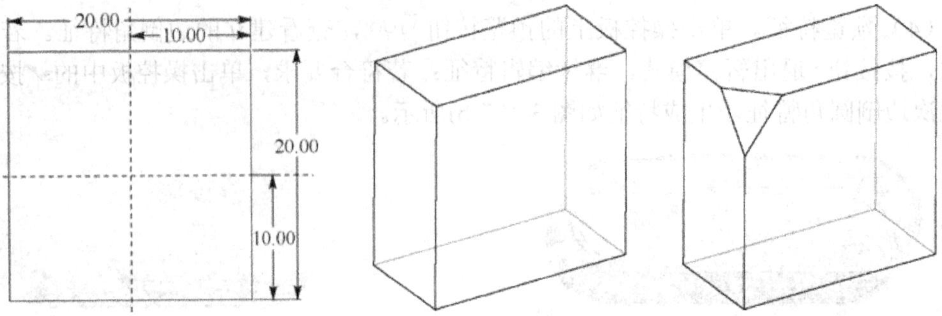

(a) 草绘截面　　(b) 拉伸特征　　(c) 拐角倒角特征

图 3-199　拐角倒角

步骤 2：建立拐角倒角特征。

（1）单击【插入】|【倒角】|【拐角倒角】菜单项，弹出拐角倒角定义对话框，如图 3-200 所示，系统自动选取【顶角】元素，将其状态指定为【定义】。

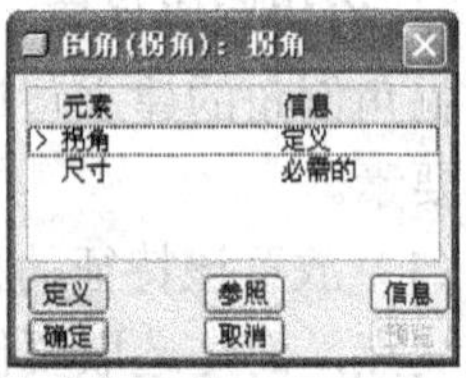

图 3-200　拐角倒角对话框

（2）在图形窗口中选取要倒角的拐角的边参照，即图 3-198(a)所示的边，系统将会加亮选定的边。

（3）定义【尺寸】元素。系统自动转到定义【尺寸】元素状态，并且弹出【选出/输入】浮动菜单，如图 3-201 所示，此时可以通过拾取点或输入数值的方式确定其尺寸，执行下面的两种操作之一。

图 3-201　尺寸元素对话框

- 单击【选出点】，并在加亮边上选取一个点，此点到顶点的长度即为此边上倒角长度。
- 单击【输入】，在屏幕底部的消息区的输入框中输入加亮边的长度值，并单击✓，此时输入的值即为此边上倒角长度。

（4）第一条边上的长度定义完成后，系统逐个以绿色加亮显示其他边，用上面同样的方法定义其他两条边上的长度。

（5）单击对话框中的【预览】观察模型，如符合要求单击【确定】完成拐角倒角的创建，如图 3-199(c)所示。

3.3.7　工程特征建模综合实例

【例 3-18】　制作托架。

本实例创建一个托架模型，综合应用到拉伸特征、孔特征、倒圆角特征、倒角特征、筋特征等。

具体操作步骤如下。

步骤 1：建立新文件并建立文件中的基础特征。

（1）打开 Pro/ENGINEER 系统，新建一个【零件】设计环境，不使用默认模板。

（2）建立基本体 1。单击【插入】|【拉伸】菜单项或特征工具栏中的拉伸特征命令按钮，建立拉伸特征。选取 TOP 基准平面作为草绘平面，以 RIGHT 基准平面为【右】

方向参照，其草绘截面如图 3-202(a)所示，在操控板中输入拉伸深度为 10，完成模型如图 3-202(b)所示。

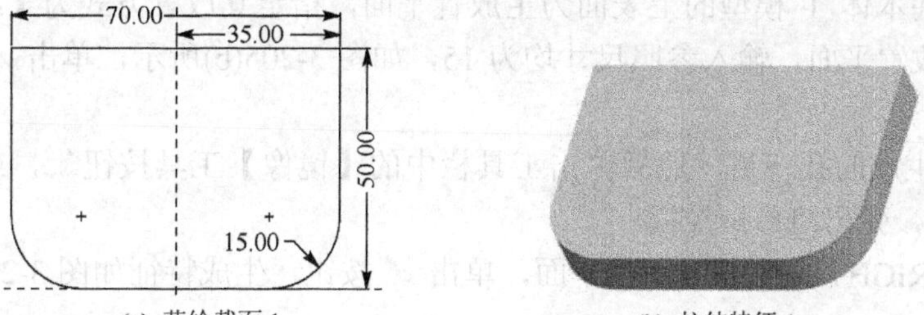

(a) 草绘截面 1　　(b) 拉伸特征 1

图 3-202　基体 1

（3）建立基本体 2。单击【插入】|【拉伸】菜单项或特征工具栏中的拉伸特征命令按钮，建立拉伸特征。在【草绘】对话框中选择【使用先前的】按钮，其草绘截面如图 3-203(a)所示，在操控板中输入拉伸深度为 60，完成模型如图 3-203(b)所示。

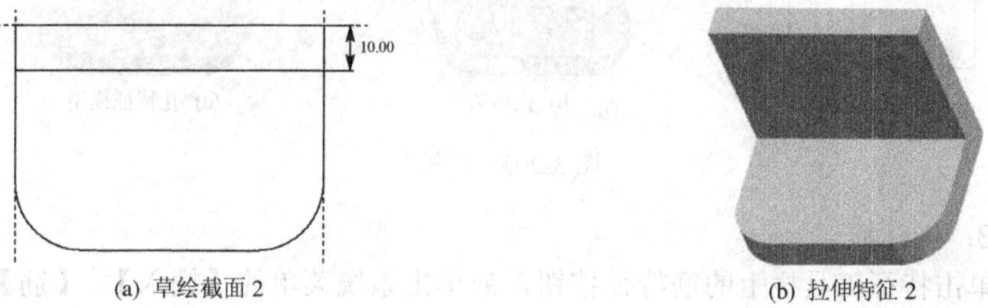

(a) 草绘截面 2　　(b) 拉伸特征 2

图 3-203　基体 2

（4）创建基本体 3。单击【插入】|【拉伸】菜单项或特征工具栏中的拉伸特征命令按钮，建立拉伸特征。选择基本体 2 的上表面作为草绘平面，以 RIGHT 基准平面为【右】方向参照，其草绘截面如图 3-204(a)所示，在操控板中输入拉伸深度为 15，单击（深度方向）按钮，使拉伸深度方向指向 TOP 基准平面，完成模型如图 3-204(b)所示。

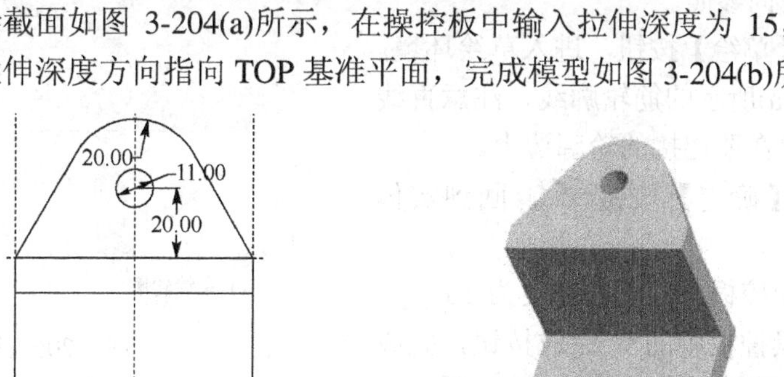

(a) 草绘截面 3　　(b) 拉伸特征 3

图 3-204　基体 3

步骤 2：创建孔

（1）单击绘图区右侧【基础特征】工具栏中的【孔】按钮，或单击系统菜单的【插入】|【孔】命令，系统打开【孔】操控板。

（2）单击操控板上的按钮，选择草绘孔，再单击按钮，系统进入草绘环境。绘制如图 3-205(a)所示的纵向剖面，然后单击完成按钮✔，结束草绘。

（3）选择基本体 1 模型的上表面为主放置平面，指定其放置方式为【线性】，并指定其次参照为主放置平面，输入参照尺寸均为 15，如图 3-205(b)所示，单击✔按钮，生成孔特征。

（4）选择生成的孔特征，然后单击工具栏中的【镜像】工具按钮，或单击【编辑】|【镜像】命令，弹出镜像操控板。

（5）选择 RIGHT 平面作为镜像平面，单击✔按钮，生成特征如图 3-205(c)所示。

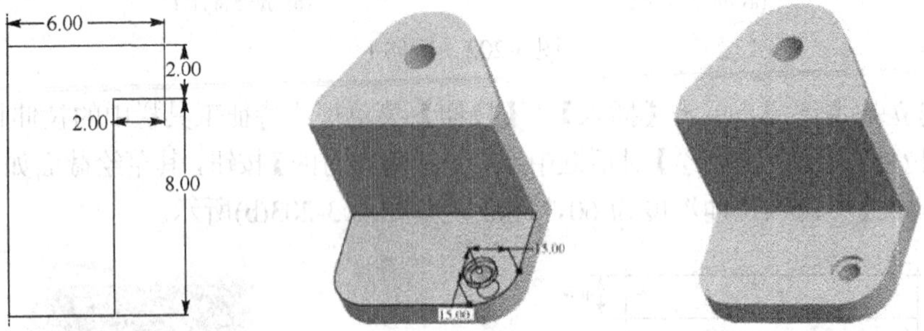

(a) 草绘剖面　　(b) 孔参数　　(c) 孔特征模型

图 3-205　草绘孔

步骤 3：创建筋

（1）单击特征工具栏上的筋特征按钮，或单击系统菜单的【插入】|【筋】命令，系统打开筋特征操控板。

（2）进入筋操控板的【参照】上滑面板，再单击【定义】按钮，弹出【草绘】对话框。选择 RIGHT 面作为草绘平面，以 TOP 基准平面为【左】方向参照。

（3）单击【草绘】按钮，进入草绘环境。绘制如图 3-206(a)所示的筋轮廓线，注意直线的两个端点设置在要连接的轮廓边上。

（4）单击【确定】按钮✔，回到实体建模环境。

（5）在筋操控板上输入筋厚度为 10。

（6）单击操控板中的✔完成按钮，完成筋特征的创建，生成特征如图 3-206(b)所示。

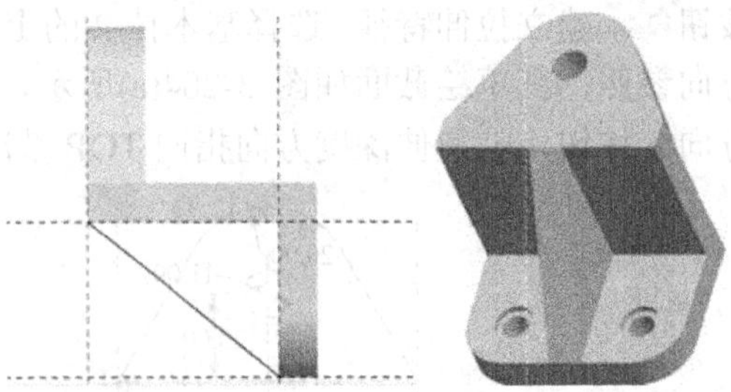

(a) 草绘轮廓　　(b) 筋特征模型

图 3-206　筋

步骤 4：创建倒角特征

（1）单击工具栏上的按钮或单击【插入】|【倒角】|【边倒角】菜单项，弹出边倒角特征操控板。

（2）在边倒角特征操控板上，选择边倒角标注形式为【45 × D】，输入 D 的值为 1。

（3）选择如图 3-207(a)所示的边参照，然后单击✔完成按钮，最终的倒角特征如图 3-207(b)所示。

步骤5：创建倒圆角特征

（1）单击工具栏上的按钮或单击【插入】|【倒圆角】菜单项，弹出倒圆角特征操控板。

（2）输入圆角半径为6。

（3）按住 Ctrl 键分别选择如图 3-208(a)所示的3处边参照。

（4）单击✔完成按钮，最终的倒圆角特征如图 3-208(b)所示。

（5）使用同样的方法，单击倒圆角按钮，输入圆角半径为2，按住 Ctrl 键，分别选择如图 3-209(a)所示的3处边参照。单击✔完成按钮，最终的倒圆角特征如图 3-209(b)所示。

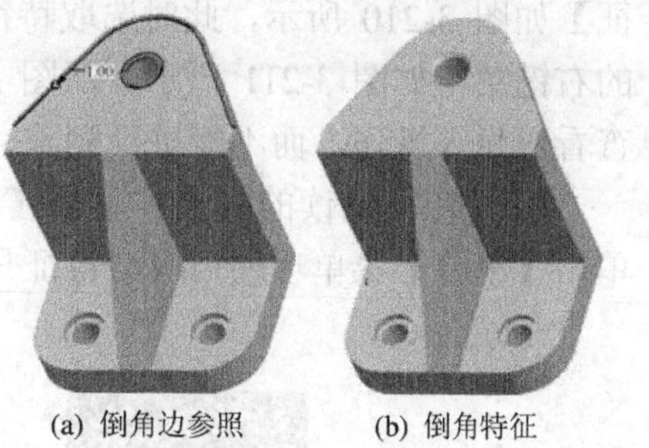

(a) 倒角边参照　　(b) 倒角特征

图 3-207　倒圆角 1

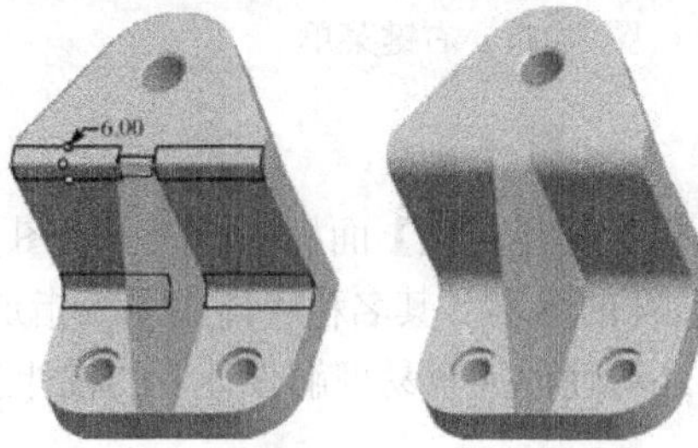

(a) 倒圆角边参照　　(b) 倒圆角特征

图 3-208　倒圆角 2

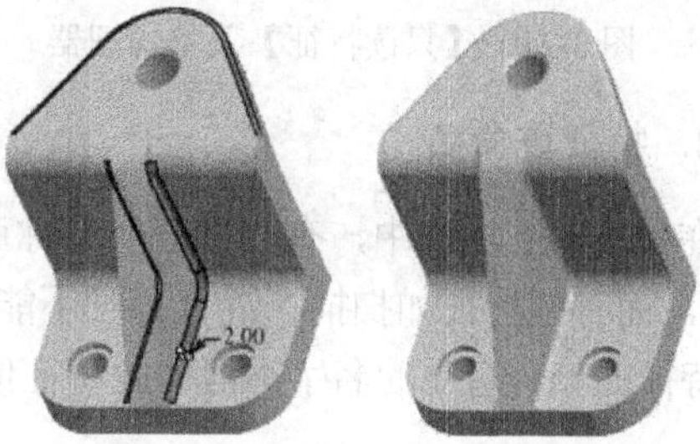

(a) 倒圆角边参照　　(b) 倒圆角特征

图 3-209　倒圆角 3

3.4　特征的操作与编辑

使用前面介绍的特征建立方法可以建立单一、简单的零件模型，要快速地生成复杂模型并对已有模型进行修改，一般要使用特征操作方法。

本章将介绍特征镜像、特征阵列等特征生成的方法，并介绍特征删除、特征修改、特征重定义等特征修改方法。

3.4.1　特征修改

产品的设计过程实际上就是一个设计不断修改的过程，所以模型的易于修改性是任何一种产品设计软件都必不可少的。右击 Pro/ENGINEER 模型树中的特征，在弹出的右键菜单中可以进行删除、重命名、编辑、编辑定义等多种操作。

1. 特征只读

为了防止意外删除或修改，可将特征设为只读，属性设为只读的特征不可以被重定义、编辑尺寸、删除或阵列。特征只读的设置与取消过程如下。

（1）特征只读的设置。单击【编辑】|【只读】，菜单管理器弹出浮动菜单【只读特

征】如图 3-210 所示，此时选取特征可将其设为只读。此时在模型树上右击此特征，弹出的右键菜单如图 3-211 所示，从图 3-211 中可以看出，只读特征只能进行编组、重命名、查看信息等操作，而不能进行删除、阵列等操作，同时编辑操作也不能修改尺寸值。

（2）特征只读的取消。单击【编辑】|【只读】，在弹出的【只读特征】浮动菜单中单击【清除】菜单项便可取消特征只读。

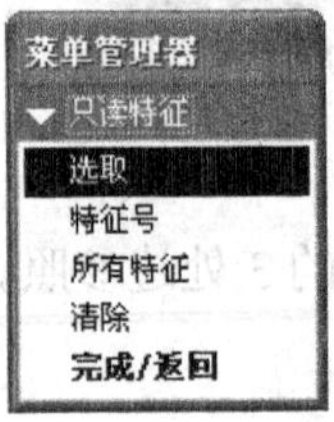

图 3-210 【只读特征】菜单管理器

图 3-211 右键菜单

2. 特征重命名

在模型建立过程中，有些特征的名称可以在操控面板的【属性】面板中修改（如图 3-212 所示），而有些特征如扫描、混合等则不能指定生成特征的名称，其名称不能由系统指定。模型中特征的一个直观的名字不但使此特征便于查找，还可使他人容易理解设计者的设计意图。

图 3-212 拉伸操控板

在模型上右击特征，在右键菜单中单击【重命名】菜单项可以修改特征名称；也可以选中特征后，再次单击特征，使特征名称变成输入框，直接输入新的特征并按回车键，以完成特征名称的更改。

3. 特征尺寸编辑

如果只想编辑特征的尺寸，双击此特征将显示其所有控制尺寸，再双击其中的每一个尺寸都可以将其激活，输入新的尺寸并再生模型即可完成模型尺寸的修改。打开配套资源中的 finish/第 3 章/3-3/3-3-1-2-2.prt，下面以文件 3-3-1-2-2.prt 中实体模型的拉伸特征为例，说明特征尺寸的编辑过程。

（1）激活特征的尺寸编辑。可以使用双击特征的方法激活特征尺寸编辑，不过双击时容易选中特征上的图素；激活此命令的另一种方法是在模型树上右击此特征，并选择右键菜单中的【编辑】菜单项，此时控制模型的尺寸都会显示出来，如图 3-213 所示。

（2）在模型上双击要修改特征的尺寸，此尺寸将显示为文本输入框，如图 3-214 所示，在文本框中输入新的尺寸，并单击中键或按回车键，此尺寸将显示为绿色，表示需要再生。可双击其他尺寸并输入新值。

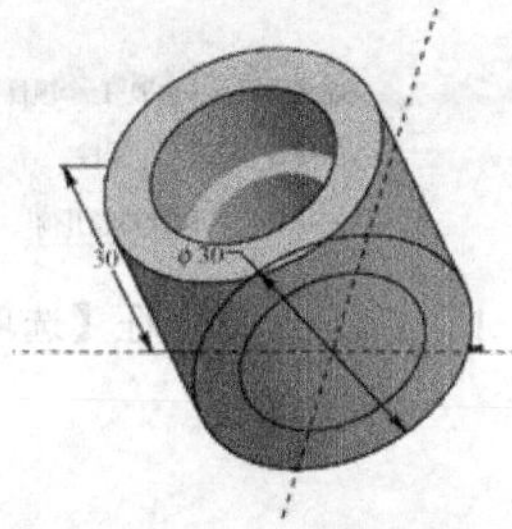

图 3-213　激活特征尺寸编辑

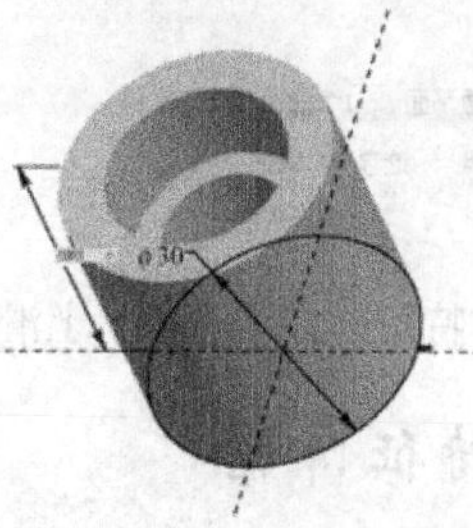

图 3-214　修改特征尺寸

（3）单击工具栏中的再生模型按钮，或单击【编辑】|【再生】菜单项。系统重新生成修改尺寸后的模型，完成模型的尺寸修改。

4．特征的删除

可以将选中的一个或一组特征删除，删除的方法有如下几种。

（1）在模型树中单击选中特征或按 Ctrl 键选中多个特征，单击右键，在弹出的右键菜单中单击【删除】菜单项。

（2）在图形窗口中选中要删除的特征后右击，在弹出的右键菜单中单击【删除】菜单项。

（3）在图形窗口中选中要删除的特征后，按键盘上的 Delete 键。

在执行了【删除】操作后，系统将会出现提示对话框如图 3-215 所示，单击【确定】按钮确认删除。

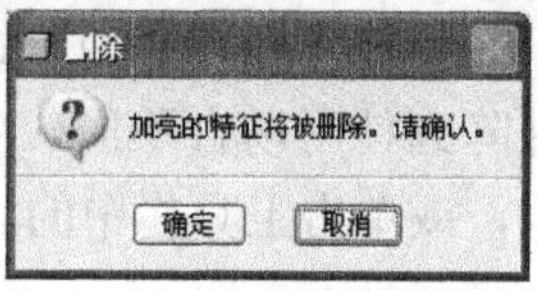

图 3-215　【删除】菜单

阵列也是一种特征，但删除阵列与删除单个特征不同。在模型树中选择阵列单击右键，弹出的右键菜单如图 3-216 所示，关于删除的菜单有【删除】和【删除阵列】两项。单击【删除】菜单项将删除阵列和生成阵列的原始特征；而单击【删除阵列】菜单项仅删除阵列，生成阵列的原始特征将以独立特征的形式出现在模型树上。

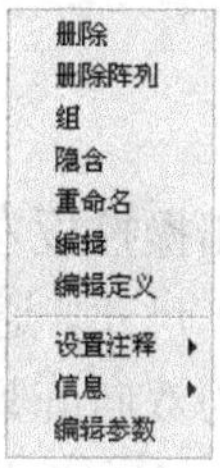

图 3-216　右键菜单

3.4.2　特征镜像

当特征或特征组存在对称性时，可以对已存在的特征进行镜像，得到对侧特征。

创建镜像特征的基本操作步骤如下。

（1）选择要镜像的特征，然后单击工具栏中的【镜像】工具按钮，或单击【编辑】|【镜像】命令，弹出镜像操控板。

（2）在镜像操控板中设置镜像的平面。

（3）对于实体特征镜像，如果要使镜像特征独立于原始特征，可以在【选项】上滑面板中取消选择【复制为从属项】复选框，如图 3-217 所示；对于一些几何镜像，如果要只显示新的镜像的几何特征，而将原始特征隐藏起来，则可在【选项】上滑面板中选择【隐藏原始几何】复选框，如图 3-218 所示。

（4）单击✔按钮，即可完成镜像几何特征的操作。

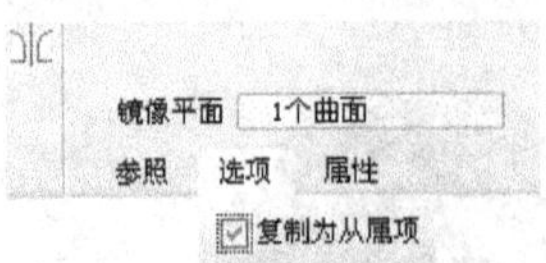

图 3-217　实体特征镜像【选项】上滑面板

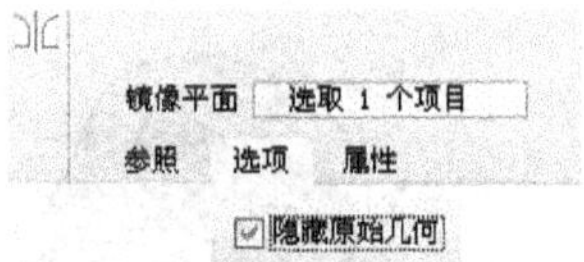

图 3-218　几何镜像特征【选项】上滑面板

3.4.3　特征阵列

特征复制功能每次只能生成一个新的特征，使用特征阵列的方法可以根据需要一次生成多个按一定规律排列的特征。在建模过程中，如果同时需要建立多个相同或类似的特征，如法兰盘上的孔、手机上的按键等，可使用阵列命令。阵列特征有如下优点。

（1）使用阵列方式创建特征可同时创建多个相同或参数按一定规律变化的特征，设计效率高。

（2）阵列是受参数控制的，通过改变阵列参数，可修改阵列。

（3）当需要修改阵列特征时，只需修改原始特征的参数，系统会自动更新整个阵列，其修改效率比分别修改各个特征更高。

特征阵列有多种方式，分别为尺寸阵列、方向阵列、轴阵列、填充阵、表阵列等。各种阵列使用场合不同，生成的阵列特征的排列方式也不相同。单击【编辑】|【阵列】命令，或单击工具栏中的▦按钮，弹出阵列操控板如图 3-219 所示。

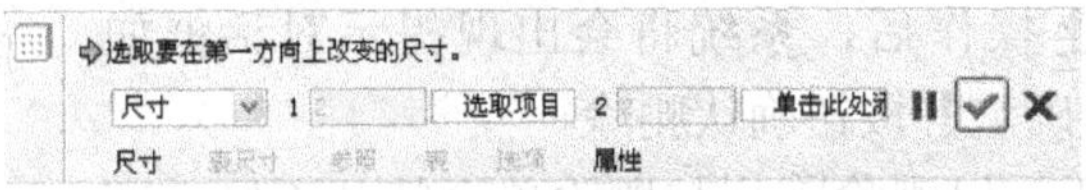

图 3-219　阵列操控板

单击操控板左下角的下拉列表，可显示如下可用的阵列方式。

（1）尺寸。通过使用创建原始特征的驱动尺寸来控制阵列，尺寸阵列可以为单向阵列，也可以为双向阵列。

（2）方向。通过指定某方向作为阵列增长的方向来创建自由形式阵列，方向阵列可以为单向阵列或双向阵列。

（3）轴。通过指定围绕某轴线旋转的角增量为驱动来创建旋转阵列。

（4）填充。通过选定栅格用实例填充区域来控制阵列。

（5）表。通过使用阵列表并为每一阵列实例指定尺寸值来控制阵列，使用表阵列可创建以原始特征的参照为坐标面的平面内自由阵列。

（6）参照。通过参照另一阵列来形成新的阵列。

（7）曲线。通过指定沿着曲线的阵列成员间的距离或数目来控制阵列。

以上各种阵列创建方法各不相同，其创建时的操控板也有所变化，下面分别说明各种阵列的创建方法和应用场合。

1．尺寸特征

尺寸阵列通过使用创建原始特征的驱动尺寸来控制阵列的生成。若选择单方向的驱动尺寸，可创建单向阵列；若选取双方向的驱动尺寸，可创建双向阵列。下面以如图 3-220 所示单方向尺寸阵列为例说明尺寸阵列的创建方法和过程。

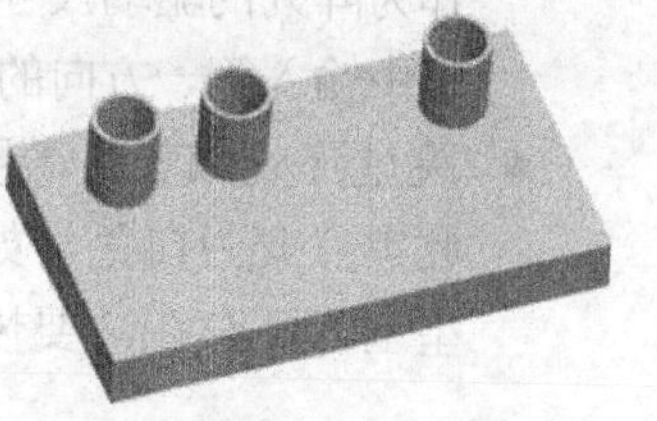

图 3-220　单向尺寸阵列

（1）打开 Pro/ENGINEER 系统，新建一个【零件】设计环境，不使用默认模板。

（2）建立基本体 1。单击【插入】|【拉伸】菜单项或特征工具栏中的拉伸特征命令按钮，建立拉伸特征。选取 TOP 基准平面作为草绘平面，以 RIGHT 基准平面为【右】方向参照，其草绘截面如图 3-221(a)所示，在操控板中输入拉伸深度为 10，完成模型如图 3-221(b)所示。

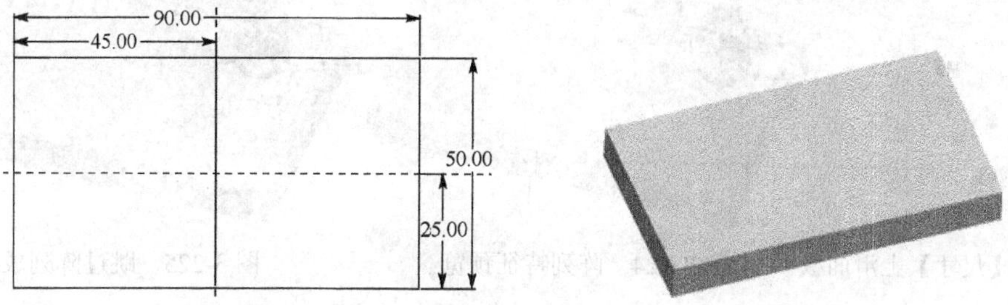

(a) 草绘截面　　(b) 拉伸实体 1

图 3-221　基体 1

（3）建立基本体 2。 单击【插入】|【拉伸】菜单项或特征工具栏中的拉伸特征命令按钮，建立拉伸特征。以上面实体 1 的上表面作为草绘平面，其草绘截面如图 3-222(a)所示，在操控板中输入拉伸深度为 15，完成模型如图 3-222(b)所示。

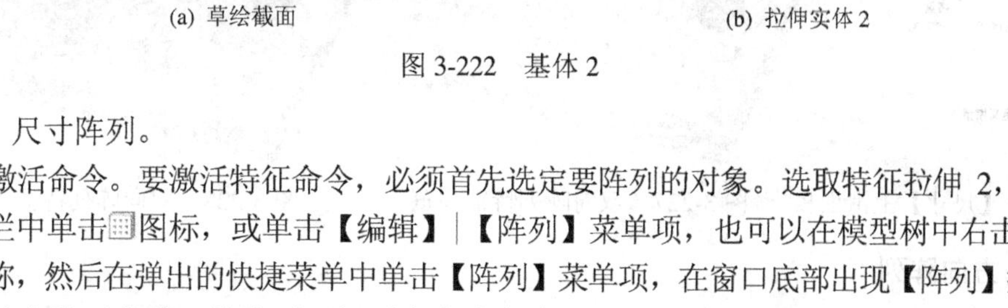

(a) 草绘截面　　(b) 拉伸实体 2

图 3-222　基体 2

（4）尺寸阵列。

- 激活命令。要激活特征命令，必须首先选定要阵列的对象。选取特征拉伸 2，在工具栏中单击图标，或单击【编辑】|【阵列】菜单项，也可以在模型树中右击特征名称，然后在弹出的快捷菜单中单击【阵列】菜单项，在窗口底部出现【阵列】操控板。
- 选定阵列方式。从阵列下拉列表中选定阵列方式为【尺寸】。
- 选定阵列尺寸和增量，指定阵列数量。单击操控板上的【尺寸】图标，弹出上滑面板如图 3-223 所示，在确保方向 1 的收集器处于活动状态（默认状态即为方向 1 的收集器活动状态）的情况下，在图形窗口单击选择原始特征到 RIGHT 面的距离尺寸“30”

作为阵列的驱动尺寸，并修改此尺寸的增量为“–20”，然后在操控板的阵列数目输入框中输入第一方向的阵列数“4”，此时生成阵列特征的预览如图 3-224 所示。

- 跳过阵列成员。若要使阵列中某一成员不生成，可单击标识该阵列成员的黑点，此黑点变为白色，如图 3-225 所示，此成员在生成阵列时将被跳过，在模型树和模型上都不存在。要恢复此阵列成员，单击白点即可转换成黑点，可正常生成。

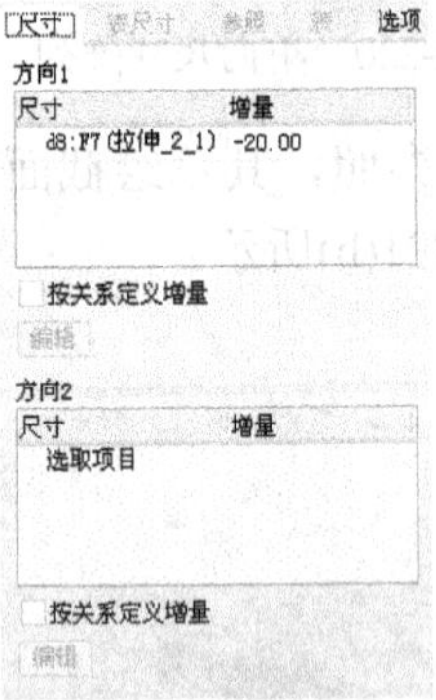

图 3-223 【尺寸】上滑面板

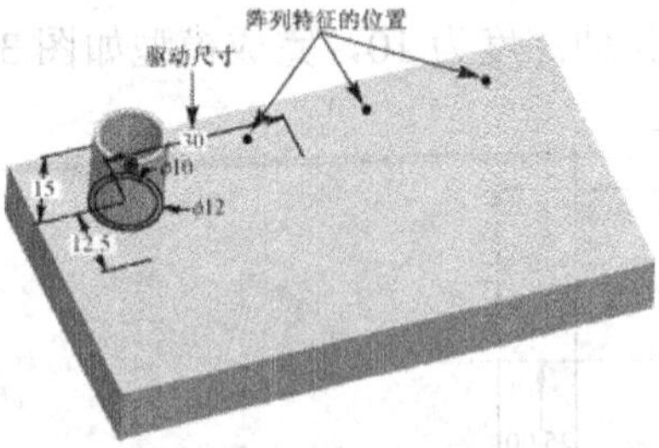

图 3-224 阵列特征预览

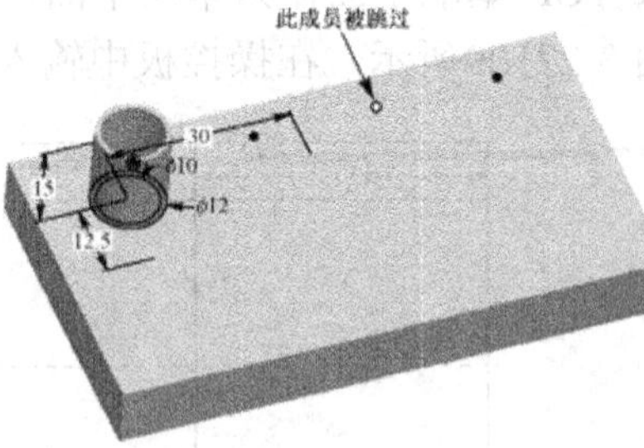

图 3-225 跳过阵列成员

- 完成。单击操控板中的✔按钮，完成尺寸阵列，完成后的模型如图 3-220 所示。

在选择驱动尺寸时，若选定两个方向的尺寸并分别指定增量值、阵列数量，则会生成双向阵列。在上面例题的基础上，单击激活【方向 2】拾取器，选取圆柱到 TOP 面得距离“12.5”作为驱动尺寸，将其增量改为“–25”，如图 3-226 所示；在操控板中将方向 2 的阵列数目改成“2”（默认状态即为 2）。此时图形中生成的阵列预览如图 3-227 所示，单击操控板中的✔按钮，完成尺寸阵列，完成后的模型如图 3-228 所示。

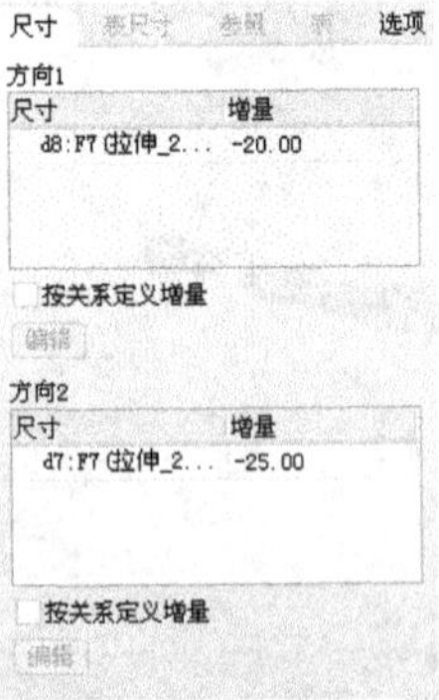

图 3-226 【尺寸】上滑面板

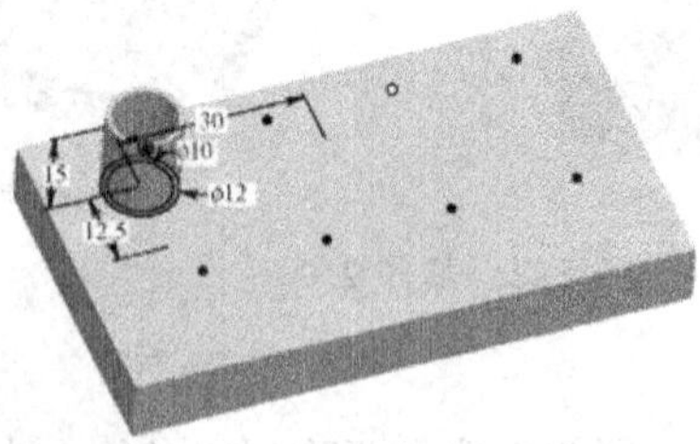

图 3-227 双向阵列特征预览

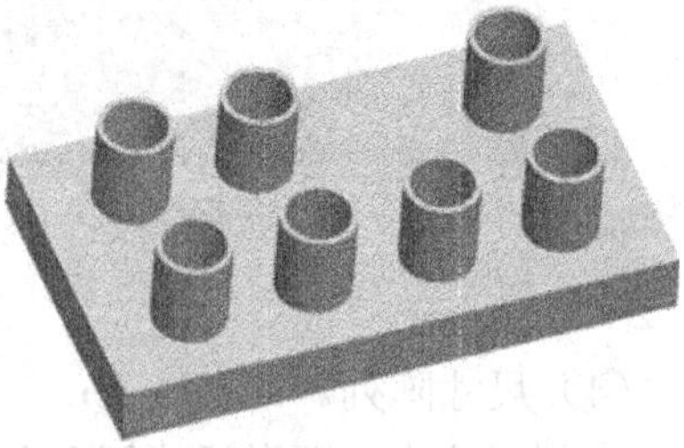
图 3-228 双向阵列特征生成

2．方向阵列

当生成上面的阵列时，若驱动尺寸不容易选取，或者当要生成非驱动尺寸方向的阵列时，可以使用方向阵列。如图 3-229 所示，要生成左上、右下两点对角线方向上的特征阵列，可以过两点的轴线为方向生成方向阵列，其创建过程如下。

（1）打开 Pro/ENGINEER 系统，新建一个【零件】设计环境，不使用默认模板。

（2）创建如图 3-221 所示的实体。

（3）方向阵列。

- 激活命令。要激活特征命令，必须首先选定要阵列的对象。选取特征拉伸 2，在工具栏中单击▦图标，或单击【编辑】|【阵列】菜单项，也可以在模型树中右击特征名称，然后在弹出的快捷菜单中单击【阵列】菜单项，在窗口底部出现【阵列】操控板。
- 选定阵列方式。从阵列下拉列表中选定阵列方式为【方向】。
- 选定阵列的方向。单击基准工具栏创建基准轴按钮╱，此时特征阵列暂停，其操控板也处于冻结状态，过六面体的左上角和右下角做基准轴，如图 3-230 所示。单击阵列特征的▶按钮，继续阵列过程，此时上面所做的基准轴被自动选定为阵列方向，操控板如图 3-231 所示。

图 3-229　方向阵列

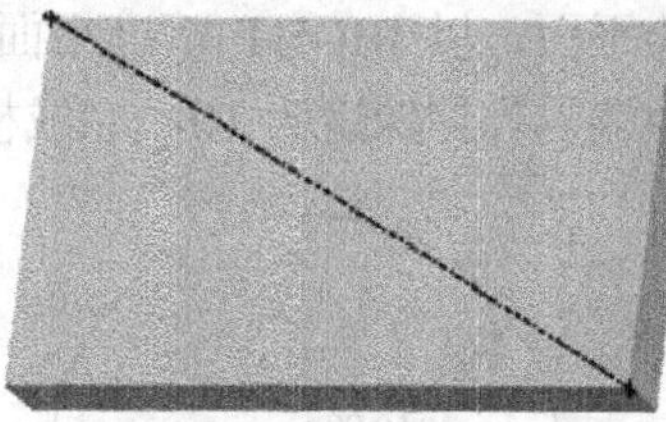

图 3-230　基准轴

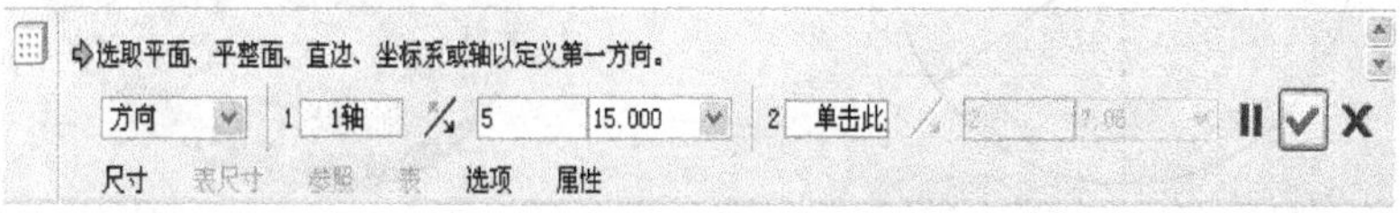

图 3-231　方向阵列操控板

注意：此过程中，暂停了阵列操作，制作了一条轴线，这是命令的嵌套使用。当单击阵列操控板中的▶按钮时，特征阵列恢复执行。在这期间制作的【轴】特征将被隐藏并隶属于阵列特征，其模型树如图 3-232 所示。当选定阵列的方向时，除了可以使用轴线外，还可以选定模型边、平面等。若选定平面，阵列的方向为面的正方向。

- 在操控板中，指定生成特征的数目为“5”，特征间的距离为“15”，如图 3-231 所示，此时生成特征的预览如图 3-233 所示。若要使其中的某个成员不显示，可以单击标识该阵列成员的黑点，黑点将变成白色，此成员将不显示；要恢复阵列成员，单击白点将变成黑点，成员显示。

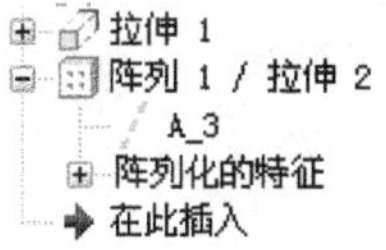

图 3-232　模型树

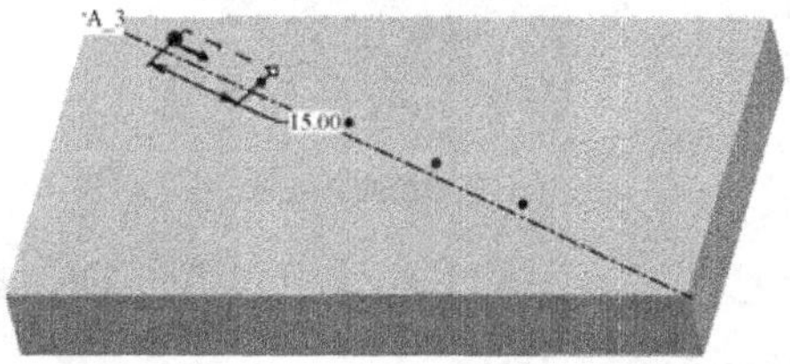

图 3-233　方向特征阵列预览

- 完成。单击操控板中的✔按钮，完成方向阵列，完成后的模型如图 3-229 所示。

3. 轴阵列

轴阵列是 Pro/ENGINEER 2.0 以后添加的新功能，用于生成沿中心轴均匀分布的环形阵列特征。如图 3-234 所示，可以将孔特征围绕圆柱轴线 A_1 轴阵列，形成六个环形的均布特征。

图 3-234 轴阵列特征

下面以图 3-234 中阵列特征为例说明轴阵列的创建方法和过程，其创建过程如下。

（1）打开 Pro/ENGINEER 系统，新建一个【零件】设计环境，不使用默认模板。

（2）建立基本体 1。单击【插入】|【拉伸】菜单项或特征工具栏中的拉伸特征命令按钮，建立拉伸特征。选取 TOP 基准平面作为草绘平面，以 RIGHT 基准平面为【右】方向参照，其草绘截面如图 3-235(a)所示，在操控板中输入拉伸深度为 10，完成模型如图 3-235(b)所示。

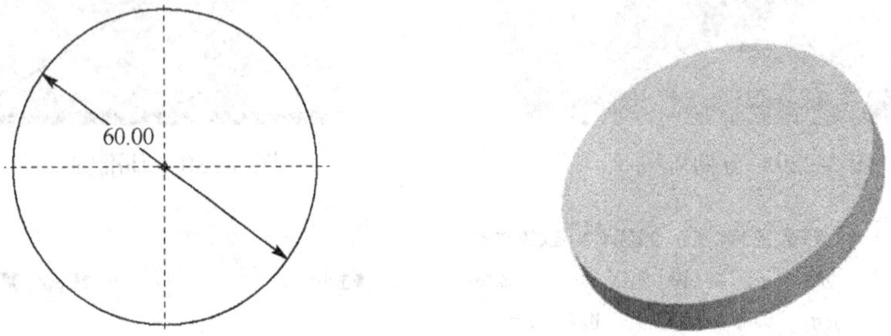

(a) 草绘截面 1　　(b) 拉伸特征 1

图 3-235 基体 1

（3）建立基本体 2。单击【插入】|【拉伸】菜单项或特征工具栏中的拉伸特征命令按钮，建立拉伸特征。选取 TOP 基准平面作为草绘平面，以 RIGHT 基准平面为【右】方向参照，其草绘截面如图 3-236(a)所示，采用穿透模式，去除材料生成孔，完成模型如图 3-236(b)所示。

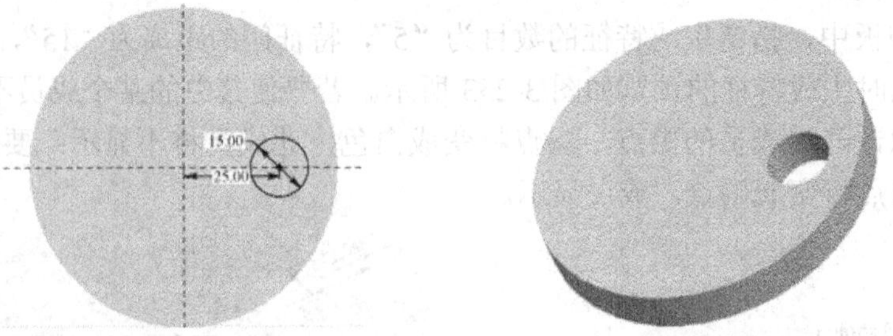

(a) 草绘截面 2　　(b) 拉伸特征 2

图 3-236 基体 2

（4）轴阵列。

- 激活命令。要激活特征命令，必须首先选定要阵列的对象。选取特征拉伸 2，在工具栏中单击图标，或单击【编辑】|【阵列】菜单项，也可以在模型树中右击特

征名称，然后在弹出的快捷菜单中单击【阵列】菜单项，在窗口底部出现【阵列】操控板。

- 选定阵列方式。从阵列下拉列表中选定阵列方式为【轴】，并选定轴阵列的轴线，此时操控板变成如图 3-237 所示，此例中选定圆盘的轴线 A_1 为轴阵列的轴线。

图 3-237　轴阵列操控板

- 指定阵列数量和阵列成员放置方式。在角度方向上，可以有两种阵列成员的生成方式：指定成员数及成员之间的角度增量，指定角度范围及成员数。
  - ✧ 指定成员数及成员之间的角度增量：指定成员数，并指定两个成员之间的角度增量。
  - ✧ 指定角度范围及成员数：指定成员数，并指定这些成员分布的角度范围，角度范围可以为–360°～+360°，阵列成员在指定的角度范围内等间距分布。
- 此处需要孔特征在圆周上均布，所以选择第二种阵列的方式，指定阵列数为 6，阵列的角度范围为 360°。当阵列数和阵列范围输入完成后，生成阵列特征的预览如图 3-238 所示。若要使其中的某个成员不显示，可以单击标识该阵列成员的黑点，黑点将变成白色，此成员将不显示；若要恢复阵列成员，单击白点将变成黑点，成员就会显示。

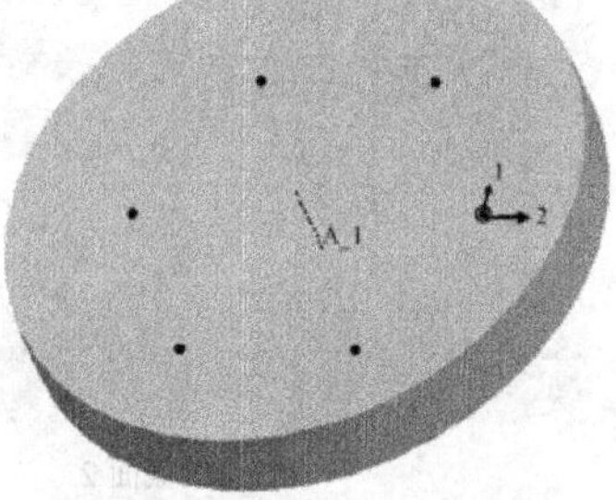

图 3-238　周阵列特征预览

- 完成。单击操控板中的✔按钮，完成轴阵列，完成后的模型如图 3-234 所示。

4．填充阵列

使用填充阵列可用栅格定位的特征实例来填充选定区域，其中的栅格有固定的模板，如矩形栅格、圆形栅格、三角形栅格等，图 3-239 为选用矩形栅格建立的孔特征的两种填充阵列。

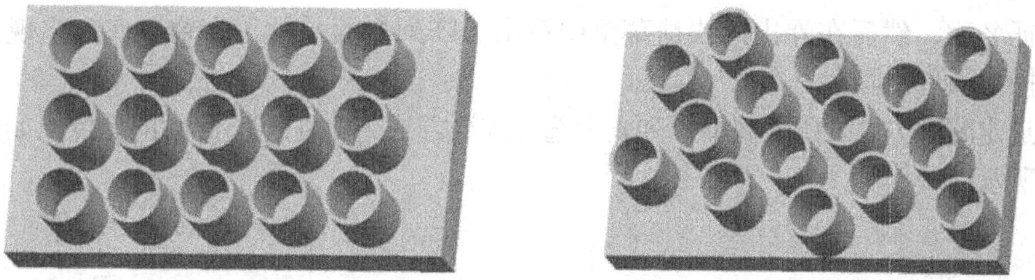

图 3-239　填充阵列特征

下面以图 3-236 所示的阵列为例说明填充阵列的创建方法和过程。

（1）打开 Pro/ENGINEER 系统，新建一个【零件】设计环境，不使用默认模板。

（2）建立基本体 1。单击【插入】|【拉伸】菜单项或特征工具栏中的拉伸特征命令按钮，建立拉伸特征。选取 TOP 基准平面作为草绘平面，以 RIGHT 基准平面为【右】方向参照，其草绘截面如图 3-240(a)所示，在操控板中输入拉伸深度为 10，完成模型如图 3-240(b)所示。

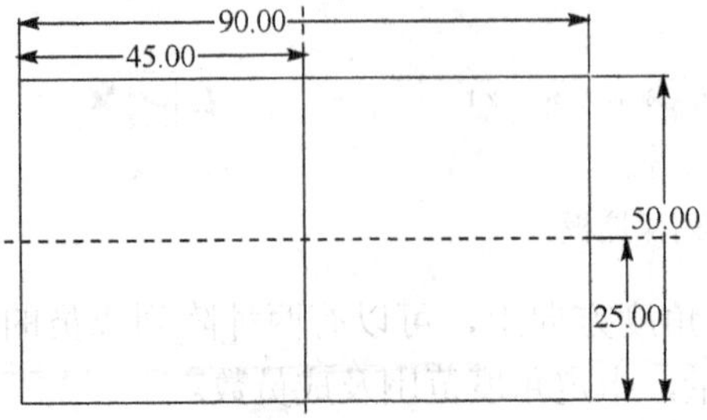

(a) 草绘截面 1

(b) 拉伸实体 1

图 3-240　基体 1

（3）建立基本体 2。单击【插入】|【拉伸】菜单项或特征工具栏中的拉伸特征命令按钮，建立拉伸特征。以上面实体 1 的上表面作为草绘平面，其草绘截面如图 3-241(a)所示，在操控板中输入拉伸深度为 15，完成模型如图 3-241(b)所示。

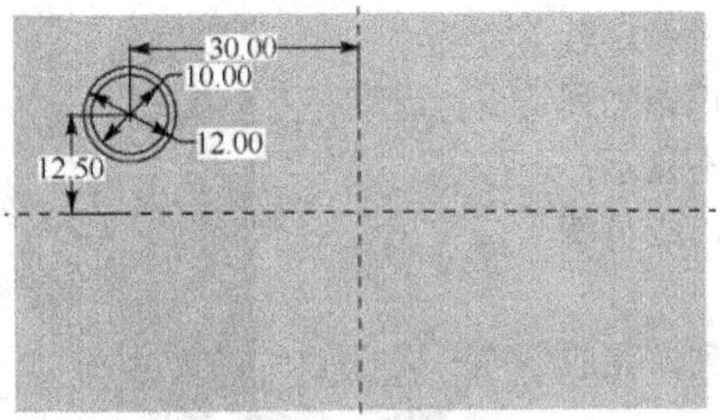

(a) 草绘截面 2

(b) 拉伸实体 2

图 3-241　基体 2

（4）填充阵列。

- 激活命令。要激活特征命令，必须首先选定要阵列的对象。选取特征拉伸 2，在工具栏中单击图标，或单击【编辑】|【阵列】菜单项，也可以在模型树中右击特征名称，然后在弹出的快捷菜单中单击【阵列】菜单项，在窗口底部出现【阵列】操控板。
- 选定阵列方式。从阵列下拉列表中选定阵列方式为【填充】，此时的操控板如图 3-242 所示。

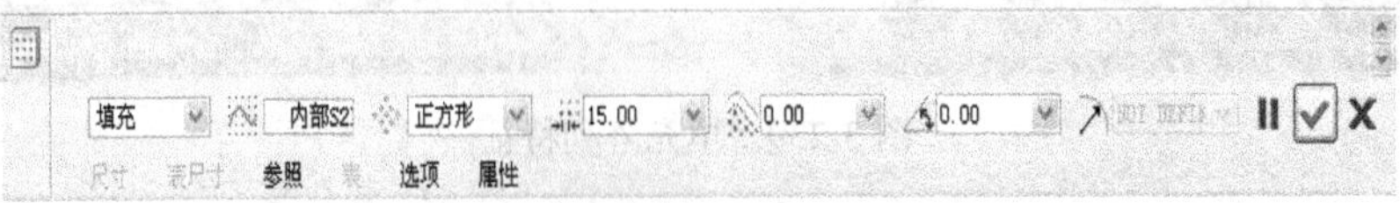

图 3-242　填充阵列操控板

● 选定或草绘要填充的区域。选择要填充的区域以响应拾取框 ● 选取 1 个项目 或单击【参照】，在弹出的上滑面板中单击【定义】按钮，草绘填充区域。

✧ 单击【定义】按钮，在弹出的【草绘】对话框中选择实体模型的上表面为草绘平面，采用默认的参照面。

✧ 在草绘平面上绘制长为 80、宽为 40 的矩形作为填充阵列的填充区域，单击✔完成草图绘制。

● 指定阵列特征的栅格形式。单击 正方形 ，选择需要的栅格形式，此处选择正方形。

● 指定栅格参数并预览阵列。通过改变栅格参数来改变阵列中特征实例间的尺寸，本例中指定栅格中特征间的距离为 15，栅格相对原点的旋转角度为 0°，得到如图 3-243(a)所示的填充阵列预览。若指定栅格相对原点的旋转角度为 30°，得到如图 3-243(b)所示的填充阵列预览。若要使其中的某个成员不显示，可以单击标识该阵列成员的黑点，黑点将变成白色，此成员将不显示；若要恢复阵列成员，单击白点将变成黑点，成员就会显示。

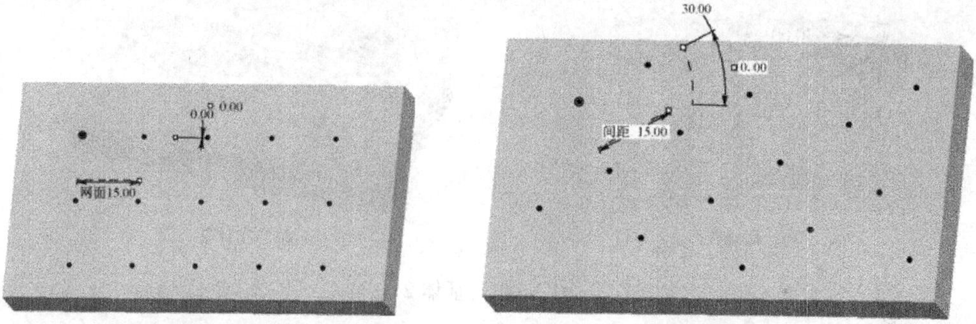

(a) 旋转角度为 0　　(b) 旋转角度为 30

图 3-243　填充阵列

● 完成。单击操控板中的✔按钮，完成轴阵列，完成后的模型如图 3-239 所示。

5．表阵列

使用表阵列可以创建排列不规则的特征阵列，表阵列以表的形式编辑每个特征相对于选定边或面的坐标，从而为阵列中的每个特征实例指定坐标和尺寸。

如图 3-244 所示，上面分布着大小不同、位置不同的螺柱。使用表阵列的方法，阵列过程中通过编辑表的方法编辑每个螺柱的位置和尺寸大小。下面以上述螺柱的阵列为例来说明表阵列的方法和过程。

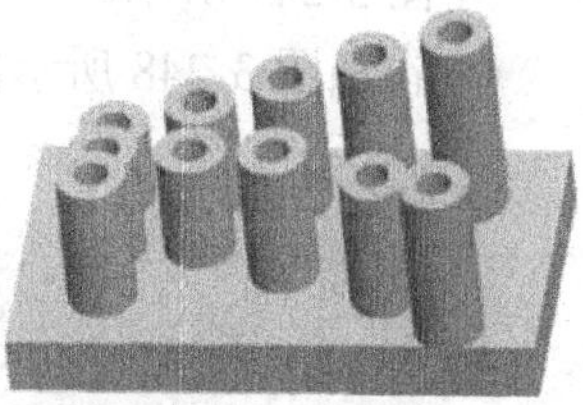

图 3-244　表阵列

（1）打开 Pro/ENGINEER 系统，新建一个【零件】设计环境，不使用默认模板。

（2）建立基本体 1。单击【插入】|【拉伸】菜单项或特征工具栏中的拉伸特征命令按钮，建立拉伸特征。选取 TOP 基准平面作为草绘平面，

以 RIGHT 基准平面为【右】方向参照，其草绘截面如图 3-245(a)所示，在操控板中输入拉伸深度为 10，完成模型如图 3-245(b)所示。

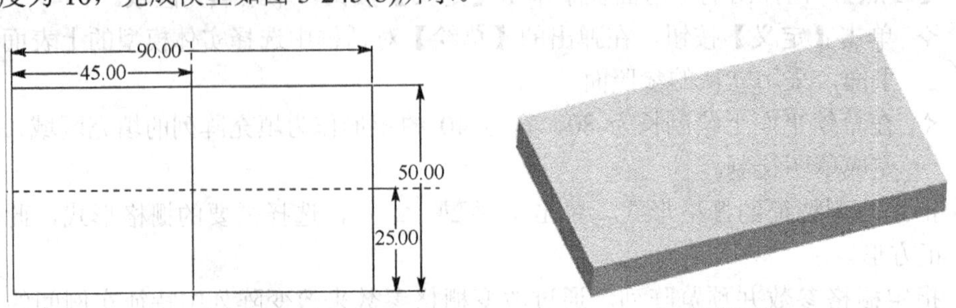

(a) 草绘截面 1　　(b) 拉伸实体 1

图 3-245　基体 1

（3）建立基本体 2。单击【插入】|【拉伸】菜单项或特征工具栏中的拉伸特征命令按钮，建立拉伸特征。以上面实体 1 的上表面作为草绘平面，其草绘截面如图 3-246(a)所示，在操控板中输入拉伸深度为 15，完成模型如图 3-246(b)所示。

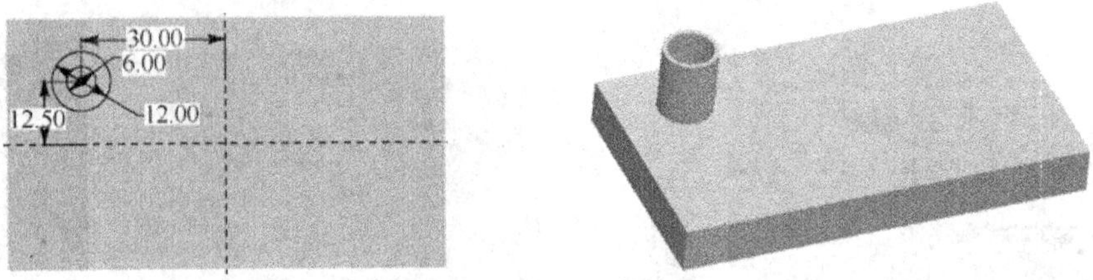

(a) 草绘截面 2　　(b) 拉伸实体 2

图 3-246　基体 2

（4）表阵列。

- 激活命令。要激活特征命令，必须首先选定要阵列的对象。选取特征拉伸 2，在工具栏中单击图标，或单击【编辑】|【阵列】菜单项，也可以在模型树中右击特征名称，然后在弹出的快捷菜单中单击【阵列】菜单项，在窗口底部出现【阵列】操控板。
- 选定阵列方式。从阵列下拉列表中选定阵列方式为【表】。
- 按住 Ctrl 键并在模型中依次选择预设为驱动阵列的尺寸，即 12.5、30、15，如图 3-247 所示。
- 在如图 3-248 所示的阵列操控板面板中单击【编辑】按钮，弹出阵列表编辑器。

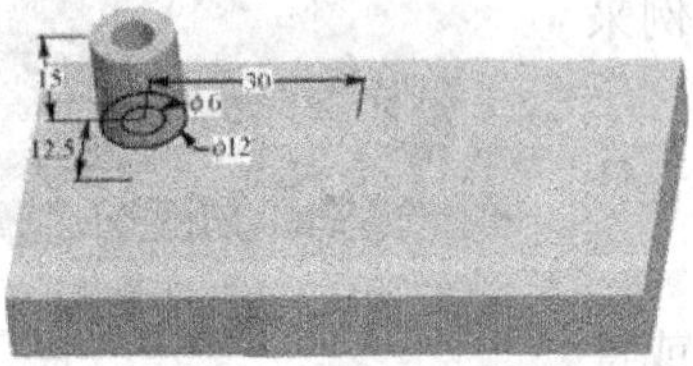

图 3-247　驱动尺寸

图 3-248　表阵列操控板

- 在编辑器中为每一个阵列成员设置驱动尺寸，表中每一行代表着一个阵列成员的参数，第一列为标识索引列，索引号可以从 1 开始，可以不连续，但必须是唯一的，尺寸列标题包含尺寸符号和括号内的尺寸（默认值），如图 3-249 所示。

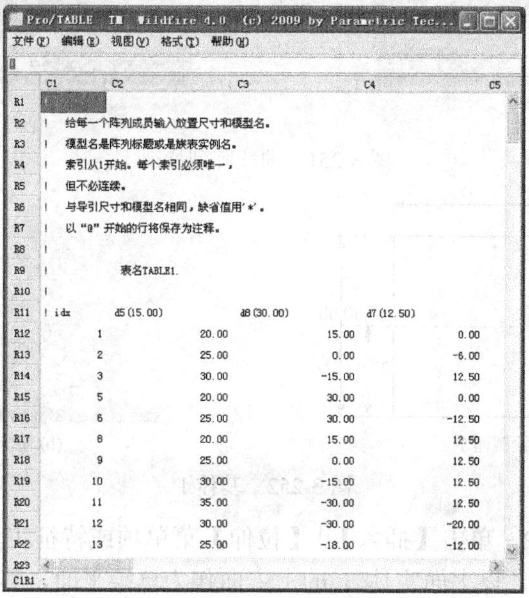

图 3-249　阵列表编辑器

- 编辑完后，关闭编辑器，此时生成特征的预览如图 3-250 所示。若要使其中的某个成员不显示，可以单击标识该阵列成员的黑点，黑点将变成白色，此成员将不显示；若要恢复阵列成员，单击白点将变成黑点，成员显示。
- 完成。单击操控板中的✔按钮，完成轴阵列，完成后的模型如图 3-244 所示。

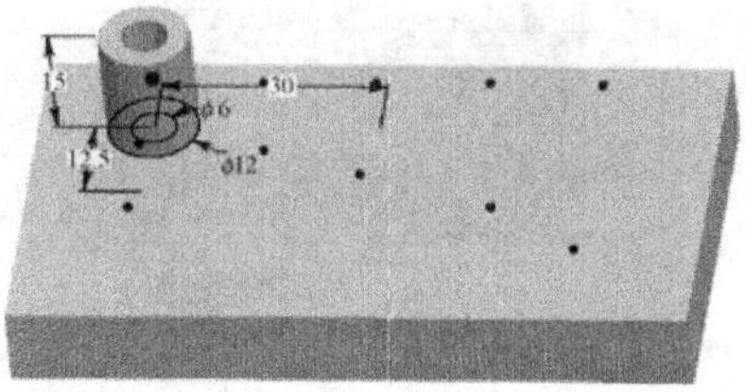

图 3-250　表阵列特征预览

6. 曲线阵列

曲线阵列是 Pro/ENGINEER 3.0 中新添的一项功能，此方法可沿草绘的曲线创建特征实例。当创建曲线阵列时，首先选取或创建一条曲线，通过制定阵列成员间的距离或成员个数，将选取的特征沿着曲线创建阵列。如图 3-251 所示，可将图 3-251(a)中的圆柱体沿实体表面的曲线，按照指定的距离创建阵列，也可以指定阵列成员个数创建阵列，图 3-251(b)为在选定的曲线上指定成员数为 8 均匀创建阵列成员的曲线阵列。下面以图 3-251 为例讲解曲线阵列的制作过程。

（1）打开 Pro/ENGINEER 系统，新建一个【零件】设计环境，不使用默认模板。

（2）建立基本体 1。单击【插入】|【拉伸】菜单项或特征工具栏中的拉伸特征命令按钮，建立拉伸特征。选取 TOP 基准平面作为草绘平面，以 RIGHT 基准平面为【右】方向参照，其草绘截面如图 3-252(a)所示，在操控板中输入拉伸深度为 10，完成模型如图3-252(b)所示。

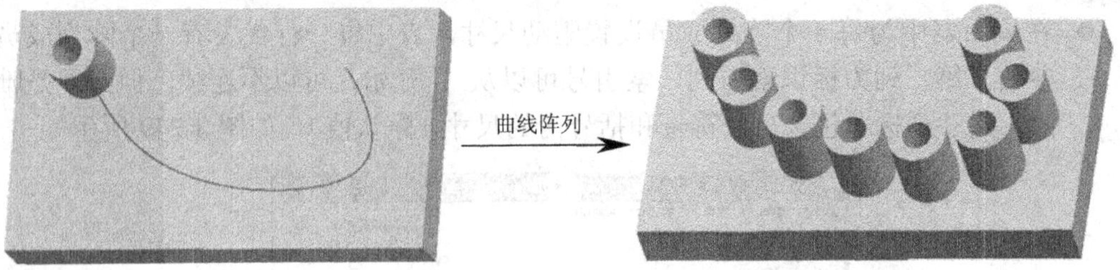

图 3-251 曲线阵列特征

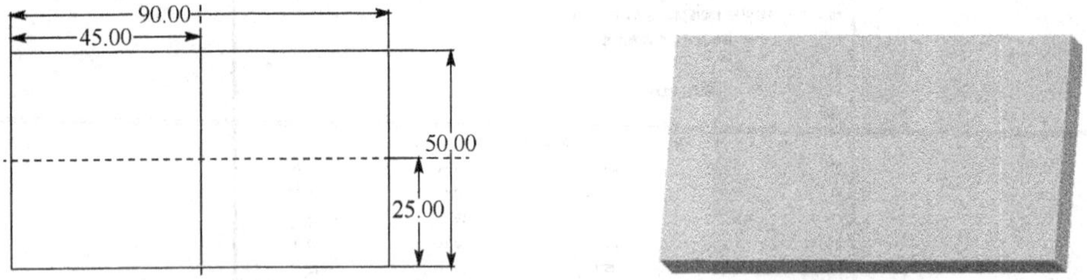

图 3-252 基体 1

（3）建立基本体 2。单击【插入】|【拉伸】菜单项或特征工具栏中的拉伸特征命令按钮，建立拉伸特征。以上面实体 1 的上表面作为草绘平面，其草绘截面如图 3-253(a)所示，在操控板中输入拉伸深度为 15，完成模型如图 3-253(b)所示。

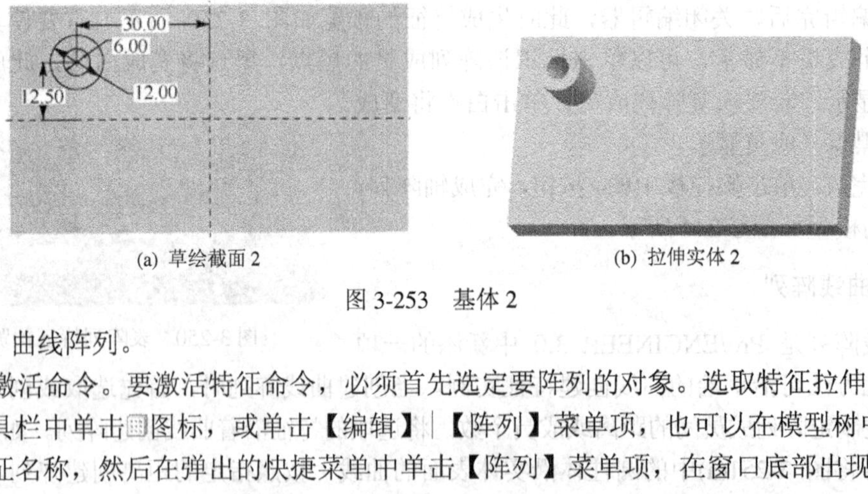

图 3-253 基体 2

（4）曲线阵列。

- 激活命令。要激活特征命令，必须首先选定要阵列的对象。选取特征拉伸 2，在工具栏中单击图标，或单击【编辑】|【阵列】菜单项，也可以在模型树中右击特征名称，然后在弹出的快捷菜单中单击【阵列】菜单项，在窗口底部出现【阵列】操控板。
- 选定阵列方式。从阵列下拉列表中选定阵列方式为【曲线】，此时操控板如图 3-254 所示。

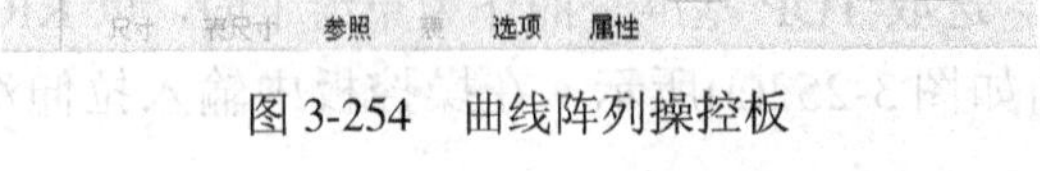

图 3-254 曲线阵列操控板

● 选取用于阵列的曲线，在草绘曲线收集器处于活动状态时（显示为黄色），单击选择六面体表面的曲线。也可以单击【参照】，在弹出的上滑面板中单击【定义】按钮，定义一个内部草图作为阵列的曲线，曲线上黄色的方向箭头标识了曲线阵列的起始点和方向，如图 3-255 所示。
● 选定生成阵列成员的形式。按照设计要求，选择指定阵列成员的间距或指定成员的数量。本例要求生成 8 个成员，故单击操控板中的图标，在其后的输入框中输入成员数 8。
● 预览特征。当指定阵列成员数或指定成员的间距后，模型中生成阵列实例中心点的预览，如图 3-256 所示。若要使其中的某个成员不显示，可以单击标识该阵列成员的黑点，黑点将变成白色，此成员将不显示；若要恢复阵列成员，单击白点将变成黑点，成员显示。
● 完成。单击操控板中的✔按钮，完成轴阵列，完成后的模型如图 3-251 所示。

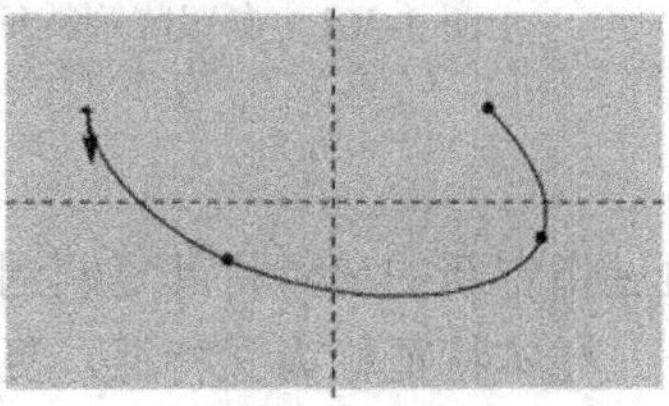
图 3-255　阵列曲线

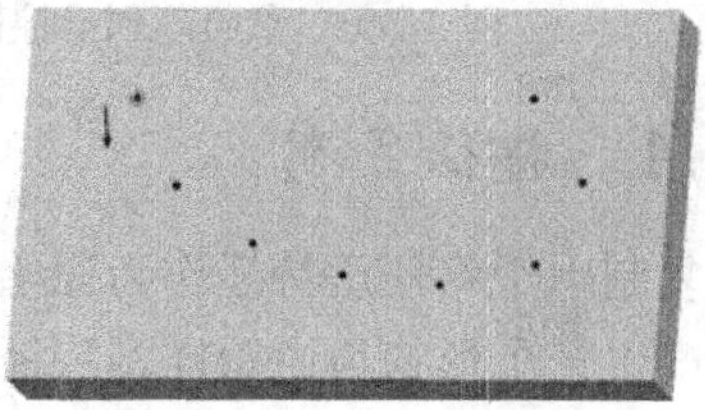
图 3-256　曲线阵列预览

7．参照阵列

参照阵列是将一个特征复制在其他阵列特征之上，其中用来定位新参照阵列的关键参照，只能是对初始阵列的参照，也就是说，若增加的特征不使用初始阵列来获得其几何参照，就不能为新特征使用参照阵列。如图 3-257 所示，在上面生成的曲线阵列的基础上，在每个阵列成员上创建一个倒圆角特征，可以使用参照阵列的方法。以此例说明参照阵列的建立方法和过程。

（1）打开上面例子生成的特征实体模型，如图 3-258 所示。

（2）建立倒角。单击【插入】|【倒圆角】菜单项或特征工具栏中的倒圆角特征命令按钮，系统将自动切换到倒圆角特征操控板。采用恒定半径倒圆角特征，选取第一个圆柱体上表面的外轮廓，在半径输入框中输入半径值“1.00”，生成的特征如图 3-259 所示。

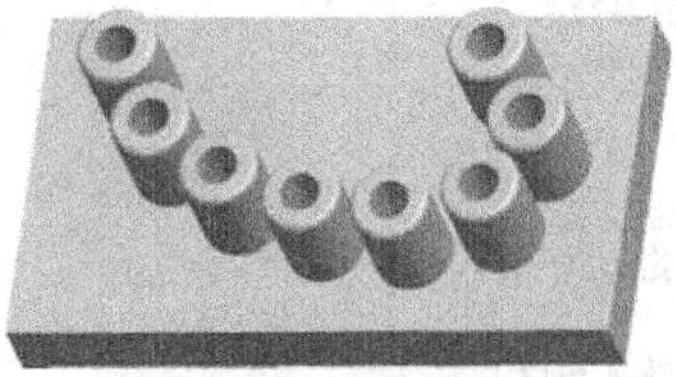
图 3-257　参照阵列特征

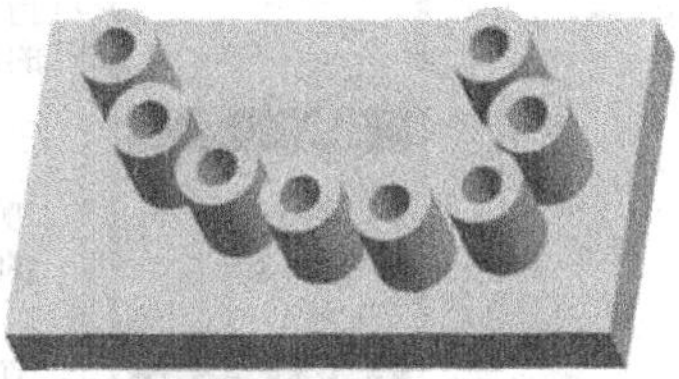
图 3-258　基体

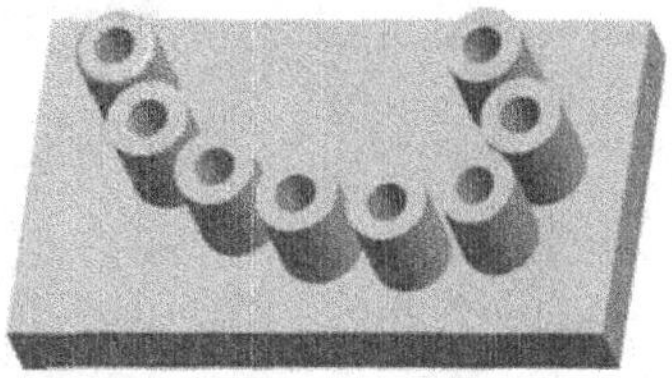
图 3-259　对其中一个倒圆角

（3）参照阵列。

● 激活命令。要激活特征命令，必须首先选定要阵列的对象。选取要阵列的圆柱特

征上的倒角特征，在工具栏中单击▦图标，或单击【编辑】|【阵列】菜单项，也可以在模型树中右击特征名称，然后在弹出的快捷菜单中单击【阵列】菜单项，在窗口底部出现【阵列】操控板。

- 选定阵列方式。从阵列下拉列表中选定阵列方式为【参照】，此时操控板如图 3-260 所示。
- 预览特征。模型中生成阵列实例中心点的预览，如图 3-261 所示。若要使其中的某个成员不显示，可以单击标识该阵列成员的黑点，黑点将变成白色，此成员将不显示；若要恢复阵列成员，单击白点将变成黑点，成员显示。
- 完成。单击操控板中的✔按钮，完成轴阵列，完成后的模型如图 3-257 所示。

图 3-260 参照阵列操控板

图 3-261 参照阵列特征预览

3.4.4 特征复制

特征复制用于将任意特征作为原始样本特征，通过指定新的参考将其复制到一个新位置，从而产生一个形状与原始样本特征相似的新特征。样本特征称为父特征，复制的新特征称为子特征。子特征与父特征在外形和尺寸上可以相同，也可以不同。

通过特征的复制方法可以快速地创建具有特点的已有对象，避免了重复设计，提高了设计效率。

特征复制有 4 种方式，分别为新参考复制、相同参考复制、镜像复制和移动复制，其功能和使用场合不同，操作过程也不相同。单击下拉菜单【编辑】|【特征操作】，屏幕右侧的菜单管理器中出现【特征】浮动菜单，如图 3-262 左图所示。单击【复制】弹出【复制特征】浮动菜单，如图 3-262 右图所示，【复制特征】菜单分为【指定复制特征的放置方法】、【要复制特征的制定方式】、【复制特征与原始特征的关系】和【完成】4 个部分。

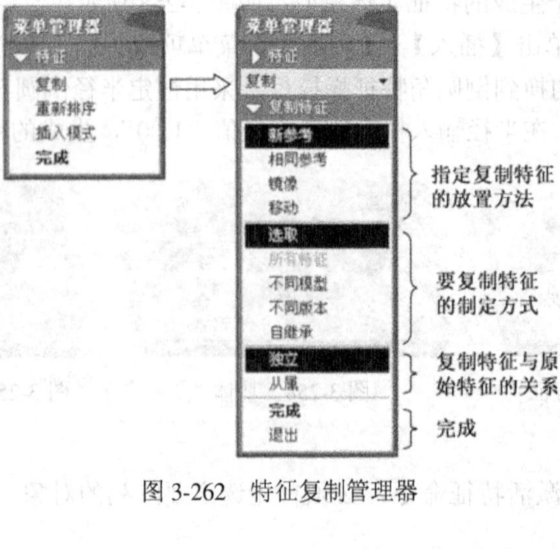

图 3-262 特征复制管理器

（1）【指定复制特征的放置方法】选项

- 新参考：为复制的特征指定新的特征放置参照。
- 相同参考：使用原始特征的参照完成复制。
- 镜像：使用镜像方式复制特征。
- 移动：通过平移或者旋转的方式复制特征。

（2）【要复制特征的制定方式】选项

- 选取：在模型上选取进行复制的特征，一次可以选取多个特征进行复制。
- 所有特征：选取当前所有的特征进行复制。
- 不同模型：从另外的模型中选取特征进行复制。只有【新参考】类型的复制才可以选用。
- 不同版本：从当前模型的不同版本中选取特征进行复制。只有【新参考】类型的复制才可以选用。
- 自继承：从继承特征中复制特征。

（3）【复制特征与原始特征的关系】选项

- 独立：复制得到的特征与原始特征尺寸不再相关，对其中一个特征的编辑不会影响另一个特征。
- 从属：复制得到的特征与原始特征相互关联，编辑其中一个特征，另一个特征会随之发生变化。

1．新参考复制

使用【新参考复制】方式，可以复制同一零件模型相同或不同版本模型特征，也可复制不同零件模型的特征。在复制过程中，需要选定新特征的草绘平面（或放置平面）和参考平面，以放置复制出来的特征，还可以改变原特征的尺寸。

图 3-263 中的侧面上的圆柱是由上平面的圆柱复制出来的，在复制过程中，不但改变了参考平面，并改变了圆柱特征的直径。下面以图 3-263 为例讲解【新参考复制】的操作过程。

（1）打开 Pro/ENGINEER 系统，新建一个【零件】设计环境，不使用默认模板。

（2）建立基本体 1。单击特征工具栏中的拉伸特征命令按钮，拉伸生成尺寸为 50 × 30 × 20 的长方体，完成模型如图 3-264 所示。

（3）建立基本体 2。单击特征工具栏中的拉伸特征命令按钮，拉伸生成直径为 8，高度为 5 的圆柱，完成模型如图 3-265 所示。

图 3-263　新参考复制特征

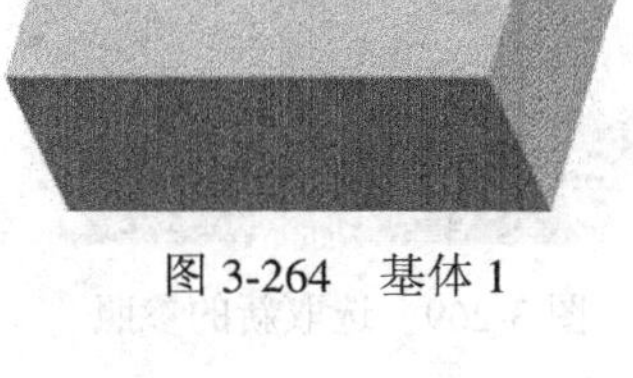
图 3-264　基体 1

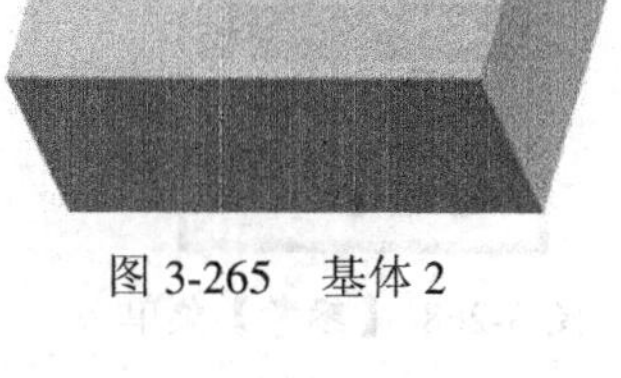
图 3-265　基体 2

（4）新参照复制特征

- 单击下拉菜单【编辑】|【特征操作】，在弹出的菜单管理器中选择 【复制】命令。
- 在弹出的【复制特征】菜单管理器中选取【新参考】、【选取】、【独立】和【完成】命令。
- 在弹出的菜单中，选择【选取】命令，再在模型中选取要进行新参考复制的圆柱体拉伸特征，然后选择【完成】命令。系统弹出【组元】对话框和【组可变尺寸】菜单，如图 3-266 所示。

图 3-266 【组元素】对话框与【组可变尺寸】菜单

- 在【组可变尺寸】菜单中，选取 Dim 2 尺寸（圆柱体直径），单击【选取】对话框中的【确定】按钮，再在【组可变尺寸】菜单中单击【完成】命令；如果不想改变特征的尺寸，可直接在【组可变尺寸】菜单中单击【完成】命令。
- 在消息输入窗口中输入要修改的尺寸值，输入 12，单击✔按钮，如图 3-267 所示。

图 3-267 消息输入窗口

- 替换参考。完成上步操作后，系统弹出如图 3-268 所示的【参考】菜单，此菜单有 4 项，功能如下。
  - ✧ 【替换】：各复制的特征选取新的参照。
  - ✧ 【相同】：指明使用原始的参照来复制特征。
  - ✧ 【跳过】：跳过参照的选择，以便以后可重定义参照。
  - ✧ 【参照信息】：提供解释放置参照的信息。
- 这里选择【替换】命令，然后在零件模型上分别选取图 3-269 中的模型表面或基准平面为新的参照。
- 完成上步操作后，系统弹出【组放置】菜单，如图 3-270 所示，此菜单有 3 项，功能如下。

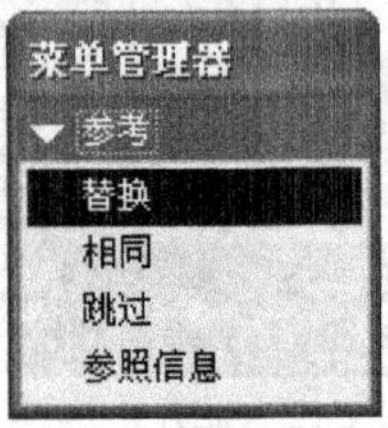

图 3-268 【参考】菜单

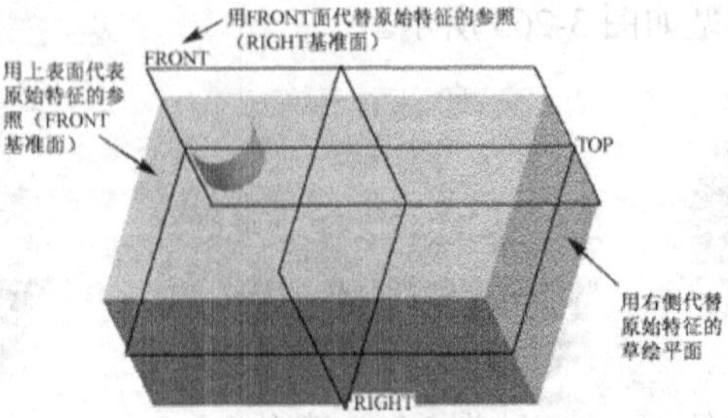

图 3-269 选取新的参照

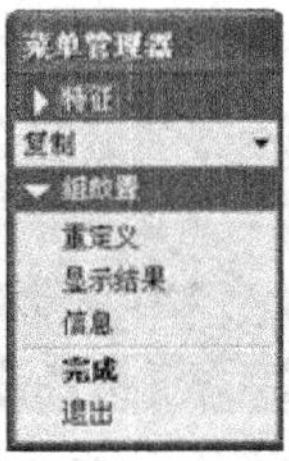

图 2-270 【组放置】菜单

✧【重定义】：重定义组元素。

✧【显示结果】：显示组的几何形状。

✧【信息】：显示组信息。

● 这一步，选择【显示结果】命令，预览复制的特征。然后单击【完成】命令，完成特征的复制。结果如图 3-263 所示。

2．相同参考复制

选用【相同参考】复制出来的特征，其所有的参照都不能更改，只能在同一平面生成新的特征，所以也就不能复制不同零件模型的特征，除此之外其他操作方式与【新参考】相同。图 3-271 中的上表面右边的圆柱是由上平面左边的圆柱复制出来的，在复制过程中，参考平面不变，只是改变了圆柱特征的直径。下面以图 3-271 为例讲解【相同复制】的操作过程。

（1）打开 Pro/ENGINEER 系统，新建一个【零件】设计环境，不使用默认模板。

（2）使用拉伸特征生成如图 3-265 所示的实体模型。

（3）单击下拉菜单【编辑】|【特征操作】，在弹出的菜单管理器中选择 【复制】命令。

（4）在弹出的【复制特征】菜单管理器中选取【相同参考】、【选取】、【独立】和【完成】命令。

（5）在弹出的菜单中，选择【选取】命令，再在模型中选取要进行新参考复制的圆柱体拉伸特征，然后选择【完成】命令。系统弹出【组元】对话框和【组可变尺寸】菜单。

（6）从【组可变尺寸】菜单中选取孔直径和孔在主参照上的放置坐标作为要改变值的尺寸，即选取 Dim 2、Dim 3、Dim 4，并单击【完成】进入下一步。

（7）在屏幕上方消息区输入框中输入尺寸的值依次为：直径为 12，距 RIGHT 面距离为−12、距 FRONT 面距离为 16。

（8）单击【组元素】对话框中的【确定】按钮，生成被复制的新特征，如图3-271 所示。

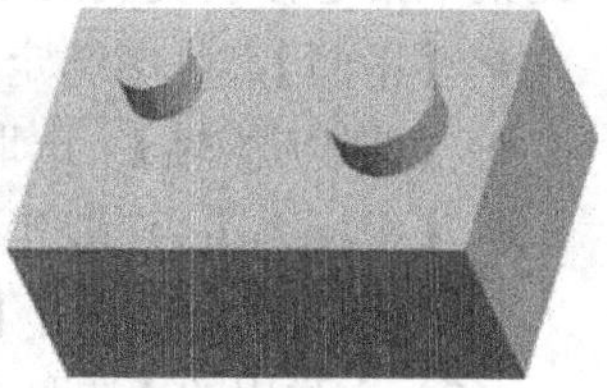

图 3-271　相同参考复制特征

3．镜像复制

使用【镜像】方式复制，可以对若干个选定的特征进行镜像复制，常用于生成对称特征。图 3-272 中的上表面右边的圆柱是由上平面左边的圆柱镜像复制出来的，在复制过程中，参考平面不变，圆柱特征的直径不变。下面以图 3-272 为例讲解【镜像复制】的操作过程。

（1）打开 Pro/ENGINEER 系统，新建一个【零件】设计环境，不使用默认模板。

（2）使用拉伸特征生成如图 3-265 所示的实体模型。

（3）单击下拉菜单【编辑】|【特征操作】，在弹出的菜单管理器中选择 【复制】命令。

（4）在弹出的【复制特征】菜单管理器中选取【镜像】、【选取】、【独立】和【完成】命令。

（5）在弹出的菜单中，选择【选取】命令，再在模型中选取要进行新参考复制的圆柱体拉伸特征，然后选择【完成】命令，系统弹出【设置平面】菜单。

图 3-272　镜像复制特征

（6）在图形窗口选取 RIGHT 平面作为镜像平面，图形区显示镜像完成后的结果，如图 3-272 所示。

4．移动复制

使用【移动】的方式复制，可以通过平移或旋转的方式复制特征。图 3-273 中的上表面右边的圆柱是由上平面左边的圆柱移动复制出来的。下面以图 3-273 为例讲解【移动复制】的操作过程。

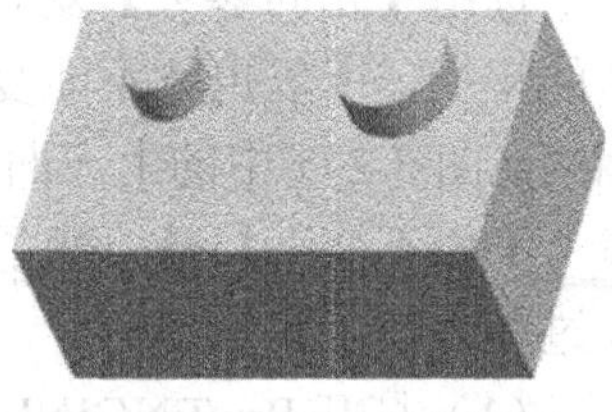
图 3-273　移动复制特征

（1）打开 Pro/ENGINEER 系统，新建一个【零件】设计环境，不使用默认模板。

（2）使用拉伸特征，生成如图 3-265 所示的实体模型。

（3）单击下拉菜单【编辑】|【特征操作】，在弹出的菜单管理器中选择【复制】命令。

（4）在弹出的【复制特征】菜单管理器中选取【移动】、【选取】、【独立】和【完成】命令。

（5）在弹出的菜单中，选择【选取】命令，再在模型中选取要进行新参考复制的圆柱体拉伸特征，然后选择【完成】命令。

（6）系统弹出如图 3-274 所示的【移动特征】菜单，在此菜单中，有如下功能。

- 【平移】：是用指定的方向平移一定距离来复制特征，需要指定平移距离。
- 【旋转】：是用指定的方向旋转复制特征，需要指定旋转的角度。

选取这两种操作方式中的任一种后，系统会弹出如图 3-275 所示的【选取方向】菜单，用此菜单指定移动复制的方向，此菜单功能如下。

- 【平面】：是用选定平面的法向作为复制特征的移动方向。
- 【曲线/边/轴】：选取曲线、边或轴作为方向。
- 【坐标系】：选取坐标系的一根轴作为方向。

在本步骤中，请单击【平移】命令。

（7）在弹出的【选取方向】菜单中，选择【平面】命令，再在零件模型中选取 RIGHT 基准面作为平移方向参考面；在此模型中出现平移方向的箭头，如图 3-276 所示，再在【方向】菜单中选取【正向】命令。

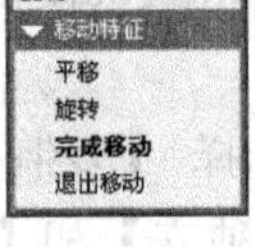

图 3-274 【移动特征】菜单

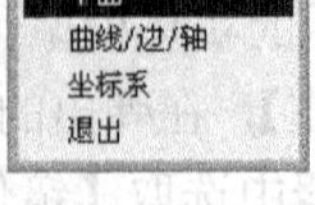

图 3-275 【选取方向】菜单

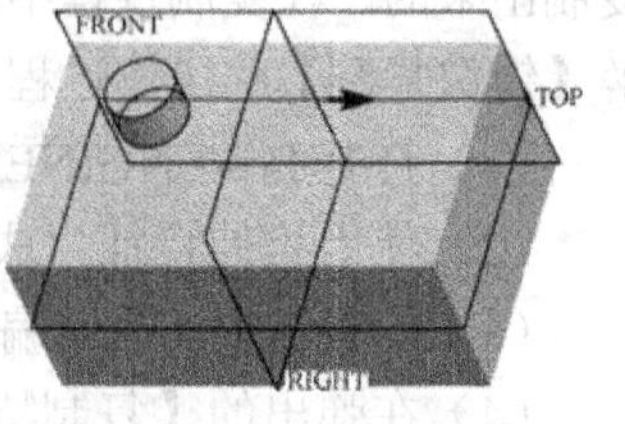

图 3-276　平移方向

（8）在消息输入窗口中输入要偏距的距离值，输入 25，单击✔按钮。在【移动特征】菜单中，单击【完成移动】命令。

（9）系统在此时弹出【组元素】对话框和【组可变尺寸】菜单。在【组可变尺寸】菜单中选取要改变的尺寸 Dim 2（圆柱直径），选择【完成】命令，输入新值 16。

（10）单击【组元素】对话框中的【确定】按钮，完成平移复制，结果如图 3-273 所示。

3.4.5　复制、粘贴与选择性粘贴

3.4.4 节介绍的特征复制方法只能复制特征，对于一些非特征图素如特征上的面、曲线、边线等，就不能使用【特征操作】菜单。要既能够复制或移动特征，又能够操作非特征图素，就要使用本节介绍的复制、粘贴与选择性粘贴功能。

利用系统提供的编辑命令可以复制和粘贴特征、曲线、曲面和边链等，也可以复制和粘贴两个不同模型之间的特征以及相同零件在两个不同版本之间的特征。复制和粘贴命令位于【编辑】菜单中，同时系统也提供了这些操作的快捷按钮，如图 3-277 所示。选择特征后，可以激活【复制】按钮，单击【复制】按钮后，才能够使用【粘贴】和【选择性粘贴】按钮。

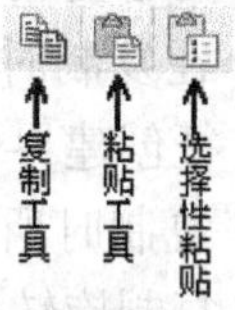

图 3-277　复制、粘贴与选择性粘贴

1．特征粘贴

使用【粘贴】命令可以将复制到剪切板中的特征创建到当前模型中，此时系统打开被复制特征的特征创建界面，设计者可以在此界面中重定义复制的特征。

仍以图 3-265 中根据上表面的圆柱来复制侧面上圆柱为例，介绍【复制】与【粘贴】的使用方法。

（1）打开 Pro/ENGINEER 系统，新建一个【零件】设计环境，不使用默认模板。

（2）使用拉伸特征生成如图 3-265 所示的实体模型。

（3）选中要复制的特征并复制到剪贴板中。选择圆柱特征，单击下拉菜单【编辑】|【复制】，或直接按住快捷键 Ctrl+C，将原始特征复制到剪贴板上。

（4）粘贴特征。单击下拉菜单【编辑】|【粘贴】，或直接按快捷键 Ctrl+V，打开原始特征的特征创建界面。本例中复制的原始特征是拉伸特征，此操作将打开拉伸特征操控板如图 3-278 所示。

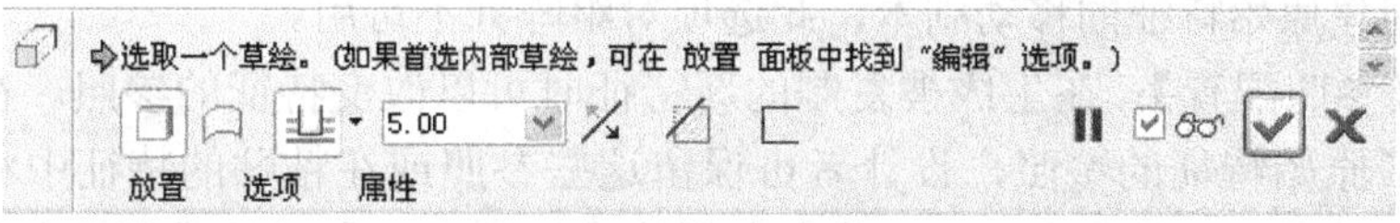

图 3-278　拉伸操控板

（5）重定义粘贴的特征。在操控板中单击【放置】图标，弹出下滑面板。单击【编辑】按钮，重新定义草绘截面的草绘平面与草绘平面的参照，进入草绘平面后单击放置复制特征的草绘平面，同时可以修改此草图。本例中选取立方体的右侧面作为草绘平面，FRONT 平面为参照平面，修改圆柱的直径为 16，到 FRONT 平面的距离设为 10，到 TOP 平面的距离为 2，如图3-279 所示。单击草绘工具栏的✔按钮退出草绘界面，在操控板中将拉伸深度改为 7，预览并完成特征的粘贴，完成后的模型如图 3-280 所示。

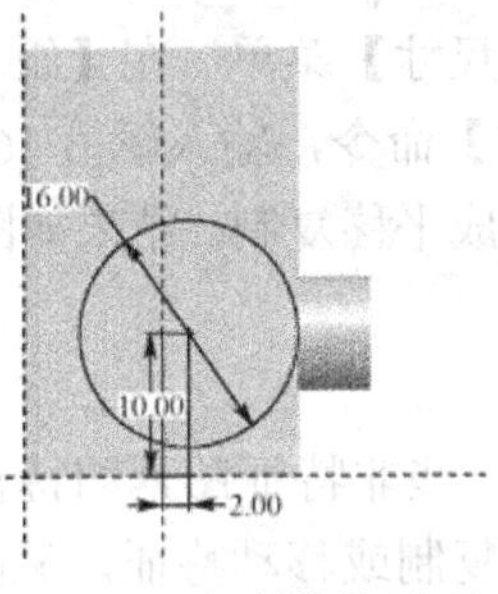

图 3-279 复制草绘平面

图 3-280 粘贴特征

有以下几点值得注意。

- 观察模型树可以看到粘贴后的拉伸特征在模型树中显示为拉伸特征，这说明特征的【复制】与【粘贴】功能相当于特征副本的创建与重定义过程。
- 在复制时也可以选中多个特征一同将其复制到剪贴板中，粘贴时将依次打开各特征创建界面，对其进行重定义。
- 复制时所选原始特征不同，在粘贴时出现的特征创建界面也不相同，读者可分别复制旋转、扫描、孔等特征，然后粘贴，观察其界面的异同。

2. 特征选择性粘贴

使用【选择性粘贴】功能可提供特征复制的一些特殊功能，如特征副本的移动、旋转、新参考复制等。使用【选择性粘贴】，首先要选取一个特征并单击【编辑】|【复制】菜单项将其复制到剪贴板，然后单击【编辑】|【选择性粘贴】菜单项，打开【选择性粘贴】对话框，如图 3-281 所示，其中各选项的解释如下。

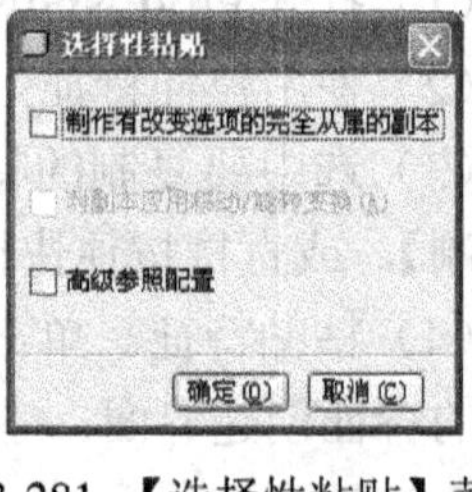

图 3-281 【选择性粘贴】菜单

- 【从属副本】：创建原始特征的从属副本。在此项下又有两种情况，若选择【完全从属于要改变的选项】，则被复制特征的所有属性、元素和参数完全从属于原始特征；若选择【仅尺寸和注释元素细节】，则仅有被复制特征的尺寸从属于原始特征。
- 【对副本应用移动/旋转变换】：通过平移、旋转的方式创建原始特征的移动副本，此选项对组阵列不可用。
- 【高级参照配置】：在生成被复制的新特征时可以改变特征的参照。在粘贴过程中列出了原始特征的参照，设计者可保留这些参照或在粘贴的特征中将其替换为新参照。此项功能相当于 3.4.4 节中介绍的【特征复制】时的【新参考复制】或【相同参考复制】。

3.4.6 特征的隐含与恢复

当模型中含有较多的复杂特征（如阵列、高级圆角特征等）时，这些特征的显示和重新生成会占用较多的系统资源，会使系统反应变慢。若将这部分特征隐含，则在生成模型过程中会将其忽略，不显示也不计算这部分特征，这将大大提高系统运算速度，节省模型的重生成时间。

因为隐含是在内存中不生成本特征，依赖于此特征的子特征也将无从参照，所以也不能生成与显示。因此，若一个特征被隐含，其子特征也将一同被隐含。

如果要隐含某个特征，可以通过【隐含】命令来进行，如果要恢复隐含的特征，则选择【恢复】命令即可。隐含对象有以下两种方式。

（1）第一种方式：首先在模型树中选择要隐含的特征，然后右击并选择【隐含】命令，弹出隐含确认窗口，如果确认，则该特征隐含。

（2）第二种方式：首先选中要隐含的特征，然后执行【编辑】|【隐含】命令，弹出【隐含】的子菜单，如图 3-282 所示。如果选择【隐含】命令，则隐含当前所选特征；如果选择【隐含直到模型的终点】命令，则从当前特征开始直到模型最后特征都将隐含；如果选择【隐含不相关的项目】命令，则与所选特征不相关的项目都将隐含。

如果要恢复隐含的特征，则可以执行【编辑】|【恢复】命令，弹出【恢复】子菜单，如图 3-283 所示。如果选择【恢复】命令，则可以恢复所选的隐含特征；如果选择【恢复上一个集】命令，则恢复隐含的最后一个特征集，集可以是一个特征；如果选择【恢复全部】命令，则恢复所有隐含的特征。

图 3-282 【隐含】子菜单

图 3-283 【恢复】子菜单

在默认情况下，隐含特征不显示在模型树中。如果要显示，则可以按照下列步骤进行操作。

（1）在模型树中，执行【设置】|【树过滤器】命令，如图3-284所示。打开【模型树项目】对话框，如图 3-285 所示。

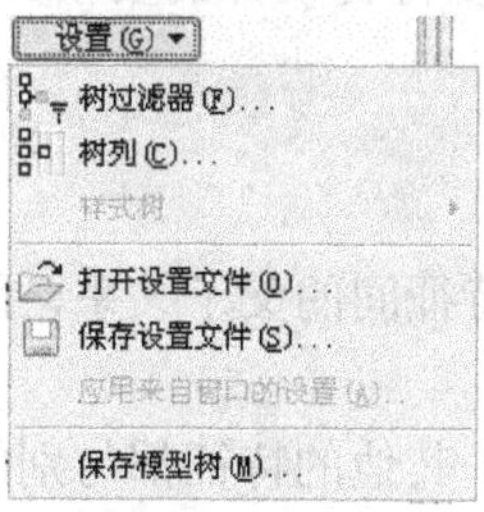

图 3-284 模型树

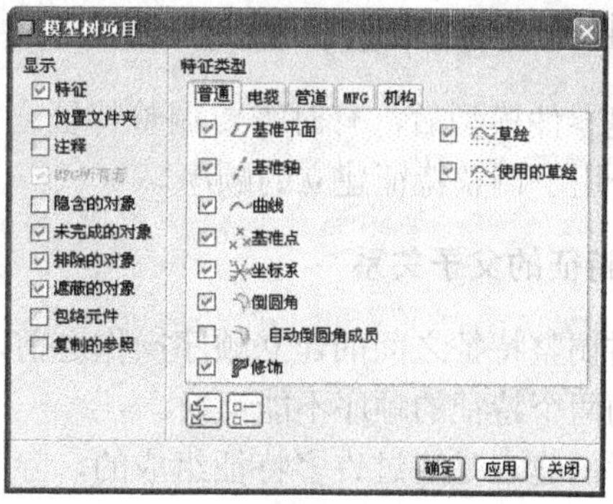

图 3-285 【模型树项目】对话框

（2）在【显示】选项卡中选中【隐含的对象】复选框。

（3）单击【确定】按钮。每个隐含对象都将在模型树中列出，并带有一个项目符合。

3.4.7 特征重定义

Pro/ENGINEER 是基于特征的参数化造型设计，模型是由一系列的特征组成的，因此在完成造型设计后，如果某个特征不符合设计要求，则可以对它进行重定义，从而达到设计的目标。

对特征进行重定义是通过【编辑定义】命令来完成的，该命令位于模型树的右键快捷菜单中。通过该命令可以重新定义特征的建立方式，包括特征的属性、剖面及参数值等，使之符合设计的要求。

首先在模型树的某个特征上右击，弹出快捷菜单，并选择【编辑定义】命令即可启动重定义功能。

从前面的特征建模讲解中可以看到，建模工具主要有对话框方式和操控板方式。使用【编辑定义】命令，也将显示相应的对话框或操控板。

例如，对于【旋转】特征的重定义，将显示如图 3-286 所示操控板。其中的常规操作同前面的建模讲解一样，只是原来的【定义】按钮变成【编辑】按钮，单击该按钮即可进入草绘环境修改对象。

又例如，对于【混合】特征，在重定义时将显示如图 3-287 所示对话框。要定义各基本要素，可以先选择相应选项，然后单击【定义】按钮，即可重新定义。

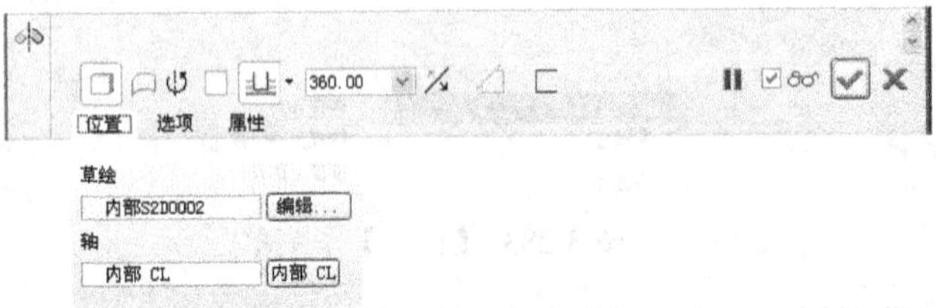

图 3-286 旋转特征操控板

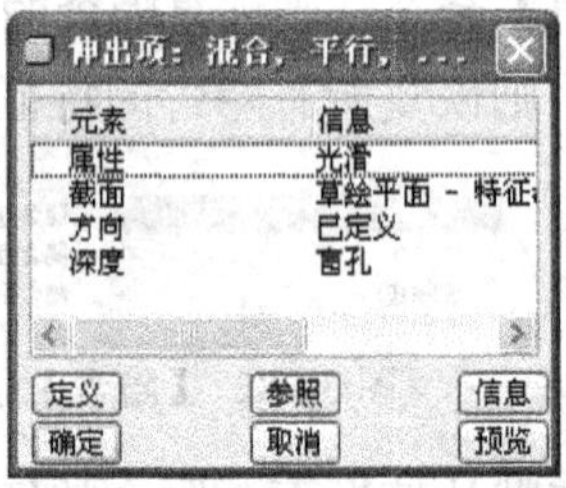

图 3-287 【伸出项：混合，平行，...】菜单

若要恰当地对特征进行重新定义，需要对特征的创建过程有非常清楚的了解。对于基础特征的属性对话框在前面已经进行了详细的介绍，请参见相关知识。

3.4.8 特征重新排序

创建零件模型后，有时需要调整特征之间的建立顺序，以符合设计的要求。【重新排序】命令用于调整特征建立的顺序。

1. 特征的父子关系

在讲调整特征之间的建立顺序操作之前，需要介绍一下特征间的父子关系，因为有父子关系的两个特征的顺序不能互换。

零件的建立是通过许多特征组成的，除了基本体特征外，其他的特征都与别的特征有关系。例如，一个特征通过另一个特征来进行定位，Pro/ENGINEER 就认为前一个特征是后一个特征的子特征，而后面的特征是前一个特征的父特征。引起父子关系的原因有许多，如尺寸标注参考、截面的绘制面、垂直或水平参考面等。

若要查看某个特征的父子关系，可以通过选择【信息】主菜单下的【特征】或【参照查看器】命令来进行。在查看之前，可以先执行【信息】|【模型】命令，浏览零件特征建立的过程，了解特征所对应的特征号码。

如果执行【信息】|【参照查看器】命令，则将显示【参照参照信息】对话框，单击

【当前对象】，选取某个特征，窗口中将显示该特征的父项、当前特征与子项三者的关系图，如图3-288所示。

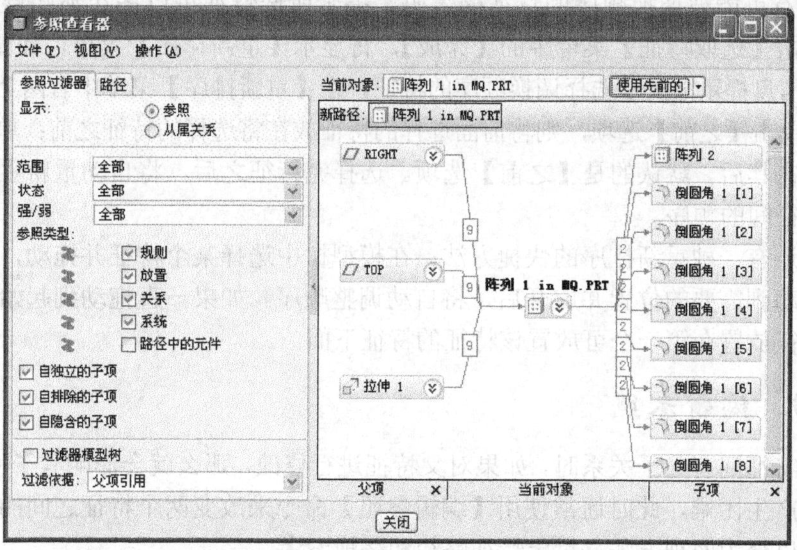

图3-288 参照查看器

当两个特征之间存在父子关系时，对父特征的修改会引起子特征的生成修改。如果对父特征的修改不当，有可能导致其子特征不能产生，也就是说将产生特征操作失败。要解决这个问题，最直接的方法是使用【编辑参照】命令解除两个特征间的父子关系，有关【编辑参照】的操作将在下一节中介绍。

2．特征重新排序

【重新排序】命令用于调整特征之间的建立顺序，但是有父子关系的两个特征不能调整。

执行【编辑】|【特征操作】命令，弹出如图3-289左图所示的菜单管理器。单击重新排序选项即可启动重新排序功能，将显示【选取特征】菜单，如图3-289中图所示，该特征提供了如下三种选择特征的方法。

（1）【选取】：以单击方式选择特征。

（2）【层】：通过层的方式选择特征。

（3）【范围】：通过制定一个特征编号范围的方式来选择特征。

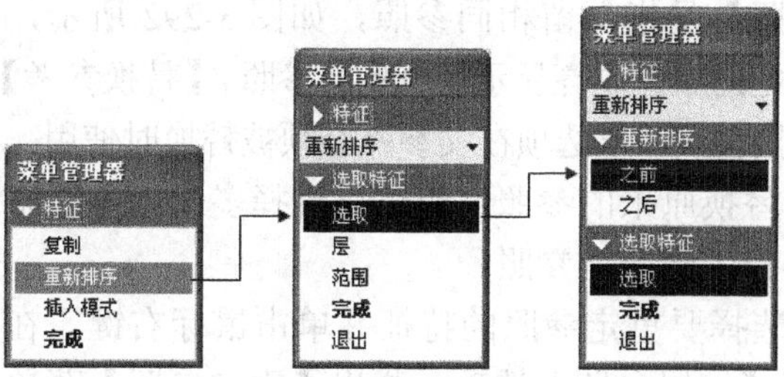

图3-289 特征重新排序

通常以【选取】方式选择特征。单击该选项后，将弹出【选取】菜单，在模型中选择需要调整顺序的特征，然后单击【选取特征】菜单中的【完成】选项。此时，将在信息提示区提示所有可能被调换顺序的特征的号码，提示所选特征可以插在那些特征之前或之后。接着单击【选取特征】菜单中的【完成】，将显示【重新排序】菜单，如图3-289右图所示，并在信息提示区提示选择调换顺序的特征。在【重新排序】菜单中有两个选项：之前和之后。若单击【之前】选项，则将前面选择的特征放在将选择的特征之前；单击【之后】选项，则放在其后。默认的是【之前】选项。选择完特征之后，将自动重新生成模型，并调整选择特征间的顺序。

另外，还有一种重新排序的快捷方法：在模型树中选择某个特征并拖动，将显示下划线标记。拖动到需要的位置并放开后，将自动调整顺序。如果一直拖动到起始特征之前，则会将该特征放置在第一个可放置该特征的特征下面。

3.4.9 编辑参照

当两个特征间有父子关系时，如果对父特征进行修改，那么就会影响其子特征的生成，使特征修改产生困难，此时通常使用【编辑参照】命令来改变两个特征之间的父子关系。编辑参照可以分为两种方法：重定特征路径和替换参考。

重定特征路径允许为特征选择新的或漏掉的参照，此选项允许为丢失了父项特征的子项替换参照，其重点是在其子特征及其参照上，此选项也可以在再生特征失败时使用。用户可以按照以下步骤重定特征路径：

图 3-290 【重定参照】菜单管理器

（1）在模型树中选择要重定参照的特征并单击鼠标右键，在弹出的快捷菜单中选择【编辑参照】选项，弹出如图 3-290 所示的【重定参照】菜单管理器。

（2）此时右上角出现信息栏提示，如图 3-291 所示。如果单击【否】按钮，将显示零件模型的所有特征；如果单击【是】按钮，则不显示所选特征的所有子特征。这里单击【是】按钮，确定恢复模型。

图 3-291 信息栏提示

（3）在【重定参照】菜单管理器中选择【重定特征路径】选项，然后为每个特征参照选择一个参照选项，其中【替换】是指允许选择新的参照；【相同参照】是指保留相同参照，如图 3-292 所示，Pro/ENGINEER 将以指定的颜色高亮显示每个特征参照。【替换参考】选项允许为子项特征替换参照，该选项在父参照必须被替换时使用。用户可以用一个新参照替换原来的参照，也可以选择多个新参照来替换。用户可按以下操作步骤替换参照。

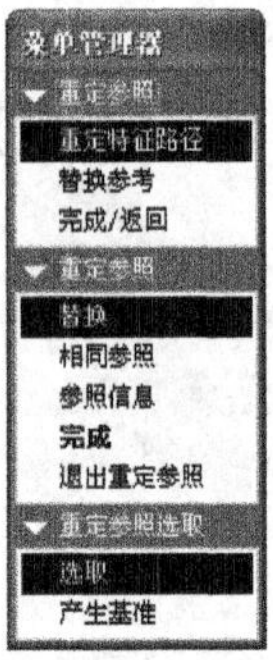

图 3-292 【重定参照】子菜单

（1）在模型树中选择要重定参照的特征并单击鼠标右键，在弹出的快捷菜单中选择【编辑参照】选项，弹出【重定参照】菜单管理器。

（2）根据信息栏提示，单击【是】按钮，确定恢复模型。

（3）在【重定参照】菜单管理器中选择【替换参考】选项，然后为每个特征参照选择一个参照选项，如图 3-293 所示，Pro/ENGINEER 将以指定的颜色高亮显示每个特征参照。对于每个参照，【特征】是指允许替换特征的所有参照，【单个图元】是指只允许选择单个图元替换。

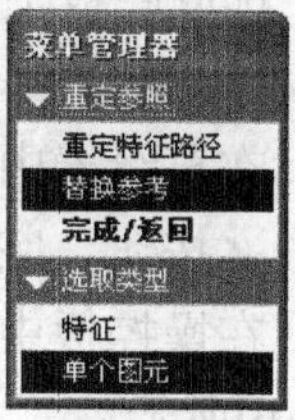

图 3-293 【重定参照】菜单

（4）选择参照类型后，再在模型中选择要替换的参照（如曲面、边、曲线等），然后选择一个替代曲面，弹出如图 3-294 所示的【重定参照】子菜单，在其中可选择【选取特征】或【所有子项】选项。【选取特征】选项是指允许为每个子项选择新的参照而【所有子项】选项是指使得所有子特征参照产生一个新的元素。

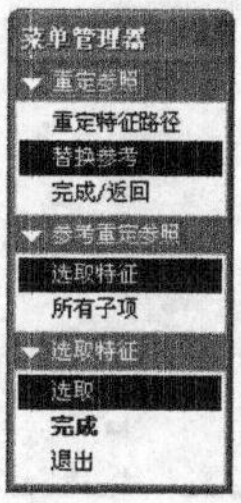

图 3-294 【重定参照】子菜单

3.4.10 综合范例

【例 3-19】 制作手机键盘。

本实例练习制作一个手机的键盘，应用到的知识点是镜像、复制、阵列等特征，具体操作步骤如下。

步骤 1：新建零件文件。

打开 Pro/ENGINEER 系统，新建一个【零件】设计环境，不使用默认模板。

步骤 2：创建键盘底板。

（1）单击【插入】|【拉伸】菜单项或特征工具栏中的拉伸特征命令按钮，建立拉伸特征。选取 TOP 基准平面作为草绘平面，以 RIGHT 基准平面为【右】方向参照，其草绘截面如图 3-295(a)所示，在操控板中输入拉伸深度为 0.03，完成模型如图 3-295(b)所示。

（2）单击工具栏上的（倒圆角工具）按钮，打开倒圆角操控板。输入圆角半径为 0.06，按住 Ctrl 键分别选择底板上的 4 条拐角边，单击（完成）按钮，最终的倒圆角如图 3-296 所示。

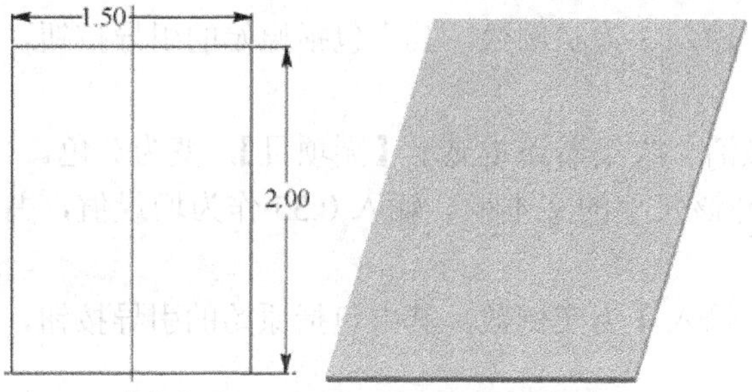

(a) 草绘截面　(b) 拉伸特征

图 3-295 键盘底板

图 3-296 倒圆角特征

步骤 3：创建第一个按钮。

（1）单击【插入】|【拉伸】菜单项或特征工具栏中的拉伸特征命令按钮，建立拉

伸特征。选取底板上表面作为草绘平面，以 RIGHT 基准平面为【右】方向参照，进入草绘环境。

（2）在草绘器中，使用工具栏上的○（椭圆）按钮，草绘如图 3-297(a)所示的拉伸剖面，单击✔按钮，完成草绘并退出草绘器。

（3）在操控板中输入拉伸深度为 0.22，单击✔（完成）按钮，最终生成的拉伸模型如图 3-297(b)所示。

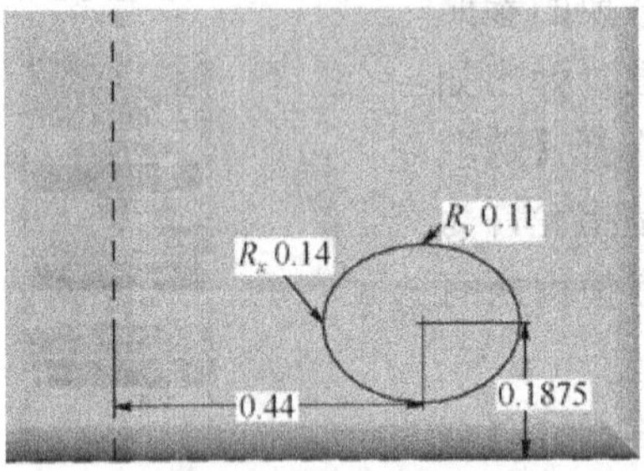

(a) 草绘截面

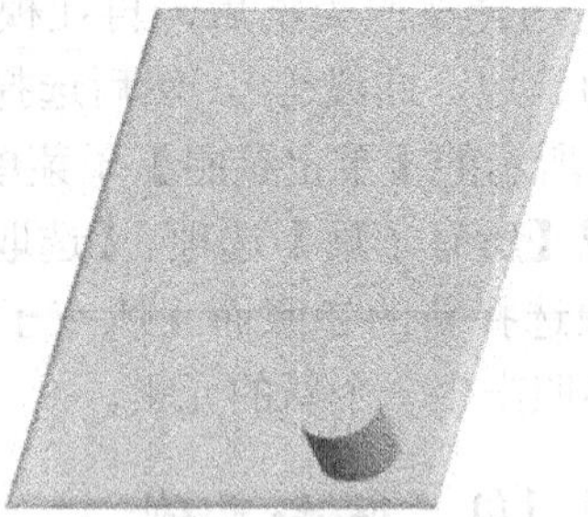

(b) 拉伸特征

图 3-297　第一个按钮

步骤 4： 阵列按钮。

（1）在【模型树】选项区域中，选择按钮伸出项，单击鼠标右键，在弹出的快捷键菜单中选择【阵列】命令。系统打开阵列操作板，并提示【选取要在第一方向上改变的尺寸】，激活了第一个方向收集器，如图 3-298 所示。

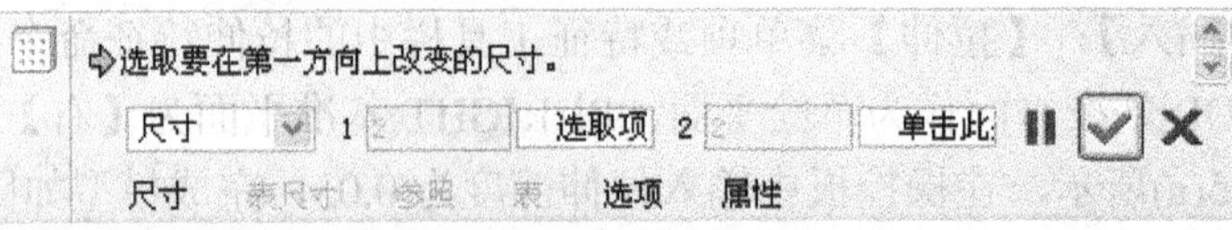

图 3-298　阵列操控板

（2）以 X 方向作为第一个方向，单击选取尺寸 0.44，打开该尺寸的文本框。输入–0.44，并按 Enter 键。–0.44 是指在参照的左侧，在所要求的方向上创建此阵列。

（3）在尺寸收集器左侧的文本框中，输入 3 为实例数，其中包括原始的引导按钮，以创建阵列，如图 3-299 左图所示。

（4）单击第二个方向收集器，将其激活。收集器还是显示【无项目】，变为黄色。

（5）单击选取垂直尺寸 0.1875，打开该尺寸的文本框。输入 0.35 作为增量值，并按 Enter 键。

（6）在尺寸收集器左侧的文本框中，输入 4 为实例数，其中包括原始的引导按钮，以创建阵列，如图 3-299 中图所示。

（7）单击✔（完成）按钮，完成阵列特征的创建，生成的阵列特征如图 3-299 右图所示。

步骤 5： 对按钮倒圆角。

（1）单击工具栏上的（倒圆角工具）按钮，然后按住 Ctrl 键，单击选取第一个按钮的顶边和底边，在弹出的倒圆角操控板上将其数值改为 0.03，最后单击✔（完成）按钮，创建了第一个按钮的圆角，如图 3-300 所示。

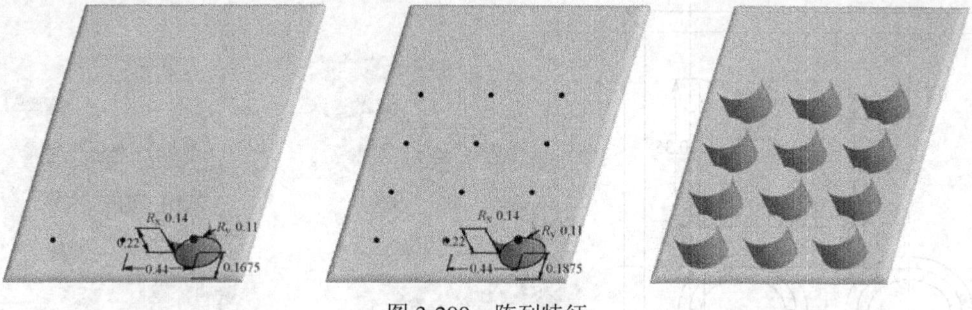

图 3-299　阵列特征

（2）在【模型树】选项区域中，选择刚创建的倒圆角，右击鼠标，在弹出的快捷菜单中选择【阵列】命令，把倒圆角应用到其他按钮上。单击✔（完成）按钮，生成的特征如图 3-301 所示。

步骤 6：创建第一个大按钮。

（1）单击【插入】|【拉伸】菜单项或特征工具栏中的拉伸特征命令按钮，建立拉伸特征。选取底板上表面作为草绘平面，进入草绘环境。

（2）单击工具栏上的（线框）按钮，把键盘改成线框显示。在【参照】对话框中，选取右上角按钮的边作为参照。

（3）使用中心线工具，绘制两条与参照边相切，且相互垂直的构建线，如图 3-302 所示。

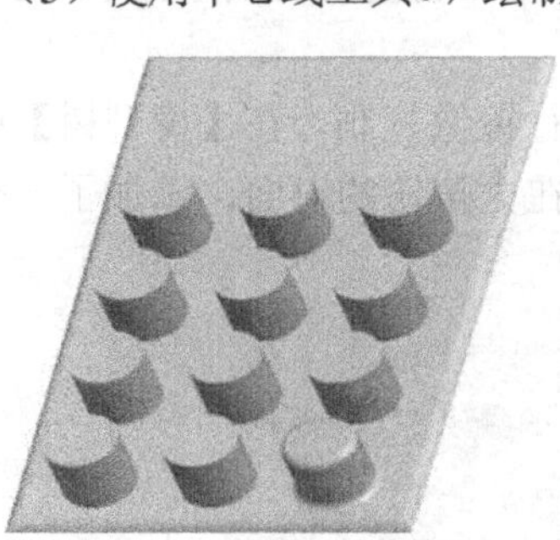

图 3-300　创建一个按钮的圆角

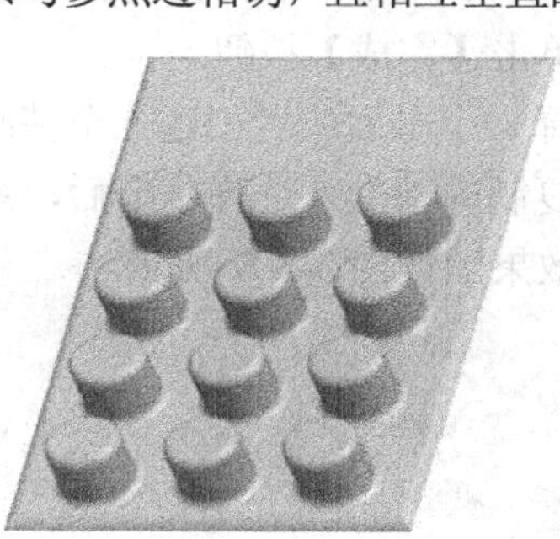

图 3-301　阵列命令产生其他圆角

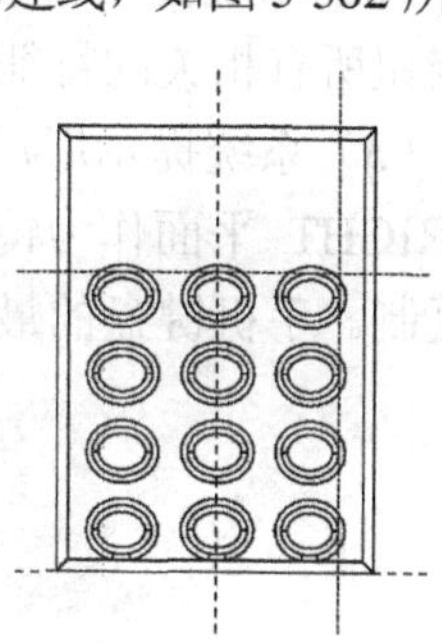

图 3-302　中心线绘制

（4）使用三条直线和封闭顶部的圆弧绘制此大按钮的剖面，如图 3-303 所示设置尺寸。单击✔ 按钮，完成草绘并退出草绘器。

（5）在拉伸操控板中，单击深度列表中的（拉伸到曲面）按钮，系统提示选取一个现有的曲面作为按钮高度的参照。选取一个小按钮的顶部，大按钮的高度将依赖小按钮的高度。

（6）单击✔（完成）按钮，完成大按钮的创建。单击工具栏上的（着色）按钮，把键盘改为着色显示，如图 3-304 所示。

步骤 7：对大按钮倒圆角。

（1）单击工具栏上的（倒圆角工具）按钮，然后按住 Ctrl 键，单击选取大按钮的四条垂直边，在弹出的倒圆角操控板上将其数值改为 0.11，最后单击（完成）按钮，创建大按钮的圆角，如图 3-305 所示。

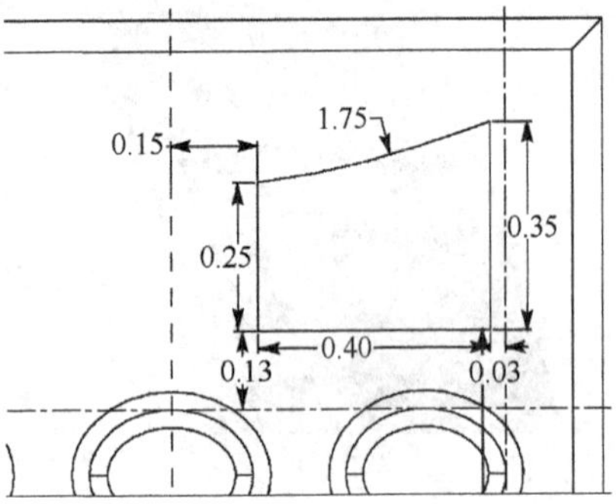

图 3-303　草绘截面

图 3-304　拉伸特征创建大按钮

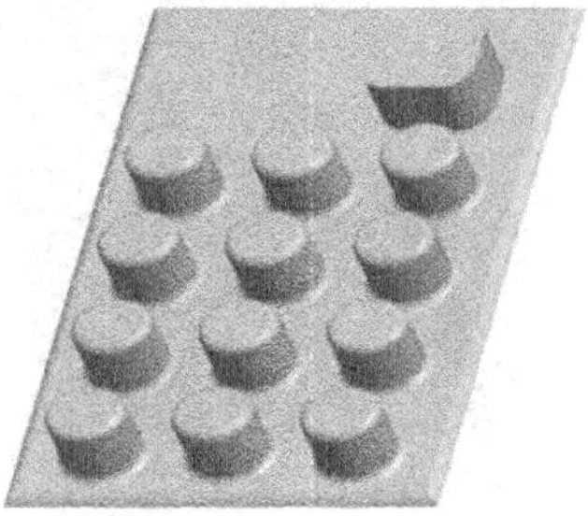

图 3-305　创建大按钮圆角 1

（2）单击工具栏上的（倒圆角工具）按钮，然后按住 Ctrl 键，单击选取大按钮的顶边和底边，在弹出的倒圆角操控板上将其数值改为 0.04，最后单击（完成）按钮，创建大按钮的圆角，如图 3-306 所示。

步骤 8：镜像大按钮。

（1）执行【编辑】|【特征操作】操作，系统弹出【特征】菜单管理器。单击【复制】选项，在【复制特征】子菜单中，依次选取【镜像】、【选取】和【从属】选项，最后单击【完成】选项。

（2）系统提示拾取要镜像的特征，选取要镜像的所有特征，使用【模型树】，选取与大按钮所有相关的特征，单击【完成】按钮。

（3）系统提示用户选择一个平面或者创建一个基准进行镜像复制。在【模型树】中选择 RIGHT 平面作为镜像复制的基准。选择基准后，系统在大按钮的对面，添加了一个镜像复制。手机键盘的最终效果图如图 3-307 所示。

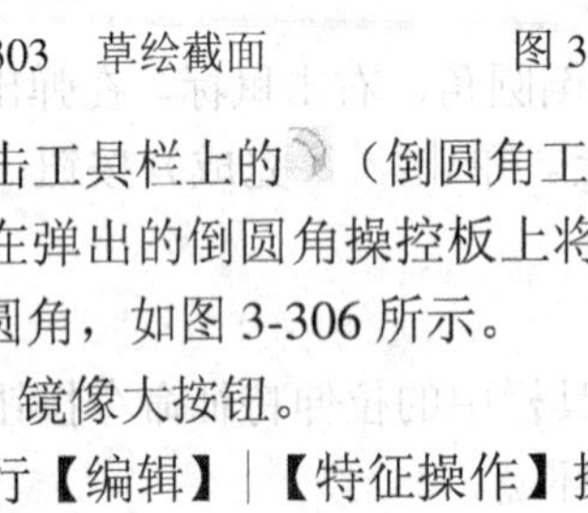

图 3-306　创建大按钮圆角 2

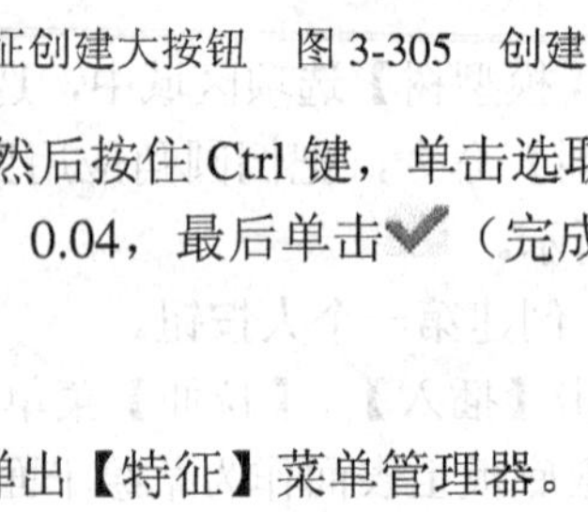

图 3-307　最终特征模型

3.5　习题

1．应用拉伸特征，根据如图 3-308 所示的二维工程图，创建三维模型。

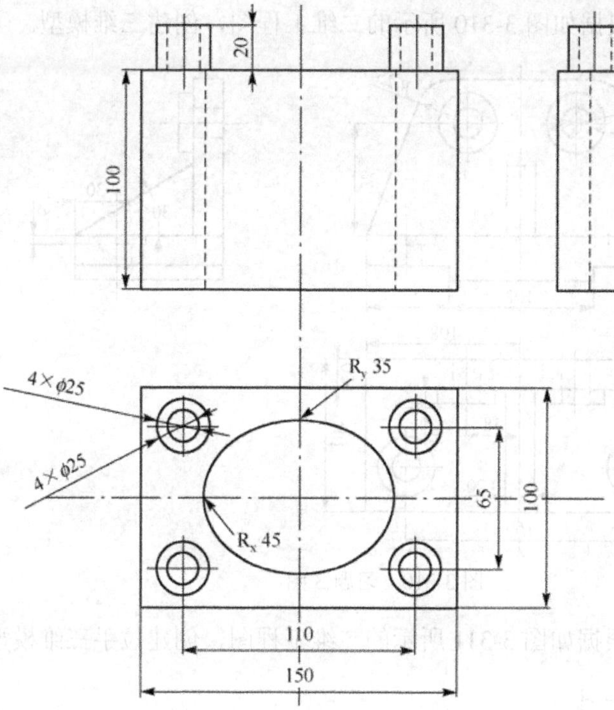

图 3-308　习题 1 图

2．应用旋转特征，根据如图 3-309 所示的二维工程图，创建三维模型。

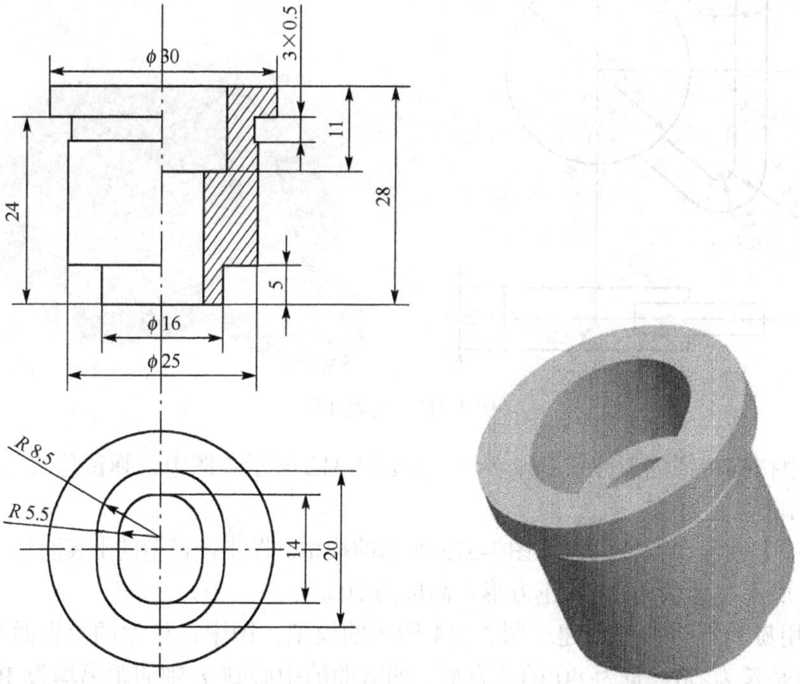

图 3-309　习题 2 图

3．应用所学特征，根据如图 3-310 所示的二维工程图，创建三维模型。

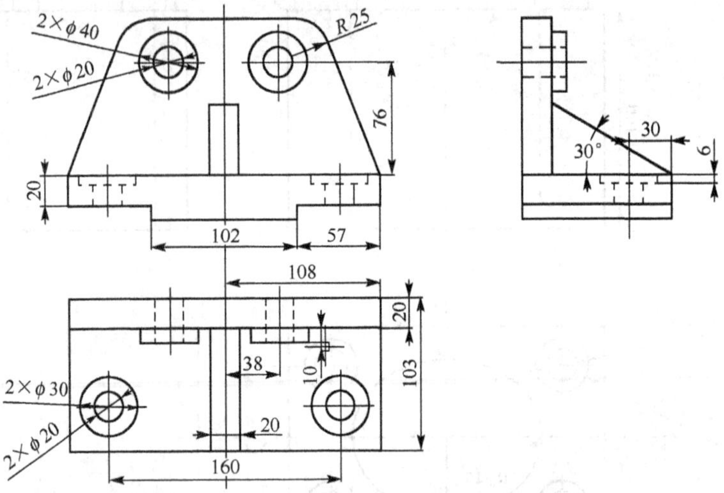

图 3-310 习题 3 图

4．应用扫描特征，根据如图 3-311 所示的二维工程图，创建拉手三维模型。

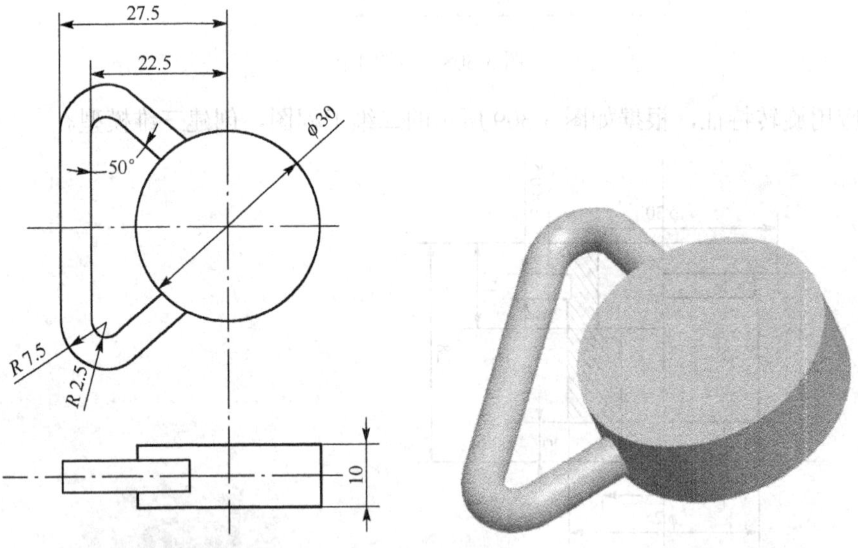

图 3-311 习题 4 图

5．应用扫描特征创建弹簧三维模型，如图3-312 所示。图中，弹簧总长为 200，节距为 30，截面圆直径为 12。

6．应用平行混合特征创建如图 3-313 所示的模型。图中，模型的上表面是边长为 20 的正三角形，底面是边长为 25 的正方形，高度为 20。

7．应用旋转混合特征创建如图 3-314 所示的模型。图中，模型的上表面是直径为 40 的圆，底面是长为 50、宽为 40 的长方形，两截面的中心到 Y 轴的距离均为 100、且截面间的旋转角度为 60°。

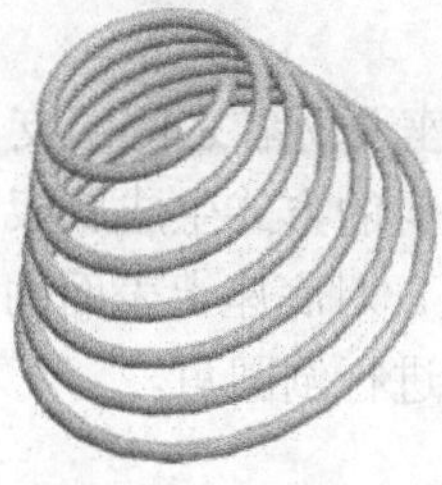

图 3-312　习题 5 图

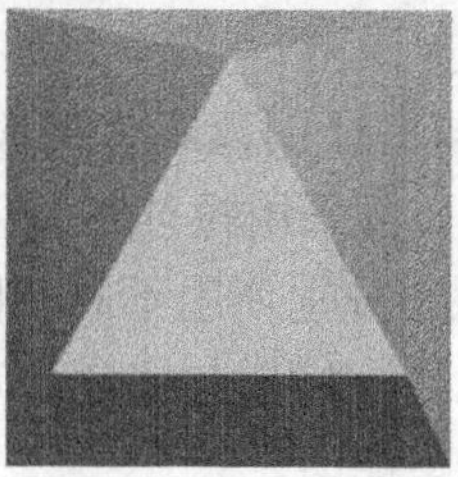

图 3-313　习题 6 图

图 3-314　习题 7 图

8．请读者结合本章学习的实体建模方法，绘制如图 3-315 所示的轴。轴上的两个标准键分别为 A12×36、A8×38。

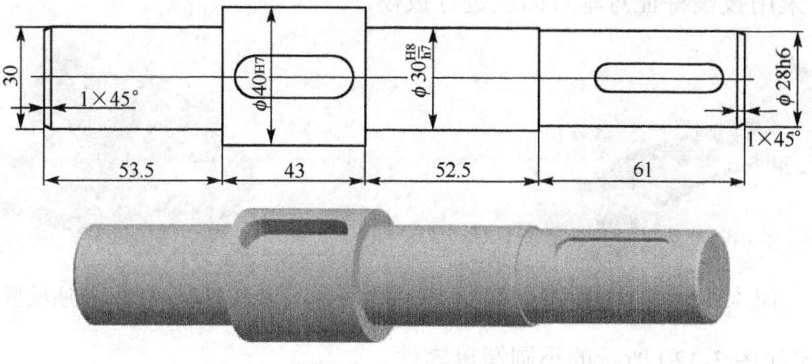

图 3-315　习题 8 图

9．创建如图 3-316 所示的茶杯模型。

思路分析：（1）首先采用旋转特征生成茶杯的圆柱体身；（2）采用倒圆角特征对圆柱底部倒圆角；（3）采用壳特征创建茶杯壳体；（4）再采用扫描特征创建茶杯把；（5）最后采用倒圆角特征对茶杯口进行倒圆角。

10．创建如图 3-317 所示的轴架模型。

思路分析：（1）首先采用拉伸特征创建轴架的底座；（2）采用草绘孔特征创建底座的四个孔；（3）采用拉伸特征，切剪底座材料；（4）采用拉伸特征，创建中间的圆柱轴筒；（5）采用筋特征创建圆柱体两侧的对称加强筋；（6）采用拉伸特征创建侧向圆柱轴筒；（7）采用倒角特征对轴筒进行倒角；（8）最后，采用倒圆角特征，分别使用不同的圆角半径值，对零件的一些边角棱线创建平滑过渡曲面。

图 3-316　茶杯

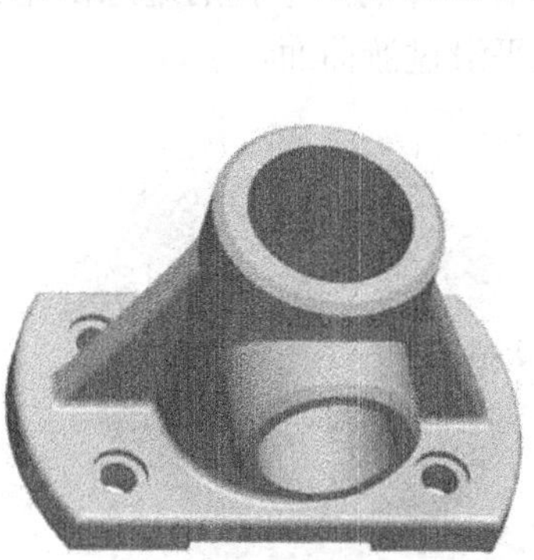

图 3-317　轴架模型

11．创建如图 3-318 所示的叉类模型。

思路分析：（1）首先通过拉伸特征创建零件的圆柱体、底座及两者之间的支撑板；（2）采用筋特征创建加强筋；（3）再采用拉伸特征，以去除材料的方式生成底板的两个对称孔；（4）最后采用倒圆角特征，分别使用不同的圆角半径值，对底座上表面的四条棱边、支撑板与圆柱相连接的曲面以及支撑板与底座相连接的曲面进行倒圆角。

12．创建如图 3-319 所示的机座模型。

思路分析：（1）首先采用拉伸特征分别生成机座的两个垂直面板；（2）采用草绘孔特征分别生成两个面板上的孔；（3）采用倒圆角特征，使用不同的圆角半径值，分别对两个垂直面板的侧面、棱边进行倒圆角；（4）再采用筋特征，创建两个面板之间的加强筋；（5）最后，采用拔模特征对垂直面板进行拔模。

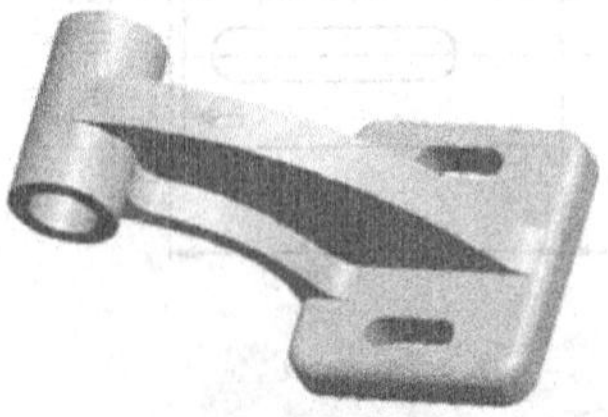

图 3-318 叉类模型

图 3-319 机座模型

13．创建如图 3-320 所示的小圆螺母零件。

思路分析：（1）采用拉伸特征，创建螺母的基础实体模型；（2）采用倒角特征，对螺母基础实体模型的四条边进行倒角；（3）采用拉伸特征，以剪切材料的方式切除出第一个卡槽轮廓；（4）采用轴阵列特征（或镜像特征），创建其余卡槽；（5）最后，采用螺旋扫描特征创建螺纹。

14．创建如图 3-321 所示的滑动轴承零件。

思路分析：（1）采用拉伸特征创建零件的基础实体特征；（2）再采用拉伸特征创建安装孔的凸台；（3）采用孔特征（或拉伸切剪材料方式）生成一个安装孔；（4）采用特征镜像生成对称孔；（5）采用拉伸特征，切剪底座的地面；（6）采用拉伸特征创建轴承孔的一侧凸台；（7）采用特征镜像生成对称的另一凸台；（8）采用孔特征创建轴承孔；（9）采用倒角特征对零件的三个孔的边缘倒角；（10）最后，采用倒圆角特征，对零件的一些边角棱线建立平滑过渡曲面。

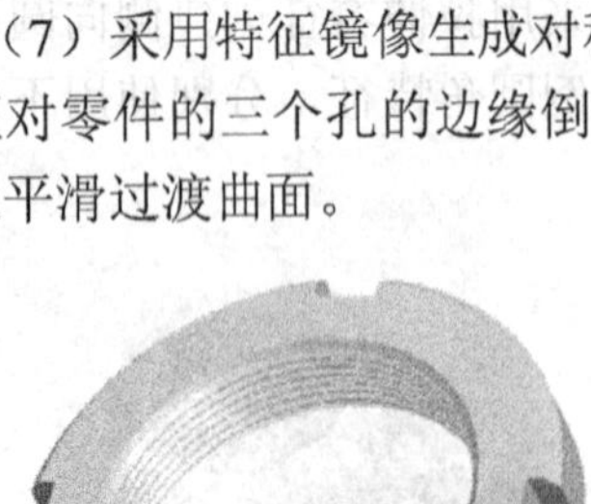

图 3-320 小圆螺母

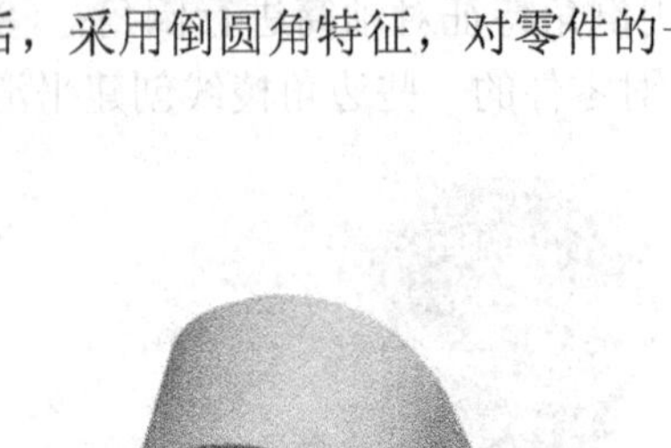

图 3-321 滑动轴承

15．创建如图 3-322 所示的带轮零件。

分析思路：（1）采用旋转特征创建带轮的基础实体模型；（2）采用拉伸特征，以剪切材料的方式切除出一个辐板孔；（3）采用轴阵列特征生成其余辐板孔；（4）采用拉伸特征创建键槽；（5）再采用旋转特征创建第一个 V 形槽；（6）采用方向阵列特征创建其余 V 形槽；（7）采用拔模特征，分别使用不同的拔模角度，对带轮的内部表面进行拔模；（8）采用倒圆角特征，对零件的四条辐板边界创建平滑过渡曲面；（9）采用边倒角特征，对零件的一些边角棱线进行倒角。

16．创建如图 3-323 所示的箱底壳零件。

思路分析：（1）采用拉伸特征创建零件的基础实体特征；（2）采用孔特征创建一个安装孔；（3）再采用方向阵列（或特征复制），创建其余三个安装孔；（4）最后，采用壳特征，使实体模型形成空心形状的壳体。

图 3-322　带轮

图 3-323　箱底壳

第4章

曲面特征建模

曲面特征是现代产品工业设计中不可或缺的特征。实体特征用来建立比较规则的三维模型时比较快速和方便，但是在设计复杂度较高的模型时就显得困难了，这时就需要用曲面特征来设计。

4.1 曲面特征概述

曲面特征是一种没有质量和厚度等物理属性的几何特征，它提供了非常弹性化的方式来建立单一曲面，然后将单一曲面集成为完整且没有间隙的曲面组，最后将曲面组转化为实体。

4.1.1 曲面的定义

曲面是没有厚度的几何特征，主要用于生成复杂零部件的表面。曲面可以通过拉伸、旋转、扫描和混合等方法来直接创建，也可以由基准曲线来创建。曲面与壳体特征不同，壳体特征是有厚度的，本质上还是实体，曲面仅代表位置，没有厚度的概念。

4.1.2 曲面边线颜色的类型

当曲面以线显示时，有边界线和棱线两种线条分别以两种不同的颜色来显示。

边界线通常默认状态下为粉红色，也可以称为单侧边，其意义为该粉红色边的一侧为此特征的曲面，而另一侧不属于此特征的面。

棱线通常默认状态下为紫红色，也可以称为双侧边，其意义为该紫红色边的两侧均为此特征的曲面。

4.1.3 曲面网格显示的设置

单击【视图】|【模型设置】|【网格曲面】选项，弹出【网格】对话框，如图 4-1 所示。完成后的模型显示如图 4-2 所示。要使模型恢复原来状态，单击【视图】|【重画】选项或按快捷键 Ctrl+R 即可。

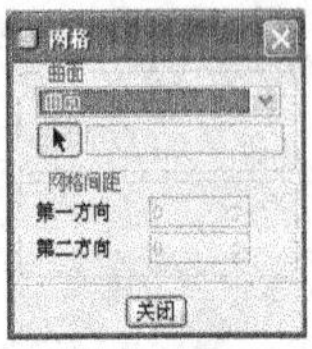

图 4-1 【网格】对话框

图 4-2 网格模型

4.2 曲面创建

曲面特征和实体特征之间具有较大的差异，但二者的创建方式有很大的相似之处，创建原理也极其相似。所以，在这里只是通过实例来介绍曲面特征的创建过程。

曲面特征的创建方式除了与实体特征相同的拉伸、旋转、扫描、混合等方式以外，还可以使用由点建立的曲线，然后再由曲线建立曲面的方式。

4.2.1 拉伸曲面特征建模

拉伸曲面是指在绘图平面上的一条直线或一条曲线向垂直于绘图平面的一个或相对两个方向拉伸所生成的实体。

创建拉伸曲面的基本步骤如下。

（1）单击【插入】|【拉伸】选项，或者单击绘图区中的按钮，系统会弹出拉伸曲面特征操控面板，如图 4-3 所示，然后选择按钮即可。

图 4-3　拉伸曲面特征操控面板

（2）单击【放置】按钮，弹出【放置】选项卡，如图 4-4 所示，单击【定义】选项，弹出【草绘】对话框，如图 4-5 所示。

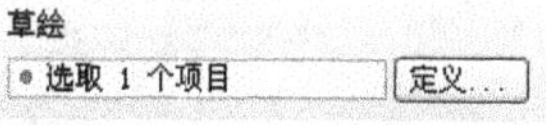

图 4-4　【放置】选项卡

（3）选取 FRONT 基准面作为草绘面，RIGHT 基准面作为参考面，其他的接受默认设置，单击【草绘】按钮，进入草绘状态，绘制如图 4-6 所示的草图。

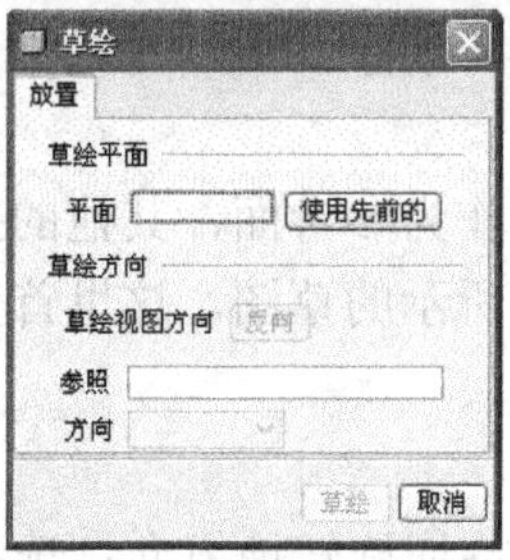

图 4-5 【草绘】对话框

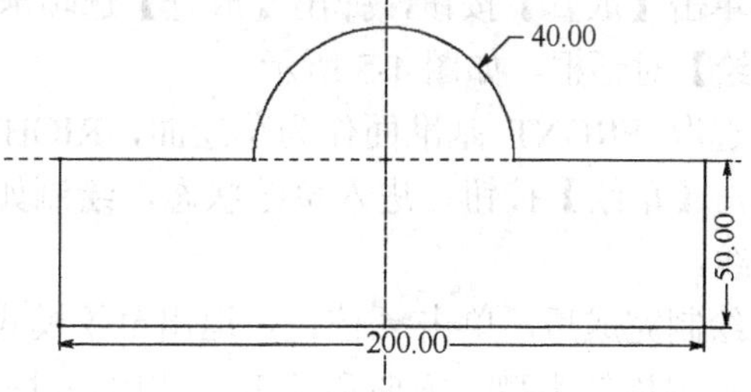

图 4-6　草绘截面

（4）绘制完成后，单击按钮，退出草绘模式。单击【选项】按钮，弹出【选项】选项卡，定义曲面的【开放】与【封闭】属性，如图 4-7 所示。如果勾选【封闭端】复选框，则使曲面特征的两端部封闭，如图 4-8 所示；如果不勾选【封闭端】复选框，则使曲面特征的两端部开放（不封闭），如图 4-9 所示。

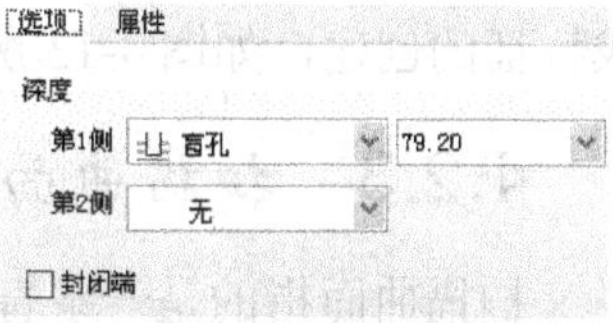

图 4-7　【选项】选项卡

（5）设定拉伸方向及深度

系统进入拉伸特征用户界面后，通过使用按钮可以改变特征拉伸的方向。

在图4-10所示的下拉菜单中选取深度类型为，并输入深度值为80。

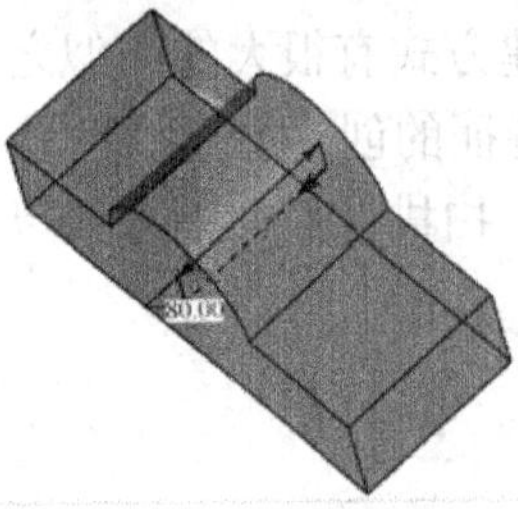

图4-8 封闭曲面特征

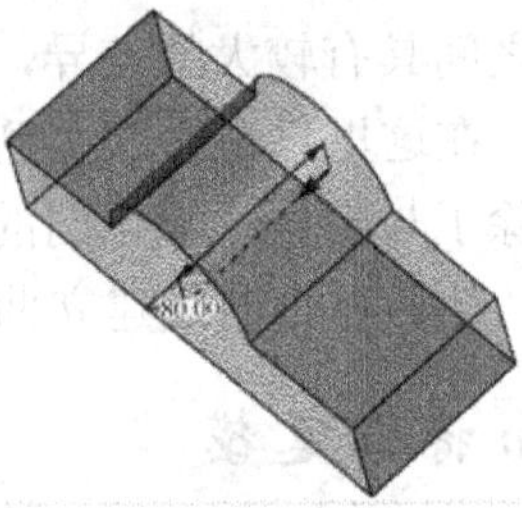

图4-9 未封闭曲面特征

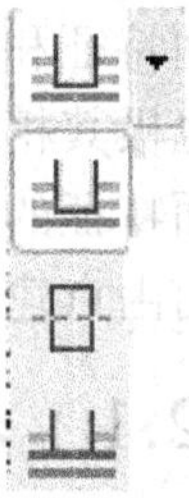

图4-10 深度类型

（6）单击拉伸特征用户界面的按钮来预览实体特征的创建效果，或单击按钮完成特征的创建。

4.2.2 旋转曲面特征建模

旋转曲面特征是指将草绘截面围绕一条中心线或按指定角度旋转生成曲面的造型方法。旋转曲面特征主要用于生成回转类曲面。

创建旋转曲面的基本步骤如下。

（1）单击【插入】|【旋转】选项，或者单击绘图区中的按钮，系统会弹出旋转曲面特征操控面板，如图4-11所示，然后选择按钮即可。

图4-11 旋转曲面特征操控面板

（2）单击【放置】按钮，弹出【放置】选项卡，如图4-4所示，单击【定义】选项，弹出【草绘】对话框，如图4-5所示。

（3）选取FRONT基准面作为草绘面，RIGHT基准面作为参考面，其他的接受默认设置，单击【草绘】按钮，进入草绘状态，绘制如图4-12所示的草图。这里首先需要画一条中心线。

（4）绘制完成后，单击按钮，退出草绘模式。

（5）设定旋转类型、方向和角度。使用按钮来改变特征旋转地方向；选择旋转角度类型，并输入角度值，这里输入270°。

（6）单击旋转特征用户界面的按钮来预览曲面特征的创建效果，或单击按钮完成特征的创建，如图4-13所示。

4.2.3 扫描曲面特征建模

扫描曲面指的是一条直线或者曲线沿指定的某一条直线或曲线路径运动所完成的一个新的曲面。扫描轨迹可以是草绘的线，也可以使用现有的基准曲线。

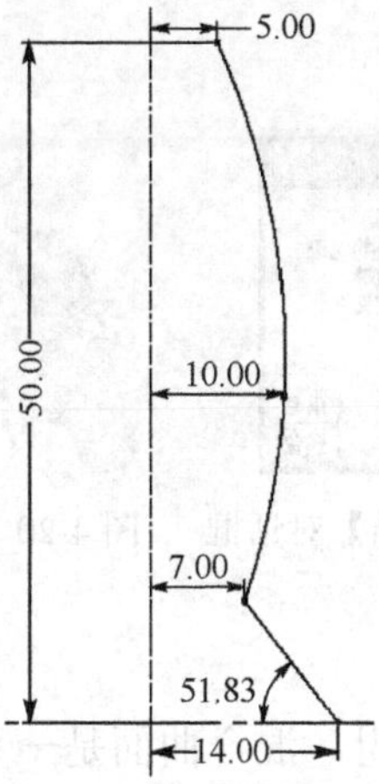

图 4-12 旋转曲面草绘截面

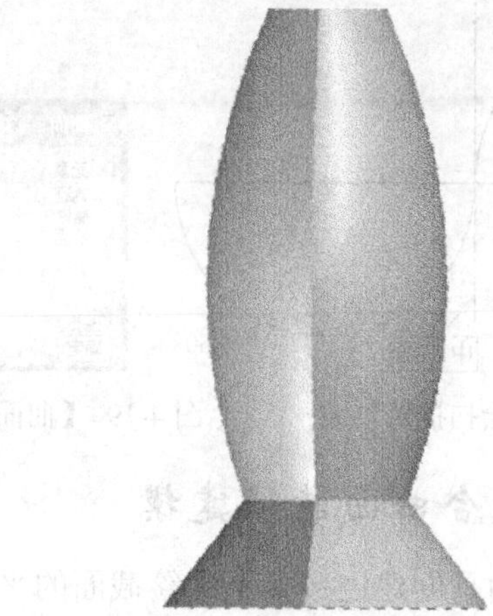
图 4-13 旋转曲面几何模型

创建扫描曲面的基本步骤如下。

（1）单击【插入】|【扫描】|【曲面】选项，弹出【曲面：扫描】对话框和【菜单管理器】菜单，分别如图 4-14 和图 4-15 所示。单击【菜单管理器】中的【扫描轨迹】|【平面】选项，如图 4-15 所示。

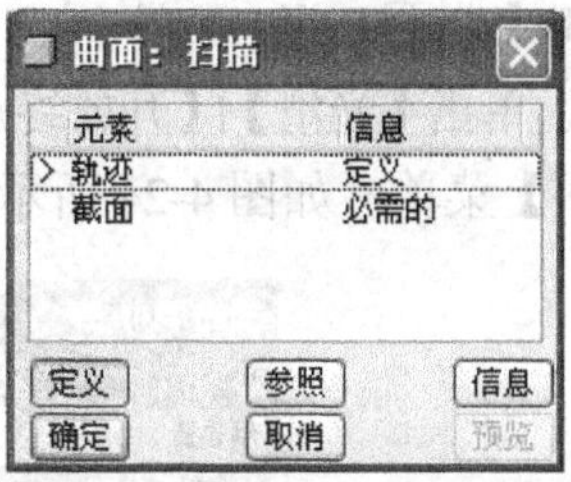

图 4-14 【曲面：扫描】对话框

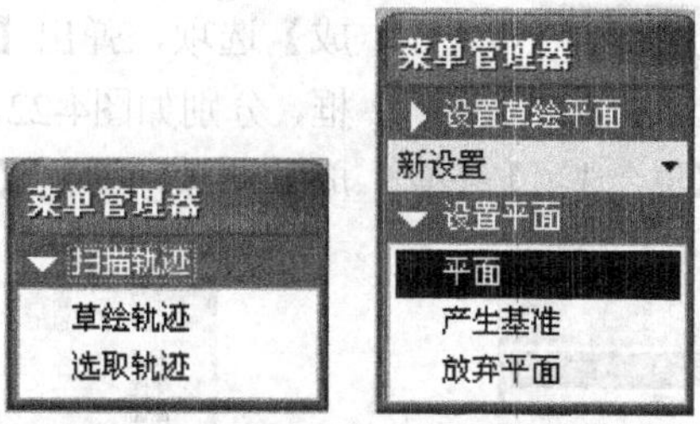

图 4-15 【菜单管理器】对话框

（2）选择 TOP 基准面作为草绘平面，单击【正向】|【平面】选项，进入草绘模式。

（3）绘制轨迹线如图 4-16 所示。单击✔按钮，完成草绘模式。

（4）弹出【属性】菜单，如图 4-17 所示。此时系统要求用户选择是否封闭曲面的终点，单击【开放终点】|【完成】选项，进入绘制界面。

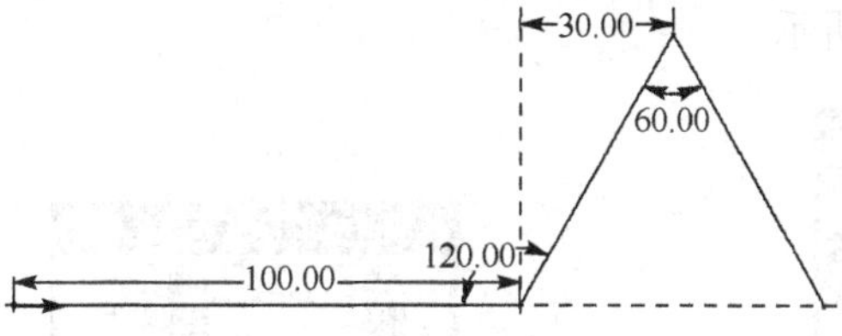

图 4-16 草绘轨迹线

图 4-17 【属性】菜单

（5）系统进入草绘模式，绘制扫描界面如图 4-18 所示。单击✔按钮，退出草绘模式。

（6）完成【曲面：扫描】对话框，如图 4-19 所示。

（7）单击【确定】按钮即可生成曲面，如图 4-20 所示。

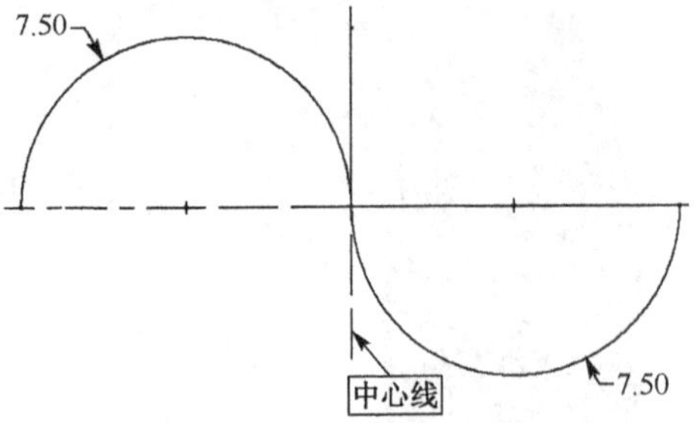

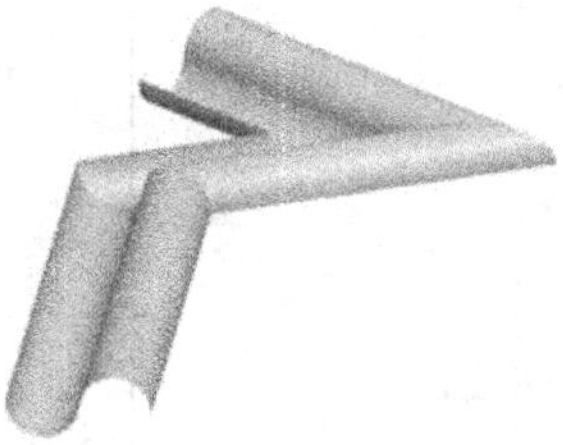

图 4-18　草绘扫描轨迹线　　图 4-19 【曲面：扫描】对话框　　图 4-20　扫描曲面几何模型

4.2.4　混合曲面特征建模

混合曲面指的是创建连接多个草绘截面的平滑面组。混合曲面是一系列直线或曲线上的对应点串联所形成的曲面。混合曲面的创建有三种方法，分别为平行混合曲面、旋转混合曲面和一般混合曲面。

图 4-21 【混合选项】菜单

创建平行混合曲面的基本步骤如下。

（1）单击【插入】|【混合】|【曲面】选项，弹出【混合选项】菜单，如图 4-21 所示。

（2）单击【平行】混合类型，其他按照默认的选取，单击【完成】选项，弹出【属性】菜单和【曲面：混合，平行，…】对话框，分别如图4-22、图4-23 所示。单击【光滑】|【开放终点】|【完成】选项，弹出【设置草绘平面】菜单，如图 4-24 所示。

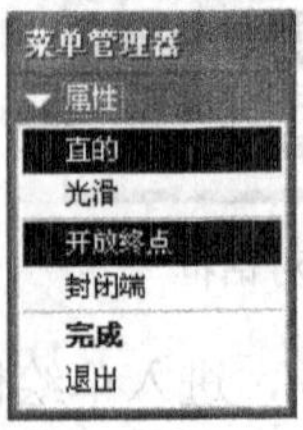

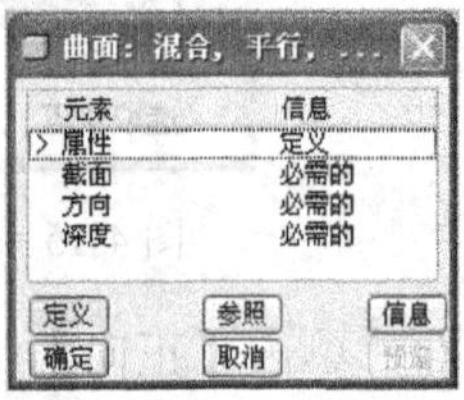

图 4-22 【属性】菜单　图 4-23 【曲面：混合，平行，…】对话框　图 4-24 【设置草绘平面】菜单

（3）在【设置草绘平面】菜单下，先选择 TOP 面作为草绘平面，依次出现图 4-25、图 4-26 所示菜单。依次选择【正向】|【缺省】选项，进入草绘状态，同时弹出【曲面：混合，平行，…】对话框，如图 4-27 所示。

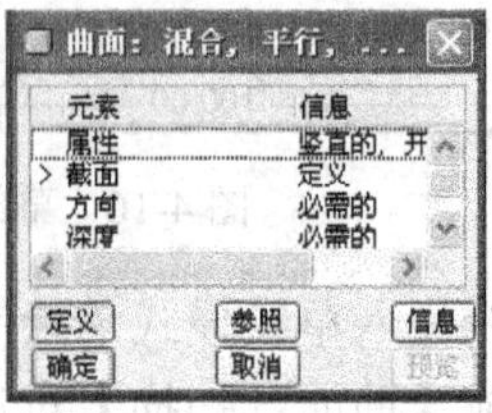

图 4-25 【方向】菜单　　图 4-26 【草绘视图】菜单　　图 4-27 【曲面：混合，平行，…】对话框

（4）绘制第一草绘混合截面，如图 4-28 所示。单击【草绘】|【特征工具】|【切换剖面】选项，第一草绘截面变为灰色，在草绘状态下绘制第二草绘混合截面，如图 4-29 所示。

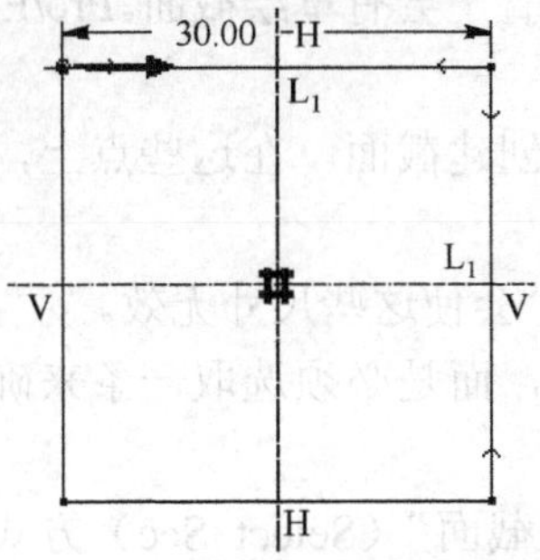

图 4-28　第一草绘混合截面

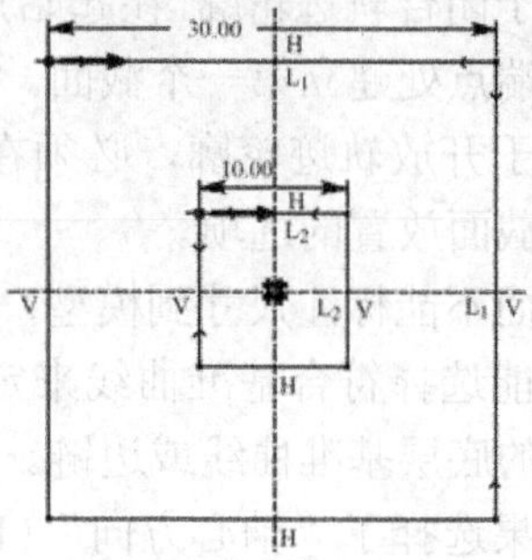

图 4-29　第二草绘混合截面

（5）同样单击【草绘】|【特征工具】|【切换剖面】选项，第二草绘截面变为灰色，在草绘状态下绘制第三草绘混合截面，如图 4-30 所示。

（6）单击✔按钮，出现【深度】菜单栏，如图 4-31 所示。选择【盲孔】选项，单击【确定】按钮，弹出输入深度文本框，如图 4-32 所示。

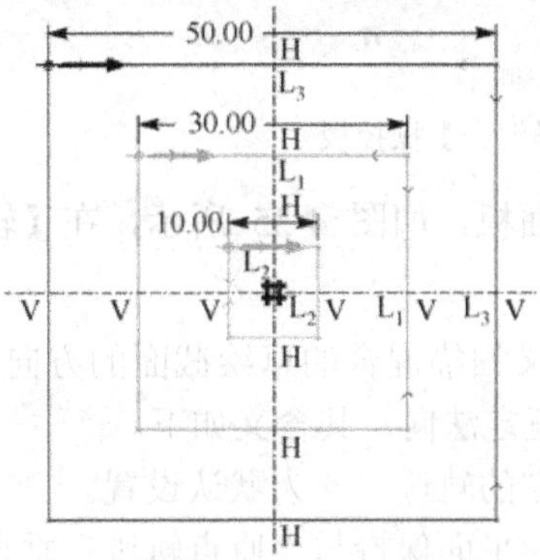

图 4-30　第三草绘混合截面

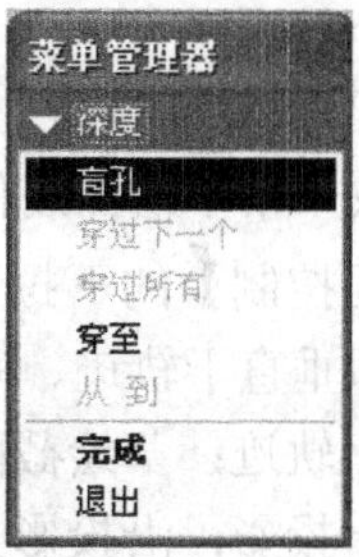

图 4-31　【深度】菜单

图 4-32　输入深度文本框

（7）三个截面之间的距离依次输入“10”和“15”。单击【确定】按钮，完成平行混合曲面，如图 4-33 所示。

一般混合曲面、旋转混合曲面的创建方法与平行混合曲面的类似，这里就不再进行详细介绍。

图 4-33　混合曲面几何模型

4.2.5　扫描混合

扫描混合特征是指多个混合截面沿着一个扫描轨迹扫描混合而成的特征。它融合了扫描和混合两个功能，该特征克服了扫描特征只有一个截面的缺点，同样也克服了混合无任何轨迹的缺点。

注意，扫描混合有下列限制条件。

- 截面不能位于“原始轨迹”的尖角处。
- 对于闭合轨迹轮廓，在起始点和至少一个其他位置上会有草绘截面。Pro/ENGINEER 在端点处建立第一个截面。
- 对于开放轨迹轮廓，必须在起始点和终止点上创建截面。在这些点上，没有可跳过截面放置的选项。
- 截面不能标注尺寸到模型，因为在修改轨迹时，会使这些尺寸无效。
- 不能选择符合基准曲线来定义扫描混合的截面，而是必须选取一条来确定符合曲线的底层基准曲线或边链。
- 如果选择了“轴心方向”（Pivot Dir）和“选取截面”（Select Sec）方式，那么所有选取的截面，必须位于与“轴心方向”平行的平面上。

1. 扫描混合的设置项

1）剖面方向

执行【插入】|【扫描混合】，在主视区上方会出现【扫描混合】操控板，如图 4-34 所示。

图 4-34 【扫描混合】操控板

选择【参照】选项，打开【参照】下滑面板，如图 4-35 所示，在【轨迹】栏中选择轨迹，可以选取一条草绘曲线作为原点轨迹。

通过【剖面控制】的下拉菜单，可以定义扫描混合的草绘截面的方向（Z 轴），有三种控制方式，即垂直于轨迹、垂直于投影和恒定法向，其含义如下。

（1）垂直于轨迹：草绘截面将垂直于指定的轨迹，此为默认设置。

（2）垂直于投影：沿投影方向看去，截面平面保持与“原点轨迹”垂直。Z 轴与指定方向上的“原点轨迹”的投影相切。必须指定方向参照。

（3）恒定法向：Z 轴平行于指定方向向量，需要选择方向参照。

还可以通过【水平/垂直控制】栏设置水平或竖直控制（X 或 Y 轴），以及通过【起点的 X 方向参照】来指定轨迹起始处的 X 轴的方向。

2）定义附加剖面的点

选择【剖面】选项，打开【剖面】下滑面板，如图 4-36 所示，可以选择【草绘截面】或【所选截面】两项。在扫描混合的轨迹上选取需要草绘截面的点。

在菜单栏中选择【插入】|【模型基准】|【点】|【点】选项或单击右侧工具栏的图标按钮，系统将弹出【基准点】对话框，如图 4-37 所示，来定义附加剖面的点。然后，在扫描混合的轨迹上添加基准点，如图 3-38 所示，添加完成后单击【确定】按钮即可。

在对话栏中选择【剖面】选项，需要先选择“截面位置”，即选取原点轨迹中的某个点来定位截面，然后单击【草绘】按钮，进入草绘模式，绘制截面，最后单击✔按钮完成草绘。

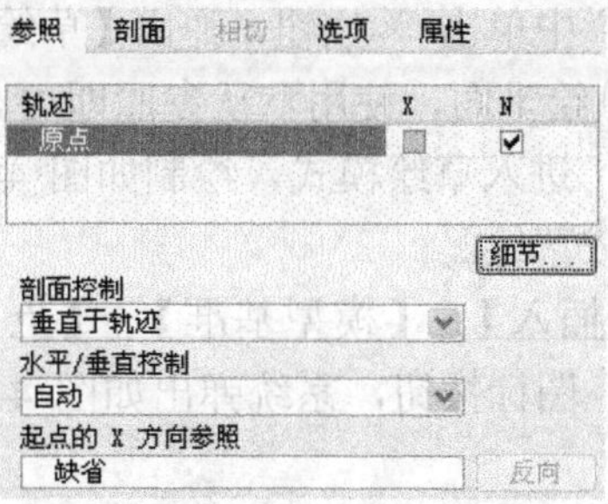

图 4-35 【扫描混合】的【参照】下滑面板

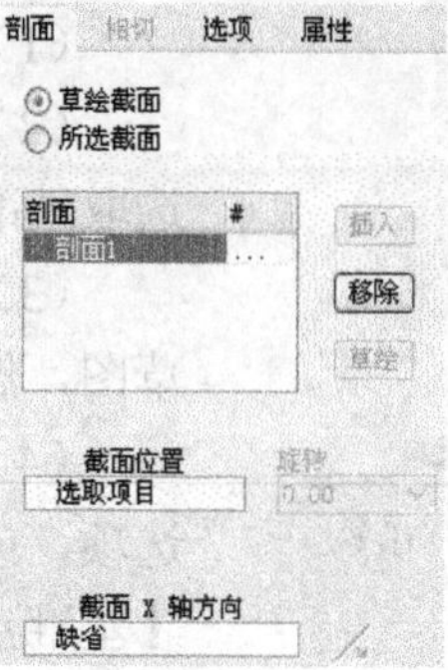

图 4-36 【扫描混合】的【剖面】下滑面板

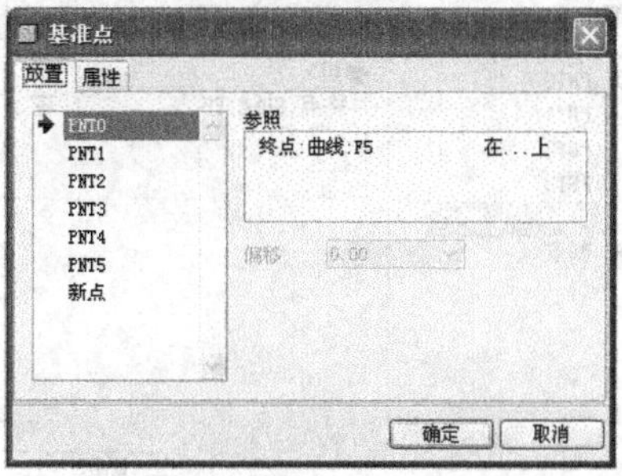

图 4-37 【基准点】对话框

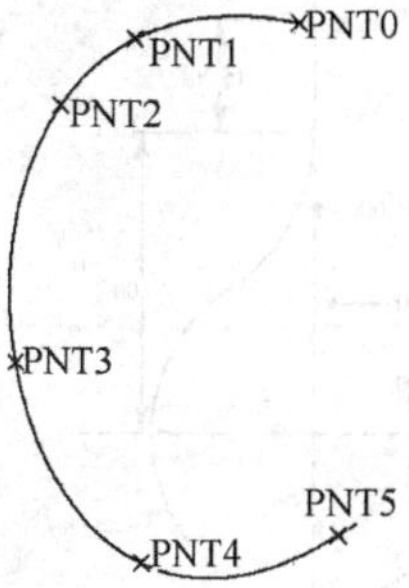

图 4-38 基准点选取

完成草绘后，【剖面】上滑面板中的【插入】按钮不再灰色显示，可以单击【插入】按钮继续添加扫描截面，然后再选取“截面位置”，单击【草绘】按钮，即重复前面的操作，这样即可完成截面的定义。

此外，在【相切】上滑面板中，如图 4-39 所示，允许在开始截面或终止截面图元和元件曲面生成的几何间定义相切关系，即选择【条件】为【自由】或【切线】。

在【选项】下滑面板上，如图 4-40 所示，此面板可以用于控制扫描混合的截面之间部分的形状。

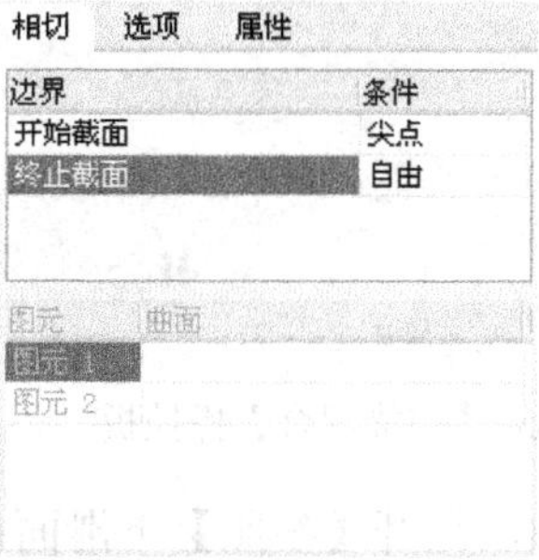

图 4-39 【相切】下滑面板

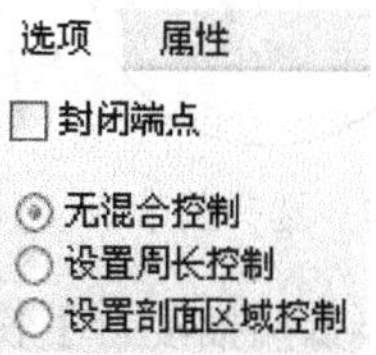

图 4-40 【选项】下滑面板

2．扫描混合特征实例

利用扫描混合特征创建吊钩，设计效果如图 4-41 所示。

具体操作步骤如下。

图 4-41　吊钩

（1）打开 Pro/ENGINEER 系统，新建一个【零件】设计环境。

（2）在绘图区右侧工具栏中单击按钮，弹出【草绘】对话框，选取基准平面 FRONT 作为草绘平面，使用默认参照即可。

（3）单击【草绘】按钮，进入草绘模式，绘制如图 4-42 所示的草图，然后单击✔按钮，完成草绘。

（4）在主菜单中选择【插入】|【模型基准】|【点】|【点】选项，或单击右侧工具栏的图标按钮，系统弹出如图 4-43 所示的【基准点】对话框。

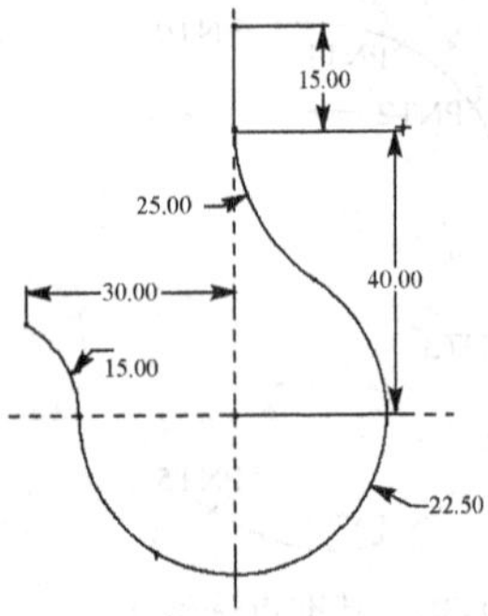

图 4-42　草绘轨迹

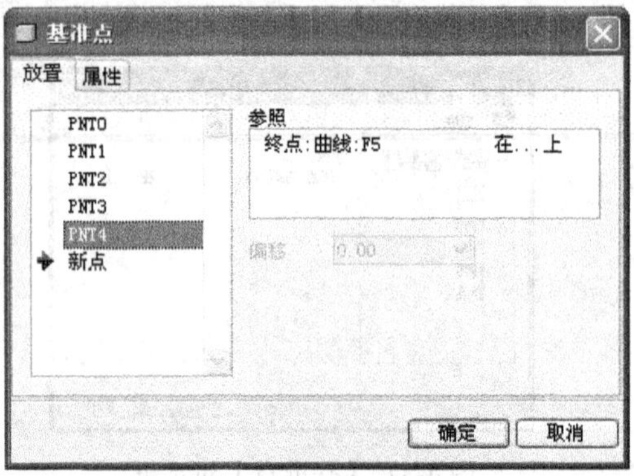

图 4-43 【基准点】对话框

（5）在草绘曲线上选择 5 个基准点，如图 4-44 所示，选择完成后单击【确定】按钮。

（6）执行【插入】|【扫描混合】命令，系统进入扫描混合特征界面，屏幕右上角弹出【扫描混合】操控制板，如图 4-45 所示，单击按钮创建曲面特征。

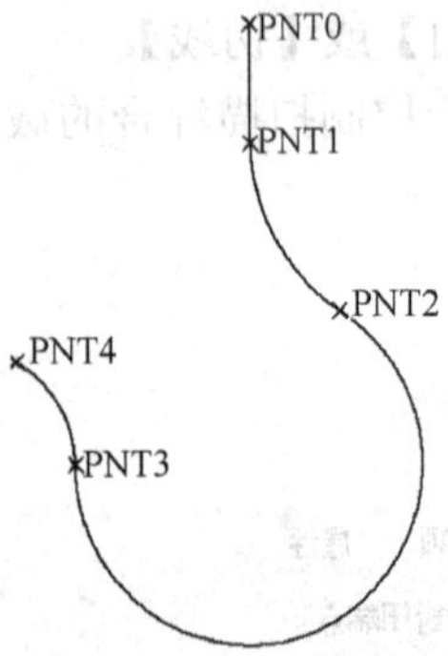

图 4-44　选择基准点

图 4-45 【扫描混合】操控板

（7）单击【扫描混合】操控板上的【参照】选项，打开【参照】下滑面板，如图 4-46 所示。在轨迹选项中，选择上一步新建的草绘曲线作为原点轨迹，并设置扫描混合的起始方向，如图 4-47 所示，即软件中黄色箭头所示的方向。

（8）单击【扫描混合】操控板中的【剖面】选项，打开【剖面】下滑面板，如图 4-48 所示，选择【草绘截面】，然后单击原点轨迹的点 PNT0，此时在单击【剖面】下滑面板中的【草绘】按钮，进入草绘模式。

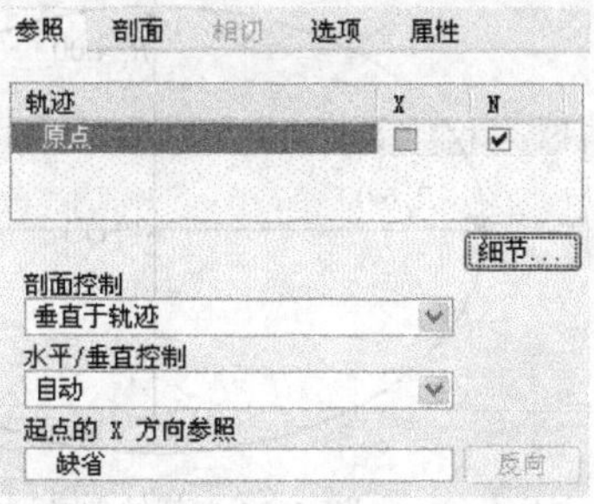

图 4-46 【参照】下滑面板

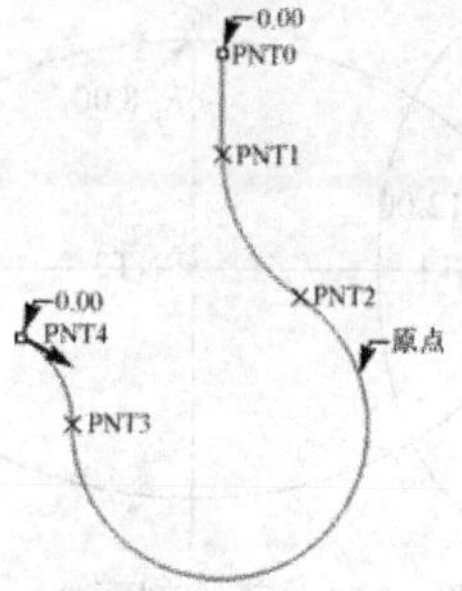

图 4-47　原点轨迹

（9）绘制如图 3-49 所示的剖面，然后单击✔按钮，完成剖面 1 的绘制。

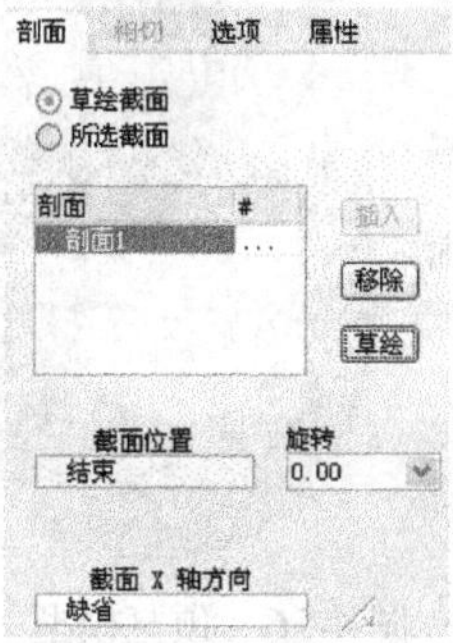

图 4-48 【剖面】下滑面板 1

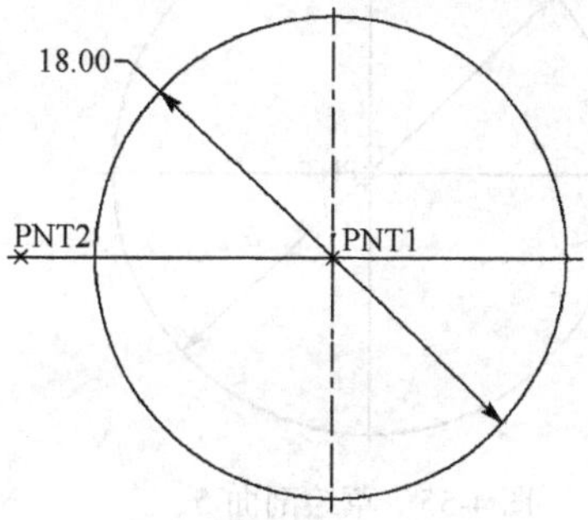

图 4-49　草绘剖面 1

（10）单击【剖面】下滑面板中的【插入】按钮，插入【剖面 2】，如图 4-50 所示，然后在原点轨迹中选择基准点 PNT1，再单击【草绘】按钮，进入草绘模式，并绘制如图 4-51 所示的剖面，然后单击✔按钮，完成剖面 2 的绘制，模型如图 4-52 所示。

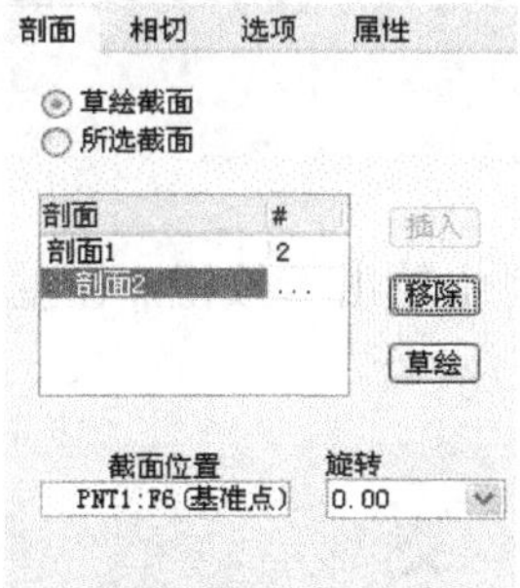

图 4-50 【剖面】下滑面板 2

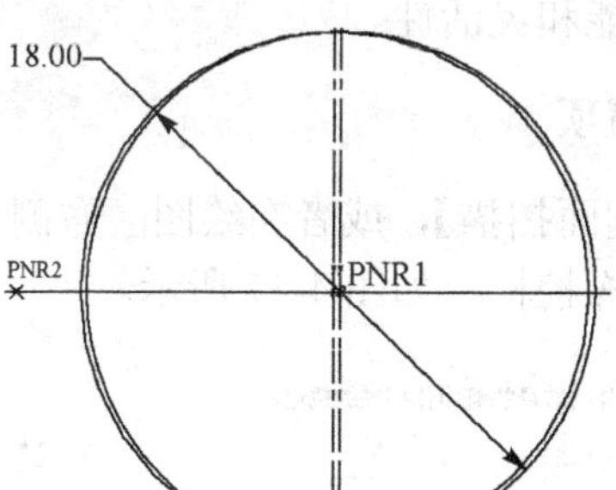

图 4-51　草绘剖面 2

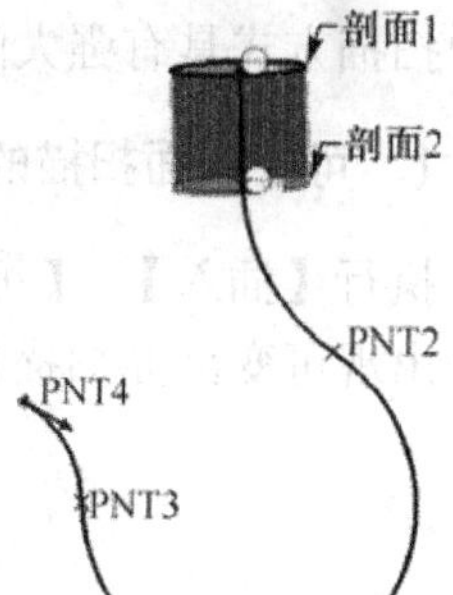

图 4-52　预览模型

（11）重复以上步骤，分别逐步选择基准点 PNT2、PNT3 和 PNT4，绘制如图 4-53、图 4-54、图 4-55 所示的三个剖面，完成剖面 3、剖面 4、剖面 5 的绘制。

（12）完成【剖面】下滑面板设置后，系统显示如图 4-56 所示，单击对话框中的☑ 按钮，预览该特征。若不符合要求，按▶按钮退出暂停环境，继续编辑特征；若符合要求，单击操控板中的✔按钮，即可完成吊钩模型的创建，如图 4-41 所示。

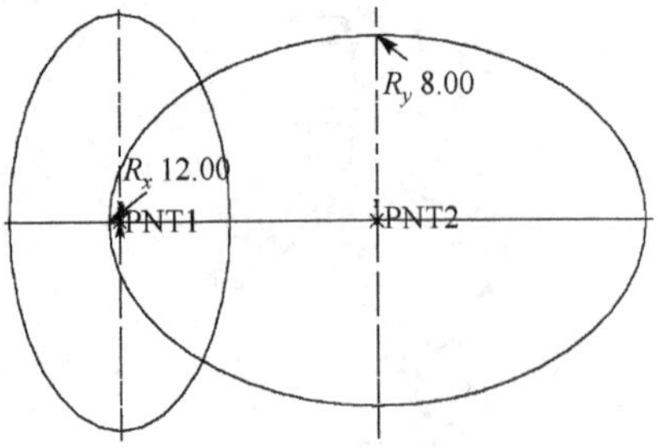

图 4-53 草绘剖面 3

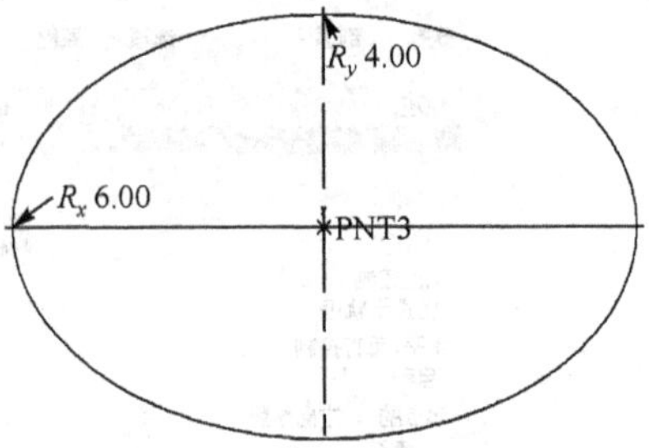

图 4-54 草绘剖面 4

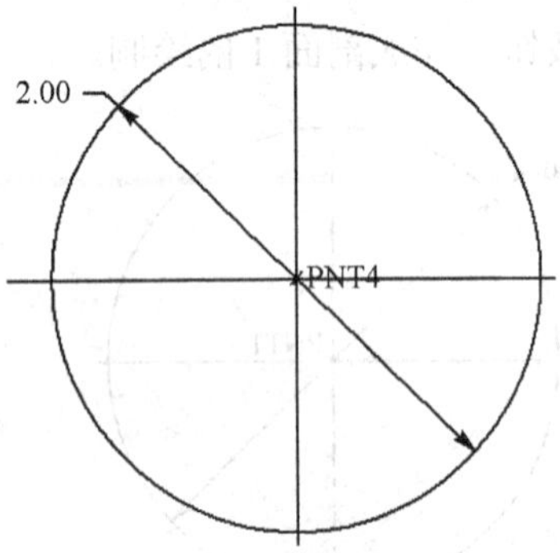

图 4-55 草绘剖面 5

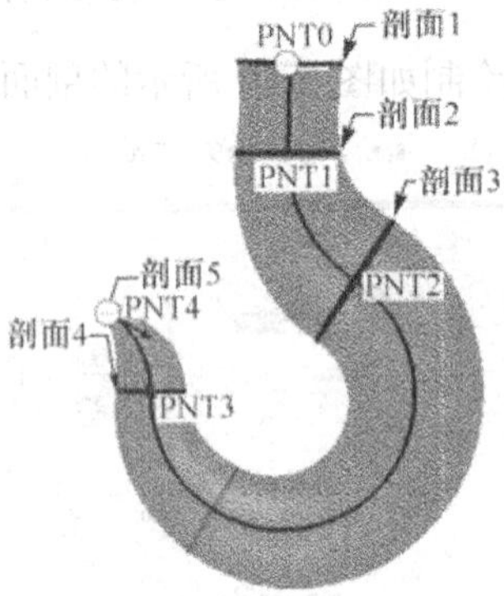

图 4-56 预览模型

4.2.6 可变剖面扫描

可变剖面扫描时一个剖面沿许多轨迹线进行扫描，草绘剖面附加到原始轨迹上，这种扫描方式允许剖面变化，可创建实体或者曲面。与一般的扫描不同的是，可变剖面扫描的轨迹可以是多条，也可以是一条，剖面的形状大小将随着轨迹线和轮廓线的变化而变化。这种扫描方式具有强大的功能和灵活性。

1．可变剖面扫描的设置项

执行【插入】|【可变剖面扫描】，或者在绘图区右侧工具栏中单击按钮，在主视区上方出现可变剖面扫描特征操控板，如图 4-57 所示。

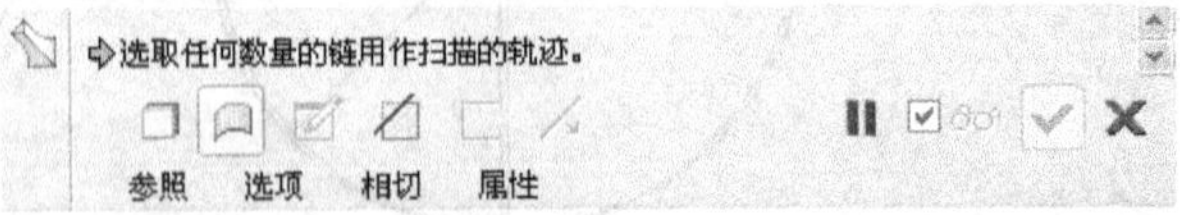

图 4-57 【可变剖面扫描】操控板

- ：扫描为实体。
- ：扫描为曲面。
- ：打开剖面草绘器，以创建或编辑扫描剖面。
- ：从实体或曲面移除材料。
- ：创建薄伸出项、薄曲面或曲面切口。
- ：更改操作方向，以便添加或移除材料。

在可变剖面扫描控制板上，还包括【参照】、【选项】、【相切】和【属性】四个命令选项，选择各命令可打开相应的下滑面板。

1）轨迹线

轨迹线是可变剖面扫描特征内建立的一条连续且中间无分支的线链实体，它由若干（至少 1 段）单段线实体首尾相连而成，单段线实体（由同一方程描述几何定义）可选边实体或基准线实体，在按顺序逐次将各段线实体选中后，系统即建立一条轨迹。在可变剖面扫描特征内可建立多条轨迹，其中原始轨迹是必需的，其他辅助轨迹是可选的。

选择【参照】选项，打开如图 4-58 所示的下滑面板，该面板上方为“轨迹”收集器，用于显示可变剖面扫描特征选取的各轨迹，并允许指定轨迹类型。

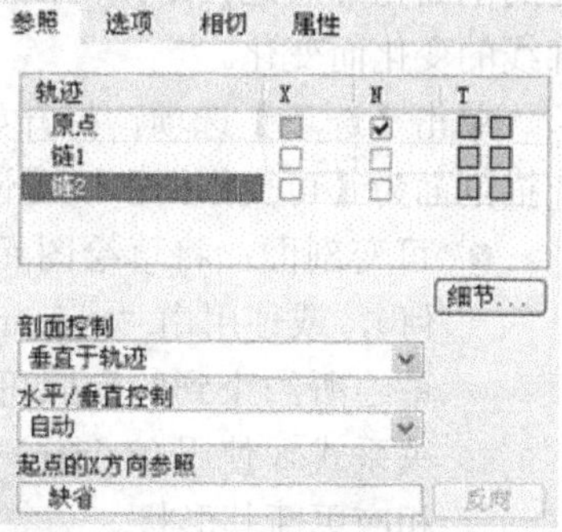

图 4-58 【参照】下滑面板

轨迹类型主要有四种：原始轨迹、法向轨迹、X 轨迹和相切轨迹。各种轨迹共同构成了剖面沿原始轨迹移动时的方向，即可变剖面扫描特征的框架。其中【参照】下滑面板中“轨迹”旁的字母“X”、“N”和“T”分别表示 X 轨迹、方向轨迹和切向轨迹，通过勾选相应字母下面的复选框，可以定义该轨迹的类型。

- 将原始轨迹始终保持为“法向”轨迹是一个好做法。在某些情况下，如果法向轨迹几何与沿原始轨迹的扫描帧流冲突，则不能定向剖面。
- X 轨迹和法向轨迹都只能指定一条，可指定为同一条。
- 原始轨迹是不能删除的，可以替换。

2）剖面放置方式

剖面是系统在原始轨迹上每个点且按一定规律定位的一系列平面内生成的交截图形，用户需要在原始轨迹起点或指定点处草绘初始剖面，系统根据初始剖面的尺寸标注及几何约束情况来确定扫描时原始轨迹各点处的剖面形状。

图 4-59 【剖面控制】下拉列表

通过【参照】下滑面板中的【剖面控制】选项可以确定截面的定向。【剖面控制】选项的下拉列表如图 4-59 所示，共有 3 个选项，分别为【垂直于轨迹】、【垂直于投影】和【恒定法向】，其含义如下。

- 垂直于轨迹：剖面在扫描过程中始终与指定的轨迹线垂直，是系统默认的选项，经常使用。
- 垂直于投影：剖面平面沿指定的方向垂直于原点轨迹的二维投影。
- 恒定方向：剖面平面垂直向量保持与指定的方向参照平行。可利用方向参照收集器添加或删除参照。

在【剖面控制】下面还有【水平/垂直控制】下拉列表框，如图 4-60 所示，包含【自动】和【X 轨迹】两个选项，经常选择【自动】选项。这两项的含义如下。

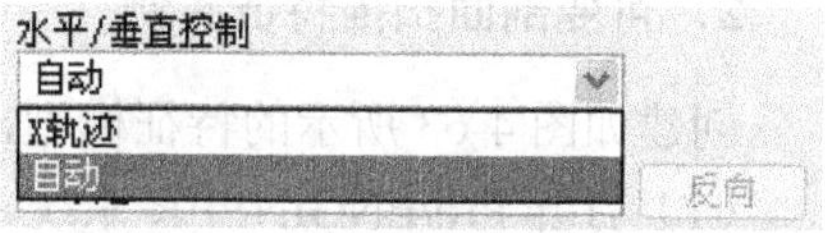

图 4-60 【水平/垂直控制】下拉列表

- 自动：剖面由 *XY* 方向自动定向，系统可计算 *X* 向量的方向，最大程度地降低扫描几何的扭曲。对于没有参照任何曲面的原始轨迹，【自动】为默认选项。
- X 轨迹：指定具体的轨迹为 *X* 轨迹，且剖面的 *X* 轴过指定的 X 轨迹和沿扫描的剖面的交点。

3）选项和相切面板

系统沿原始轨迹从其起点开始进行扫描运动，当位于原始轨迹上不同点位时，由初始剖面按既定剖面变化规律得到当前位置的剖面方位和形状，扫描完成后由沿原始轨迹各点处的剖面轮廓所连接形成的面集合就是可变剖面扫描，其截面的形状大小随着轨迹线和轮廓线的变化而变化。

单击【选项】选项，打开如图 4-61 所示的下滑面板，可以确定扫描剖面为【可变剖面】或【恒定剖面】，其含义如下。

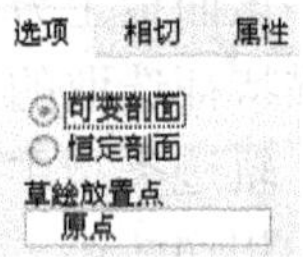

图 4-61 【选项】上滑面板

- 可变剖面：将草绘图元约束到其他轨迹（中心平面或现有几何），或使用由“trajpar”参数设置的剖面关系来使剖面可变。草绘所约束到的参照可改变截面形状。另外，以控制曲线或关系式（使用 trajpar）定义标注形式也能使草绘可变，草绘在轨迹点处再生，并相应更新其形状。
- 恒定剖面：在沿轨迹扫描的过程中，剖面形状恒定不变。仅剖面所在框架的方向发生变化。

单击【相切】选项，打开如图 4-62 所示的下滑面板，通过该面板可以用相切轨迹选取和控制曲面。其中【参照】选项中包含两项，分别为【无】和【选取的】，其含义如下。

- 无：表示禁用相切轨迹。
- 选取的：表示手动为扫描剖面中相切中心线指定曲面。

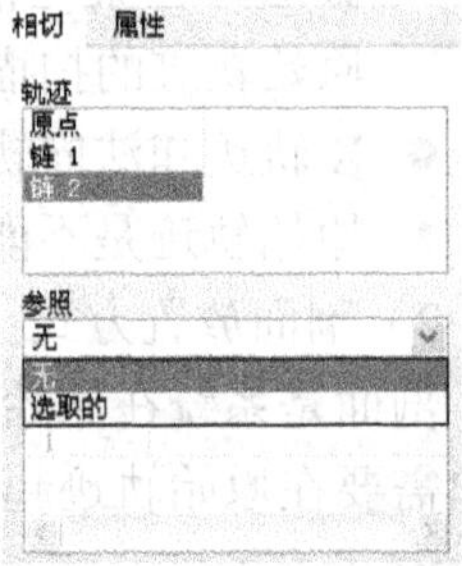

图 4-62 【相切】上滑面板

可变剖面扫描工具的主原件是剖面轨迹。草绘的剖面被附加到原始轨迹上，并沿其长度移动来创建几何。原始轨迹及其他轨迹、其他参照（如平面、轴、边或坐标系）沿扫描的方向定义剖面。

Pro/ENGINEER 将草绘剖面相对于这些参照放置到某个方向，并将其附加到沿原始轨迹和扫描剖面移动的坐标系中。

“框架”实际上是沿着原始轨迹滑动并且带有要被扫描剖面的坐标系。坐标系的轴由辅助轨迹和其他参照定义。“框架”非常重要，因为它决定着草绘沿原始轨迹移动时的方向。“框架”由附加约束和参照（如“垂直于轨迹”、“垂直于投影”和“恒定法向”等）定向（沿轴、边或平面）。

2. 可变剖面扫描特征实例

创建如图 4-63 所示的特征模型，具体操作步骤如下。

（1）打开 Pro/ENGINEER 系统，新建一个【零件】设计环境。

（2）单击【草绘】按钮，弹出【草绘】对话框，选取基准平面 FRONT 作为草绘平面，使用默认参照即可。单击【草绘】按钮，进入草绘模式。绘制如图 4-65 所示的草图，然后单击✔按钮，完成草绘。

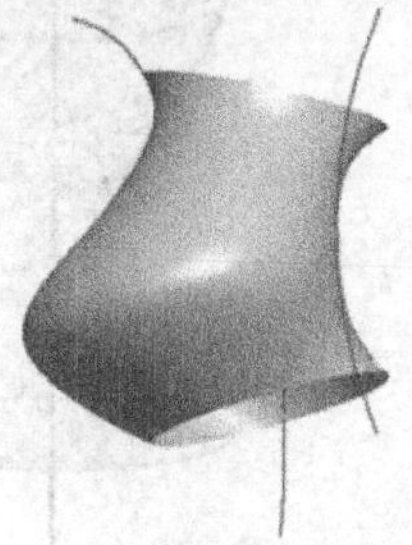

图 4-63　可变剖面扫描（垂直于轨迹）

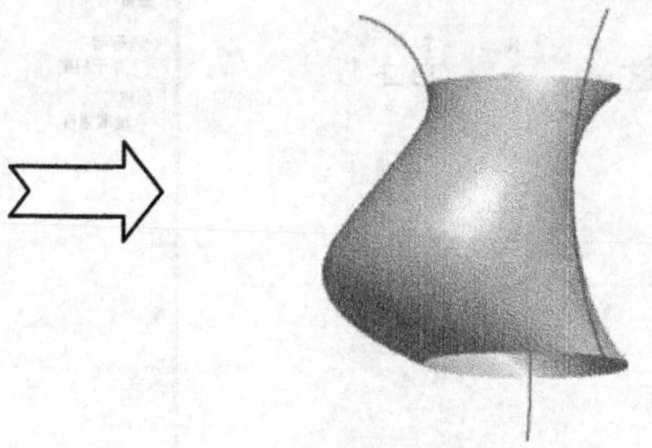

图 4-64　可变剖面扫描（垂直于投影）

（3）单击工具箱上的创建基准平面▱按钮，新建基准平面 DTM1，选取 FRONT 平面作为参照平面，设置为偏移方式，偏距为 100。

（4）单击【草绘】按钮，在 DTM1 平面内绘制第二条曲线，如图 4-66 所示，然后单击✔按钮，完成草绘。

（5）单击【草绘】按钮，在 RINGHT 平面内绘制第三条曲线，如图 4-67 所示，然后单击✔按钮，完成草绘。

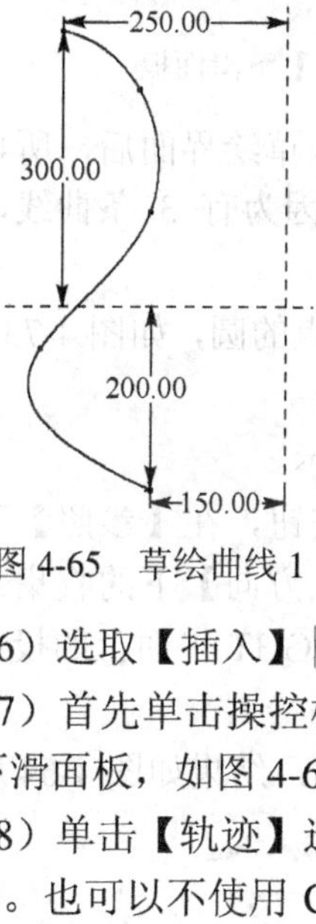

图 4-65　草绘曲线 1

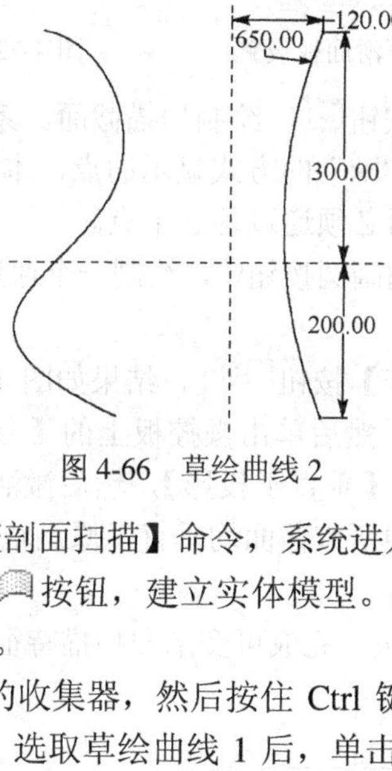

图 4-66　草绘曲线 2

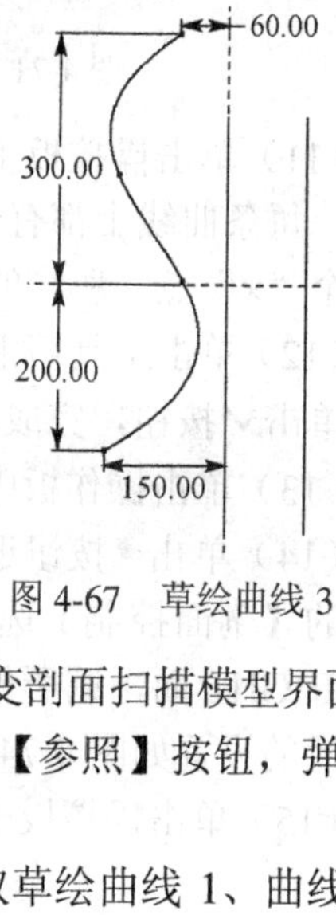

图 4-67　草绘曲线 3

（6）选取【插入】|【可变剖面扫描】命令，系统进入创建可变剖面扫描模型界面。

（7）首先单击操控板上的▭按钮，建立实体模型。然后单击【参照】按钮，弹出相应的下滑面板，如图 4-68 所示。

（8）单击【轨迹】选项下的收集器，然后按住 Ctrl 键依次选取草绘曲线 1、曲线 2、曲线 3。也可以不使用 Ctrl 键，选取草绘曲线 1 后，单击收集器下的【细节】按钮，弹出如图 4-69 所示的【链】对话框，单击【添加】按钮，选取草绘曲线 2，然后再添加曲线 3，曲线选取后如图 4-70 所示。

（9）完成曲线选取后，在【轨迹】选项中，单击【链 2】和【X】项对应的复选框将其选中，设置【链 2】为 X 轨迹。同样也选中【原点】选项和【N】项对应的复选框，设置原点轨迹为曲面形状控制轨迹。然后在【剖面控制】选项中选择【垂直于轨迹】，如图 4-71 所示，其中【垂直于轨迹】表示所创建模型的所有截面均垂直于原点轨迹。

（10）单击【选项】按钮，弹出如图 4-72 所示的下滑面板，在该面板中选择【可变剖面】。

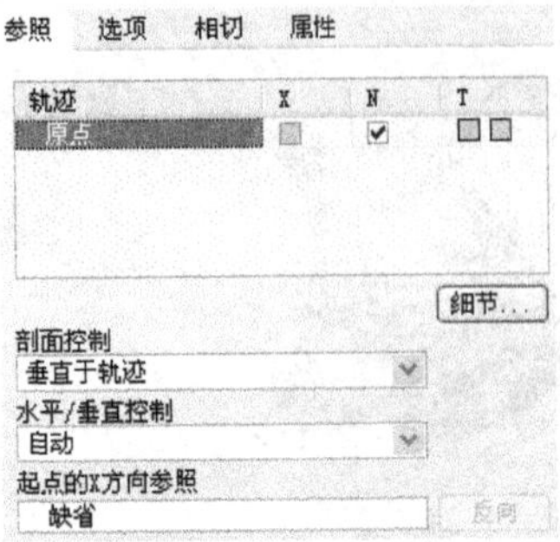

图 4-68 【参照】下滑面板

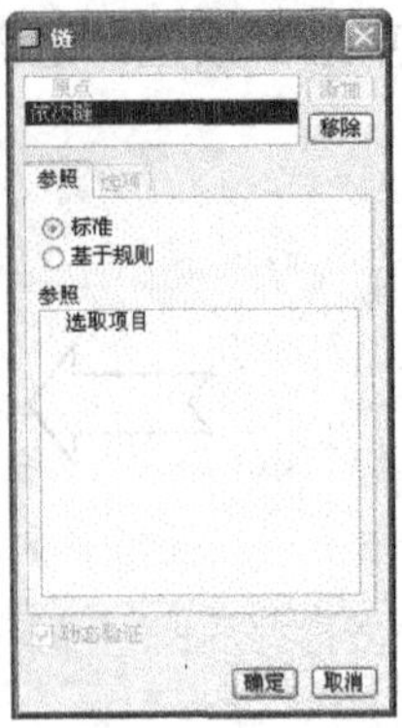

图 4-69 【链】对话框

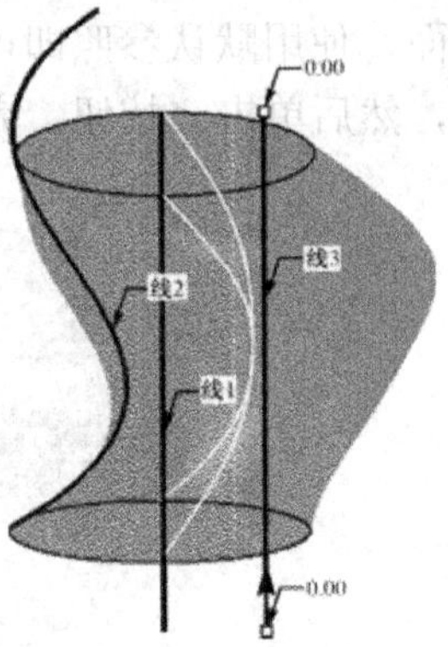

图 4-70 选取曲线

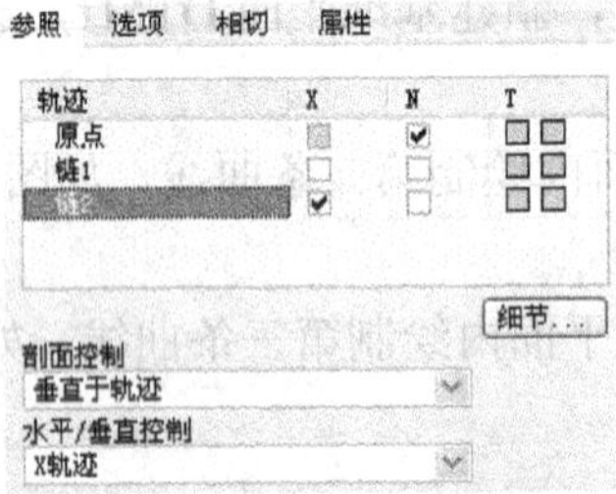

图 4-71 【参照】下滑面板设置

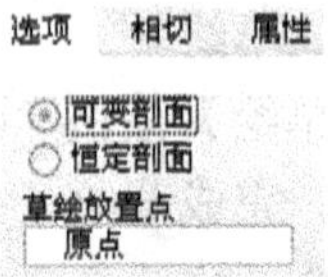

图 4-72 【选项】下滑面板

（11）单击操控板上的草绘按钮，绘制扫描截面。系统进入草绘界面后，所显示的点中，每条曲线上都有一个以小“×”的方式显示的点，本例题中因为有 3 条曲线，所以有 3 个“×”点，所绘的扫描截面必须通过这 3 个点。

（12）单击工具箱上过 3 点的画圆按钮，绘制一个通过这 3 点的圆，如图 4-73 所示，然后单击✔按钮，完成草绘。

（13）单击操作板中的【预览】按钮，结果如图 4-63 所示。

（14）单击▶按钮退出预览，然后单击操控板上的【参照】按钮，在【参照】下滑面板中的【剖面控制】选项中选择【垂直于投影】，然后激活【参照方向】下的收集器，并选取 RIGHT 面，则所创建模型的所有截面均垂直于原点轨迹在 RIGHT 平面上的投影，下滑面板的设置如图 4-74 所示。

（15）单击操控板中的✔按钮，完成可变剖面扫描特征的创建，结果如图 4-64 所示。

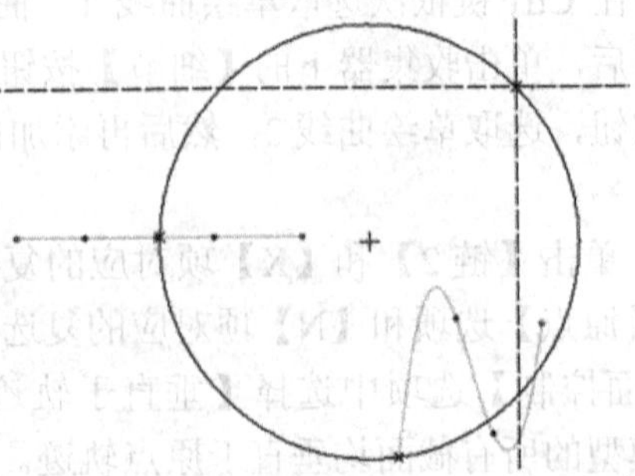

图 4-73 绘制截面

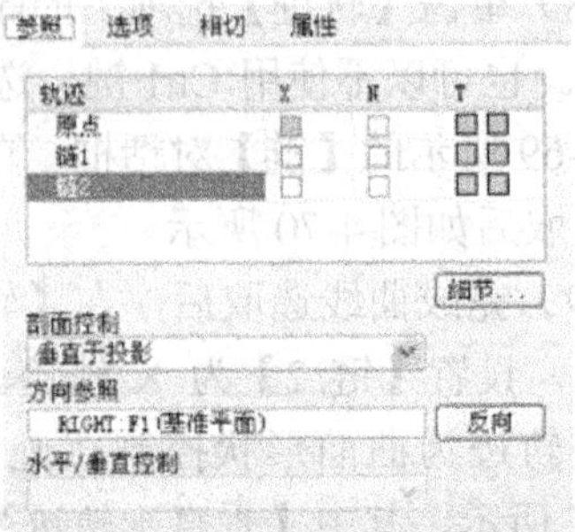

图 4-74 【参照】下滑面板设置

4.2.7　边界混合

边界混合曲面是指利用边线作为曲面的约束线，混合而成的曲线特征。当曲面的外形很难使用常规的一些曲面特征来表达时，可以先绘制其外形上的一些关键线型，然后使用边界混合曲面特征来将这些曲线围成一张曲面。边界混合曲面可使复杂的曲面创建过程变得简单。

注意，边界混合有下列限制条件。

- 在边界混合特征中，可以选择曲线、实体模型的边、基准点曲线的端点等作为参考元素。
- 在每个方向上，必须按顺序选择参考元素。
- 以两个方向定义的混合曲面，外部边界必须构成一个封闭的环。

1．边界混合的设置项

执行【插入】|【边界混合】，或者在绘图区右侧工具栏中单击按钮，在主视区上方出现【边界混合】操控板，如图 4-75 所示。

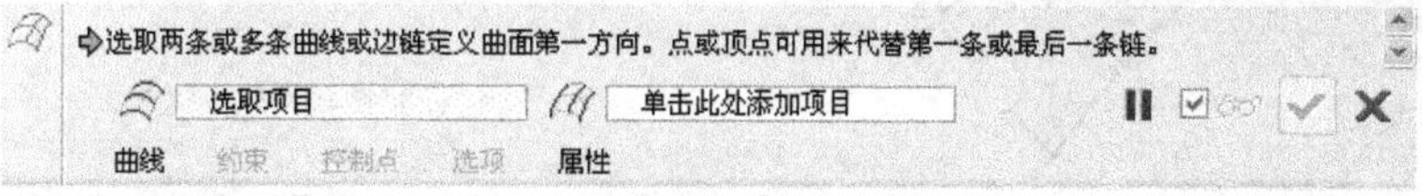

图 4-75 【边界混合】操控板

【边界混合】操控板包含两个收集器和一些控制按钮。这两个收集器激活后，可以选取任意数量的曲线或边链，还可以通过单击右键来移除已选取的曲线链参照，这两个收集器与曲线下滑面板中的第一方向链和第二方向链相对应。在收集器中单击，可以激活该方向的曲线来浏览选取的曲线或使用相应的快捷菜单。

1）【曲线】下滑面板

选择【曲线】选项，出现如图 4-76 所示的【曲线】下滑面板，可通过此下滑面板，在第一方向和第二方向中选取曲线创建混合曲面，并控制选取顺序。如图 3-77 所示，分别选择相应曲线为第一方向和第二方向。

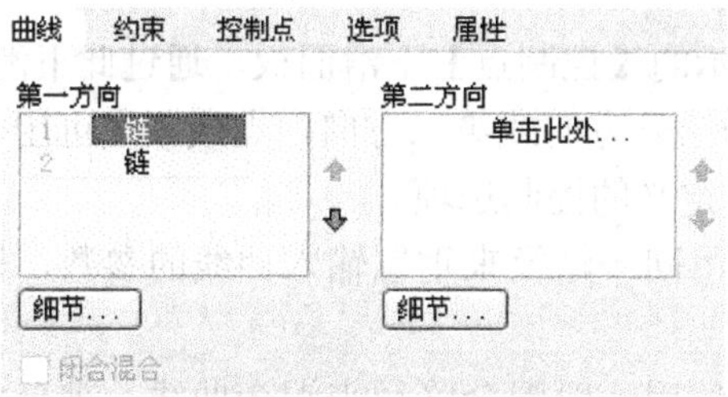

图 4-76 【曲线】下滑面板

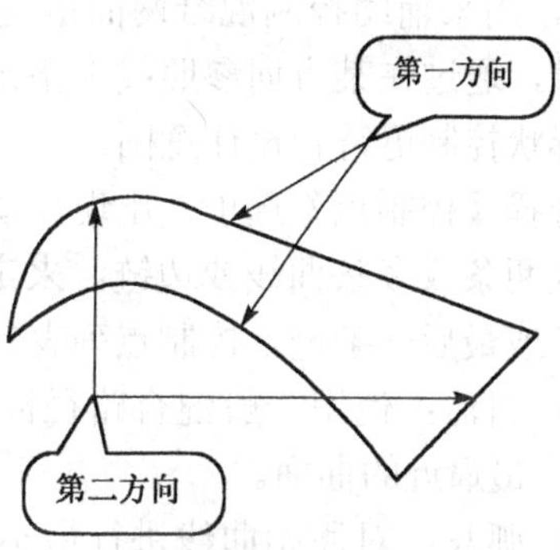

图 4-77 选取曲线

单击【细节】按钮，打开【链】对话框，通过该对话框可以修改链和曲面属性。通过预览按钮可以预览生成的特征效果，如图 4-78 所示。

【曲线】下滑面板中的【闭合混合】复选框，只适用于单向曲线且为多条曲线。通过它可以将最后一条曲线与第一条曲线混合来形成封闭环曲面。

2)【约束】下滑面板

选择【约束】选项，出现如图 4-79 所示的【约束】下滑面板，可通过此下滑面板定义如图 4-79 所示的四种边界的条件，还可以通过复选框来选择【显示拖动控制滑块】、【添加侧曲线影响】和【添加内部边相切】。这些复选框说明如下。

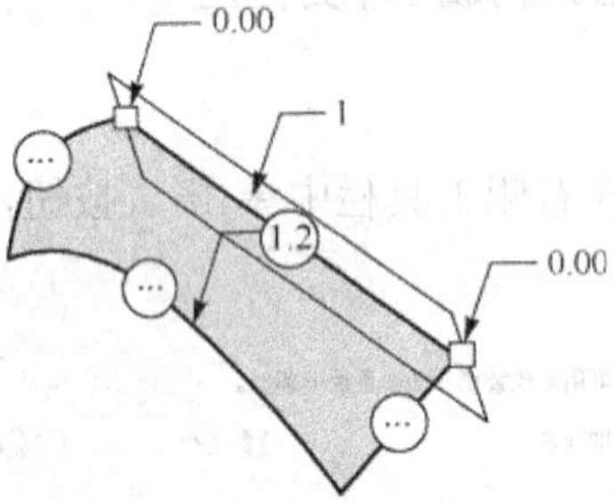

图 4-78 生成的曲面

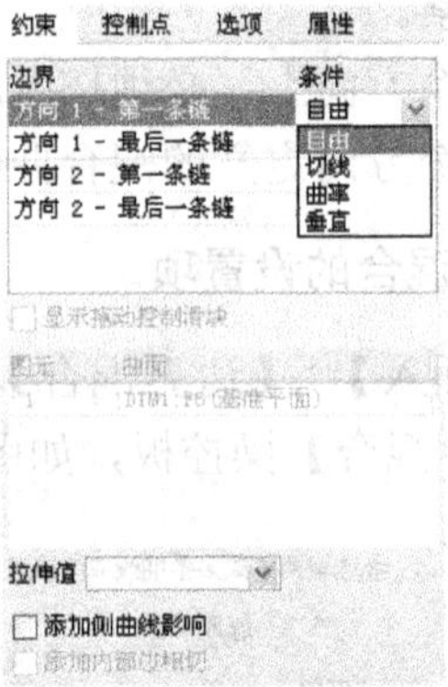

图 4-79 【约束】下滑面板

- 显示拖动控制滑块：显示控制边界拉伸系数的拖动控制滑块。
- 添加侧曲线影响：在单向混合曲面中，对于指定为“相切”或“曲率”的边界条件，Pro/ENGINEER 使混合曲面的侧边相切于参照的侧边。
- 添加内部边相切：为混合曲面的一个或两个方向设置相切内部边条件，此条件只适用于具有多段边界的曲面。可创建带有曲面片（通过内部边并与之相切）的混合曲面。在某些情况下，如果几何复杂，则内部边的二面角可能会与零有偏差。

3)【控制点】下滑面板

控制点是位于同一方向的各条参照线上由用户定义的相对应的一组点（可选顶点或基准点），用来辅助控制混合网面格走向。当用于形成的参照线数量较少只能粗略描述曲面形状时，通过在某方向参照线上指定一组控制点就相当于在另一方向加入一条参照线，从而使形状控制更符合设计意图。

选择【控制点】选项，出现如图 4-80 所示的【控制点】下滑面板，通过此下滑面板，可选取两条或多条曲线或边链，来定义曲面的第一方向或第二方向，点或顶点可用来代替第一条或最后一条链。控制点列表包括以下预定义的控制选项。

- 自然：使用一般混合路径混合，并使用同一路径来重置输入曲线的参数，以获得最逼近的曲面。
- 弧长：对原始曲线进行最小的调整，使用一般混合路径来混合曲线，被分成相等的曲线段并逐段混合的曲线除外。
- 段到段：段对段的混合，曲线链或复合曲线相连接。

4）【选项】下滑面板

选择【选项】选项，出现如图 4-81 所示的【选项】下滑面板，通过此下滑面板，可选取影响曲线，来影响用户界面中混合曲面的形状或逼近方向，选取后便可设置【平滑度因子】和【在方向上的曲面片】。

- 平滑度因子：控制曲面的粗糙度、不规则性或投影。
- 在方向上的曲面片：控制用于形成结果曲面的沿 u 和 v 方向的曲面片数。

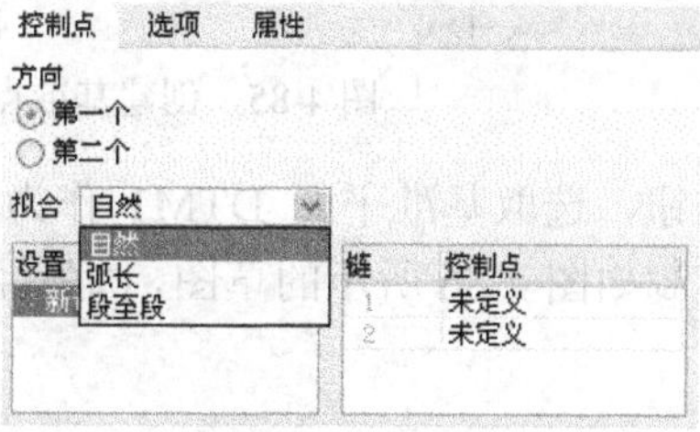

图 4-80 【控制点】下滑面板

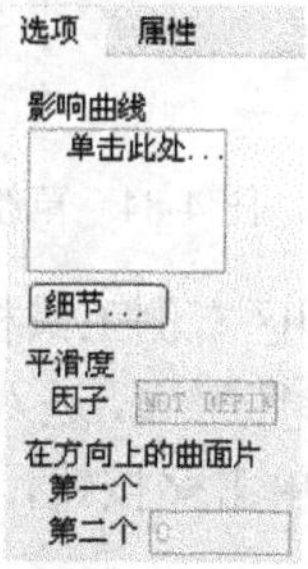

图 4-81 【选项】下滑面板

5）【属性】下滑面板

选择【属性】选项，出现如图 4-82 所示的【属性】下滑面板，通过此下滑面板，可以重命名该特征，或单击i按钮，在 Pro/ENGINEER 浏览器中显示关于混合特征的信息。

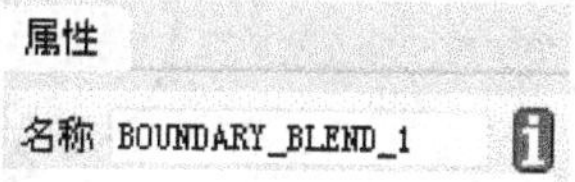

图 4-82 【属性】下滑面板

混合曲面不但可以向一个方向混合，还可以向两个方向混合，以形成复杂的混合曲面。并且当混合特征的草图截面由多个图元组成时，也可以形成复杂的混合曲面。对于在两个方向上定义的混合曲面来说，其外部边界必须形成一个封闭的环。

添加更多的参照图元（例如，控制点和边界）能使用户更完整地定义曲面形状，从而创建复杂的混合曲面。另外，用户还可以通过添加影响曲线的边界混合。

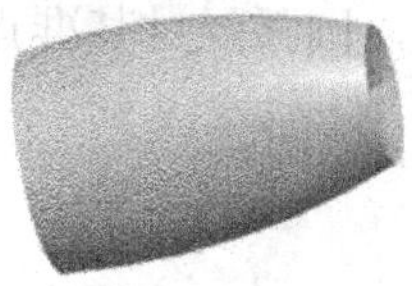

图 4-83 水杯

2. 边界混合特征实例

如图 4-83 所示，利用边界混合工具创建一个水杯曲面。

具体操作步骤如下。

（1）打开 Pro/ENGINEER 系统，新建一个【零件】设计环境。

（2）在绘图区右侧工具栏中单击按钮，弹出【草绘】对话框，选取基准平面 TOP 作为草绘平面，选取 RIGHT 平面作为草绘参照。

（3）单击【草绘】按钮，进入草绘模式，绘制如图 4-84 所示的草图，然后单击✓按钮，完成草绘。

（4）单击特征工具栏中的（基准点）按钮，弹出【基准点】对话框，在两条线条的两端各创建一个基准点，如图 4-85 所示。

（5）单击特征工具栏中的（基准平面）按钮，弹出【基准平面】对话框，选择 TOP 平面作为参照平面，并在【基准平面】对话框中将其放置方式设置为【法向】选项。接着，按住 Ctrl 键选取 RIGHT 平面和基准点 PNT0，单击【确定】按钮，即可由这三个平面创建一个基准平面。

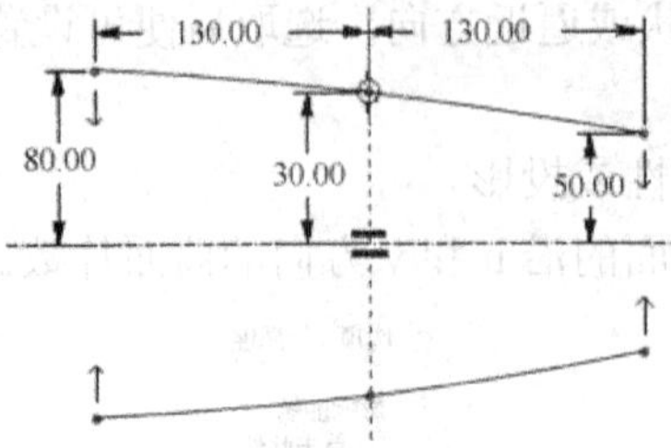

图 4-84 草绘 1

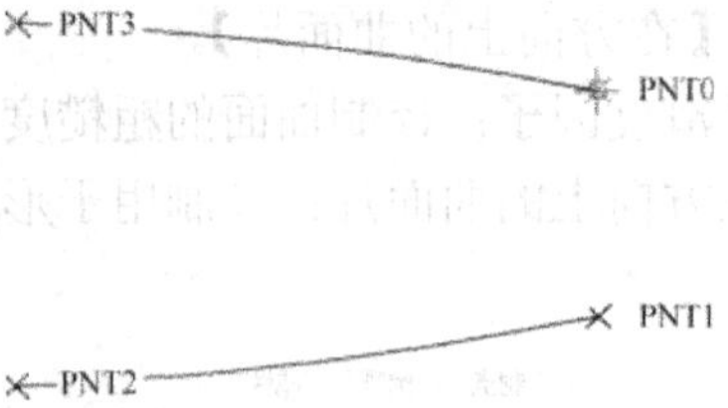

图 4-85 创建基准点

（6）在绘图区右侧工具栏中单击按钮，选取基准平面 DTM1 作为草绘平面，选取 TOP 作为草绘参照平面，进入草绘环境。绘制如图 4-86 所示的草图，圆弧经过基准点 PNT0 和 PNT1，然后单击✔按钮，完成草绘。

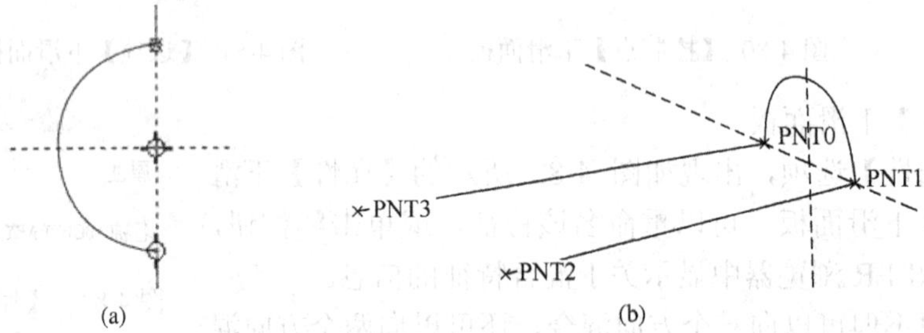

图 4-86 草绘 2

（7）单击特征工具栏中的（基准平面）按钮，弹出【基准平面】对话框，选择 TOP 平面作为参照平面，并在【基准平面】对话框中将其放置方式设置为【法向】选项。接着，按住 Ctrl 键选取 RIGHT 平面和基准点 PNT2，创建一个基准面。

（8）在绘图区右侧工具栏中单击按钮，选取基准平面 DTM3 作为草绘平面，选取 FRONT 作为草绘参照平面，进入草绘环境。绘制如图 4-87 所示的草图，圆弧经过基准点 PNT2 和 PNT3，然后单击✔按钮，完成草绘。

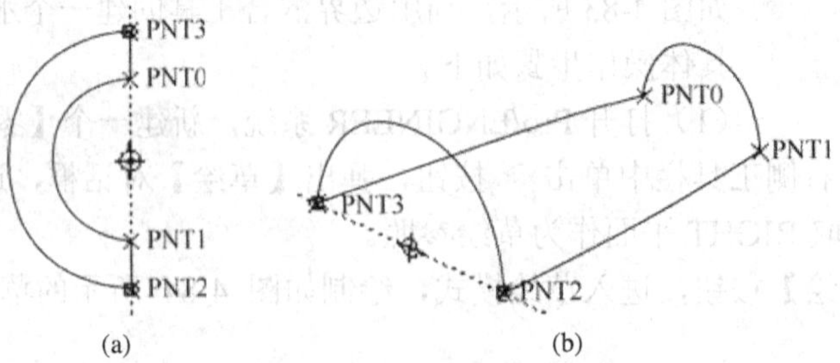

图 4-87 草绘 3

（9）在绘图区右侧工具栏中单击按钮，选取 FRONT 平面作为草绘平面，选取 RIGHT 平面作为草绘参照平面，在草绘区域中使用【创建样条曲线】工具绘制一条水杯侧面曲线。在绘制过程中，为了精确对齐曲线的两个顶点，可以单击【草绘】菜单的【参照】

按钮在剖面上添加两个参照点，如图 4-88 所示。确认绘制样条线后，单击草绘工具栏上的✔按钮，完成草绘。

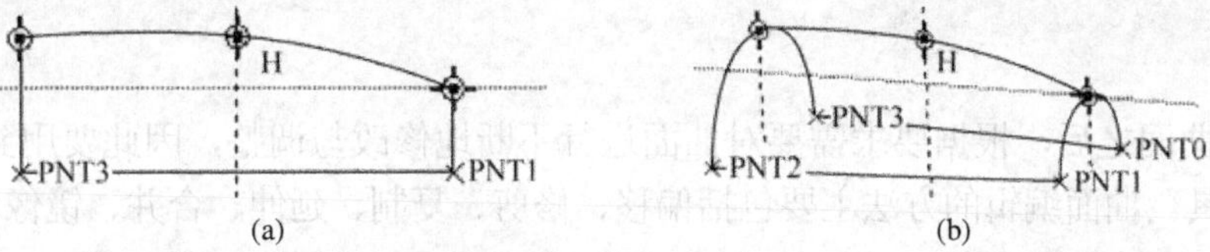

图 4-88　草绘 4

（10）添加杯底曲线。在绘图区右侧工具栏中单击～按钮，选取 TOP 平面作为草绘平面，选取 RIGHT 平面作为草绘参照平面，进入草绘环境。在基准点 PNT0 和 PNT1 之间创建一条弧形，如图 4-89 所示，单击✔按钮，完成草绘。

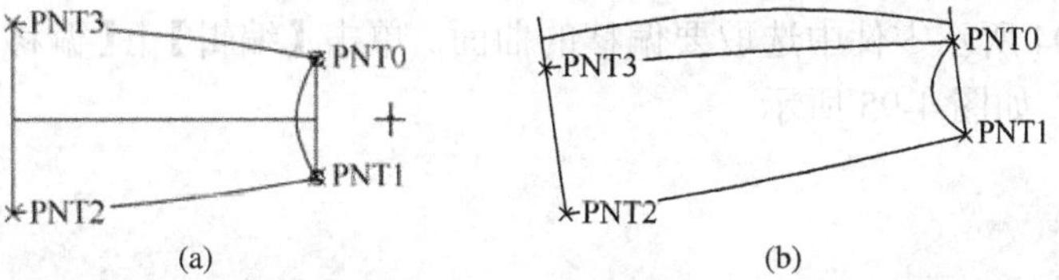

图 4-89　草绘 5

（11）执行【插入】|【边界混合】，或者在绘图区右侧工具栏中单击按钮，系统进入边界混合特征界面。按住 Ctrl 键，依次选取杯子的三条侧面曲线，然后激活第二方向选择器，依次选择杯口和杯底两条曲线，单击✔按钮，得到如图 4-90 所示的曲面模型。

（12）执行【插入】|【边界混合】，系统进入边界混合特征界面。单击【曲线】按钮，打开其下滑面板，并激活第一方向选择器，然后在编辑区域选取如图 3-91 所示的边线。单击✔按钮，得到如图 4-92 所示的曲面模型。

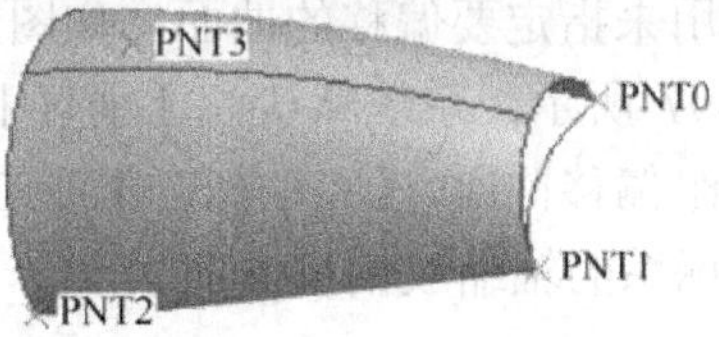

图 4-90　杯侧面边界混合

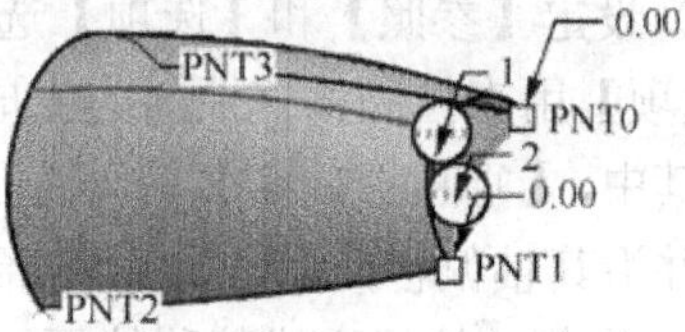

图 4-91　选取边线

（13）在目录树上选取这两个边界混合特征，在特征操控面板中单击（镜像）按钮，并在编辑区域中选取 TOP 平面作为镜像参考，镜像一个副本，单击✔按钮，从而得到如图 4-93 所示的水杯曲面。

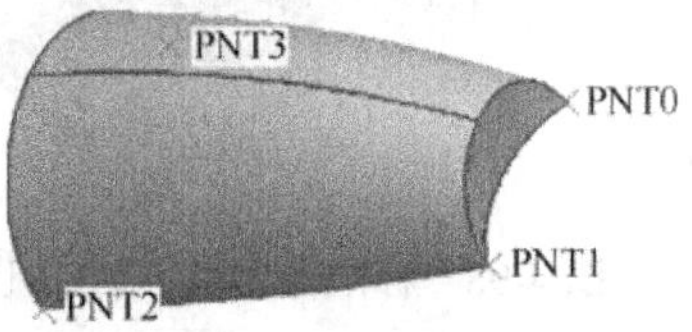

图 4-92　杯底边界混合

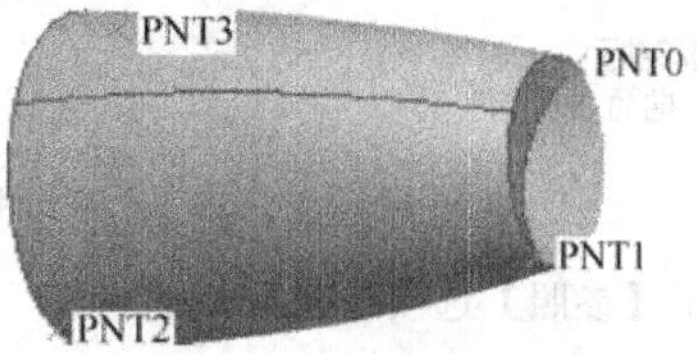

图 4-93　水杯曲面

4.3 曲面编辑

设计完曲面之后，根据要求需要对曲面进行不断地修改与调整，因此要用到曲面编辑里面的修改工具。曲面编辑的方法主要包括偏移、修剪、复制、延伸、合并、镜像和移动等。

4.3.1 曲面偏移

曲面偏移指的是将一个已知的曲面或一条曲线在指定的方向上平移一定的距离来创建新的曲面特征。在这里要激活【偏移】工具，必须先选取一个面。

创建标准曲面偏移的基本步骤如下。

（1）从图 4-94 所示零件中选取要偏移的曲面。单击【编辑】|【偏移】选项，打开【曲面偏移】操控板，如图 4-95 所示。

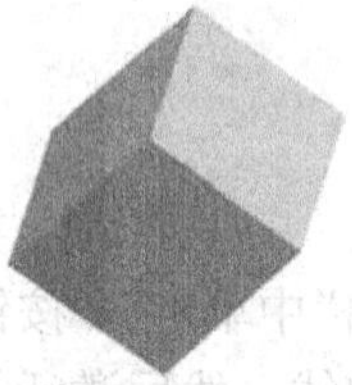

图 4-94 标准曲面偏移前的几何模型

图 4-95 【曲面偏移】操控板

（2）选取偏移类型和设定偏移距离。

偏移类型从中选取，有标准偏移、拔模偏移、展开偏移和替换曲面偏移四种。在这里选取标准偏移。在 3.77 中输入偏移距离“20”。

（3）设定【参照】和【选项】选项卡。【参照】用来指定要偏移的曲面，如图 4-96 所示。【选项】用来控制偏移曲面的生成方式，如图 4-97 所示，系统默认为【垂直于曲面】偏移。其中，【垂直于曲面】指垂直于参照曲面或面组偏移曲面，【自动拟合】指自动确定坐标系并沿其轴偏移曲面，【控制拟合】指沿定制坐标系的轴缩放偏移曲面。

（4）单击✔按钮完成偏移特征，如图 4-98 所示。

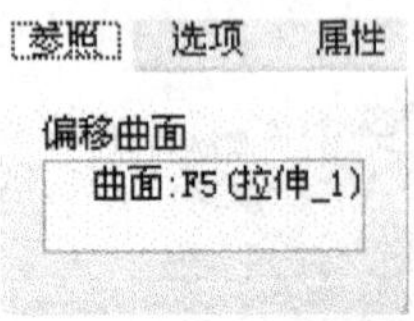

图 4-96 【参照】选项卡

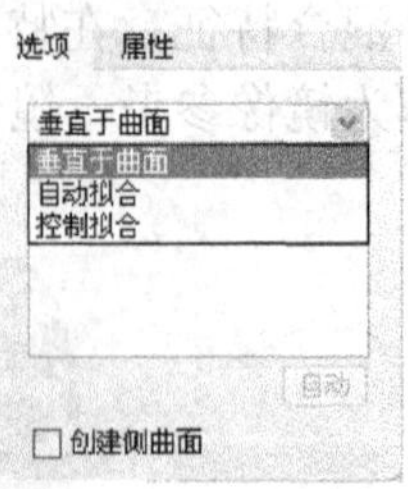

图 4-97 【选项】选项卡

图 4-98 标准曲面偏移后的几何模型

除了上述的标准曲面偏移方式之外，还有展开曲面偏移、拔模曲面偏移，创建方式跟标准曲面偏移类似，只是在设定【选项】选项卡时根据提示选取相应的类型。

4.3.2　曲面修剪

曲面的修剪就是通过新生的曲线或利用曲线、基准平面等来切割剪裁已存在的曲面，类似于去除材料。可通过在【与其他面组或基准平面相交处进行修剪】以及【使用面组上的基准曲线修剪】等方式修剪面组。

创建曲面修剪的基本步骤如下。

（1）从图 4-99 所示零件中选取要修剪的曲面。单击【编辑】|【修剪】选项，出现【修剪】操控板，如图 4-100 所示。

图 4-99　曲面修剪前的几何模型

图 4-100　【修剪】操控板

（2）选取圆柱面作为修剪对象，模型中显示的黄色箭头指示剪切后保留的曲线部分，如图 4-101 所示。

（3）单击✔按钮完成修剪特征，如图 4-102 所示。

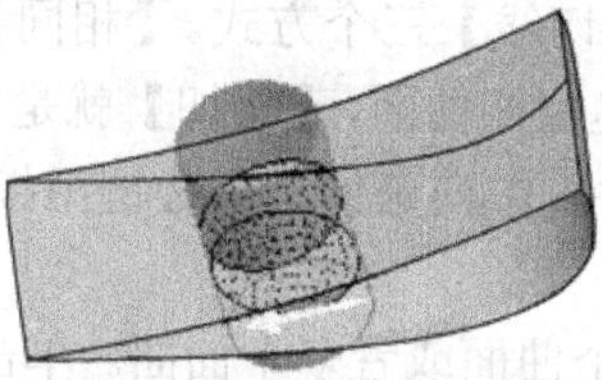

图 4-101　选取修剪对象

图 4-102　曲面修剪后的几何模型

4.3.3　曲面复制

在 Pro/ENGINEER 中可以对生成的曲面进行复制，尤其对实际的模型加工来说，往往只需要模型的曲面模型。

创建曲面修剪的基本步骤如下。

（1）从图 4-103 所示零件中选取要复制的一个曲面或者多个曲面。单击【编辑】|【复制】选项，也可按 Ctrl+C 组合键复制曲面。

（2）单击【复制】|【粘贴】选项，也可按 Ctrl+V 组合键，弹出【粘贴】操控板，如图 4-104 所示。

图 4-103　曲面复制前的几何模型

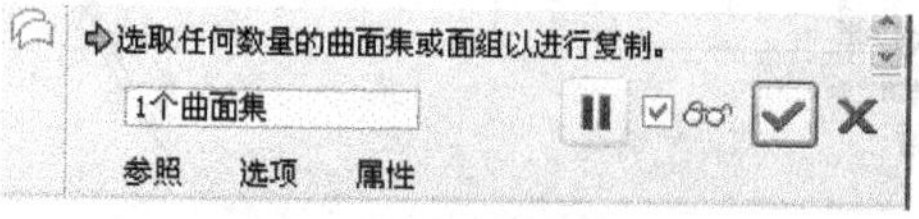

图 4-104　【粘贴】操控板

在这里，【选项】选项卡的设置有一定的区别，说明如下。

- 按原样复制所有曲面：指的是复制出的曲面与所选择的实体面或者曲面完全相同。
- 排除曲面并填充孔：指的是可将所选曲面从当前特征中排除或将选定曲面上指定的孔或曲面填充。
- 复制内部边界：指的是在这里设置要复制曲面的边界。

（3）接受系统默认设置，单击✔按钮，完成复制特征，如图 4-105 所示。

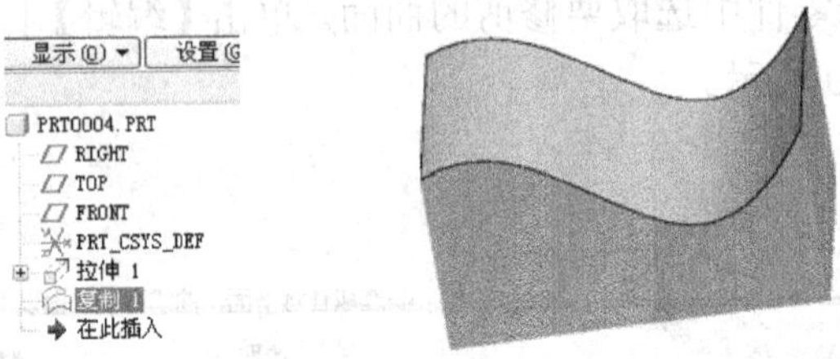

图 4-105 曲面复制后的几何模型

4.3.4 曲面延伸

曲面延伸是将某个曲面延伸一定距离或延伸到某个指定的面，新延伸的部分与原曲面类型可以一样，也可以不一样。

曲面延伸的方法有【沿曲面】和【到平面】两大类。【沿曲面】就是沿着原始曲面延伸到曲面边界边链，包括【相同】、【逼近】和【切线】三个方式。【相同】就是新创建曲面与原始曲面相同，【逼近】是以逼近的方式创建拉伸曲面，【相切】就是新创建直纹曲面与原始曲面相切。【到平面】就是在与指定平面垂直方向延伸边界边链至指定平面。

创建曲面延伸的基本步骤如下。

（1）从图 4-106 所示零件中选取要移动的一个曲面或者多个曲面。单击【编辑】|【延伸】选项，弹出【曲面延伸】操控板，如图 4-107 所示。

图 4-106 曲面延伸前的几何模型

图 4-107 【曲面延伸】操控板

（2）单击【选项】选项卡，在【方式】中选择【相同】选项，如图 4-108 所示。设置距离为“100”，如图 4-109 所示。

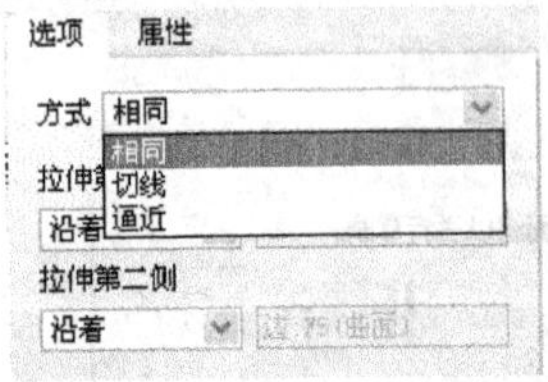

图 4-108 【选项】选项卡

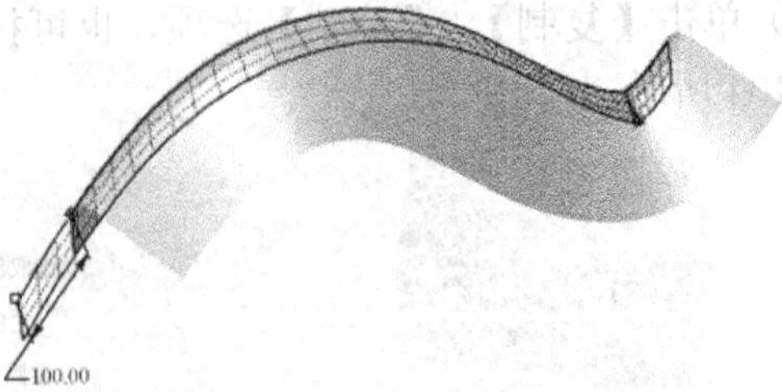

图 4-109 设置延伸距离后的几何模型

（3）接受系统默认设置，单击✔按钮，完成曲面延伸特征。

其他两种曲线延伸方式与上述【相同】方式类似，只是在【选项】|【方式】中选择【切线】或【逼近】选项，然后按照提示选取相应的类型即可。

4.3.5　曲面合并

曲面合并就是通过合并工具将两个不同的曲面合并为一张曲面。通常采用的方法有两种：两相交曲面相交合并和两相邻曲面连接合并。新合并的曲面是一个独立特征，删除它并不影响原来的曲面。

创建曲面合并的基本步骤如下。

（1）从图 4-110 所示零件中选取要合并的曲面。单击【编辑】|【合并】选项，弹出【合并】操控板，如图 4-111 所示。

图 4-110　曲面合并前的几何模型

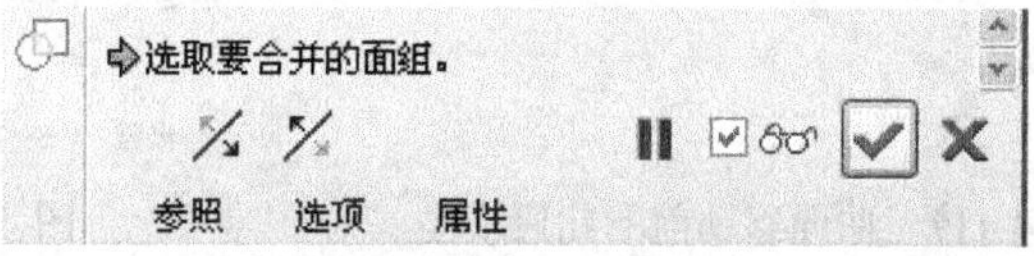

图 4-111 【合并】操控板

（2）此时，模型中显示黄色箭头，指向被包括在合并面组中的面组的侧。单击【选项】选项卡，选择合并方法，如图 4-112 所示。

（3）接受系统默认设置，单击✔按钮，完成合并特征，如图 4-113 所示。

图 4-112 【选项】选项卡

图 4-113　曲面合并后几何模型

4.3.6　曲面镜像

通过镜像工具，可以创建一个或多个曲面关于某个平面的镜像。

创建曲面镜像的基本步骤如下。

（1）从图 4-114 所示零件中选取要镜像的一个或多个曲面。单击【编辑】|【镜像】选项或单击按钮，弹出【镜像】操控板，如图 4-115 所示。

图 4-114　曲面镜像前的几何模型

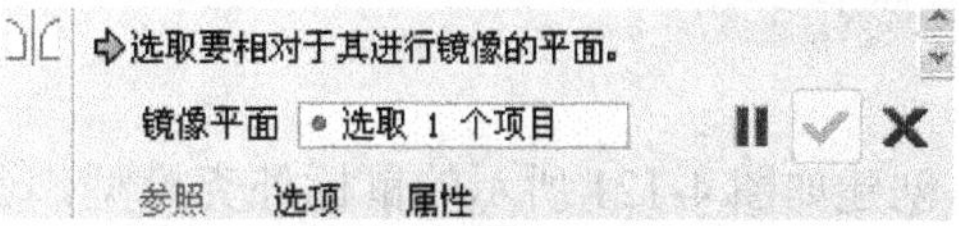

图 4-115 【镜像】操控板

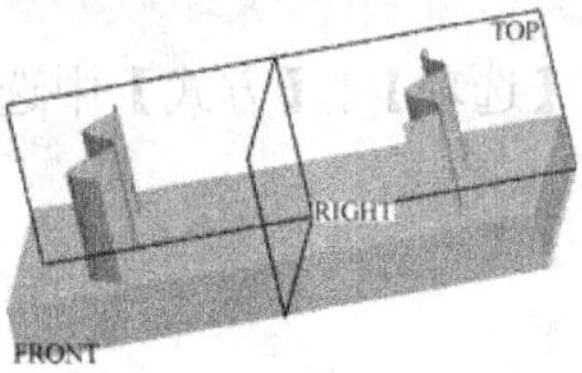

图 4-116　曲面镜像后的几何模型

（2）选择一个镜像平面，这里选择 RIGHT 平面。

（3）接受系统默认设置，单击✔按钮，完成镜像特征，如图 4-116 所示。

4.3.7　曲面移动

曲面移动是指曲面发生位置上的变化，包括对曲面进行平移或旋转，或者对曲面进行平移或旋转复制。

创建曲面平移的基本步骤如下。

（1）从图 4-117 所示零件中选取要平移的曲面。单击【编辑】|【复制】选项，接下来单击【编辑】|【选择性粘贴】选项，弹出【选择性粘贴】操控板，如图 4-118 所示。

图 4-117　曲面移动前的几何模型

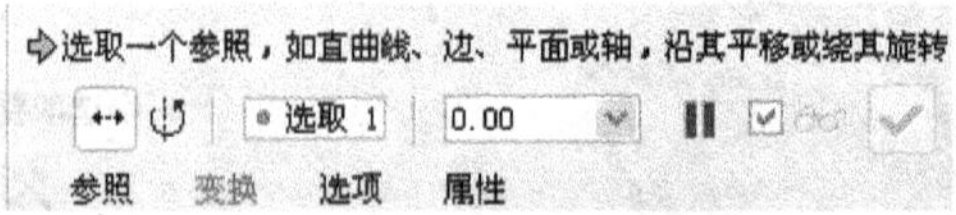

图 4-118 【选择性粘贴】操控板

在【选择性粘贴】操控面板中，选择↔按钮进行曲面平移，选择↻进行曲面旋转移动。在这里，选择↔按钮。

（2）选择 FRONT 基准面作为方向参照，设置平移距离为“80”，如图 4-119 所示。

（3）单击【选项】选项卡，取消【隐藏原始几何】复选框。单击✔按钮，完成移动特征，如图 4-120 示。

旋转曲面移动与平行曲面移动类似，在【选择性粘贴】操控面板中选择↻按钮，输入旋转角度即可。

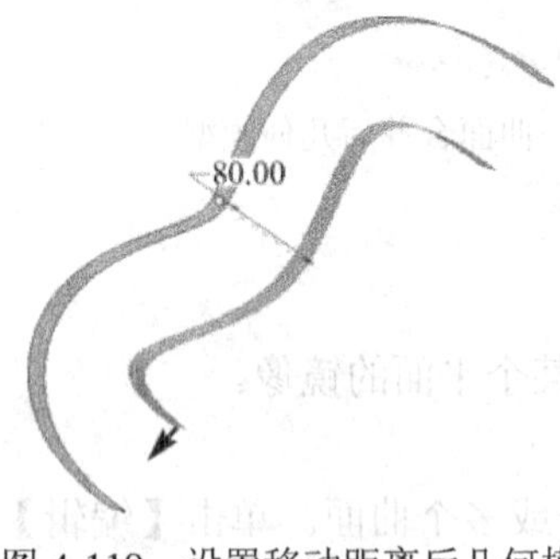

图 4-119　设置移动距离后几何模型

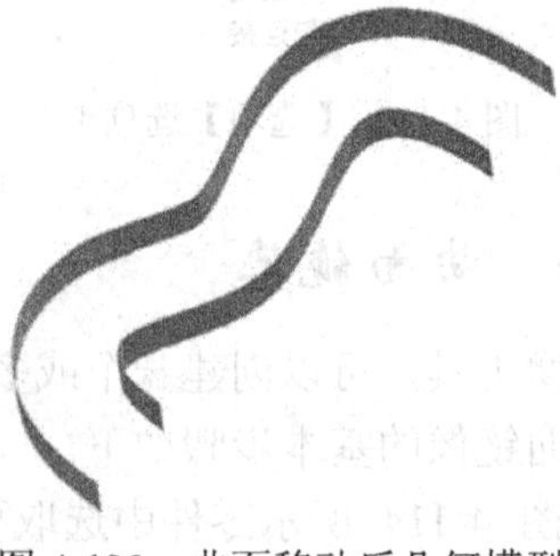
图 4-120　曲面移动后几何模型

4.4　曲面创建范例

创建如图 4-121 所示的鼠标外壳模型，了解和掌握边界混合工具的使用方法。

具体操作步骤如下。

1．创建混合曲线

（1）打开 Pro/ENGINEER 系统，新建一个【零件】设计环境。

（2）在绘图区右侧工具栏中单击按钮，弹出【草绘】对话框，选取基准平面 TOP 作为草绘平面，使用默认参照即可。

（3）单击【草绘】按钮，进入草绘模式，绘制如图 4-122 所示的草图，然后单击✔按钮，完成草绘。

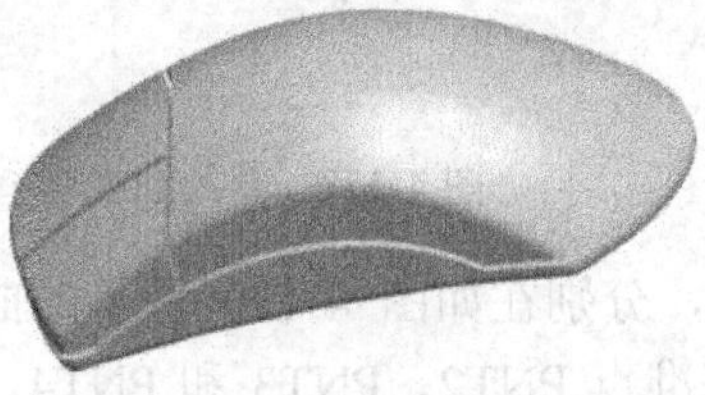

图 4-121　鼠标外壳

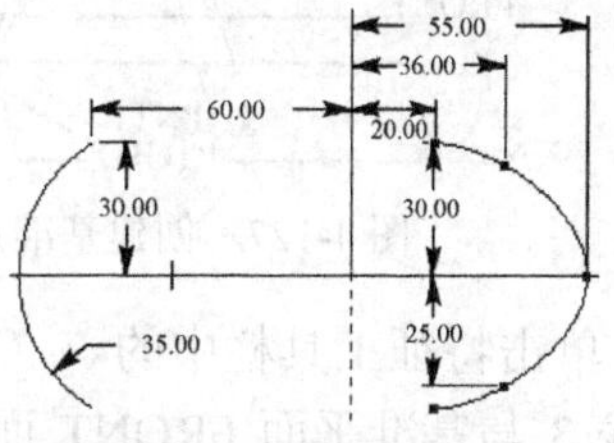

图 4-122　草绘曲线 1

（4）单击特征工具栏中的（基准平面）按钮，弹出【基准平面】对话框，选择 FRONT 面作为参照平面，输入偏距值为 30，创建基准平面 DTM1，如图 4-123 所示。

（5）单击【草绘】按钮，选取 DTM1 面作为草绘平面，绘制如图 4-124 所示的草绘曲线。然后单击✔按钮，完成草绘。

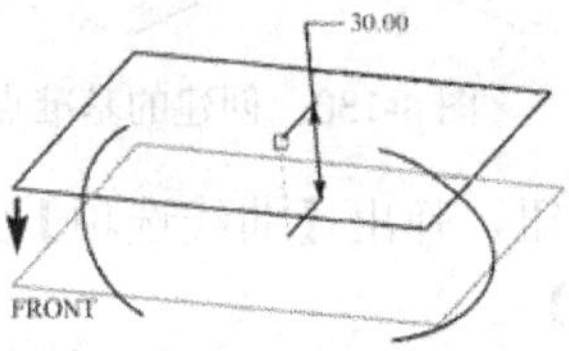

图 4-123　创建基准平面

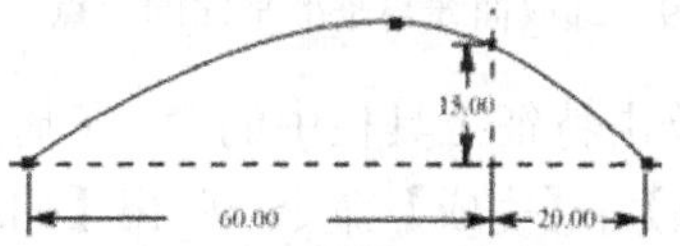

图 4-124　草绘曲线 2

（6）选择刚绘制的曲线，单击工具栏中的（镜像）按钮，选取基准面 FRONT 面作为镜像平面，镜像曲线如图 4-125 所示。

（7）单击特征工具栏中的（基准点）按钮，弹出【基准点】对话框，按住 Ctrl 键，在图形中选择如图 4-126 所示的曲线 1 和基准平面 RIGHT 面，在两者的交点处创建出基准点 PNT0。

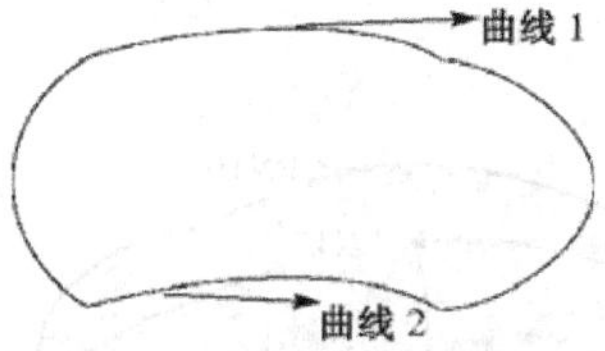

图 4-125　镜像曲线

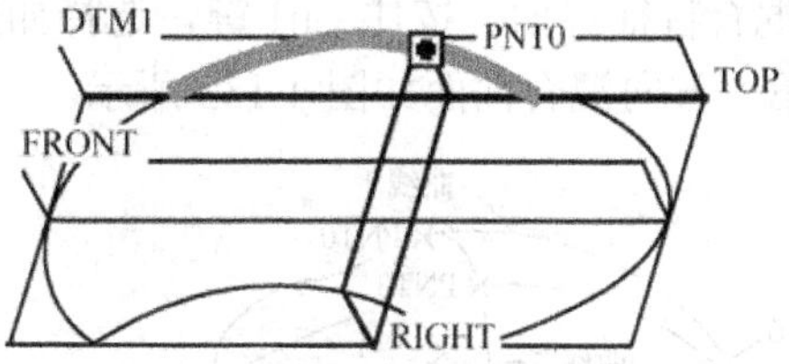

图 4-126　基准点 PNT0

（8）单击【基准点】对话框中的【新点】按钮，选择曲线 2 和基准平面 RIGHT 面，创建基准点 PNT1，单击【确定】按钮，创建两个基准点，如图 4-127 所示。

（9）单击【草绘】按钮，选取 RIGHT 面作为草绘平面，绘制如图 4-128 所示的草绘曲线（曲线的端点分别与基准点 PNT0 和 PNT1 重合）。单击✔按钮，完成草绘。

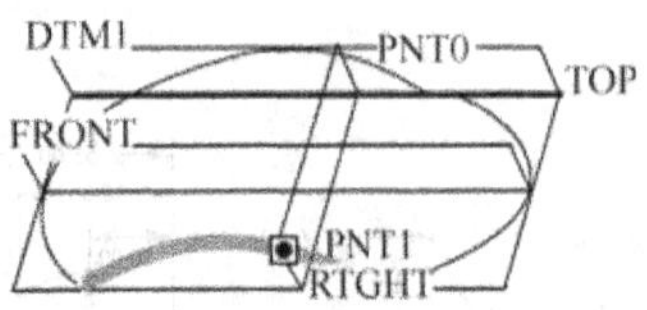

图 4-127　创建基准点

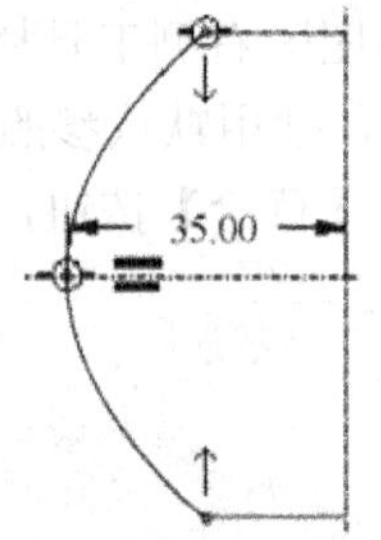

图 4-128　草绘曲线 3

（10）单击特征工具栏中的（基准点）按钮，分别在如图 4-129 所示的曲线 1、曲线 2、曲线 3 与基准平面 FRONT 面的交点创建基准点 PNT2、PNT3 和 PNT4，创建的基准点如图 4-130 所示。

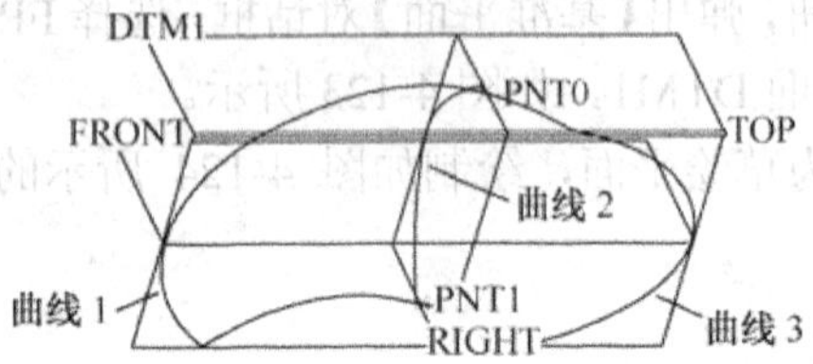

图 4-129　选取曲线与基准平面的交点

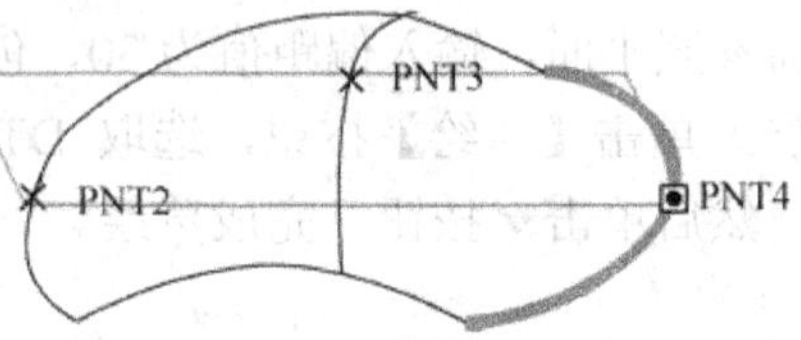

图 4-130　创建的基准点

（11）单击特征工具栏中的（基准曲线）按钮，弹出【曲线选项】菜单管理器，选择【经过点】|【完成】命令。弹出【曲线：通过点】对话框和【连接类型】菜单管理器，依次选择【样条】|【整个阵列】|【添加点】|【完成】命令。在图形中依次选取 PNT2、PNT3、PNT4，创建如图 3-131 所示的基准曲线。

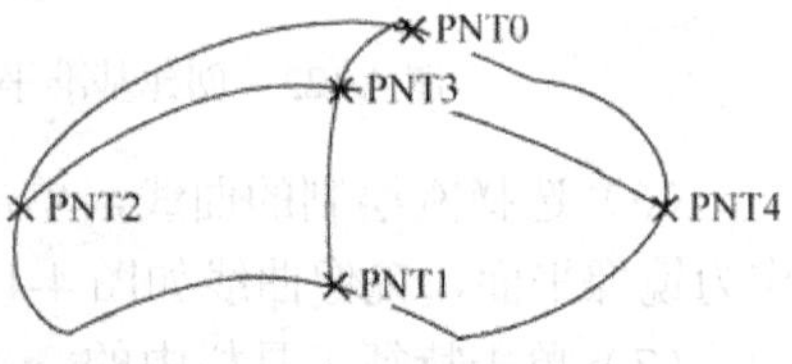

图 4-131　创建的基准曲线

2. 创建边界混合曲面

（1）执行【插入】|【边界混合】，或者在绘图区右侧工具栏中单击按钮，系统进入边界混合特征界面。按住 Ctrl 键，选择如图 4-132 所示的参照曲线 1 曲线、2 曲线、曲线 3。第一方向混合曲面如图 4-133 所示。

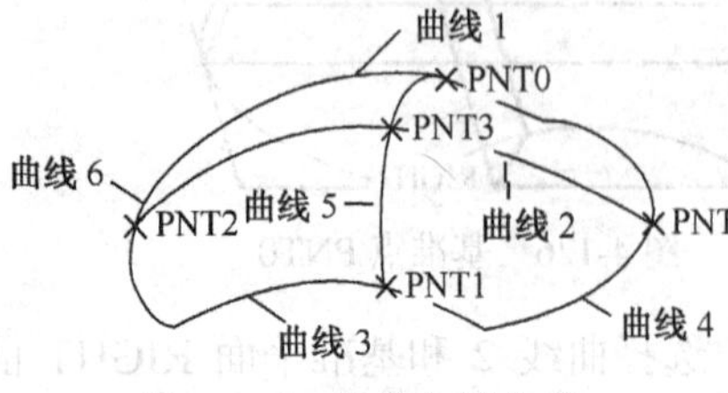

图 4-132　选择参照曲线

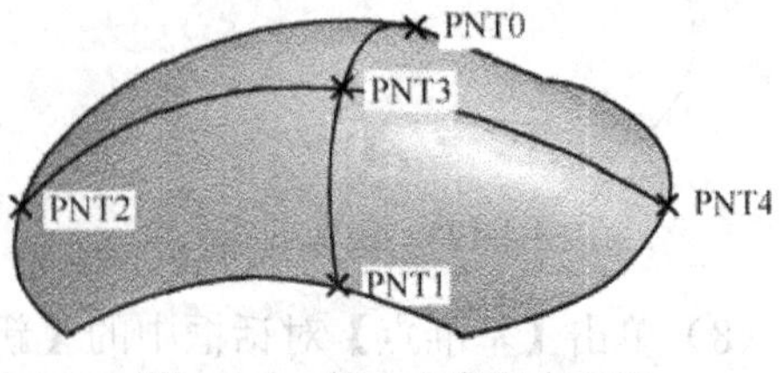

图 4-133　第一方向混合曲面

（2）单击边界混合特征操控板的第二方向收集框，按住 Ctrl 键，依次选取如图 4-134 中所示的曲线 4、曲线 5、曲线 6。单击操控板中✓按钮，创建的边界混合曲面如图 4-135 所示。

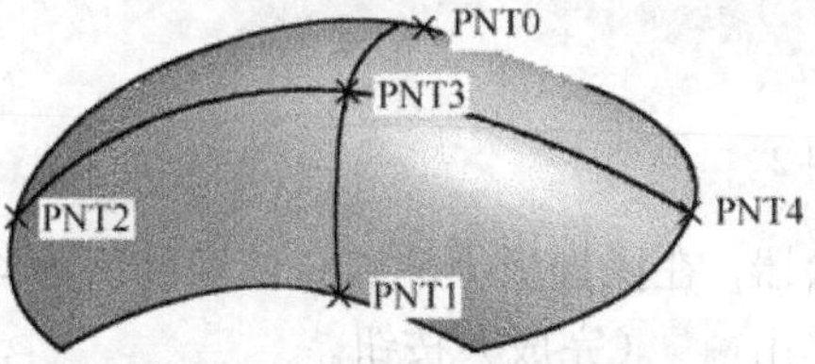

图 4-134　创建的边界混合曲面

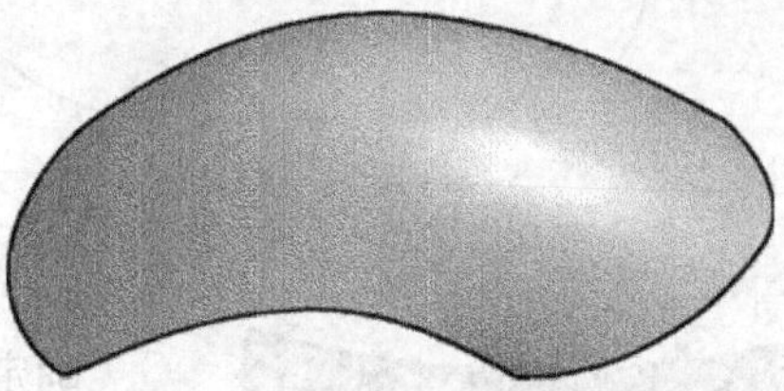

图 4-135　基准点和样条曲线被隐藏

（3）单击标准工具栏中的（层）按钮，或在导航栏中单击【显示】按钮，在下拉菜单中选择【层树】命令，打开【层树】导航栏窗口。在窗口中单击鼠标右键，在弹出的快捷菜单中选择【新建层】命令，弹出【层属性】对话框，输入新层名称“shubiao”，按住 Ctrl 键，选择模型树中创建的所有基准点和基准曲线并收集在该图层下，如图 4-136 所示。

（4）单击【层属性】对话框中的【确定】按钮，新建的“shubiao”层在层树窗口中显示，单击鼠标右键，在弹出的快捷菜单中选择【隐藏】命令，在标准工具栏中单击（重画）按钮，创建的基准点和样条曲线被隐藏，如图 4-135 所示。

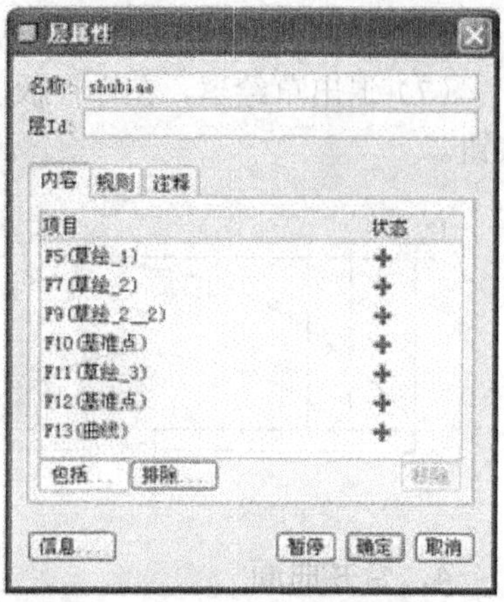

图 4-136　选择所有基准点和基准曲线

3. 创建拉伸曲面

（1）单击（拉伸）按钮，再单击操控板上的（曲面）按钮，指定要创建的模型类型为曲面。打开【放置】下滑面板，定义 TOP 面为草绘平面，绘制如图 4-137 所示的草绘剖面。

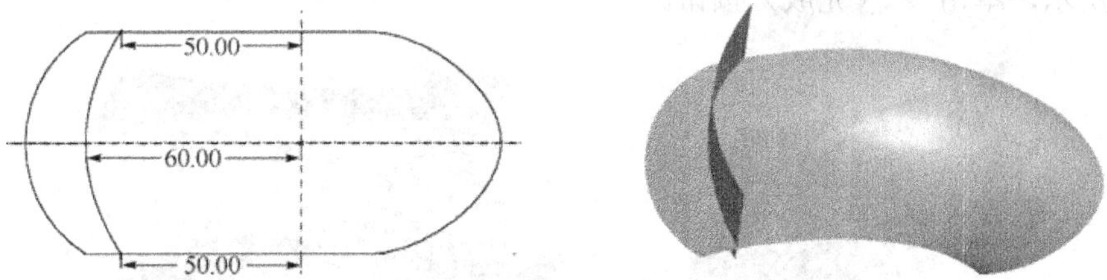

图 4-137　拉伸 1

（2）退出草绘器，在操控板上输入拉伸深度值为 40，确定拉伸方向，单击✓（完成）按钮。

（3）单击（拉伸）按钮，再单击操控板上的（曲面）按钮，打开【放置】下滑面板，单击【定义】按钮，打开【草绘】对话框，单击【使用先前的】按钮，进入草绘器，绘制如图 4-138 所示的草绘剖面。

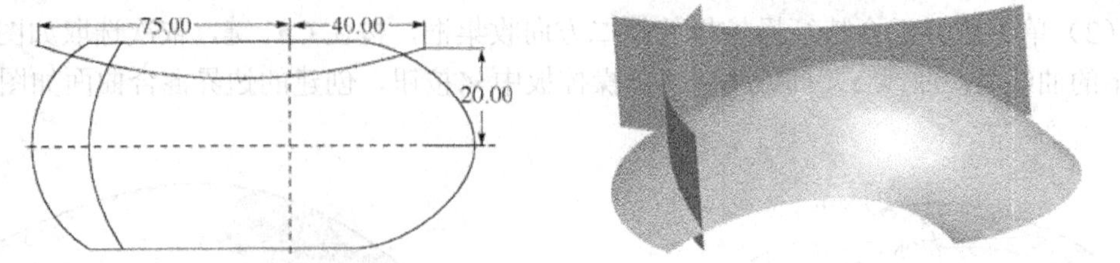

图 4-138　拉伸 2

（4）退出草绘器，在操控板上输入拉伸深度值为 40，确定拉伸方向，单击✔（完成）按钮。

（5）将刚创建的曲面特征通过基准平面 FRONT 面镜像到另一侧，如图 4-139 所示。

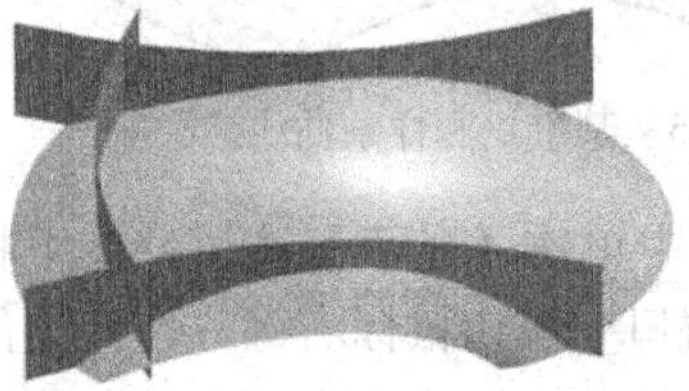

图 4-139　镜像曲面特征

（6）单击（拉伸）按钮，再单击操控板上的（曲面）按钮，打开【放置】下滑面板，定义基准平面 DTM1 面作为草绘平面，绘制如图 4-140 所示的草绘平面。

（7）退出草绘器，在操控板上输入拉伸深度值为 40，确定拉伸方向，单击✔（完成）按钮。

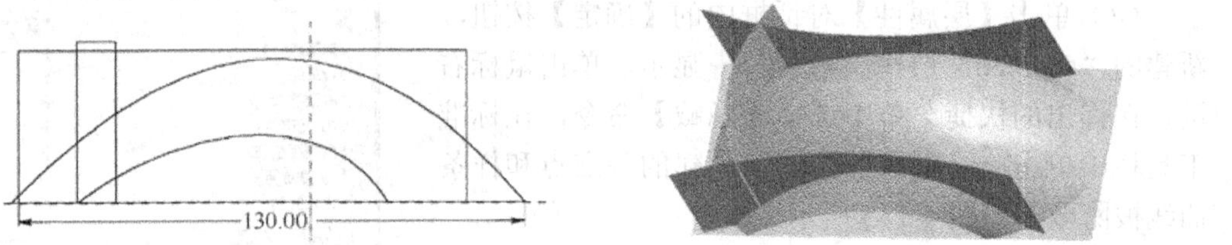

图 4-140　拉伸 3

4．合并曲面

（1）按住 Ctrl 键，在模型中选择特征拉伸 3 与 Boundary Blend 1，然后单击特征工具栏中的（合并）按钮，在合并特征操控板中单击按钮，确定要保留的曲面侧，如图 4-141 所示，单击✔（完成）按钮。

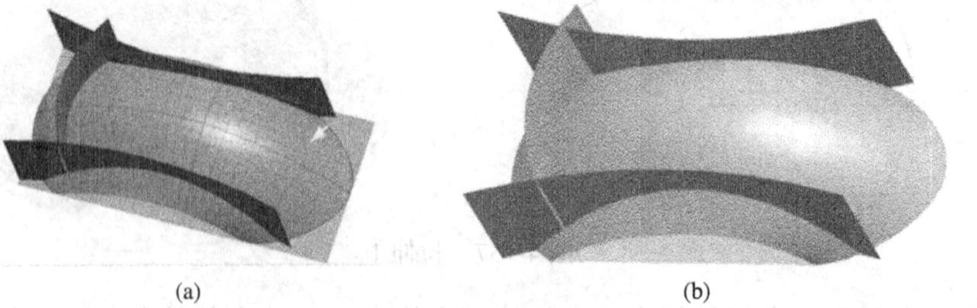

(a)　(b)

图 4-141　合并 1

（2）按住 Ctrl 键，在模型中选择特征拉伸 1、合并 1，然后单击特征工具栏中的（合并）按钮，在合并特征操控板中单击按钮，确定要保留的曲面侧，如图 4-142 所示，单击✔（完成）按钮。

(a)　　(b)

图 4-142　合并 2

（3）按住 Ctrl 键，在模型中选择特征拉伸 2、合并 2，然后单击特征工具栏中的（合并）按钮，在合并特征操控板中单击按钮，确定要保留的曲面侧，如图 4-143 所示，单击（完成）按钮。

(a)　　(b)

图 4-143　合并 3

（4）按住 Ctrl 键，在模型中选择特征拉伸 2（2）、合并 3，然后单击特征工具栏中的（合并）按钮，在合并特征操控板中单击按钮，确定要保留的曲面侧，如图 4-144 所示，单击（完成）按钮。

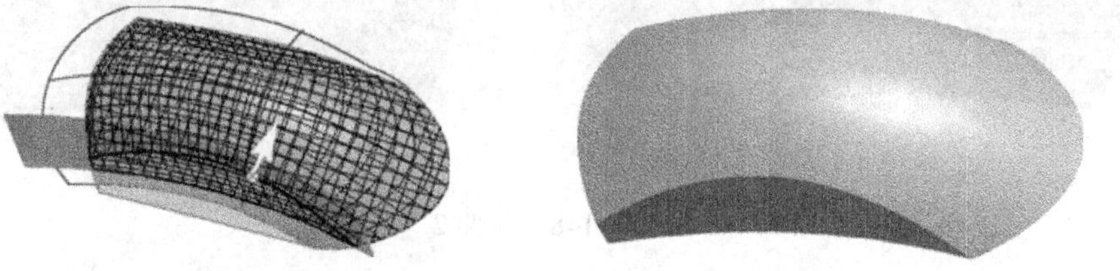

(a)　　(b)

图 4-144　合并 4

5．修饰模型

（1）单击模型表面，从菜单栏中选择【编辑】|【加厚】命令，在加厚操控板上输入厚度值 3，单击（完成）按钮，完成曲面加厚特征。

（2）单击特征工具栏中的（倒圆角）按钮，打开倒圆角特征操控板，选择倒圆角边，设置倒圆角半径为 3，如图 4-145 所示。

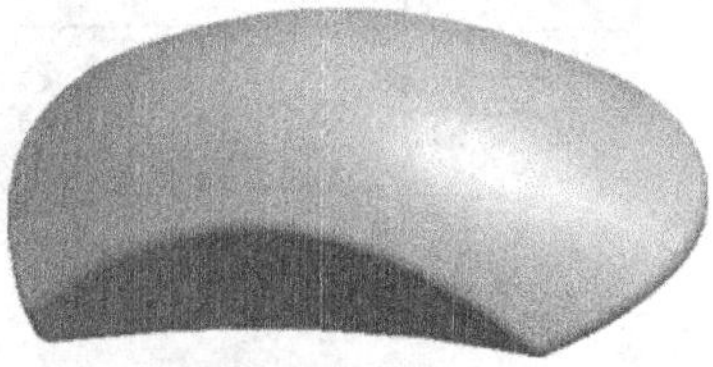

图 4-145　倒圆角特征

6. 切割创建按键

（1）单击（拉伸）按钮，再单击操控板上的（实体）（剪切）按钮，打开【放置】下滑面板，定义基准平面 DTM1 面为草绘平面，绘制如图 4-146 所示的草绘平面。

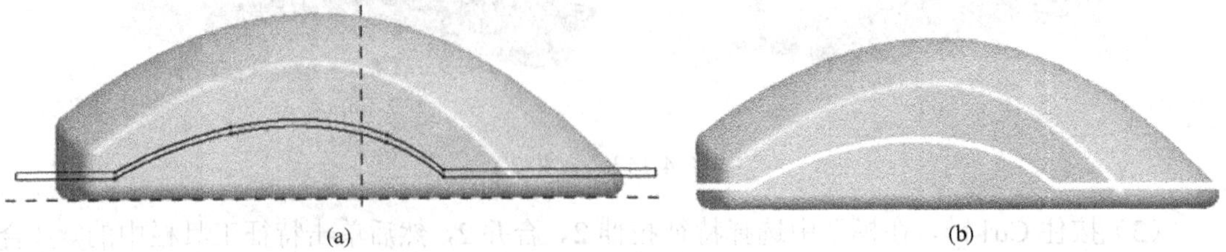

(a) (b)

图 4-146 拉伸 1

（2）退出草绘器，在操控板上选择剪切类型为（穿透），调整剪切方向，单击（完成）按钮。

（3）偏移基准平面 TOP 面，新建基准面 DTM2，如图 4-147 所示，偏移值为 35。

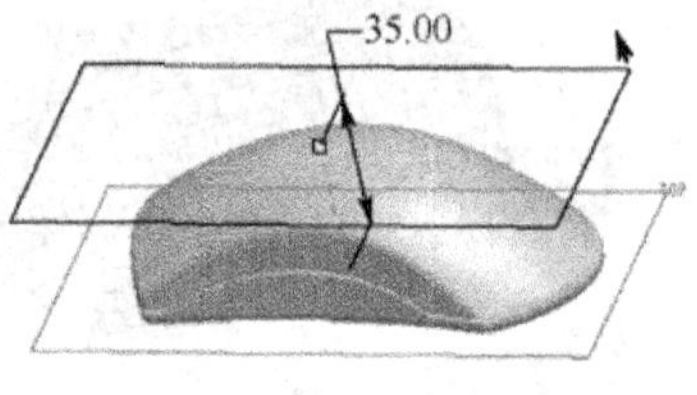

图 4-147 新建基准平面

（4）单击（拉伸）按钮，再单击操控板上的（实体）（剪切）按钮，打开【放置】下滑面板，定义基准平面 DTM2 面为草绘平面，绘制如图 4-148 所示的草绘平面。退出草绘器，在操控板上设置剪切深度值为 30。

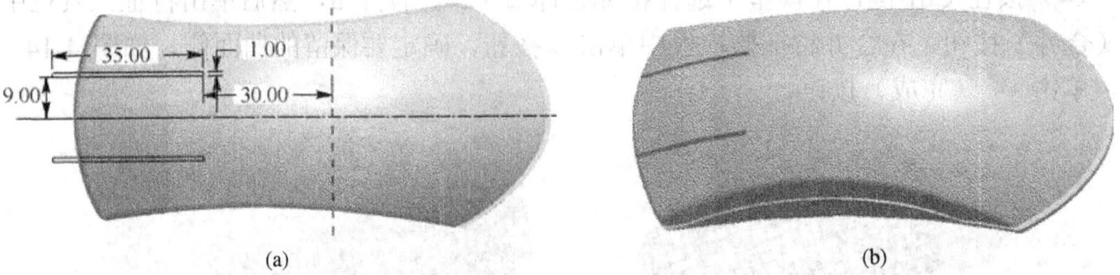

(a) (b)

图 4-148 拉伸 2

（5）使用同上参照，绘制如图 4-149 所示的草绘剖面，退出草绘器，在操控板上设置剪切深度值为 25。

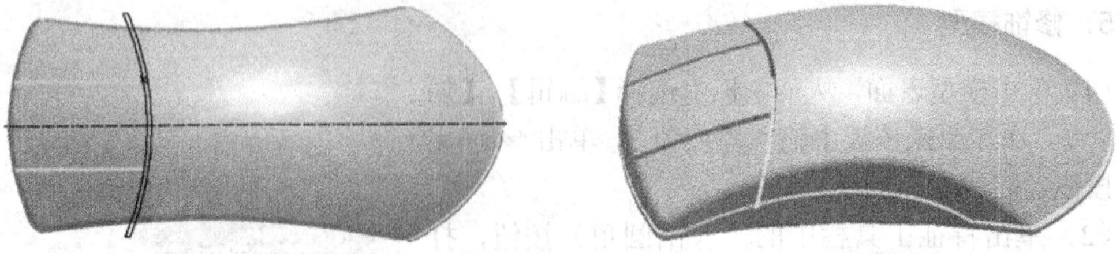

(a) (b)

图 4-149 拉伸 3

4.5　习题

1．创建如图 4-150 所示的花瓶模型。
2．创建如图 4-151 所示的瓶盖模型。
3．创建如图 4-152 所示的喷头模型。

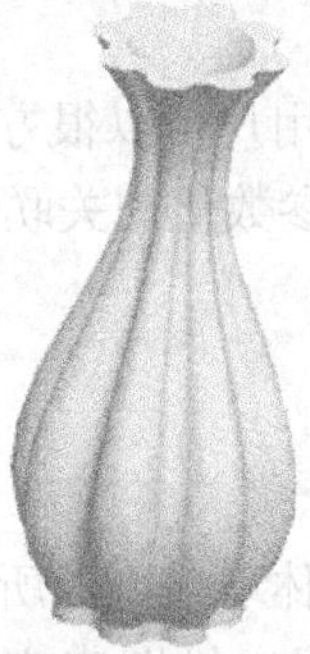
图 4-150　花瓶

图 4-151　瓶盖

图 4-152　喷头

第 5 章

工程图生成

在 Pro/ENGINEER Wildfire 4.0 中提供了强大的工程图生成功能，用户可以很方便地将三维模型生成所需的二维模型，生成的工程图与模型之间依然保持着参数化的关联性。

5.1　工程图生成概述

三维模型给设计和生产制造带来了很大的方便，但是它也不能完全体现模型的所有信息，如几何公差、表面处理和材料等。在很多情况下，制造还是根据二维图来完成。Pro/ENGINEER 系统自带生成工程图的方法，标题栏和尺寸的创建方法，以及有关主视图、投影视图、辅助视图和局部视图等各种视图的创建与修改方法。

5.2　工程图文件的创建

工程图文件具体的创建步骤如下。

（1）单击【文件】|【新建】选项，弹出【新建】对话框，如图 5-1 所示。

（2）在【类型】选项中选中【绘图】单选按钮，在【名称】文本框中输入新建绘图文件的名称，或使用默认名称。默认名称为 drw00#，这里#为流水号。同时，取消【使用缺省模板】复选框，单击【确定】按钮。

（3）弹出【新制图】对话框，如图 5-2 所示。单击【浏览】按钮可以选取为其创建工程图的模型，如果在新建绘图文件之前已经打开模型零件或者组件，则系统将自动默认选择该模型。

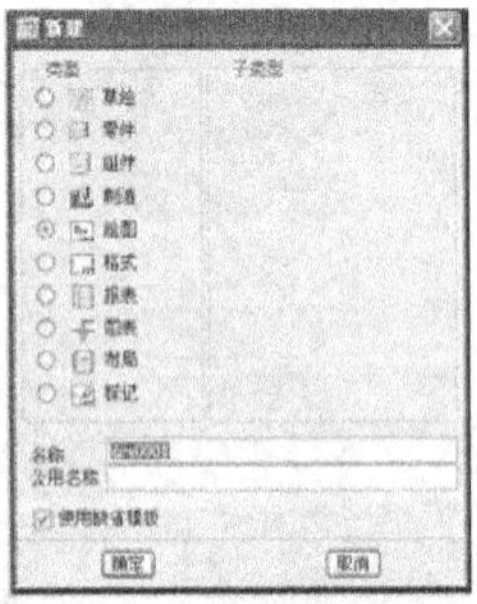

图 5-1　【新建】对话框

图 5-2　【新制图】对话框

在【指定模板】选项中有三个单选按钮，分别是【使用模板】、【格式为空】和【空】。单击【使用模板】单选按钮，可以在【模板】选项区中选择模板类型，如图 5-3 所示。单击【格式为空】单选按钮，可以在【格式】选项区中选择要用的格式，如图 5-4 所示。单击【空】单选按钮，可以在【方向】选项区中选择【纵向】、【横向】或【可变】选项来定义工程图纸的形式，然后在【大小】选项区中设置图纸的大小，如 A0、A1、A2 等，如图 5-5 所示。

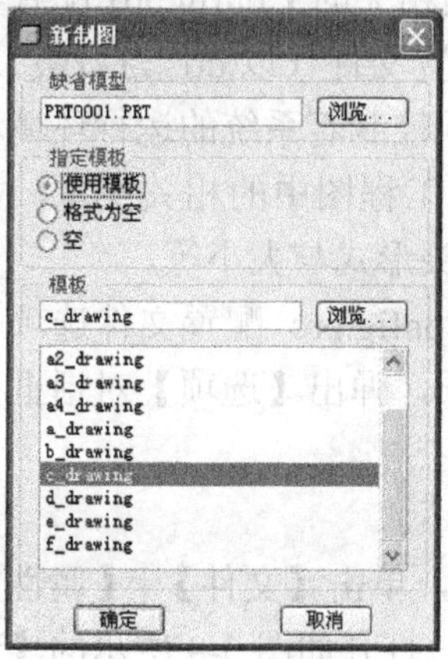

图 5-3　【使用模板】格式

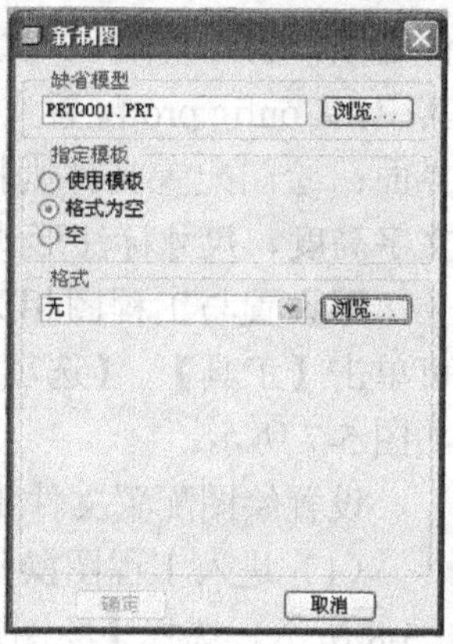

图 5-4　【格式为空】格式

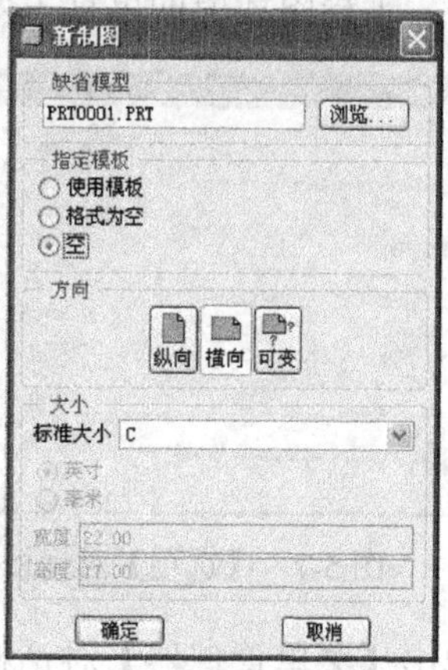

图 5-5　【空】格式

（4）单击【确定】按钮，系统进入绘图模式，如图 5-6 所示。

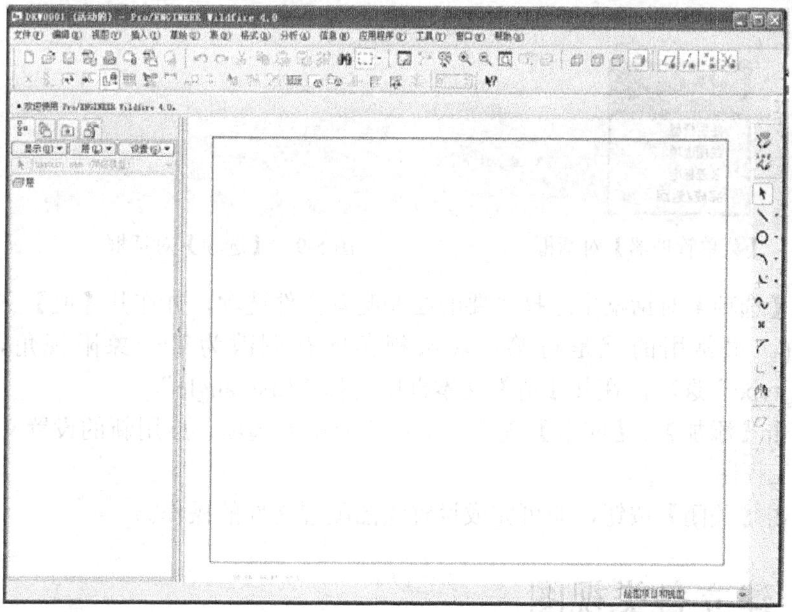

图 5-6　工程图绘制界面

绘图模式的窗口界面与草绘环境窗口界面十分相似，区别仅在于菜单栏及图形工具栏的内容有所增减。

5.3 工程图环境的设置

由于 Pro/ENGINEER 系统本身带的工程图标准与我国的国标有很大的差距，因此在转化成二维工程图时有必要进行设置，以适合制图者和企业的标准。

工程图环境的设置主要通过两种途径：一种是设置与工程图相关的 Config.pro 配置文件选项，另一种是设置绘图配置文件（以.dtl 为后缀）。其中，Config.pro 配置文件选项控制着系统的运行环境和界面；绘图配置文件则控制着工程图中的相关变量，如文字高度、尺寸标注形式、箭头形式与大小等。

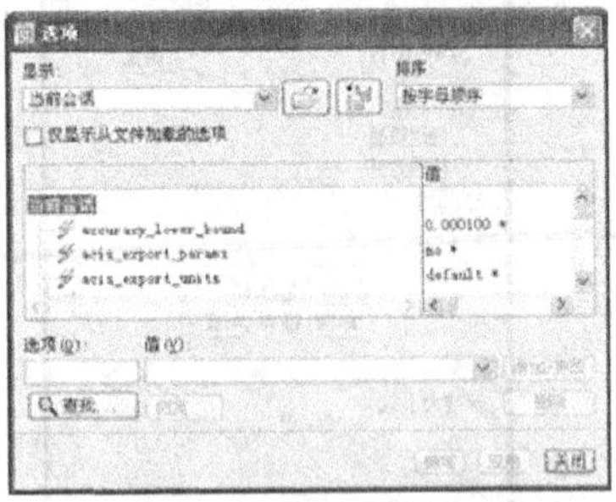

图 5-7 【选项】对话框

要设置与工程图相关的 Config.pro 配置文件选项，可单击【工具】|【选项】选项，弹出【选项】对话框，如图 5-7 所示。

设置绘图配置文件步骤如下。

（1）进入工程图操作界面，单击【文件】|【属性】，弹出【菜单管理器】对话框，如图 5-8 所示。选择【绘图选项】，打开如图 5-9 所示的【选项】对话框。

图 5-8 【菜单管理器】对话框

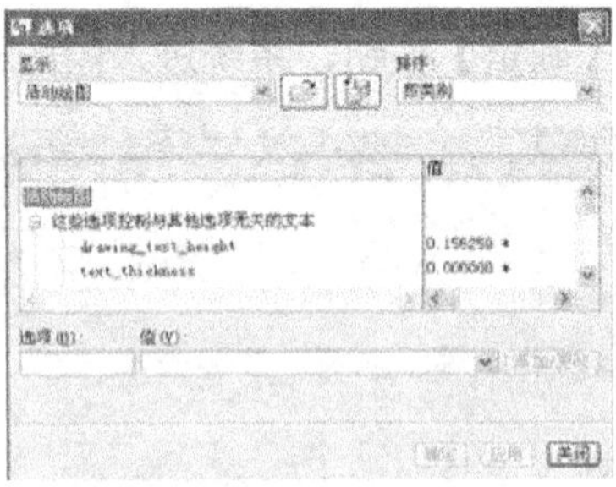

图 5-9 【选项】对话框

（2）在【选项】对话框中选择需要的绘制配置文件选项，并在其【值】文本框中设置新的参数值。最常用的就是将第三象限视角的视图改为第一象限视角，可以选择“projection_type”选项，在其【值】文本框中选择“first_angle”。

（3）单击【添加】|【应用】选项，单击【应用】选项，应用新的设置文件选项值，系统将更新工程图。

（4）单击【关闭】按钮，即可完成设置绘图配置文件的操作。

5.4 建立各类视图

视图指的是将模型向投影面投影所得到的图形。在工程图的工作窗口中，单击主菜单中的【插入】|【绘图视图】选项或单击按钮，弹出如图 5-10 所示的【视图】类型菜

单。其中主要包括一般视图、投影视图、详细视图、辅助视图和旋转视图，后面将分别详细地介绍。

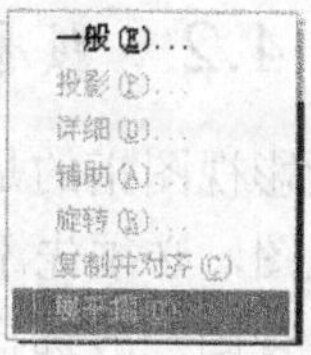

图 5-10 【视图】类型菜单

5.4.1 一般视图

一般视图通常情况下指的是第一个创建的视图，在三视图中就是工程图的主视图。当然，它也可以是前视图、后视图、俯视图、顶视图、左视图、右视图、等轴测视图、斜轴测视图或用户自定义的视图。

创建的一般视图步骤如下。

（1）单击【插入】|【绘图视图】|【一般视图】选项，或单击按钮。

（2）在图框中单击一点作为一般视图的放置中心，于是在图框中出现标准方向的斜轴测视图，并弹出【绘图视图】对话框，如图 5-11 所示。

（3）在这里，通过【选取定向方向】选项可以对视图的方向进行设定，详细说明如下。

- 查看来自模型的名称：它是由模型中的视图方向来决定一般视图的方向，要想使一般视图的方向与模型中的某个方向一致，则可双击【模型视图名】列表中与之对应的选项，一般视图将发生变化。
- 几何参照：它是由两个参照平面来确定一般视图的方向。在【参照 1】列表下 8 种选择中任选 1 种，在【参照 2】列表下 4 种选择中任选 1 种，如图 5-12 所示。选定的这两个参照面就可以确定视图的方向。

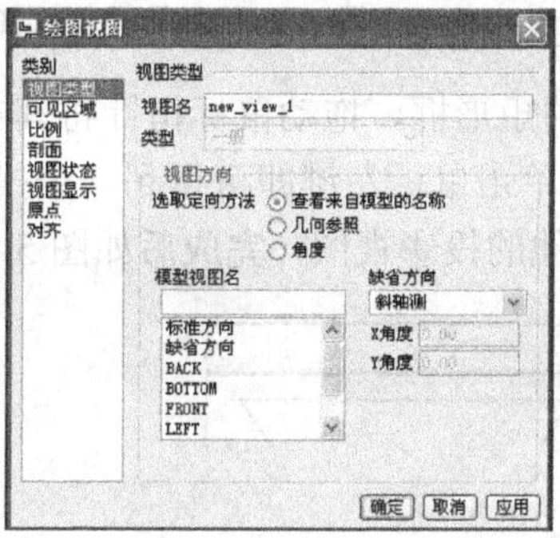

图 5-11 【绘图视图】对话框

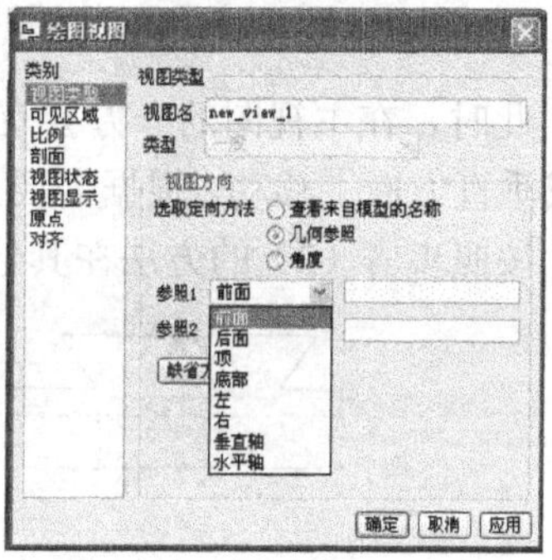

图 5-12 【几何参照】选项卡

- 角度：它是由 1 个旋转参照和相对于旋转参照的旋转角度来确定一般视图的方向。在这里有 4 种旋转参照，分别是【边/轴】、【法向】、【水平】和【垂直】。

（4）为了显示视图被遮掩的轮廓线，在【绘图视图】对话框的【类别】列表下选择【视图显示】选项。在【显示线型】列表框中选择【无隐藏线】选项，如图 5-13 所示。

（5）单击【应用】|【确定】按钮，即可完成一般视图的创建。

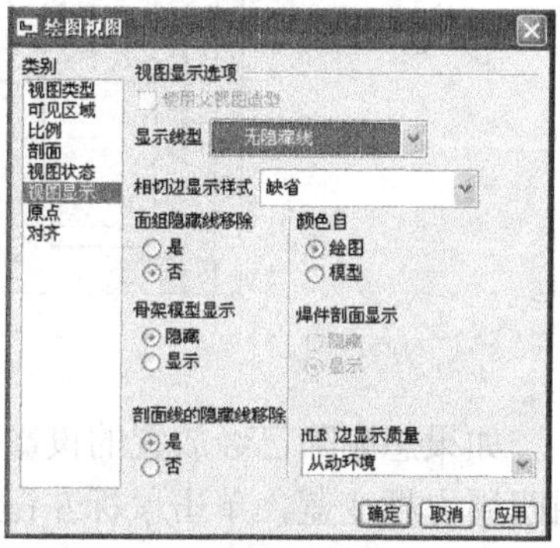

图 5-13 【视图显示】选项卡

5.4.2 投影视图

投影视图指的是通过主视图在水平或垂直方向上的投影而形成的视图。因此，要创建投影视图，必须先添加主视图（一般视图）。

主视图一般选择最能表达模型信息的视图，投影视图一般放置在其上方、下方、左方和右方。

创建的投影视图步骤如下。

（1）单击【插入】|【绘图视图】|【一般】选项，在图框内适当位置放置一般视图，作为主视图，如图 5-14 所示。

（2）单击【插入】|【绘图视图】|【投影】选项，或者选择主视图单击右键，弹出快捷菜单，选择【插入投影视图】选项，如图 5-15 所示。

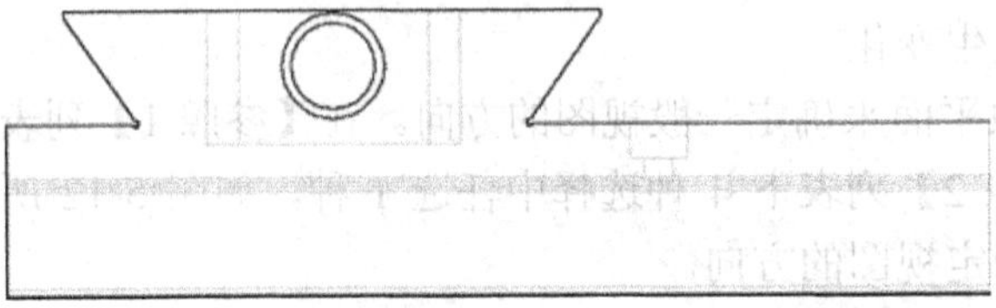

图 5-14　一般视图

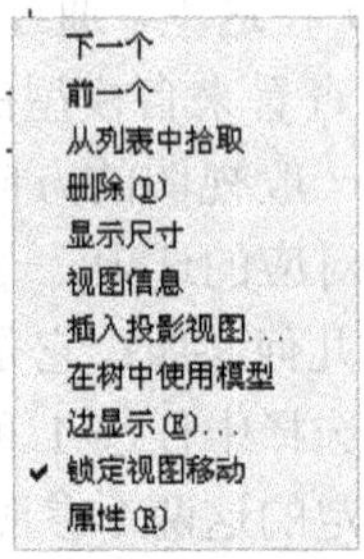

图 5-15　添加投影视图菜单

（3）此时，在主视图的一方会有一个代表投影的矩形框，拖动鼠标指针将其在主视图的水平或垂直方向上移动。根据需要，在合适的位置单击鼠标左键即可得到一个投影视图。

（4）按照步骤（3）的方法在其他的位置放置其他的投影视图，完成后如图 5-16 所示。

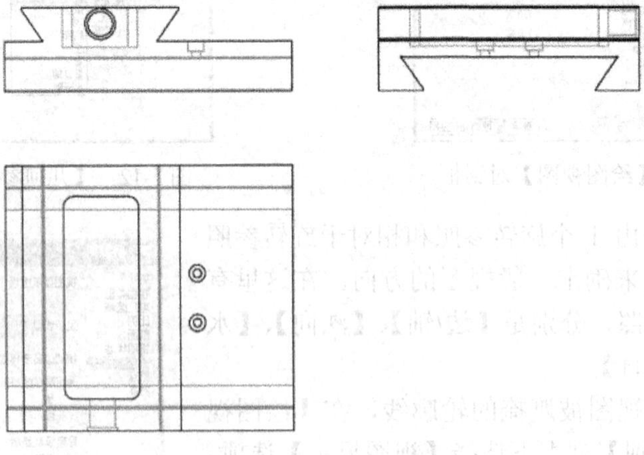

图 5-16　投影视图

如果想删除已经放置的投影视图，应先选中视图（将光标移到要删除视图得上方，视图四周方框变蓝，单击鼠标左键，方框变红），然后单击 ✕ 按钮或按键盘上的“Delete”，视图就被删除。

如果想改变各个视图之间的距离，则需要对部分视图进行移动。选中所要移动的视图，光标变为移动标志后，按住鼠标左键在投影方向上移动方框，然后在合适的位置单击左键即可。如果视图被锁定，则将不能被移动，因此必须首先单击解锁，才能移动。若移动主视图，则其他的视图也会跟着移动，各视图之间的关系保持不变。

5.4.3　详细视图

详细视图就是局部放大视图，主要用来放大一些视图中结构复杂且尺寸较小的部位。

创建的详细视图步骤如下。

（1）单击【插入】|【绘图视图】|【详图】选项。

（2）根据提示，在创建视图上选取所要查看细节处的一点作为详细视图的中心点，系统会以加亮的叉来显示，接下来直接利用鼠标左键画一条封闭的样条曲线作为边界线，如图 5-17 所示。

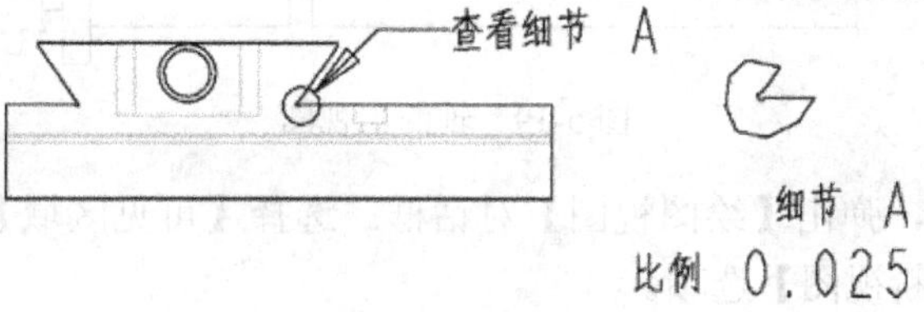

图 5-17　详细视图

（3）在图框中单击一点来放置详细视图。

（4）选取详细视图，单击鼠标右键，选择【属性】|【绘图视图】选项，在文本框中输入该视图的名称。

（5）单击【确定】按钮，即可完成详细视图的创建。

5.4.4　辅助视图

为了能够使模型结构表达得更清楚，在将三维模型转换成工程图时，需要添加一些辅助视图。辅助视图就是制图中的斜视图，它是以垂直角度向父项视图中的参照曲面或轴进行投影而产生的视图。

创建的辅助视图步骤如下。

（1）单击【插入】|【绘图视图】|【辅助视图】选项。

（2）选取要建立辅助视图部位的一个平面、一条边或一条轴线，在其垂直的方向出现创建辅助视图的框。

（3）在投影方向上移动方框，在适当的位置松开左键即可得到辅助视图，如图 5-18 所示。

如果由于图纸空间等原因只需要显示局部视图，则可双击辅助视图，弹出【绘图视图】对话框，然后在其【可见区域】选项卡中，将【视图可见性】选为【局部视图】选项即可。

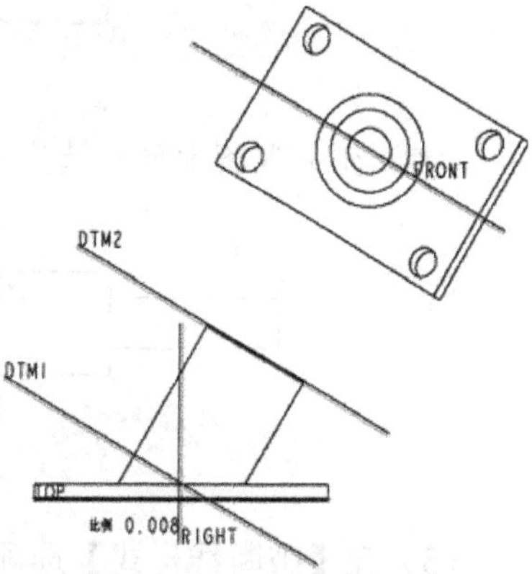

图 5-18　辅助视图

5.4.5 破断视图

细长类零件一般占用图纸的空间比较大，为了节省图纸，常采用破断视图来表示。破断视图是指移除两个选定点或多个选定点之间的部分视图，并将剩下的两部分合拢在一定距离之内的视图。

当添加破断视图时，需要确定第一破断线和第二破断线的位置参照，以及破断线的表示形式。

创建的破断视图的步骤如下。

（1）新建一个细长类零件（这里选取一根轴）的工程图文件，插入其主视图，如图 5-19 所示。

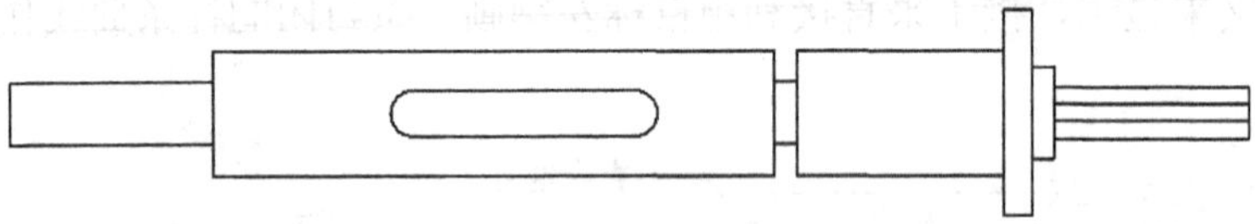

图 5-19 轴的主视图

（2）双击主视图，弹出【绘图视图】对话框。选择【可见区域】类别，在【视图可见性】列表中选择【破断视图】选项。

（3）单击 ✚ 按钮，在破断视图表中出现一行，要求向主视图添加断点，如图 5-20 所示。

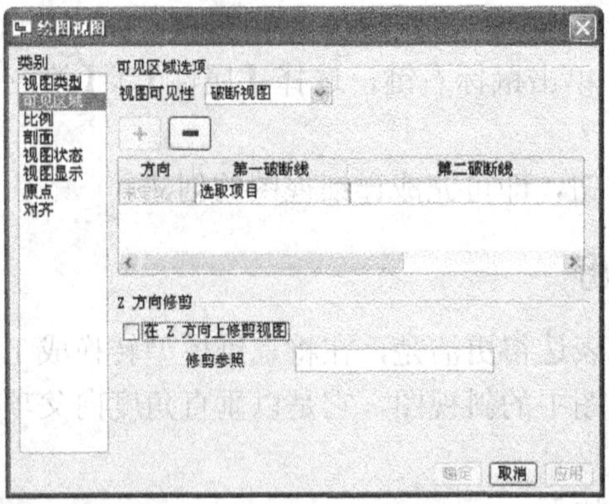

图 5-20 设置破断视图属性

（4）在主视图上分别选择第一破断点和第二破断点，如图 5-21 所示。

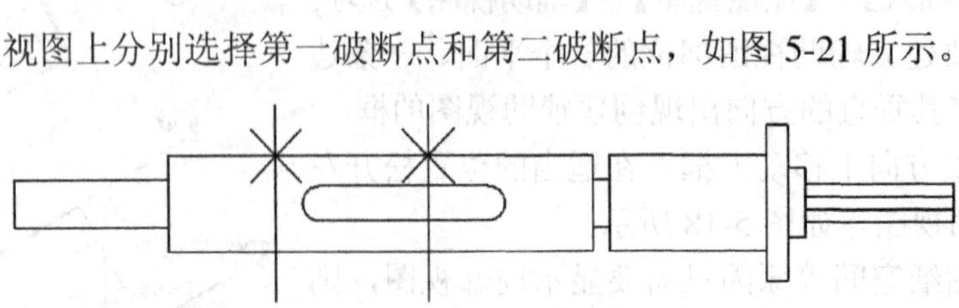

图 5-21 指定断点

（5）在【破断线样式】选项中选择【几何上的 S 曲线】来定义破断线的形式。

（6）单击【应用】|【确定】选项，即可完成破断视图的创建，如图 5-22 所示。

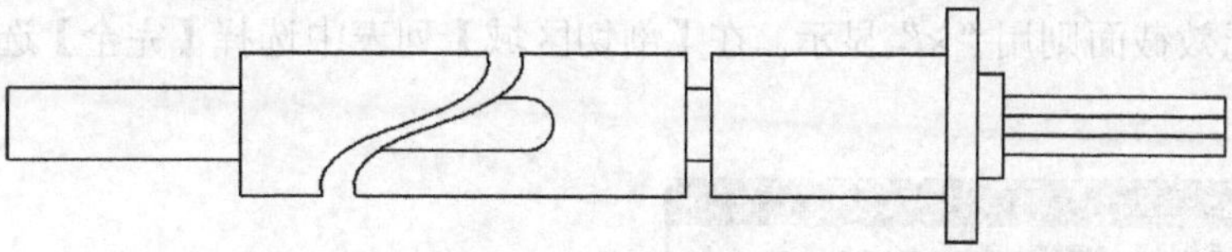

图 5-22 破断视图

5.5 生成各类剖视图

由于三视图不能全面地表达整个零件的基本结构，因此常用剖视图来进行辅助说明。剖视图就是假想用剖切面把零件切开，移去观察者和剖切面之间的部分，余下部分向投影面投影而建立的视图，它能够很清楚地显示零件的内部结构。

产生剖视图的过程是先产生没有剖切的一般视图、投影视图、详细视图和辅助视图等，然后通过设定剖切区域，形成多种剖视图。

剖视图主要包括全剖视图、半剖视图、局部剖视图、阶梯剖视图和旋转剖视图等，下面将分别进行介绍。

5.5.1 全剖视图

全剖视图指的是用剖切平面把零件完全地剖开后得到的剖视图。

创建全剖视图的步骤如下。

（1）新建一个工程图文件，模板设置为【空】选项，采用横向 A4 图纸。

（2）单击【插入】|【绘图视图】|【一般】选项，或单击按钮，在图纸框中适当位置生成主视图，如图 5-23 所示。

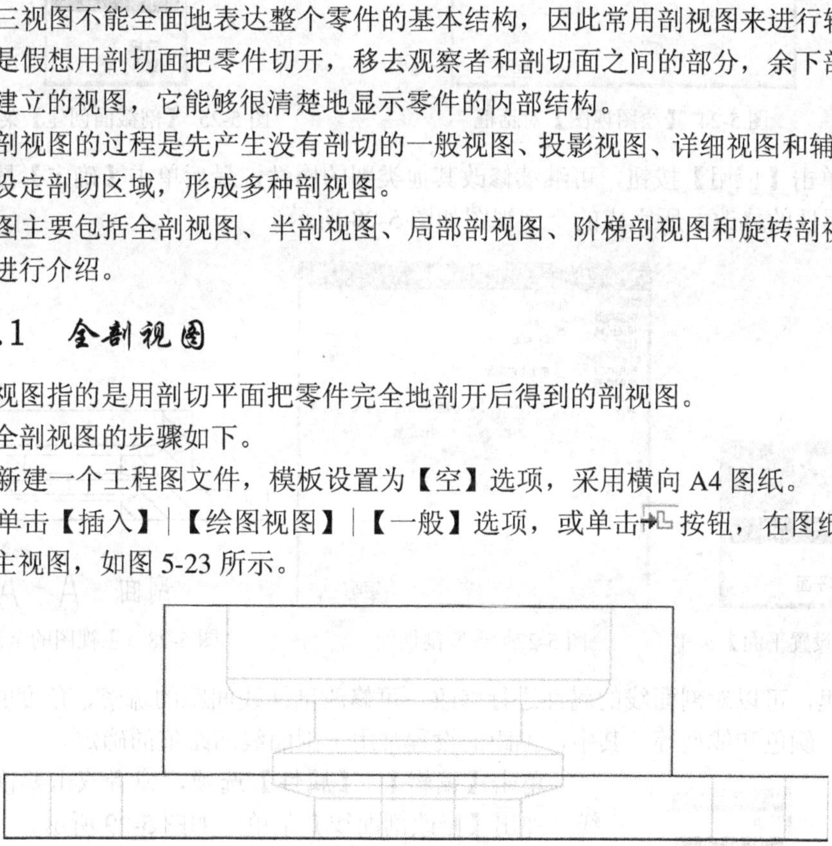

图 5-23 模型主视图

（3）双击主视图，弹出【绘图视图】对话框，在【类别】选项中选择【剖面】，在【剖面选项】中选择【2D 截面】，如图 5-24 所示。

（4）单击【增加剖面】按钮，系统弹出【剖面截面创建】菜单，如图 5-25 所示。

（5）在【剖面截面创建】菜单中选择【平面】|【单一】|【完成】选项，在提示区 输入截面名[退出]: 中输入截面的名称，单击按钮。

（6）弹出【设置平面】菜单，如图 5-26 所示。系统提示选取平面或基准平面，在俯视图中选择 FRONT 面。此时 2D 剖面属性表中显示出有效的截面 A，有效的截面系统用

"√"显示，无效截面则用"×"显示。在【剖切区域】列表中选择【完全】选项，如图 5-27 所示。

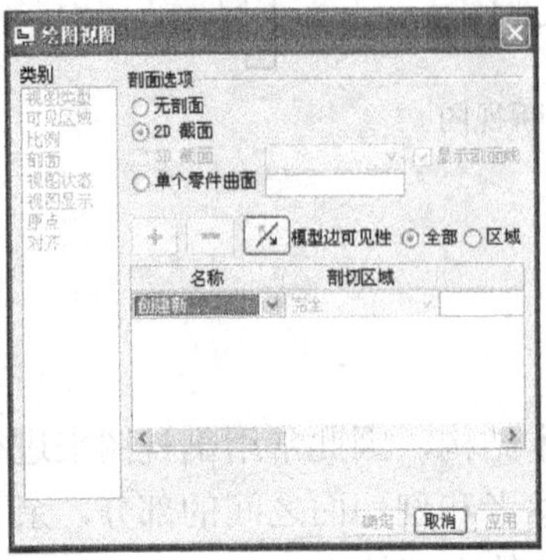

图 5-24 【绘图视图】对话框

图 5-25 【剖截面创建】菜单

（7）单击【应用】按钮，可继续修改其他类别的属性，最后单击【确定】按钮，完成本次视图属性的修改。所完成的全剖视图如图 5-28 所示。

图 5-26 【设置平面】菜单

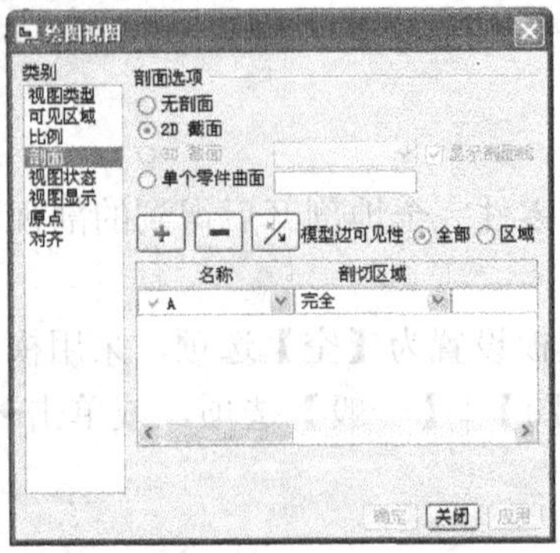

图 5-27 选取剖切面

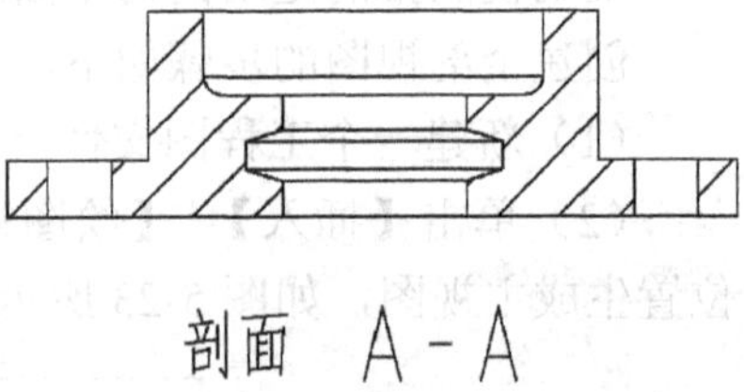

图 5-28 主视图的全剖视图

在这里，可以对剖面线的属性进行修改，可修改剖面线间距的疏密、角度的大小、偏距的大小、颜色和线型等。其中，偏距的设置常用于剖面线间距值的确定。

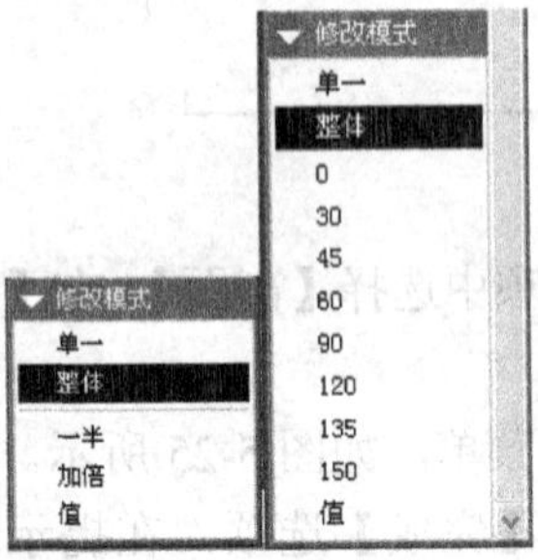

图 5-29 【修改剖面线】菜单

单击【编辑】|【属性】选项，或者双击要修改的剖面线，弹出【修改剖面线】菜单，如图 5-29 所示。

单击【间距】选项，弹出【修改模式】菜单，如图 5-29 所示。有【一半】、【加倍】和【值】3 个选项，单击【一半】或【加倍】，间距将成倍增减；单击【值】，可在信息提示栏中设定间距值。

单击【角度】选项，弹出的【修改模式】菜单如图 5-30 所示。可以直接选取角度，也可以单击【值】，直接输入角度值。

单击【线样式】选项，弹出【修改线体】对话框，如图 5-31 所示。在其中可以修改剖面线的线型、宽度和颜色等。

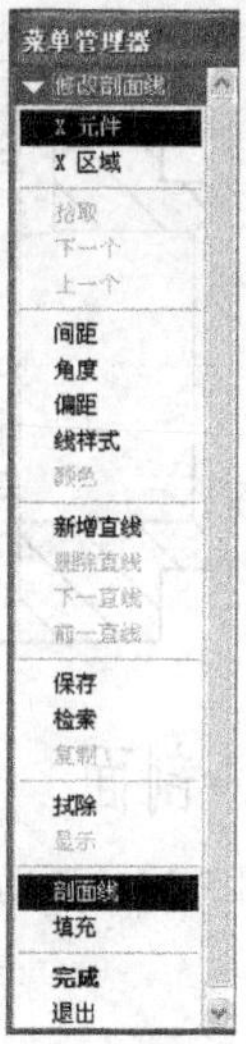

图 5-30 【修改模式】菜单

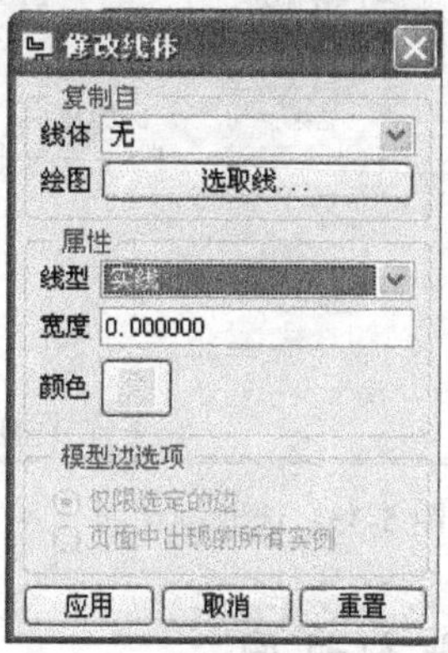

图 5-31 【修改线体】对话框

5.5.2 半剖视图

当零件具有对称平面，并在垂直于对称平面的投影面上投影时，可以选择利用半剖视图来表示。以对称中心为界，一半画成视图，用以表达外部结构形状；另一半画成剖视图，用以表达内部结构。

创建半剖视图的步骤如下。

（1）打开滑动轴承零件，建立零件的三视图，如图 5-32 所示。

（2）双击左视图，弹出【绘图视图】对话框，在【类别】列表中选择【剖面】选项，然后在【剖面选项】中选中【2D 截面】单选按钮，并单击【将横截面添加到视图】按钮，如图 5-24 所示。

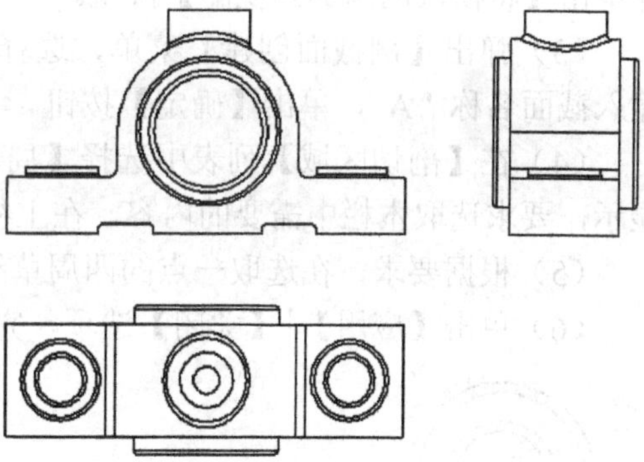

图 5-32 模型三视图

（3）选择如图 5-24 所示的剖截面菜单管理中的【平面】|【单一】|【完成】选项，在提示区输入截面名称“A”，单击【确定】按钮。

（4）弹出图 5-26 所示菜单，选择剖截面平面或基准面，这里在主视图中选择 RIGHT 面作为剖截面，在【绘图视图】对话框中【剖切区域】栏中选择【一半】选项，如图 5-33 所示。

（5）选取 FRONT 面作为参考平面。单击半截面参考平面左侧，选择半截面剖切侧位左侧。

（6）单击【绘图视图】对话框中的【应用】|【关闭】按钮，完成半剖视图的创建，如图 5-34 所示。

图 5-33　选取剖切面

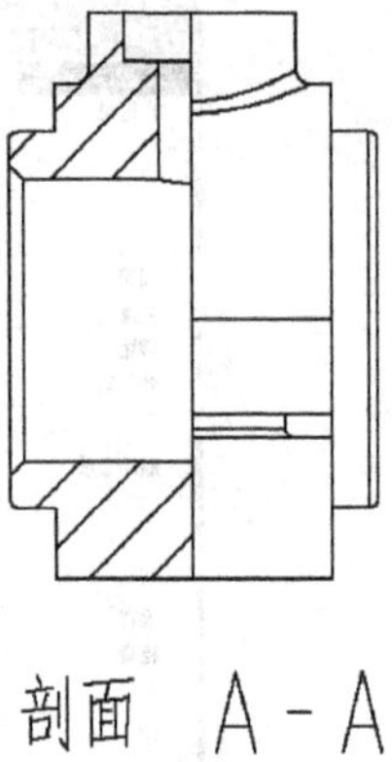

图 5-34　滑动轴承的半剖视图

5.5.3　局部剖视图

当零件部分结构形状没有表达清楚，而又没有必要提供全剖视图时，可以选择使用局部剖视图来表达。局部剖视图与详细视图的操作方法类似，但是局部剖视图不能放大所选的部分。

创建局部剖视图的步骤如下。

（1）打开支座零件的主视图，如图 5-35 所示。

（2）双击主视图，弹出【绘图视图】对话框，在【可见区域】选项中选择【全视图】。在【类别】列表中选择【剖面】选项，然后在【剖面选项】中选中【2D 截面】单选按钮，并单击【将横截面添加到视图】按钮。

（3）弹出【剖截面创建】菜单，选择【平面】|【单一】|【完成】选项，在提示区输入截面名称“A”，单击【确定】按钮。

（4）在【剖切区域】列表中选择【局部】选项。2D 剖面属性表中【参照】栏以黄色显示，要求选取本栏中需要的内容，在主视图中轮廓线上选一点。

（5）根据要求，在选取一点的四周草绘剖切样条曲线，如图 5-36 所示。

（6）单击【应用】|【关闭】选项，完成局部视图的创建，如图 5-37 所示。

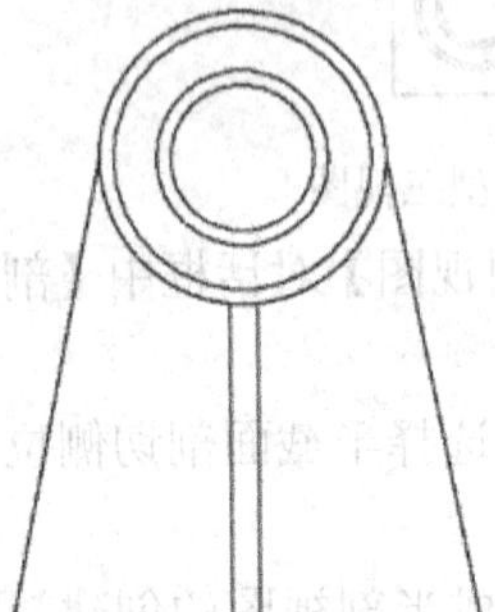

图 5-35　支座主视图

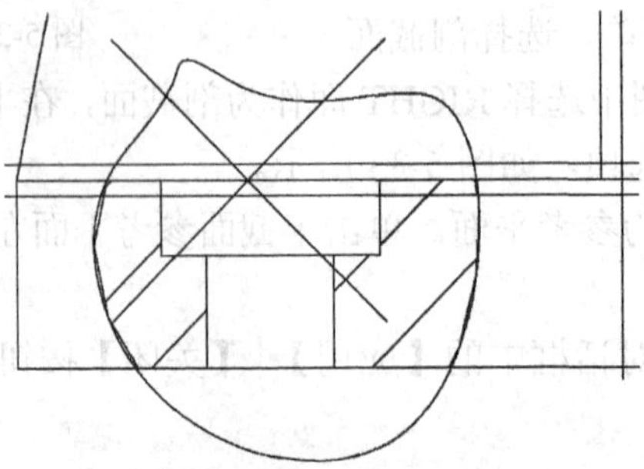

图 5-36　绘制剖切参照和样条曲线

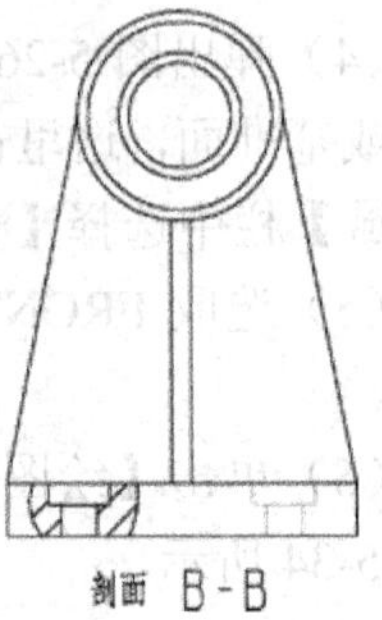

图 5-37　支座局部剖视图

5.5.4 阶梯剖视图

当有些零件不能由一个直的剖面来完全描述时，就需要使用阶梯剖视图。

创建阶梯剖视图的步骤如下。

（1）底座零件的主视图和俯视图，如图 5-38 所示。

（2）双击主视图，弹出【绘图视图】对话框，在【可见区域】选项中选择【全视图】。在【类别】列表中选择【剖面】选项，然后在【剖面选项】中选中【2D 截面】单选按钮，并单击【将横截面添加到视图】按钮。

（3）弹出【剖截面创建】菜单，选择【偏距】|【双侧】|【单一】|【完成】选项，在信息提示栏中输入截面名称为“A”。

（4）系统提示选取用于草绘的平面或基准面，这里选择 TOP 基准平面。在接下来的提示菜单中依次选择【正向】和【缺省】按钮。

（5）草绘模式下绘制剖切线，显示为红色，如图 5-39 所示。单击按钮✔，退出草绘模式。

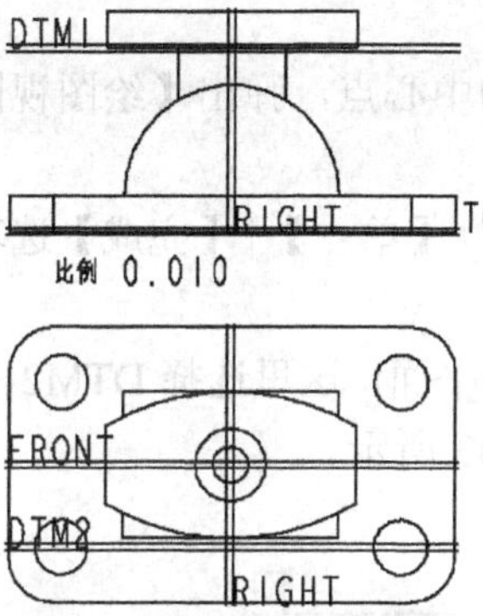

图 5-38 底座的主视图和俯视图

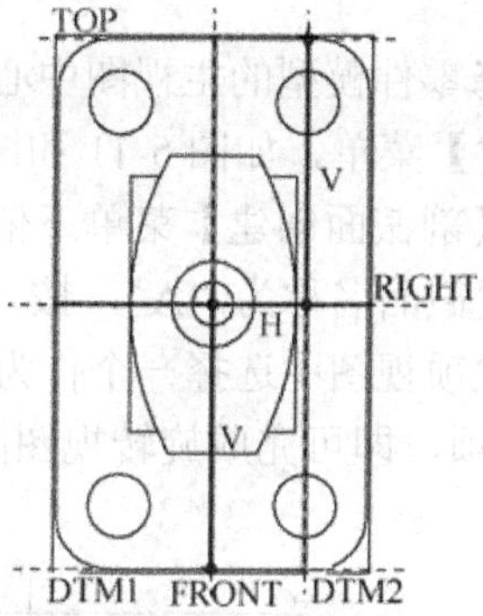

图 5-39 绘制剖切线

（6）【绘图视图】对话框中单击【应用】|【关闭】选项，就得到阶梯剖的视图，修改其剖面线属性。

（7）选择阶梯剖的主视图，使其周围出现虚线框，单击鼠标右键，弹出如图 5-40 所示的右键菜单。选择【添加箭头】选项，接着选择俯视图。

（8）最后的视图效果如图 5-41 所示。

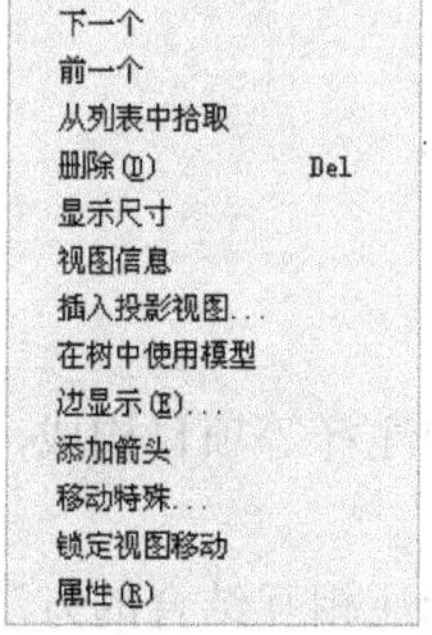

图 5-40 【添加箭头】右键菜单

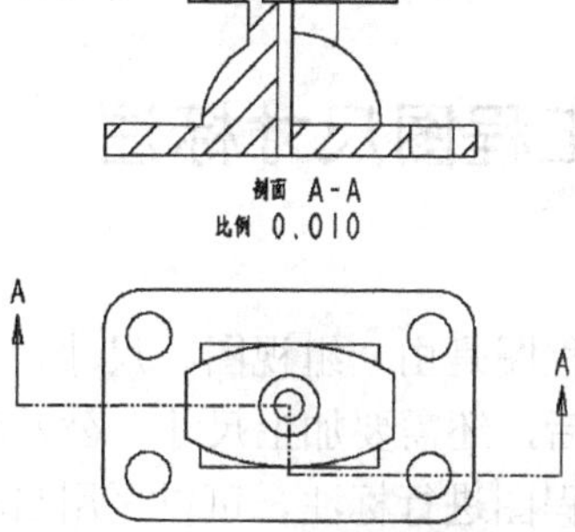

图 5-41 底座阶梯剖视图

5.5.5 旋转剖视图

旋转剖视图指的是将现有视图的切割平面投影旋转 90°而得到的视图。和一般视图不同，旋转视图还包括一条标记视图旋转轴的线。利用旋转视图可创建移除或不移除的剖面视图。常用于表示模型上复杂、微小的局部视图。

创建旋转剖视图的步骤如下。

（1）打开轴的主视图，如图 5-42 所示。

（2）单击【插入】|【绘图视图】|【旋转】选项，选择零件模型主视图作为旋转截面的父项视图。

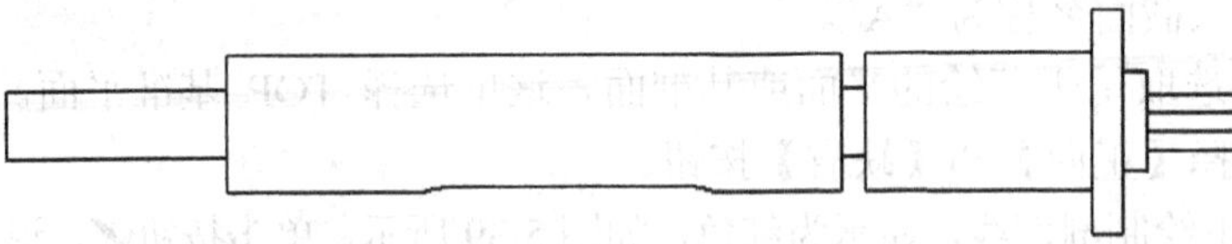

图 5-42 轴主视图

（3）选择零件模型的主视图中心作为绘制视图的中心点，弹出【绘图视图】对话框和【剖截面创建】菜单，如图 5-11 和图 5-25 所示。

（4）在【剖截面创建】菜单下依次选择【平面】|【单一】|【完成】选项，根据信息栏的提示设置截面名称为“A”，按“Enter”键确认。

（5）在父项视图中选择一个作为旋转剖面的基准平面，这里选择 DTM2，单击【应用】|【关闭】选项，即可完成旋转视图的创建，如图 5-43 所示。

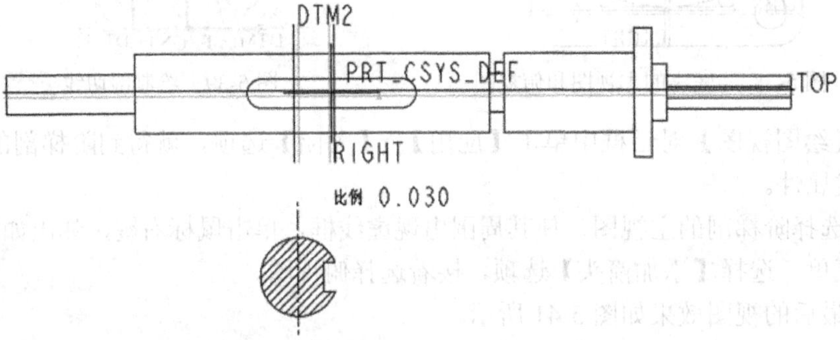

图 5-43 轴旋转剖视图

5.6 工程图尺寸标注

完整的工程图是由一组视图、尺寸、公差、明细表和注释等项目构成，因此，在创建完一组视图之后，还需要加上尺寸、公差和明细表等项目。

用户对工程图进行标注，可以采用自动标注和人工标注相互结合的方法，再对标注的尺寸进行调整，使尺寸标注符合标准要求。

5.6.1 尺寸的显示与拭除

在创建一个新工程图之后，使用【显示/拭除】对话框中的命令可以自动显示从三维模型转换到工程图中的尺寸和一些项目参数。

单击【视图】|【显示/拭除】选项，或单击工具栏中按钮，弹出【显示/拭除】对话框，如图 5-44 所示。通过该对话框可以对尺寸、参考尺寸、几何公差、符号和轴线等相关项目进行显示和拭除设置，并可进行自动标注。其中，【显示】指的是显示详细项目；【拭除】指的是拭除详细项目，这里的拭除与删除不同，拭除某个尺寸指的是不显示这个尺寸，尺寸信息还保存在模型中，而删除就是将信息取消了，以后不能再显示。

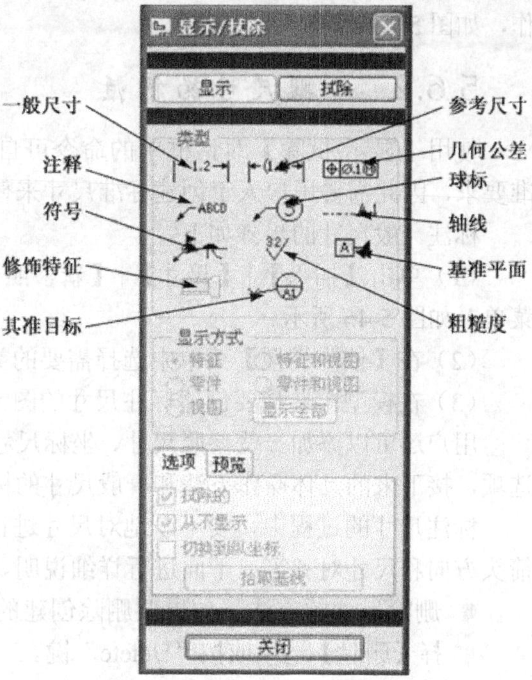

图 5-44 【显示/拭除】对话框

【显示/拭除】对话框中【显示】选项卡内容如下。

- 特征：表示选择特征标注尺寸。
- 零件：表示选择零件标注尺寸。
- 视图：表示选择视图标注尺寸。
- 特征和视图：表示在一个视图中标注特征的尺寸。
- 零件和视图：显示某视图中选定零件的尺寸。
- 显示全部：表示显示模型中所有的工程图尺寸。
- 拭除的：表示只显示被擦除的尺寸。
- 从不显示：表示只显示从未显示的内容。
- 切换到纵坐标：表示切换到纵坐标标注尺寸。

【显示/拭除】对话框中【拭除】选项卡如图 5-45 所示，其内容如下。

- 所选项目：表示擦除所选取的工程图尺寸。
- 特征：表示擦除选定特征的所有工程图内容。
- 特征和视图：表示擦除某视图中选定的工程图内容。
- 零件：表示擦除所选取零件的所有工程图内容。
- 零件和视图：表示擦除某视图中选定零件的工程图内容。
- 视图：表示擦除选定视图的所有工程图内容。
- 拭除全部：表示擦除模型中所有的工程图内容。

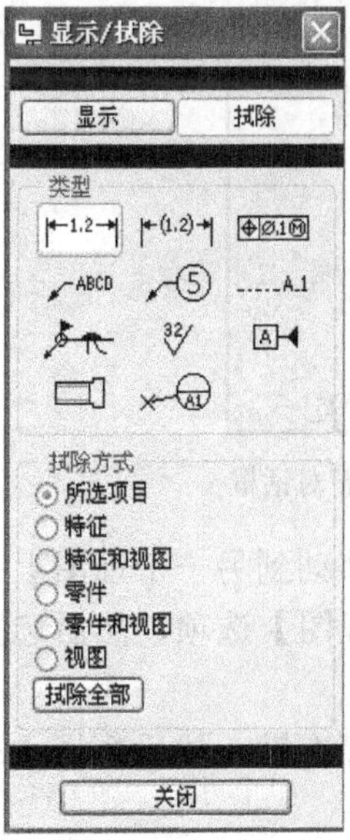

图 5-45 【拭除】选项卡

除了使用【显示/拭除】对话框进行显示和拭除操作外，还可以使用右键菜单进行操作，如图 5-15 所示。

5.6.2 一般尺寸的标注

使用【显示/拭除】对话框中的命令可自动标注尺寸，但是部分尺寸不符合标注的标准要求，因此需要用户人工创建标准尺寸来替换这些尺寸。

标注一般尺寸的步骤如下。

（1）单击【插入】|【尺寸】|【新参照】选项，或单击按钮，弹出【依附类型】菜单，如图 5-46 所示。

（2）在【依附类型】菜单中选择需要的类型，一般默认为【图元上】选项。

（3）在模型中选择要创建标注尺寸的图元，单击鼠标中键来放置尺寸。

用户还可以添加一些参照尺寸、坐标尺寸等，单击【插入】|【参照尺寸】|【新参照】选项，接下来的具体操作方法和一般尺寸的标注一样。

标注尺寸的过程中，要不断地对尺寸进行编辑，包括删除尺寸、尺寸位置调整、改变箭头方向和尺寸对齐等。下面进行详细说明。

- 删除尺寸的方法：如果要删除创建的标注尺寸，就选取尺寸，单击鼠标右键，选择【删除】选项或按“Delete”键。
- 尺寸位置调整的方法：单击【编辑】|【整理】|【尺寸】选项，弹出【整理尺寸】对话框，如图 5-47 所示。先选取要调整的尺寸，然后设置【偏移】和【增量】值，即可得到尺寸的放置位置。

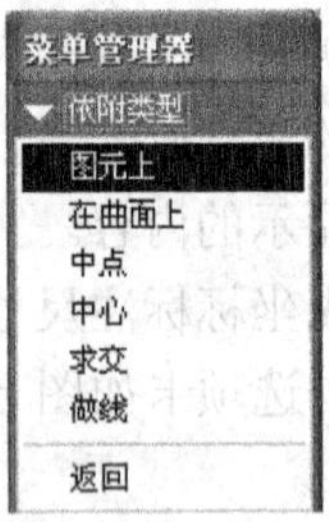

图 5-46 【依附类型】菜单

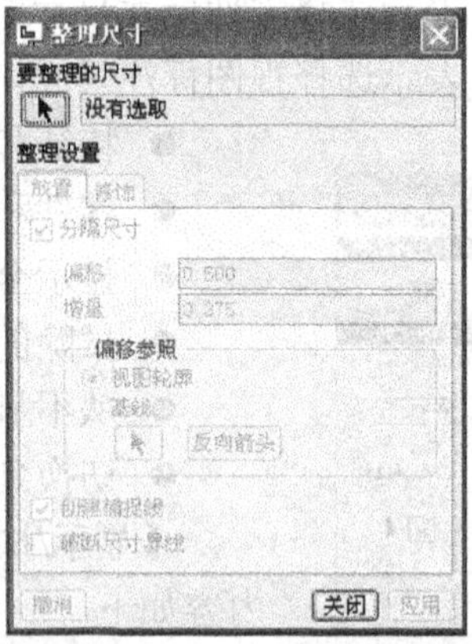

图 5-47 【整理尺寸】对话框

- 尺寸位置调整有一种特殊的尺寸移动方式，即由一个视图移动到另一个视图上：选择要移动的尺寸，单击鼠标右键，选择【将项目移动到视图】选项，然后选择要放置该尺寸的视图。
- 改变箭头方向的方法：选择箭头所在的标注尺寸，单击鼠标右键，然后选择【反向箭头】选项。
- 尺寸对齐的方法：选定需要对齐的尺寸，然后单击【编辑】|【对齐尺寸】选项。

5.6.3 尺寸公差的标注

在工程图上，模型零件视图中部分尺寸有尺寸公差要求，因此用户需要标注这些尺寸的公差。Pro/ENGINEER 系统提供两种公差标准：ANSI 标准和 ISO/DIN 标准。如果要改变公差标准，单击【文件】|【属性】选项，在弹出的【菜单管理器】中选择【公差标准】|【公差】选项，从【ANSI 标准】和【ISO/DIN 标准】中任选一个，单击【完成】即可。

在尺寸公差标注之前，应该对其设定。单击【工具】|【选项】菜单，弹出【选项】对话框，将“tol_display”选项值设置为“yes”，单击【应用】|【关闭】选项。此时，单击按钮，在工程图上显示所有尺寸公差值。

标注尺寸公差的步骤如下。

（1）选择要标注公差的尺寸，单击鼠标右键，选择【属性】选项。

（2）弹出【尺寸属性】对话框，如图 5-48 所示。在该对话框中单击【属性】选项卡，在【公差模式】下拉列表中选择一个公差模式，默认为【象征】。

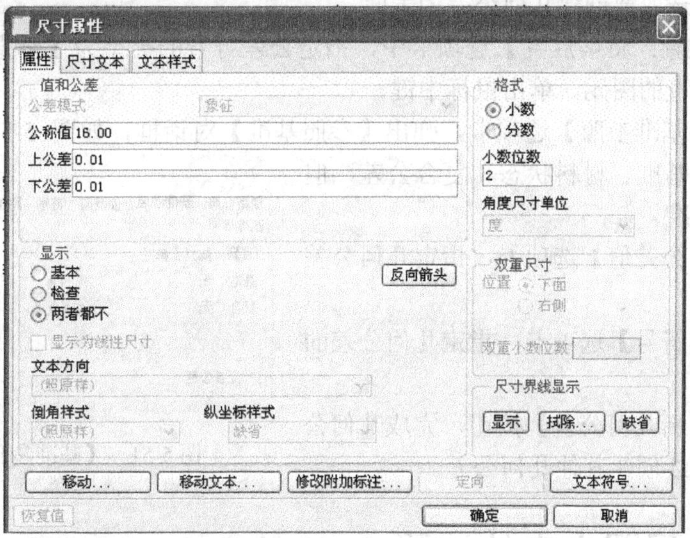

图 5-48 【尺寸属性】对话框

（3）在【公差值】文本框中输入设定的公差值，单击【确定】按钮即可完成尺寸公差的标注。

5.6.4 几何公差的标注

在工程图上，用户需要标注一些几何公差（如平面度、平行度等）来确定各个关键曲面或曲面之间的关联性，以确保零件合格。

当标注几何公差时，需要选取一个参照基准。当创建参照基准时，在【选项】窗口中设置“gtol_datums”的值为“STD_ISO”。单击【插入】|【模型基准】|【平面】或【轴】选项，弹出【获得点】菜单，如图 5-49 所示。在该对话框上可进行基准设置。

标注几何公差的步骤如下。

（1）单击【插入】|【几何公差】选项，或单击按钮，弹出【几何公差】对话框，如图 5-50 所示。

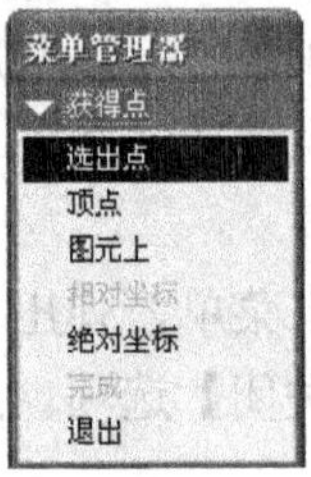

图 5-49 【获得点】菜单

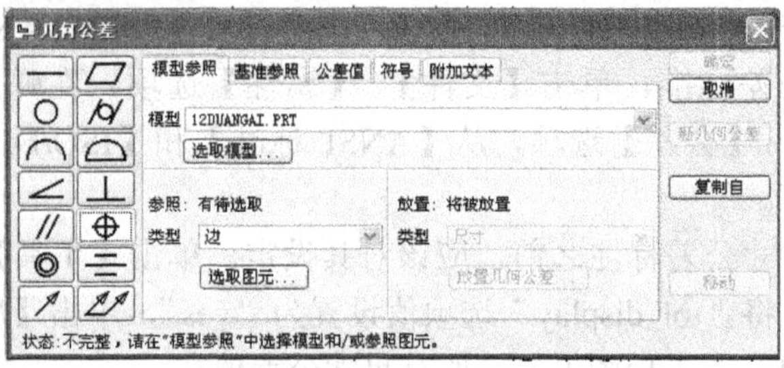

图 5-50 【几何公差】对话框

（2）在【公差类型】选项中选取要创建的公差符号，如◎等。

（3）在【模型参照】选项卡中单击【选取模型】选项，指定要添加几何公差的模型。

（4）在【参照：有待选取】选项中指定几何公差的类型为【表面】，单击【选取图元】选项，在视图上选取要创建几何公差的表面。

（5）在【放置：将被放置】选项卡中，指定公差符号的类型为【垂直指引线】，在视图上选取指引垂直的图元，单击鼠标中键。

（6）单击【基准参照】选项卡，弹出【参照基准】对话框，如图 5-51 所示。在该对话框中指定参照基准、材料状态和复合公差，但要先创建参照基准。

（7）单击【公差值】选项卡，指定几何公差的公差值。

（8）单击【符号】选项卡，指定几何公差的附加符号。

（9）单击【新几何公差】按钮，完成几何公差的创建，可继续创建其他几何公差。

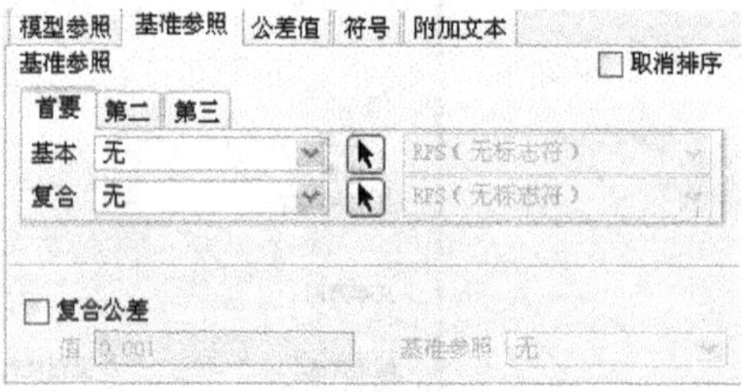

图 5-51 【基准参照】选项卡

5.7 工程图文本的注释

一个完整的工程图包括标题栏、明细表和技术要求等内容，而这些内容主要以注释的方式创建。注释主要由文本和符号组成，也有参数化信息包括在注释中。

5.7.1 注释标注

标注注释步骤如下。

（1）单击【插入】|【注释】选项，或单击按钮，弹出【注释类型】菜单，如图 5-52 所示。

（2）根据需要，在【注释类型】菜单中选取选项后，单击【制作注释】选项。在这里，

【无指引】指的是在注释位置上没有指引线，如技术要求等。

【有指引】指的是注释位置上有带箭头的指引线。

（3）在图框中单击鼠标左键确定注释的放置位置，并在信息区的文本框

中输入注释的文本。若输入注释内容中包括符号，则可在【文本符号】对话框中选择，如图 5-53 所示。输入一行后单击鼠标中键，可以再输入一行，若不输入下一行，再次单击鼠标中键。

（4）放置完注释之后，返回到【注释类型】菜单中，单击【返回】|【完成】选项，完成注释添加。

在创建完注释之后可以对其进行编辑，具体步骤如下。

（1）双击注释文本，弹出【注释属性】的对话框，如图 5-54 所示。

（2）在【文本】选项卡中，单击【编辑器】按钮可以修改注释的文本内容，单击【文本符号】按钮可以修改注释文本符号。

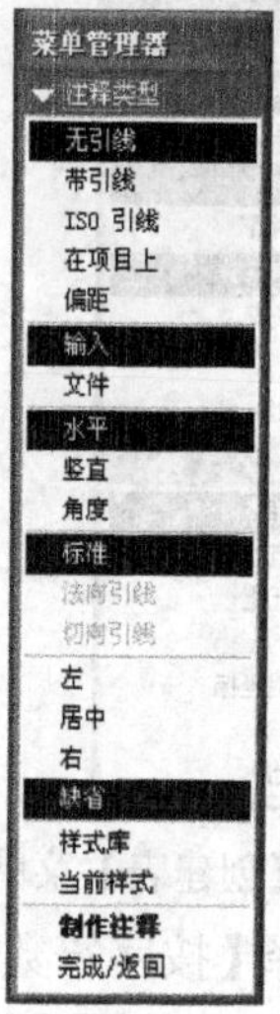

图 5-52 【注释类型】菜单

图 5-53 【文本符号】对话框

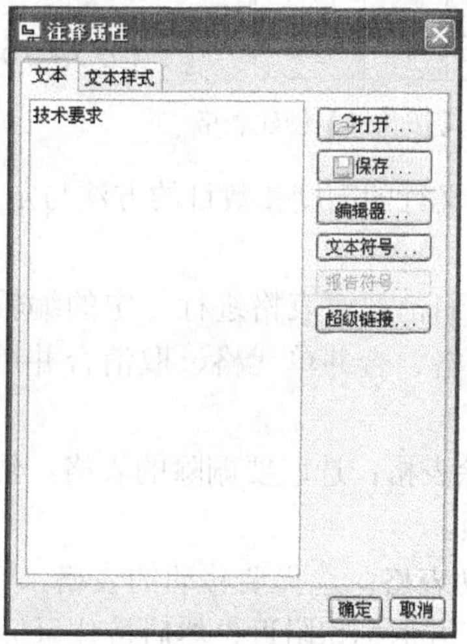

图 5-54 【注释属性】对话框

（3）在【文本样式】选项卡中可以修改注释的文本样式，如字型、字高和颜色等造型属性。

5.7.2 表格的插入

工程图中的标题栏、明细表等都是以表格的形式插入的。表格主要用来记录零件的名称、制图者、制图日期、绘图比例、材料和加工条件等信息。

单击【表】|【插入】|【表】选项，或单击按钮，弹出【创建表】菜单，如图 5-55 所示。

图 5-55 【创建表】菜单

在【创建表】菜单中，通过选择表格的扩展方向、约束对齐方式、表格大小的计量方式和定义表格的原点方式四要素来定义表格。其中，表格的扩展方向包括【降序】和【升序】；约束对齐方式包括【左对齐】和【右对齐】；表格大小的计量方式包括【按字符数】和【按长度】；定义表格的原点方式包括【选出点】、【顶点】、【图元上】、【相对坐标】和【绝对坐标】等。

插入表格的步骤如下。

（1）单击【表】|【插入】|【表】选项，或单击▦按钮，在弹出的【创建表】菜单中，选择【降序】、【右对齐】、【按长度】和【选出点】选项。

（2）用鼠标在绘图区域中指定表格的起始点，然后定义列的宽度和数目，完成后如图 5-56 所示。如果步骤 2 在【创建表】菜单中选择【按字符数】选项，则使用鼠标单击一个数字定义单元格的宽度，如图5-57 所示。若选择【按长度】选项，则直接输入列的宽度。连续单击或输入列的宽度直到建立足够的列数，单击中键结束。

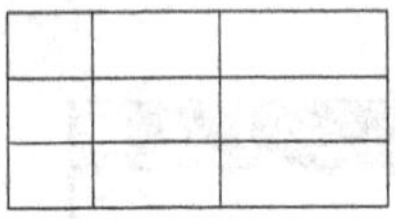
图 5-56 【按长度】创建表格

123456789012345678901234567890

图 5-57 【按字符数】创建表格

（3）定义行的高度和数目的方法与定义列的方式一样，最后单击中键结束，可以得到一个表格。

通常我们都要对表格进行一定的编辑，才能符合我们的要求。编辑表格包括删除表格、移动表格、合并单元格、取消合并单元格、旋转和改变单元格的大小等操作，具体说明如下。

- 删除表格：选取要删除的表格，然后单击鼠标右键，在弹出的菜单中选择【删除】选项。
- 移动表格：选择要移动的表格，在表格上方出现几个小正方形，移动鼠标指针至小正方形标识附近，然后按住鼠标左键进行移动。
- 合并单元格：按住 Ctrl 键并选择要合并的单元格，选定之后单击【表】|【合并单元格】选项。
- 取消合并单元格：选择已经合并的单元格，单击【表】|【取消合并单元格】选项。
- 修改单元格宽度和高度：选择要修改的表格，然后单击鼠标右键，在弹出的菜单中选择【高度和宽度】选项，弹出【高度和宽度】对话框，如图 5-58 所示。在该对话框中修改数值即可。

对于工程图，插入表格以后，还要在表格中输入一些文字，如标题栏中的名称和材料等，具体插入文字的步骤如下。

（1）双击表格中要插入文字的单元格，弹出【注释属性】对话框，如图 5-59 所示。

（2）在对话框【文本】选项中输入文本。

（3）单击【文本格式】选项卡，在【字符】选项中选择字体的类型，输入字体的高度值和宽度因子，如图 5-60 所示。

（4）单击【确定】按钮，即可完成在一个单元格内插入文字。

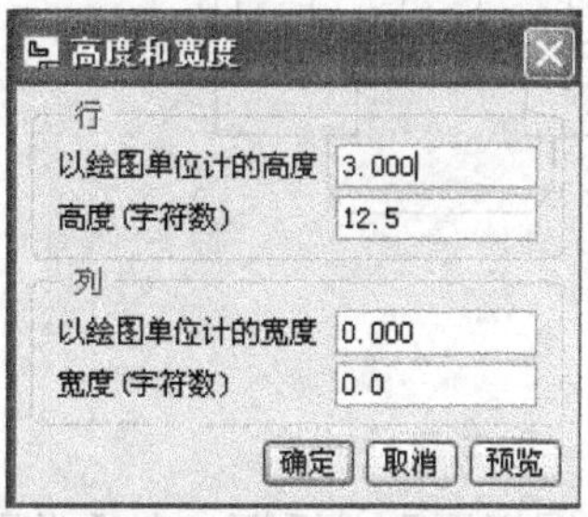

图 5-58 【高度和宽度】对话框

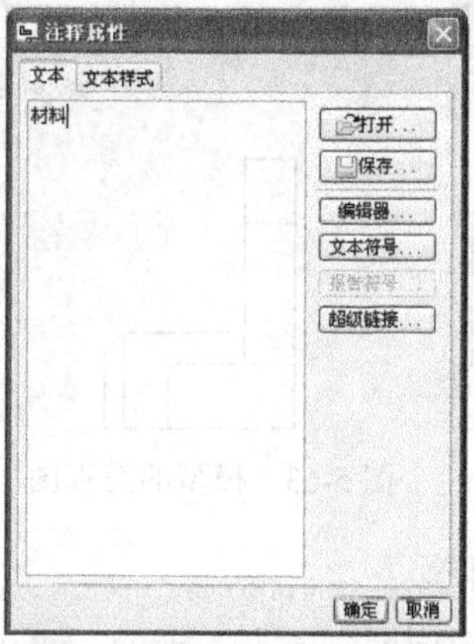

图 5-59 【注释属性】对话框

图 5-60 【文本样式】选项卡

5.8 工程图创建范例

本节以图 5-61 所示的实例模型为例，创建其工程图。

1．创建新文件

（1）启动 Pro/ENGINEER Wildfire 4.0，在主菜单中单击【文件】|【新建】选项，弹出【新建】对话框，在【名称】文本框中输入绘图名称“shili”，然后单击【确定】按钮。

（2）弹出【新制图】对话框，在使用【使用模板】选项中选择“空”，方向为“横向”，大小为“A4”，单击【确定】按钮，进入绘图模式。

2．创建三视图

（1）在【选项】对话框中选择需要的绘制配置文件选项，并在其【值】文本框中设置新的参数值。最常用的就是将第三象限视角的视图改为第一象限视角，可以选择“projection_type”选项，在其【值】文本框中选择“first_angle”。

（2）单击【插入】|【绘图视图】|【一般】选项，或单击工具栏中的按钮，在图纸中选取一点作为一般视图的放置中心，弹出【绘图视图】对话框。

（3）在【视图方向】中选择【查看来自模型的名称】，然后双击 LEFT 方向放置视图，单击【确定】按钮生成第一视图，如图 5-62 所示。

（4）生成俯视图和左视图。选中主视图，单击【插入】|【绘图视图】|【投影】选项，在垂直方向上移动鼠标，移动到合适的位置后单击鼠标，放置俯视图。同理，在水平方向上放置左视图，如图 5-63 所示。

图 5-61　实例模型

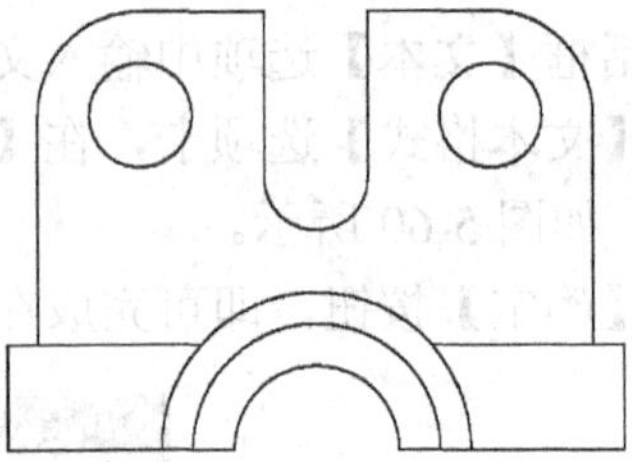

图 5-62　模型的主视图

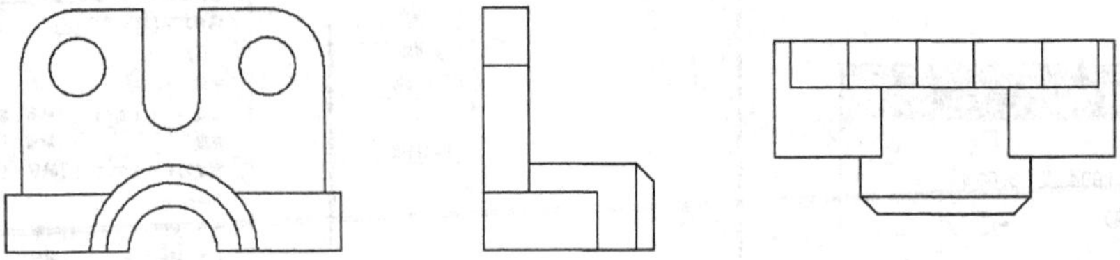

图 5-63　模型的三视图

3．对左视图创建全剖视图

（1）对左视图进行创建全剖视图。双击左视图，弹出【绘图视图】对话框，在【类别】选项中选择【剖面】，在【剖面选项】中选择【2D 截面】，然后单击【增加剖面】按钮➕，系统弹出【剖面截面创建】菜单，如图 5-25 所示。

（2）在【剖面截面创建】菜单中选择【平面】|【单一】|【完成】选项，在提示区

中输入截面的名称“A”，单击✔按钮。

（3）弹出【设置平面】菜单，如图 5-26 所示。系统提示选取平面或基准平面，在俯视图中选择 DTM1 面。此时，2D 剖面属性表中显示出有效的截面“A”，有效的截面系统用“√”显示，如图 5-27 所示。

（4）单击【应用】|【关闭】按钮，完成左视图剖视图的创建。

（5）双击要修改的剖面线，弹出【修改剖面线】菜单，如图 5-28 所示。单击【间距】选项，弹出【修改模式】菜单，如图 5-29 所示。选择【一般】选项，即可得到全剖视图如图 5-64 所示。

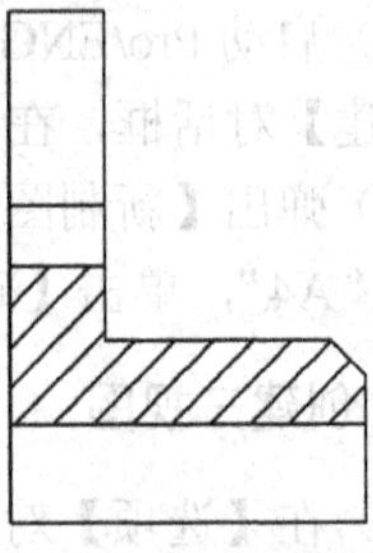

图 5-64　模型左视图的全剖视图

4．对左视图创建局部剖视图

（1）双击左视图，弹出【绘图视图】对话框，在【类别】选项中选择【剖面】，在【剖面选项】中选择【2D 截面】，然后单击【增加剖面】按钮➕，系统弹出【剖面截面创建】菜单，如图 5-25 所示。

（2）在【剖面截面创建】菜单中选择【平面】|【单一】|【完成】选项，在提示区

中输入截面的名称“B”，单击✔按钮。

（3）弹出【设置平面】菜单，如图 5-26 所示。系统提示选取平面或基准平面，在俯视图中选择 DTM4 面。此时，2D 剖面属性表中显示出有效的截面“B”，有效的截面系统用“√”显示，如图 5-27 所示。

（4）在【剖切区域】列表中选择【局部】选项。2D 剖面属性表中【参照】栏以黄色显示，要求选取本栏中需要的内容，在左视图中轮廓线上选一点，根据要求在选取的点的四周草绘剖切样条曲线，如图 5-65 所示。

（5）单击【应用】|【关闭】选项，完成局部视图的创建。双击要修改的剖面线，弹出【修改剖面线】菜单，如图 5-28 所示。单击【间距】选项，弹出【修改模式】菜单，如图 5-29 所示。选择【一般】选项，即可得到全剖视图，如图 5-66 所示。

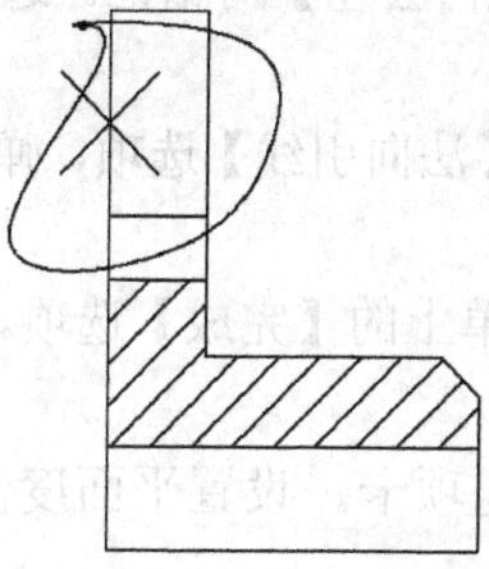

图 5-65　选取剖切区域

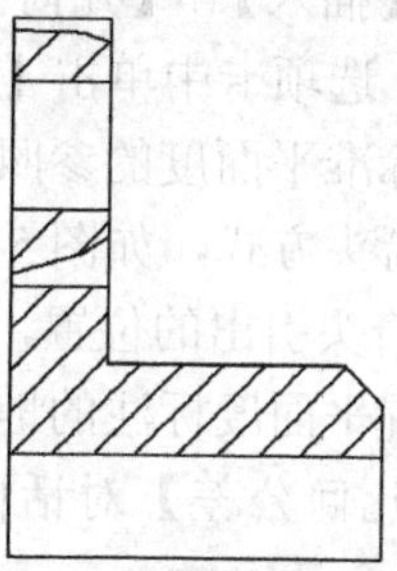

图 5-66　左视图的局部剖视图

5．标注尺寸

（1）单击【视图】|【显示及拭除】选项，或在工具栏中单击【打开显示/拭除】按钮。在弹出【显示/拭除】对话框中单击【显示】按钮，在【类型】选项组中单击|←1.2→|按钮。选择【显示方式】为【零件】，然后单击主视图，最后单击【关闭】按钮，得到的尺寸标注图。

（2）上述步骤得到的尺寸显得杂乱无章，需要删除并整理。同样是在【显示/拭除】对话框中单击【拭除】按钮，在【类型】选项组中单击|←1.2→|按钮，选择【拭除方式】为“所选项目”，然后单击要删除的尺寸，再单击【选取】对话框中的【确定】按钮即可。逐个修改尺寸，结构如图 5-67 所示。

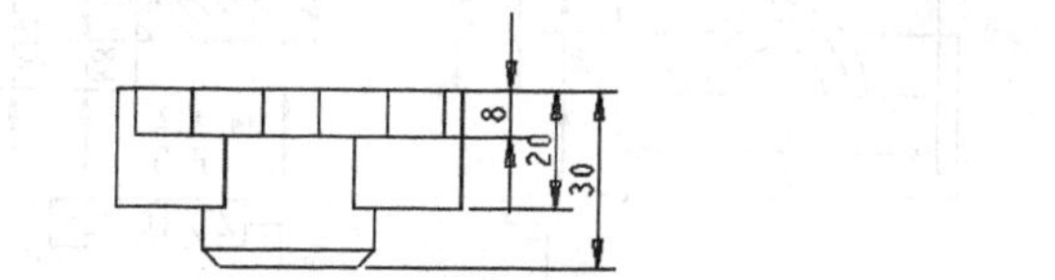

图 5-67　尺寸整理后的工程图

6．标注尺寸公差

（1）选择需要添加公差的尺寸，右击该尺寸，在弹出的菜单中选择【属性】。

（2）弹出【尺寸属性】对话框，如图 5-48 所示。在该对话框中单击【属性】选项卡，在【公差模式】下拉列表中选择一个公差模式，默认为“象征”。

（3）在【公差值】文本框中输入设定的公差值，单击【确定】按钮即可完成尺寸公差的标注。例如，对尺寸 26 设置上下公差，分别为 0.02 和 0.00。

7. 标注几何公差

（1）单击【插入】|【几何公差】选项，弹出【几何公差】对话框。选择平面度按钮，在【模型参照】选项卡中单击【选择图元】按钮。

（2）选取标准平面度的参照面，选取放置类型为【法向引线】选项，弹出【引线类型】菜单，默认为箭头方式，如图 5-68 所示。

（3）选取箭头引出的位置，单击【导引形式】菜单上的【完成】选项。然后在工程图中单击选取放置平面度标注的地方。

（4）在【几何公差】对话框中选择【公差值】选项卡，设置平面度值为 0.025，如图 5-69 所示。

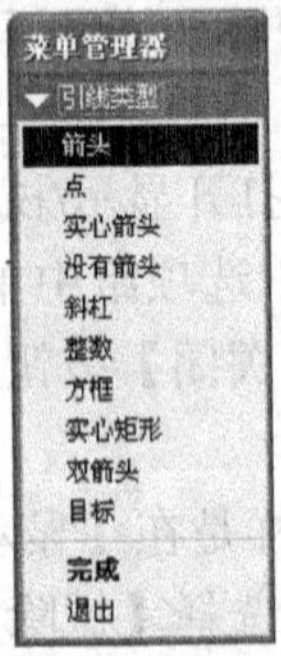

图 5-68 【引线类型】菜单

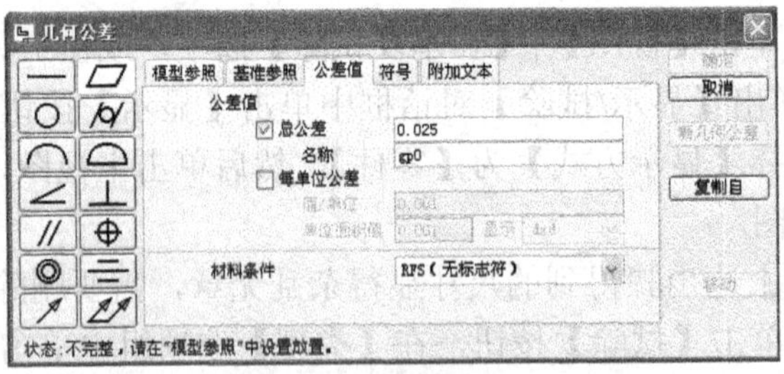

图 5-69 【公差值】设定

（5）单击【移动】按钮，在显示的方向上调整几何公差的位置。

（6）单击【确定】按钮，完成该平面度公差的标注。然后单击【新几何公差】，开始标注新的几何公差，如图 5-70 所示。

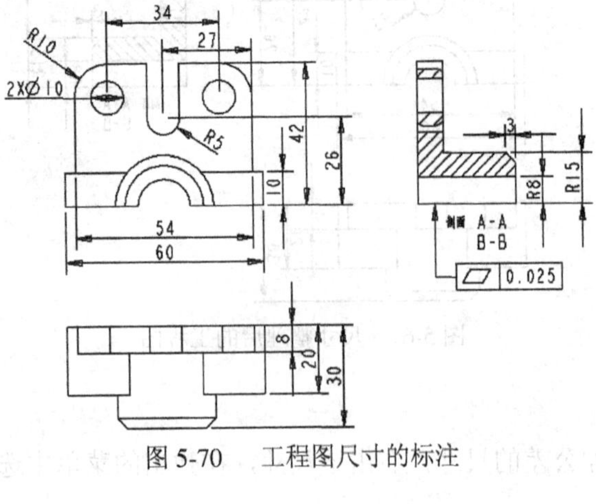

图 5-70 工程图尺寸的标注

8. 添加注释文本

（1）单击【插入】|【注释】选项，弹出【注释类型】菜单，选取【无方向引线】|【输入】|【水平】|【标准】|【缺省】|【制作注释】选项。

（2）在绘图区中，指定注释位置，输入文本，完成后单击【完成/返回】按钮，如图 5-71 所示。

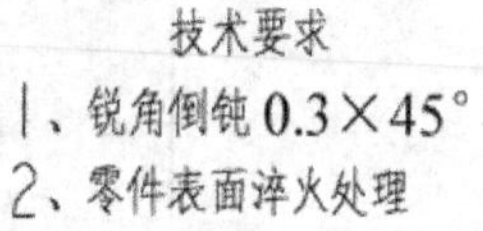

图 5-71　输入文本图

9. 插入表格

（1）单击【表格】|【插入】|【表】选项，弹出【创建表】菜单，如图 5-55 所示。选取【升序】|【右对齐】|【按字符数】|【获得点】|【选出点】选项，指定表格右下角的定位点的位置。

（2）每个单元格列宽以 8 个字符定义，列数为 6。单击鼠标中键结束列的创建。

（3）每个单元格行高以 2 个字符定义，行数为 4。单击鼠标中键结束行的创建，如图 5-72 所示。

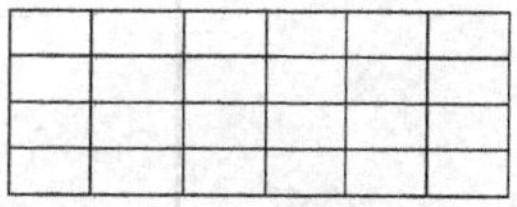

图 5-72　创建表格

（4）按住 Ctrl 键选取要合并的单元格，单击【表】|【合并单元格】选项，完成后如图 5-73 所示。

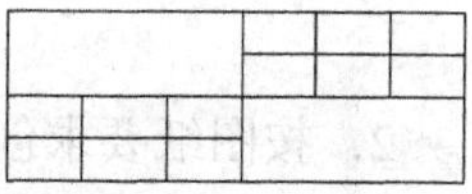

图 5-73　合并单元格

（5）双击单元格，弹出【注释属性】对话框，如图 5-59 所示。输入内容，单击【文本样式】选项卡，设定字体的高度和宽度因子等。

（6）完成实例模型的工程图，如图 5-74 所示。

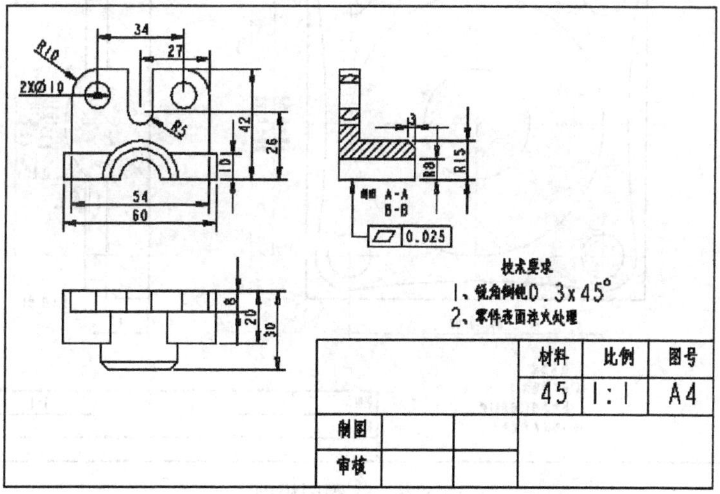

图 5-74　实例模型的工程图

5.9　习题

1. 按图纸要求创建机构连杆模型，然后将该模型转化成图 5-75 所示的工程图。

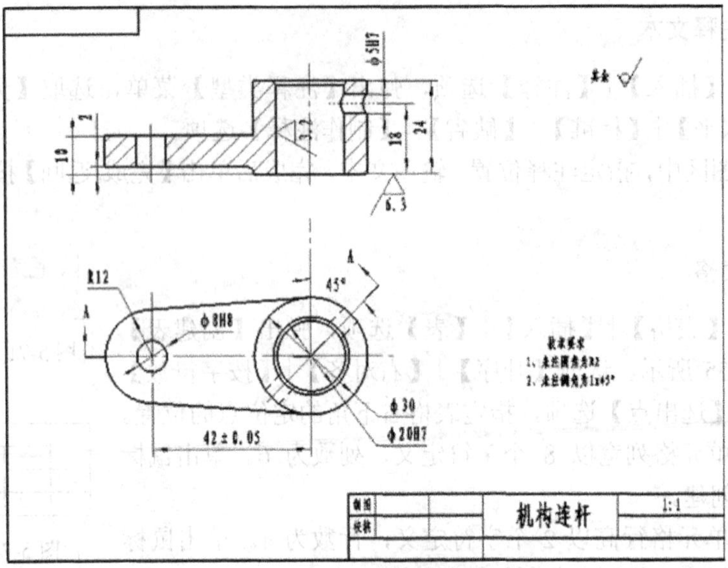

图 5-75 机构连杆工程图

2．按图纸要求创建图所示的模型，然后将该模型转化成图 5-76 所示的工程。

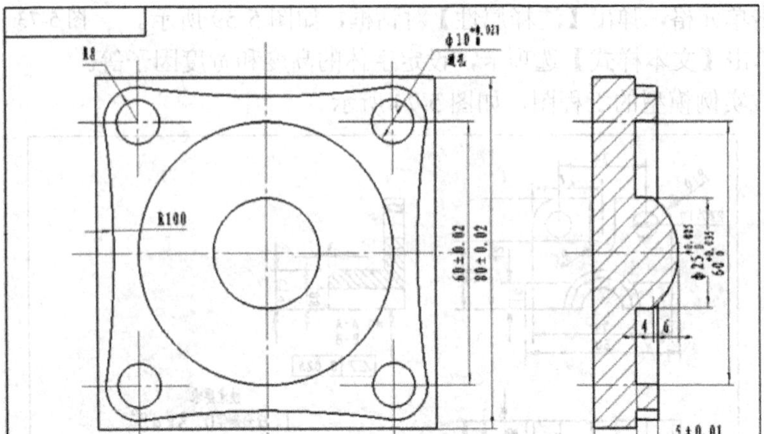

图 5-76 工程图模型

第6章

零件装配

在完成各个零件的造型设计之后，必须将它们按照一定的设计意图组合起来，才能形成工程产品，这个组合过程就是零件装配过程。在 Pro/ENGINEER 中常用装配（组态）模式将零件进行装配，然后对该组件进行修改、分析或重新定向。

6.1　零件装配用户界面介绍

在 Pro/ENGINEER 中设置了多种工作模式，如草图设计模式、零件设计模式和零件装配模式等。若要进行零件装配，首先必须进入零件装配模式。

6.1.1　新建装配文件界面

进入 Pro/ENGINEER 程序界面，要新建组件文件，具体步骤如下。

（1）单击【文件】|【新建】选项，或单击【创建新对象】按钮□，弹出【新建】对话框，如图 6-1 所示。

（2）在【新建】对话框中，选择类型为【组件】选项，子类型为【设计】选项，输入组件名称，取消【使用缺省模板】复选框。在这里，组件名称默认为 asm00##，其中，## 为流水号。

（3）此时，弹出【新文件选项】对话框，在该对话框的【模板】选项中选择“mmks_asm_design”或“mmns_asm_design”选项，如图 6-2 所示。

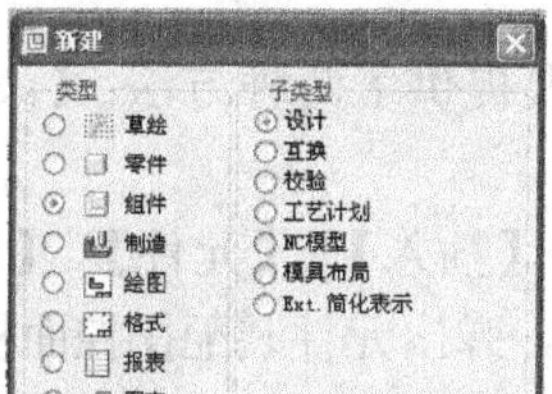

图 6-1 【新建】对话框

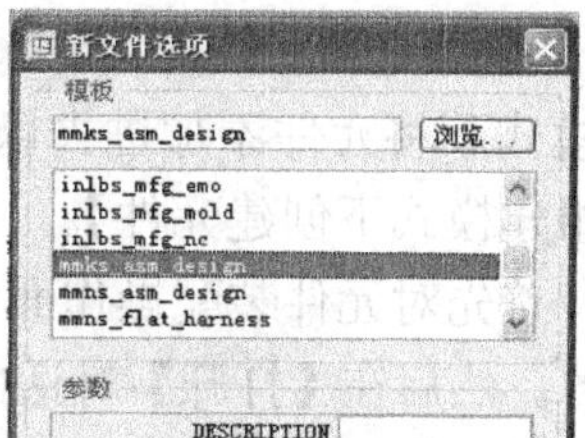

图 6-2 【新文件选项】对话框

（4）单击【确定】按钮，进入零件装配的主设计界面，如图 6-3 所示。

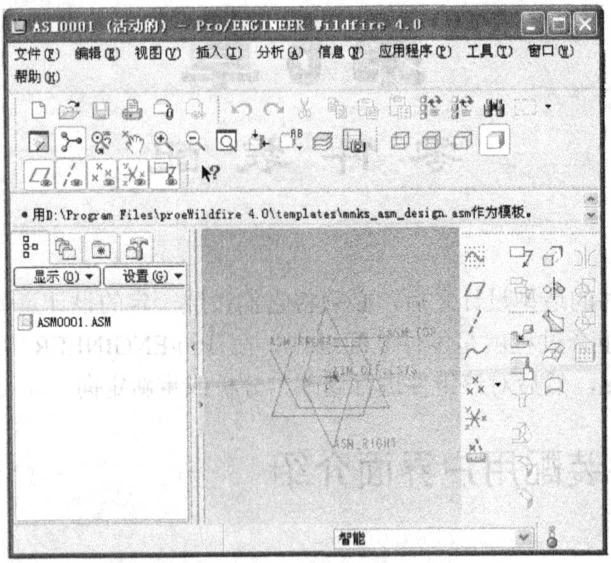

图 6-3　零件装配主界面

6.1.2　元件设置操作面板

在零件装配设计界面下有两个新的按钮：【添加元件】按钮和【新建元件】按钮。与之对应的在【插入】菜单下增加了【元件】选项，如图 6-4 所示，其中各项说明如下。

图 6-4　【元件】菜单

- 装配：指的是将原件添加到组件中，与按钮对应。
- 创建：指的是在组建模式下创建新的原件，与按钮对应。
- 封装：指的是在没有严格放置规范的情况下向组件添加元件。
- 包括：指的是在活动组件中包括未放置的原件。
- 挠性：指的是向所选的组件添加挠性。

在组态模式下将元件添加进去以便装配，系统主要提供了两种方法：【添加元件到组件】和【在组建模式下创建元件】。

在这里，首先对元件装配操作面板进行介绍。单击【插入】|【元件】|【装配】选项，或单击按钮。然后在【打开】对话框中选择初始元件，弹出元件装配操控面板，如图 6-5 所示。

图 6-5　元件装配操控面板

在该操控面板上有【放置】、【移动】、【挠性】和【属性】4 个按钮，单击这 4 个按钮都可弹出对应的下滑面板。其中，【放置】和【移动】最重要。

【放置】下滑面板如图 6-6 所示，在其上可以设置组件与被组合件间的约束条件，并检查目前装配的状况。它主要包括两个区域：一是【导航】和【收集】区域，可显示集和约束。将为预定义约束集显示平移参照和运动轴。集中的第一个约束将自动激活。在选取一对有效参照后，一个新约束将自动激活，直到元件被完全约束为止。二是【约束属性】区域，与在导航区中选取的约束或运动轴上下文相关。【允许假设】复选框将决定系统约束假设的使用。

【移动】下滑面板如图 6-7 所示，使用【移动】面板可移动正在装配的元件，使元件的取放更加方便。当【移动】面板处于活动状态时，将暂停所有其他元件的放置操作。要移动元件，必须要封装或用预定义约束集配置该元件。

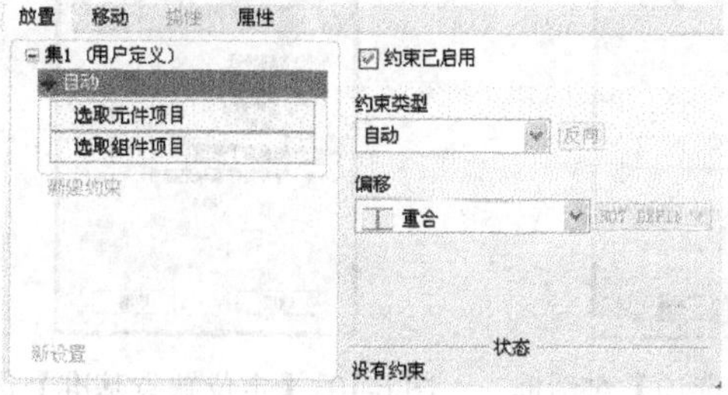

图 6-6 【放置】下滑面板

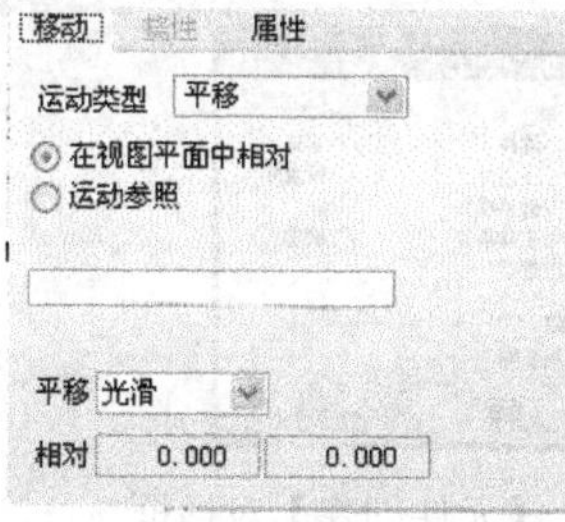

图 6-7 【移动】下滑面板

【挠性】下滑面板仅对于具有预定义挠性的元件是可用的。单击【可变项目】选项，打开【可变项目】对话框。当【可变项目】对话框打开时，元件放置将暂停。

【属性】下滑面板显示元件的名称。

添加元件到组件的步骤如下。

（1）单击【插入】|【元件】|【装配】选项，或单击按钮。

（2）弹出【打开】对话框，选取一个元件作为初始元件（即基础元件）。

（3）单击【打开】按钮，进入装配模式下，弹出元件装配操控面板，如图 6-5 所示。

（4）设置添加元件的装配约束，即可完成初始元件的放置，通常使用默认的设置。

（5）利用上述同样的方法加入其他的零件。

创建元件指的是直接在组件模式下创建新的元件，可以单击【插入】|【元件】|【创建】选项，弹出【元件创建】对话框，如图 6-8 所示。在这里，用户可创建的元件类型有零件、子组件、骨架模型、主体项目和包络等，具体说明如下。

- 零件：指的是设计元件以零件形式创建，包括实体、钣金件、相交和镜像四种子类型。
- 子组件：指的是设置元件以骨架模型的形式创建，包括标准和镜像两种子类型，具体操作步骤和创建实体类型基本一样。
- 骨架模型：指的是组件的框架，主要用来定义组件设计的骨架、空间要求、界面及其物理属性。
- 主体项目：指的是设置元件以主体项目的形式创建，包括标准和镜像两种子类型，具体操作步骤和创建实体类型一致。

- 包络：指的是为了表示组件中一组预先确定的元件而创建的一种零件。

创建元件的基本步骤如下。

（1）单击【插入】|【元件】|【创建】选项，弹出【元件创建】对话框。在该对话框中设置类型为【零件】，子类型为【实体】，然后输入新建零件的名称，单击【确定】按钮。

（2）弹出【创建选项】对话框，如图 6-9 所示。在该对话框中选择创建方法，可以选择【复制现有】、【定位缺省基准】、【空】或【创建特征】选项。在设计过程中最常用的创建方法为【定位缺省基准】，如图 6-10 所示。可以选择相应的定位基准方法。

图 6-8 【元件创建】对话框

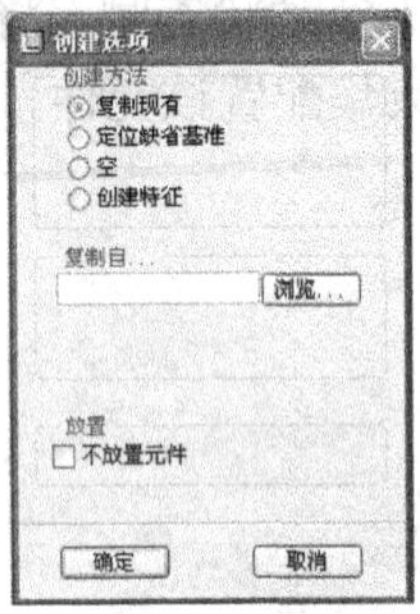

图 6-9 【创建选项】对话框

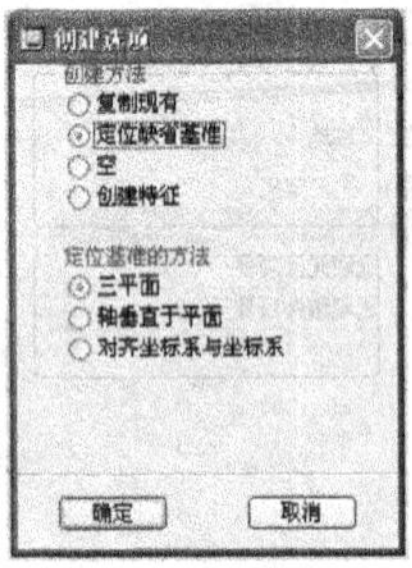

图 6-10 【定位缺省基准】选项

（3）单击【确认】按钮，然后选择合适的参照即可。

在组件模式下创建新元件可以直观地参照组件中的其他元件，有助于把握元件间相互的配合关系和结构的细节设计，而对于那些不需要参照或影响操作的元件，可以设置为隐藏状态。

6.2 零件装配设计方法与思路

6.2.1 零件装配常用方法

在 Pro/ENGINEER 中常用的装配方法有：自顶向下装配（由上向下）、自底向上装配（由下向上）、混合装配，说明如下。

- 自顶向下的装配设计：指的是在没有零件的基础上，先进行设计装配，包括骨架、复制的几何参照以及基准参照等方法，然后进行零件设计制造。
- 自底向上装配设计：指的是先创建单个零件的几何模型，再组装成子装配件，最后装配成装配体，自底向上逐级进行设计。
- 混合装配设计：指的是用户根据需要混合使用自顶向下装配和自底向上装配的方法。

6.2.2 零件装配的基本步骤

零件装配的基本步骤如下。

（1）启动 Pro/ENGINEER，进入零件装配模式，修改装配体的名称。

（2）在零件装配模式下，单击【插入】|【元件】|【装配】选项，或单击按钮，调入起始元件，然后按照同样的方法调入欲装配的第二个零件。

（3）根据实际装配需求定义零件间的装配关系。

（4）在此执行步骤（2）和步骤（3），直到完成装配。

（5）保存装配文件。

6.2.3 零件装配范例

下面通过低速轴组件来熟悉零件装配的一般过程和方法。装配好的低速轴组件模型如图 6-11 所示。

1. 建立新文件

（1）单击【文件】|【新建】选项，弹出【新建】对话框，选择【文件类型】为“组件”，【子类型】为“设计”。在【名称】文本框内输入名称“disuzhou”。

（2）取消【使用缺省模板】复选框的勾选，单击【确定】按钮。

（3）弹出【新文件选项】对话框，在其中选择“mmns_asm_design”，如图 6-12 所示。单击【确定】按钮。

图 6-11 低速轴组件

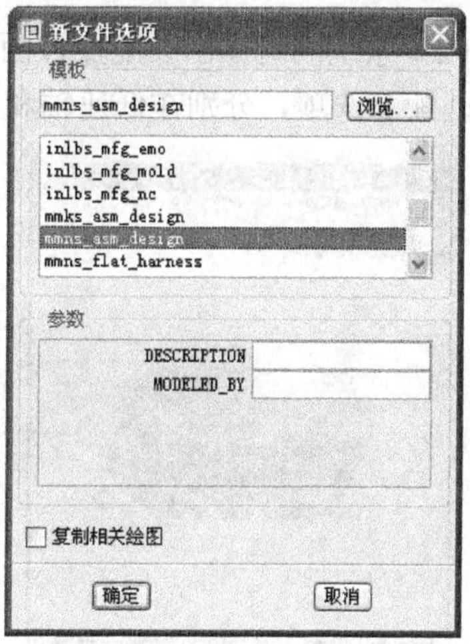

图 6-12 【新文件选项】对话框

2. 装配低速轴

（1）单击装配按钮，弹出【打开】对话框，在该对话框中选择作为装配本体的零件“disuzhou.prt”，单击【打开】按钮。此时，低速轴零件出现在主窗口，如图 6-13 所示，并且弹出装配特征操控面板，如图 6-14 所示。

图 6-13 低速轴零件

图 6-14 装配操控面板

（2）单击【放置】按钮，在【约束类型】下拉列表中选择【固定】选项，如图 6-15 所示。于是，作为装配本体的低速轴零件被固定在当前位置。

（3）在装配操控面板上单击【完成】按钮✔，完成低速轴零件模型的放置。

3．装配键

（1）单击装配按钮，弹出【打开】对话框，在该对话框中选择键零件“jian.prt”，单击【开始】按钮。此时在当前窗口中同时显示低速轴和键零件，如图 6-16 所示。在这里也可以单击【独立窗口】按钮，此时键零件在一个独立的窗口中显示，如图 6-17 所示。

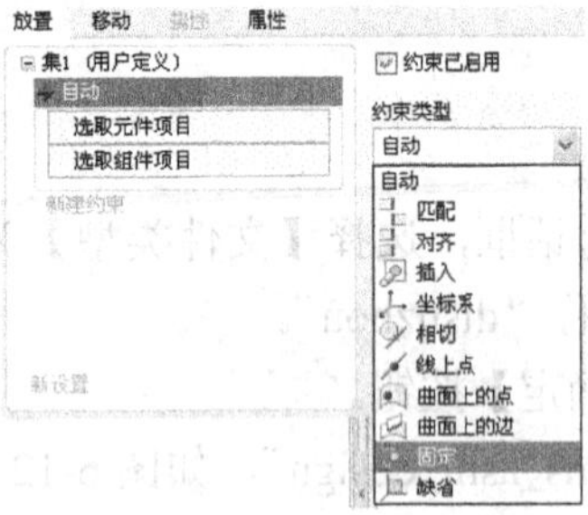

图 6-15 【放置】选项卡设置

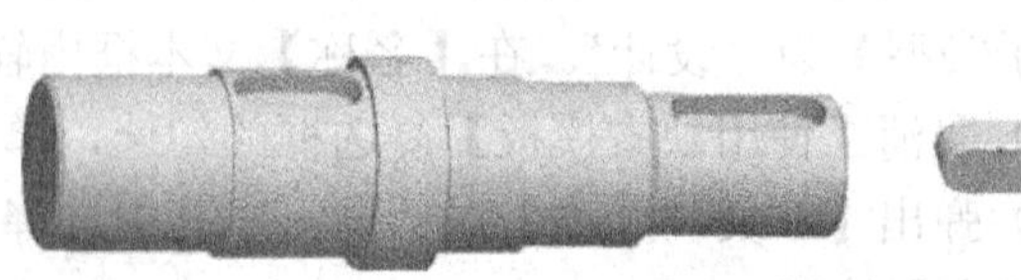

图 6-16 键零件

（2）系统同时弹出装配操控面板，单击【放置】选项，在【约束类型】下拉列表中选择【匹配】选项，分别在低速轴和键上选取两个面作为参照，如图 6-18 所示。

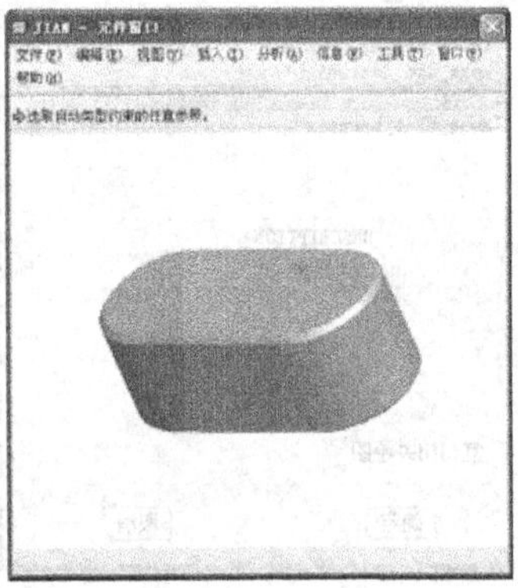

图 6-17 【JIAN-元件窗口】对话框

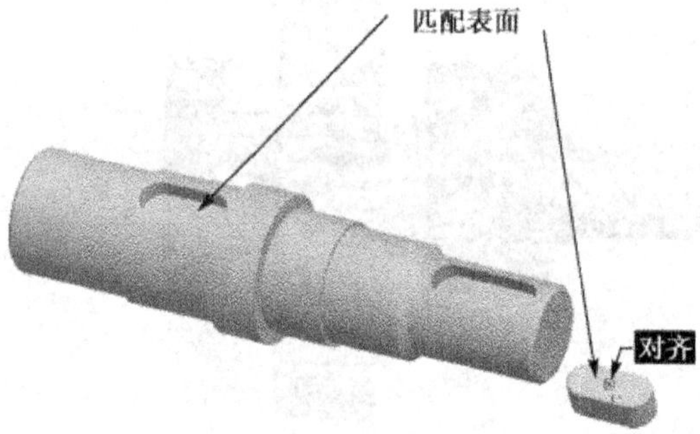

图 6-18 选择匹配表面

（3）在【偏移】下拉列表中选择【重合】。此时在装配操控面板上显示的是【部分约束】。在【集 1（用户定义）】选项中单击【新建约束】，在【约束类型】中选择【匹配】选项，然后选择另外两个匹配表面，在【偏移】下拉列表中选择【重合】，如图 6-19 所示。

（4）此时，在装配操控面板上仍显示【部分约束】。在【集 2（用户定义）】选项中单击【新建约束】，在【约束类型】中选择【相切】选项，然后选择另外两个相切曲面，如图 6-20 所示。

（5）此时，在装配操控面板上显示【完全约束】，【放置】选项卡的内容如图 6-21 所示。

（6）在装配操控面板上单击【完成】按钮✔，完成键与低速轴的装配，如图 6-22 所示。

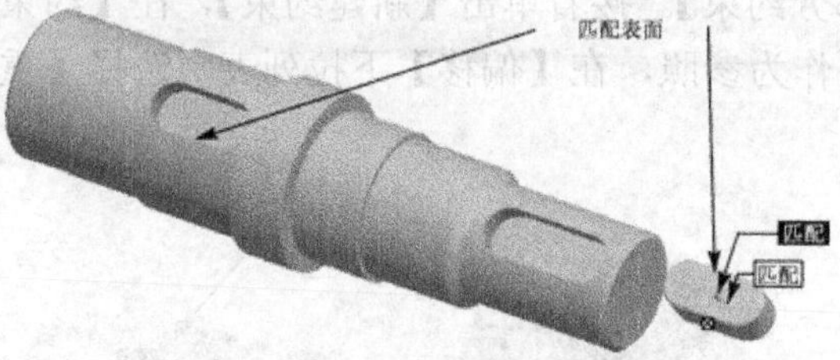

图 6-19　选择匹配表面

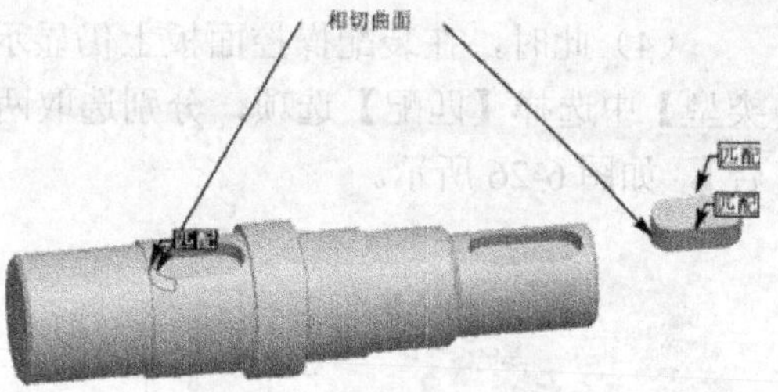

图 6-20　选择两相切曲面

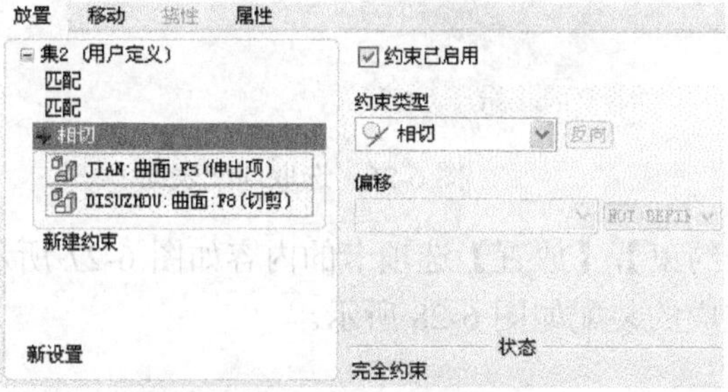

图 6-21 【放置】选项卡设置

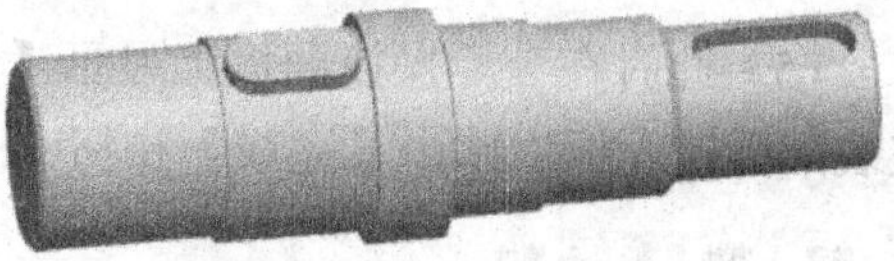

图 6-22　键的装配

4．装配齿轮

（1）单击装配按钮，弹出【打开】对话框，在该对话框中选择齿轮零件“chilun.prt”，单击【开始】按钮。此时，在当前窗口中同时显示低速轴与键组件和齿轮零件，如图 6-23 所示。

图 6-23　齿轮零件

（2）系统同时弹出装配操控面板，单击【放置】选项卡，在【约束类型】下拉列表中选择【匹配】选项，分别选取两个面作为参照，在【偏移】下拉列表中选择【重合】，如图 6-24 所示。

（3）此时在装配操控面板上显示【部分约束】。单击【新建约束】，在【约束类型】中选择【匹配】选项，分别选取两个面作为参照，在【偏移】下拉列表中选择【重合】，如图 6-25 所示。

图 6-24　选取匹配表面

（4）此时，在装配操控面板上仍显示【部分约束】。接着单击【新建约束】，在【约束类型】中选择【匹配】选项，分别选取两个面作为参照，在【偏移】下拉列表中选择【重合】，如图 6-26 所示。

图 6-25　选取匹配表面

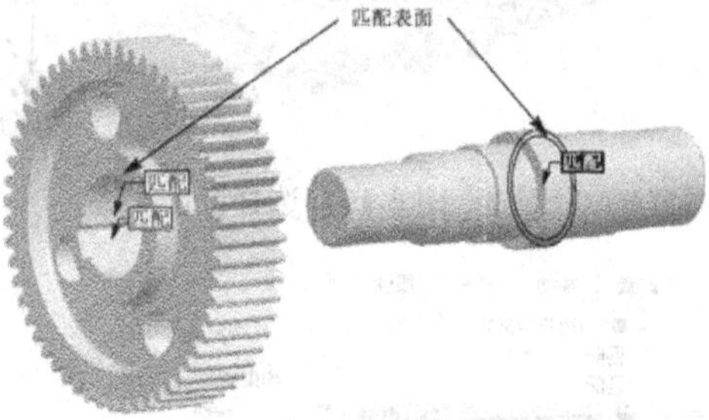

图 6-26　选取匹配表面

（5）此时在装配操控面板上显示【完全约束】，【放置】选项卡的内容如图 6-27 所示。在装配操控面板上单击【完成】按钮✔，完成的装配如图 6-28 所示。

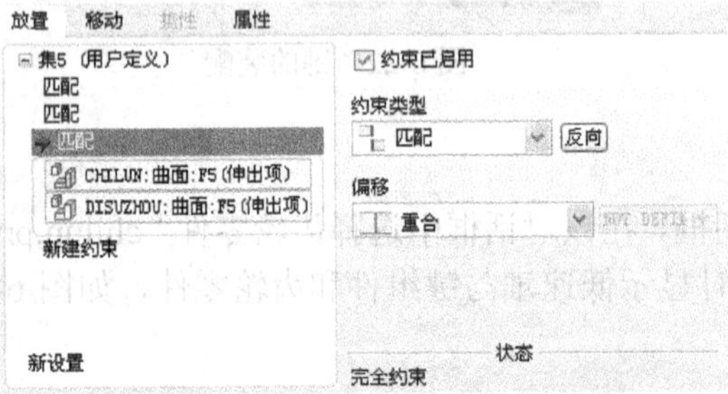

图 6-27 【放置】选项卡设置

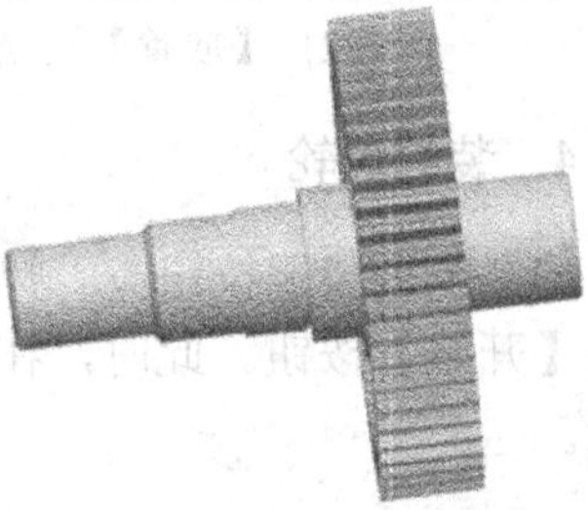

图 6-28　齿轮的装配

5．装配轴承

（1）单击装配按钮，弹出【打开】对话框，在该对话框中选择轴承零件“zhouchen.asm”，单击【开始】按钮。此时，在当前窗口中显示轴承，如图 6-29 所示。

（2）系统同时弹出装配操控面板，单击【放置】按钮，在【约束类型】下拉列表中选择【对齐】选项，分别选取两个面作为参照，在【偏移】下拉列表中选择【重合】，如图 6-30 所示。

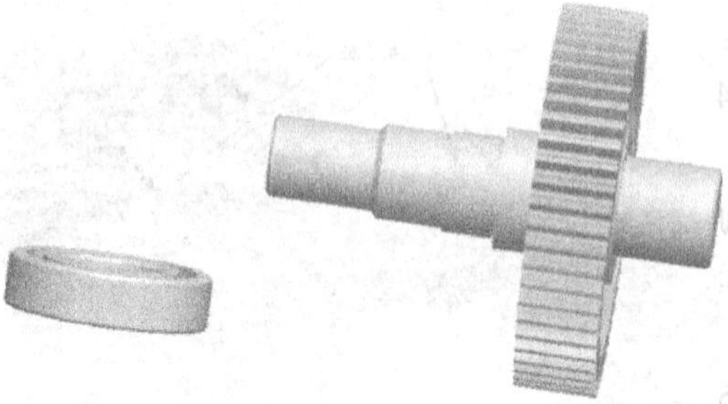

图 6-29　轴承零件

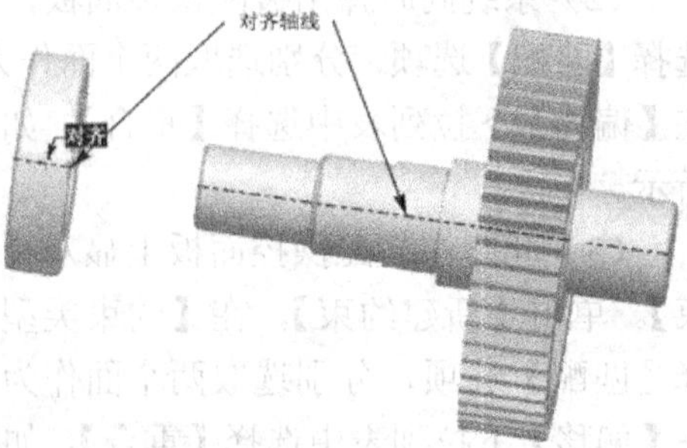

图 6-30　选取对齐轴线

（3）此时，在装配操控面板上显示【部分约束】。单击【新建约束】，在【约束类型】中选择【匹配】选项，分别选取两个面作为参照，在【偏移】下拉列表中选择【重合】，如图 6-31 所示。

（4）此时在装配操控面板上显示【完全约束】，【放置】选项卡的内容如图 6-32 所示。在装配操控面板上单击【完成】按钮✔，完成的装配如图 6-33 所示。

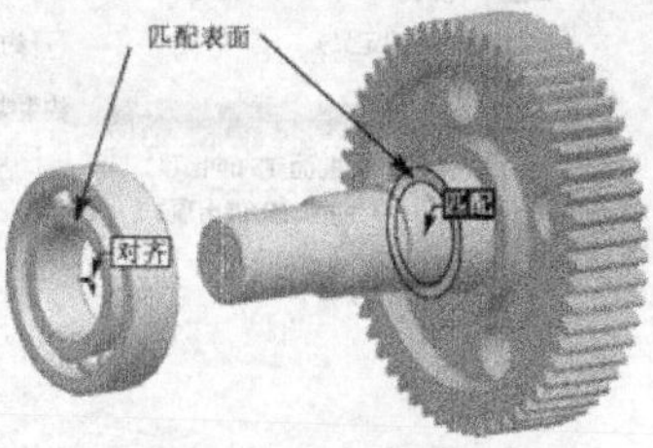

图 6-31　选取匹配表面

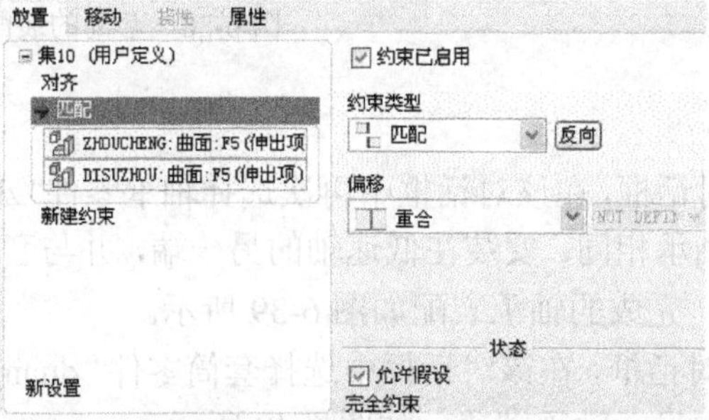

图 6-32 【放置】选项卡设置

图 6-33　轴承的装配

6．装配套筒

（1）单击装配按钮，弹出【打开】对话框，在该对话框中选择套筒零件“taotong.prt”，单击【开始】按钮。此时，在当前窗口中显示套筒，如图 6-34 所示。

（2）系统同时弹出装配操控面板，单击【放置】选项卡，在【约束类型】下拉列表中选择【插入】选项，分别选取两个参照曲面，如图 6-35 所示。

图 6-34　套筒零件

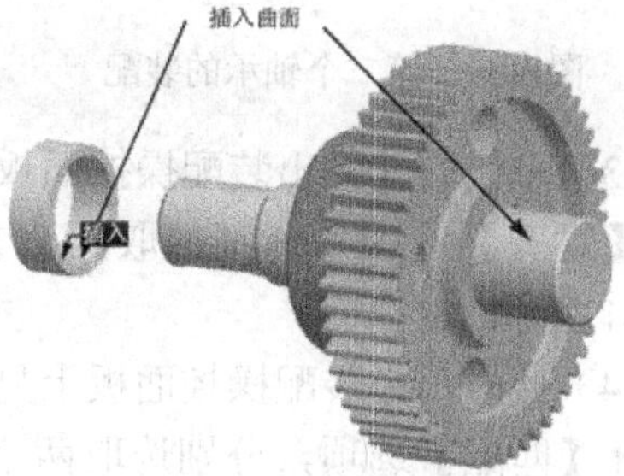

图 6-35　选取插入参照曲面

（3）此时，在装配操控面板上显示【部分约束】。单击【新建约束】，在【约束类型】中选择【匹配】选项，分别选取两个面作为参照，在【偏移】下拉列表中选择【重合】，如图 6-36 所示。

（4）此时，在装配操控面板上显示【完全约束】，【放置】选项卡的内容如图 6-37 所示。在装配操控面板上单击【完成】按钮✔，完成的装配如图 6-38 所示。

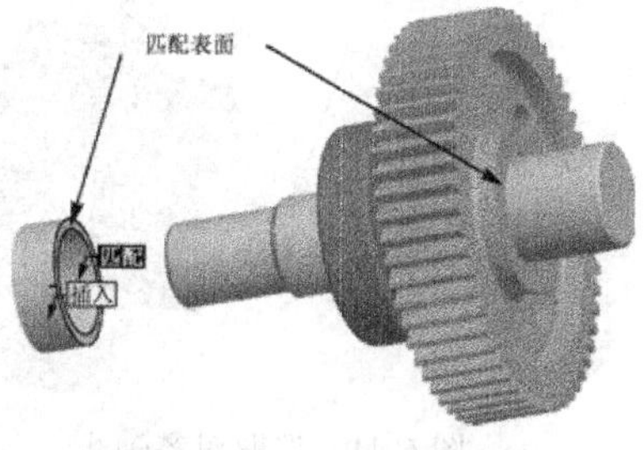

图 6-36　选取匹配表面

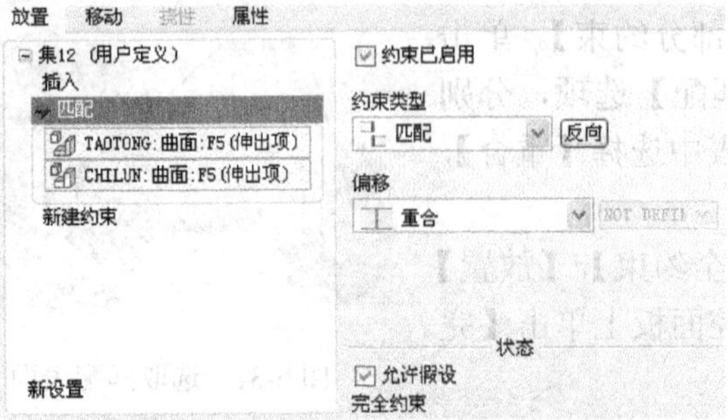

图 6-37 【放置】选项卡设置

图 6-38 套筒的装配

7．装配轴承和轴承端盖

（1）单击装配按钮，弹出【打开】对话框，在该对话框中再次选择轴承零件“zhouchen.asm”，第二个轴承的安装方法与第一个轴承相同。安装在低速轴的另一端，并与套筒贴合。在装配操控面板上单击【完成】按钮，完成的轴承装配如图 6-39 所示。

（2）单击装配按钮，弹出【打开】对话框，在该对话框中选择套筒零件“duangai.prt”，单击【开始】按钮。此时，在当前窗口中显示轴承端盖，如图 6-40 所示。

图 6-39 第二个轴承的装配

图 6-40 轴承端盖零件

（3）系统同时弹出装配操控面板，单击【放置】选项卡，在【约束类型】下拉列表中选择【对齐】选项，分别选取两个参照曲面，在【偏移】下拉列表中选择【重合】，如图 6-41 所示。

（4）此时，在装配操控面板上显示【部分约束】。单击【新建约束】，在【约束类型】中选择【匹配】选项，分别选取两个面作为参照，在【偏移】下拉列表中选择【重合】，如图 6-42 所示。

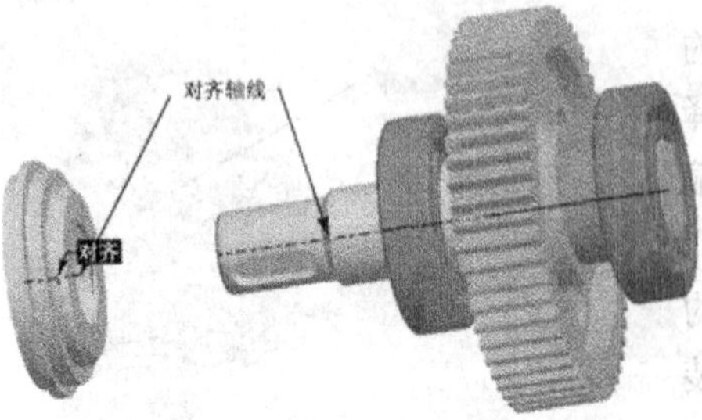

图 6-41 选取对齐轴线

图 6-42 选取匹配表面

（5）此时，在装配操控面板上显示【完全约束】，【放置】选项卡的内容如图 6-43 所示。在装配操控面板上单击【完成】按钮✔，完成低速轴组件的装配，如图 6-44 所示。

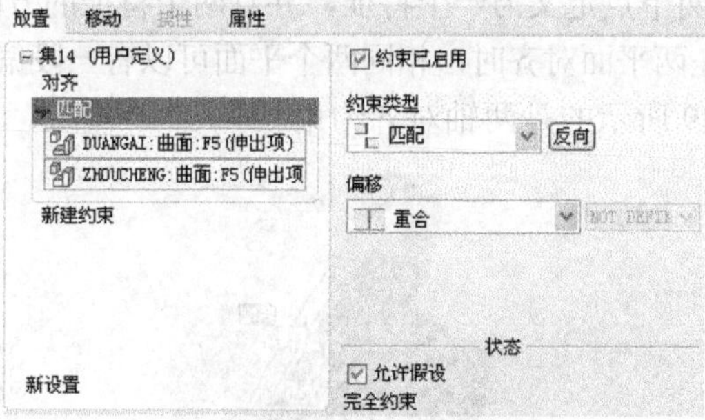

图 6-43 【放置】选项卡设置

图 6-44 低速轴组件的装配

6.3 装配约束

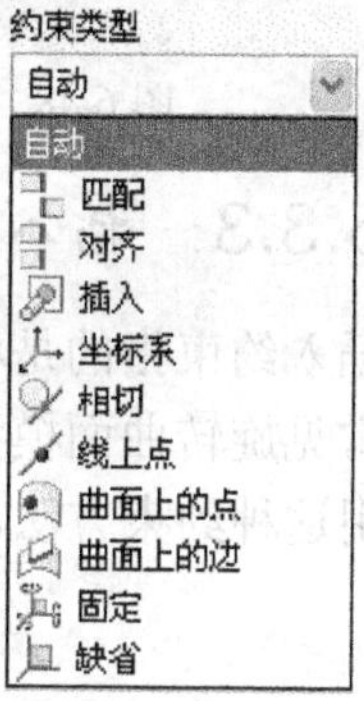

图 6-45 【约束类型】菜单

装配约束指的是零件之间的配合关系，用来确定各个元件的相对位置，也就是对零件自由度的限制。从空间角度来说，即是在 X、Y、Z 三个方向上限制零件，约束零件的 6 个自由度。在 Pro/ENGINEER 中提供了很多种约束，如匹配、对齐、插入、坐标系、相切、线上点、曲面上的点、曲面上的边、固定和缺省约束等，在【放置】上滑面板上如图 6-45 所示。

6.3.1 匹配约束

匹配约束指的是使两个选定平面或基准面互相指向对方，即两面相互平行或重合且法线方向相反。它可以分为 3 种情况：【重合】、【偏距】和【定向】，说明如下。

- 重合：指的是让两个平面位于同一个平面上，但法线方向相反，如图 6-46 所示。
- 偏距：指的是两个平面相互平行且法线方向相反，同时两平面之间相距一定的距离，如图 6-47 所示。
- 定向：定向和偏距相类似，只是平面间的距离未知，需要添加其他约束。

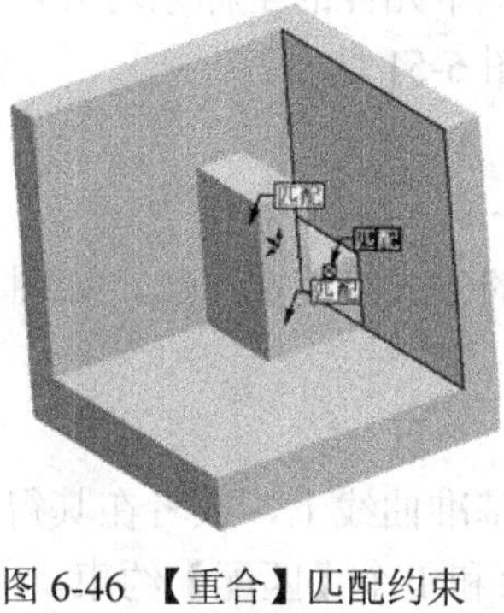

图 6-46 【重合】匹配约束

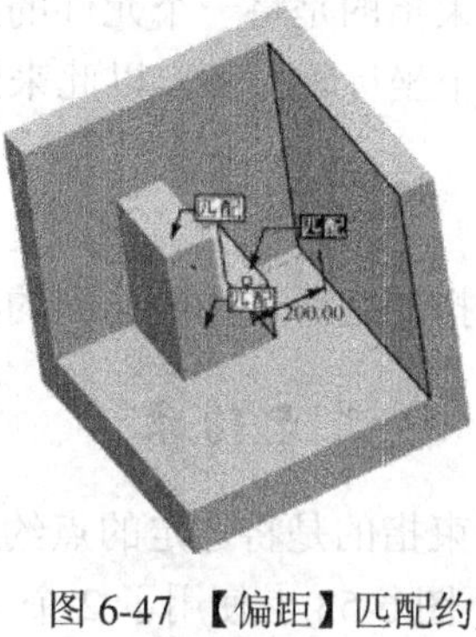

图 6-47 【偏距】匹配约束

6.3.2 对齐约束

对齐约束指的是将两个平面、两个轴或两个点定义为一个特征，并且两个特征的方向一致。在这里，对齐与对齐偏移唯一不同的是在两平面对齐时，相同两个平面可以有一段偏移。

图 6-48 所示的是两边对齐约束，图 6-49 所示的是两轴对齐约束。

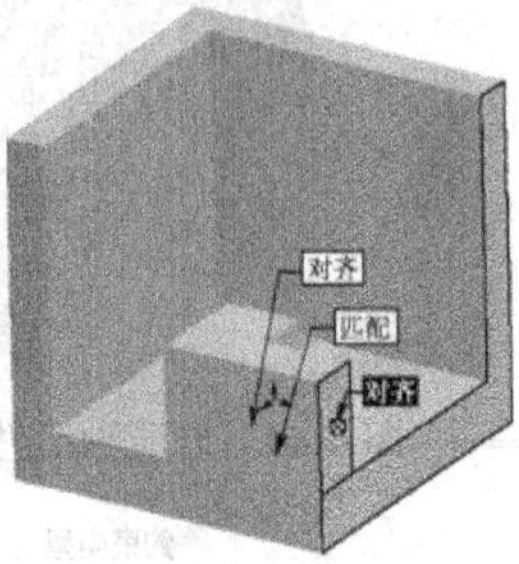

图 6-48 两边对齐约束

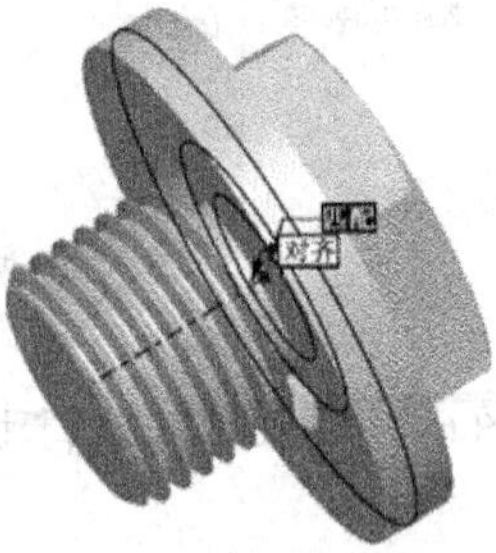

图 6-49 两轴对齐约束

6.3.3 插入约束

插入约束指的是将一个旋转曲面插入到另一个旋转曲面中，而且使得它们各自的轴共线。常见旋转曲面模型有圆柱、圆台和球体等。当无法选取轴线或不方便选取轴线时，可以使用这种约束方法，如图 6-50 所示。

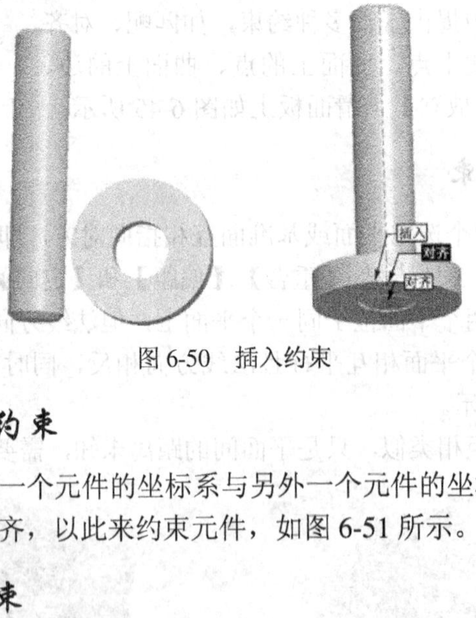

图 6-50 插入约束

6.3.4 坐标系约束

坐标系约束指的是将一个元件的坐标系与另外一个元件的坐标系对齐，从而使两个选定坐标系的每个坐标轴对齐，以此来约束元件，如图 6-51 所示。

6.3.5 相切约束

相切约束指的是所选择两曲面的参照面以相切的方式组装在一起，如图 6-52 所示。

6.3.6 线上点约束

线上点约束指的是将选定的点约束在边、轴或基准曲线上，或者在其得延长线上，如图 6-53 所示。图 6-53 上使用了 2 个【线上点】约束和 1 个【匹配】约束。

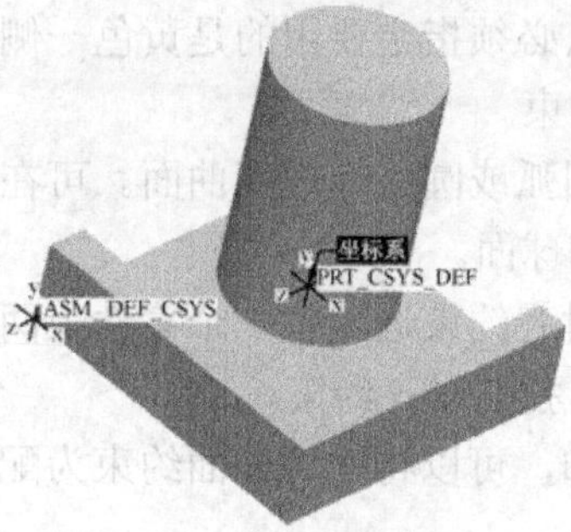

图 6-51　坐标系约束

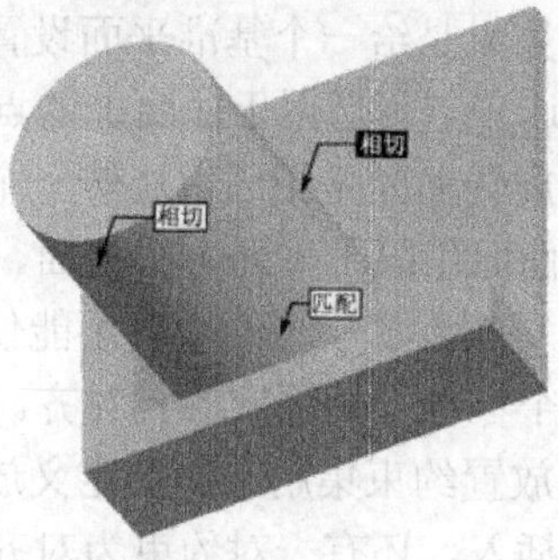

图 6-52　相切约束

6.3.7　曲面上点约束

曲面上点约束指的是将选定的点约束在选定的参考面上，参考面可以选取基准面、实体面等，如图 6-54 所示。

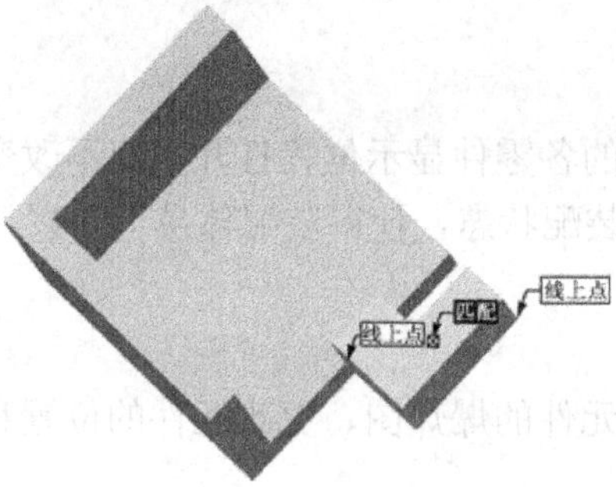

图 6-53　线上点约束

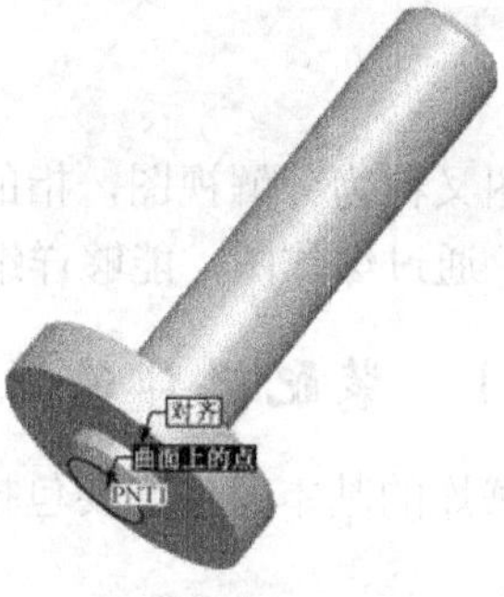

图 6-54　曲面上点的约束

6.3.8　曲面上边约束

曲面上边约束指的是将选定的边约束在选定的参考面上，如图 6-55 所示。

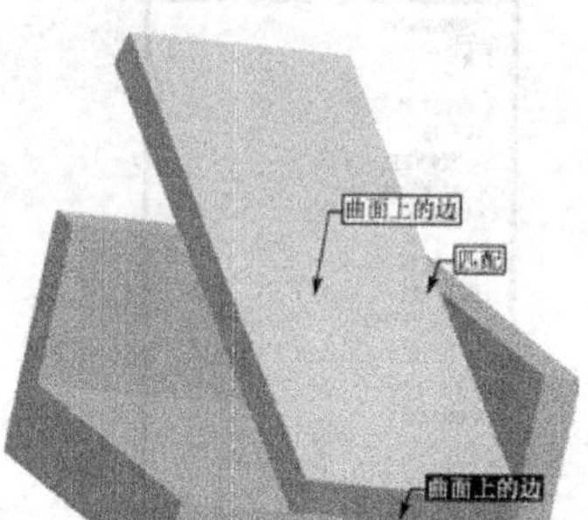

图 6-55　面上边的约束

6.3.9　默认约束

默认约束指的是将装配件绘图中心与被装配件绘图中心对齐或将它们的基准面相贴合。

6.3.10　放置约束原则

放置一个约束就是制定了一对参照的相对位置，放置约束时必须遵守的原则如下。

（1）匹配约束和对齐约束的两个参照的类型必须相同，如平面对平面、旋转对旋转、点对点、轴线对轴线等。

（2）当使用匹配偏移或对齐约束时，输入一个偏移值后，系统显示偏移方向。要选取相反方向，可输入一个负值或在图形窗口中拖动“拖动控制柄”。

（3）如果是给一个基准平面设置放置约束，那么必须指定要用的是黄色一侧还是红色一侧边。这一点不适用于曲面上的点和曲面上的边约束。

（4）旋转曲面是指通过旋转一个截面或者拉伸圆弧或圆所形成的曲面。可在放置约束中使用的曲面仅限于平面、圆柱面、圆锥面、环面和球面。

（5）一次添加一个约束。不能使用一个单一的对齐约束选项将一个零件上两个不同的孔与另一个零件上的不同的孔对齐。必须定义两个单独的对齐约束。

（6）放置约束集用来完全定义放置和方向。例如，可以将一对曲面约束为配对，另一对约束为插入，还有一对约束为对齐。

（7）对零件使用匹配偏移或对齐约束时，如果所选参照是平行的，Pro/ENGINEER 将会提供实际的放置偏移。如果所选参照不是平行的，Pro/ENGINEER 则提供默认偏移。可以接受系统的默认偏移，也可以输入偏移值。

6.4 装配爆炸图

爆炸图又称为分解视图，指的是将装配体的各零件显示位置打开，而不改变零件间的实际距离。通过爆炸图，能够详细地表达产品装配状态，使得装配体易于观察。

6.4.1 装配爆炸的基本操作

装配爆炸的基本操作主要包括打开和关闭元件的爆炸图、更改元件的位置和创建偏距线三部分。

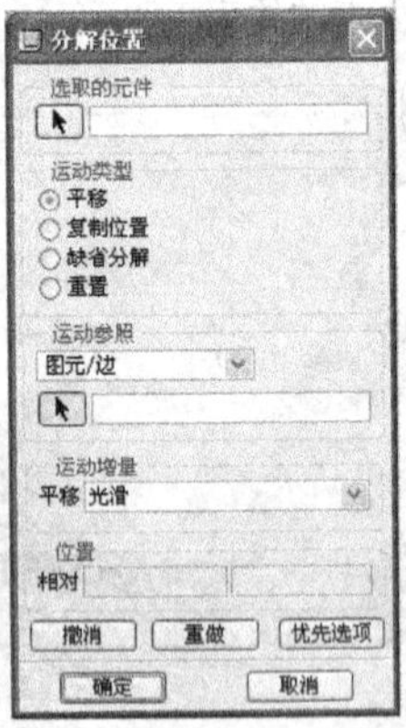

图 6-56 【分解位置】对话框

1. 打开和关闭元件的爆炸图

单击【视图】|【分解】选项，可以将已装配好的视图分解，形成爆炸图。当一个视图处于爆炸状态时，选择【视图】|【取消分解视图】选项，可以使其恢复到装配状态。

2. 更改元件的位置

在默认状态下生成的爆炸图往往不能清楚地表达整体结构，因此，还需要利用【编辑位置】选项来单独编辑每个元件的位置。单击【视图】|【分解】|【编辑视图】选项，弹出【分解位置】对话框，如图 6-56 所示，说明如下。

- 选取元件：指的是选取需要分解的零件或组件。
- 运动类型：指的是爆炸图中零件或组件的各种移动方式。主要有 4 种类型，【平移】指的是通过选择运动参照，确定移动方向后，直接拖到鼠标移动，将元件移到合适的位置；【复制位置】指的是可以将选好的零件或组件复制并移动到合适的分解位置；【缺省分解】指的是在系统默认的分解图位置放置所选零件或组件；【重置】指的是被选择的零件或组件重新回到分解时的位置。

- 运动参照：指的是零件或组件移动时的参考类型。这里共有 6 种参照类型，如图 6-57 所示。【视图平面】指的是选择当前视图平面作为元件移动时的参考；【选取平面】指的是选择一个平面作为元件移动时的参考；【图元/边】指的是选取一边或基准轴作为元件移动时的参考；【平面法向】指的是以平面或基准平面的法向方向作为元件移动时的参考；【2 点】指的是选择两个端点或基准点，用它们的连线方向作为元件移动时的参考；【坐标系】指的是选择基准坐标系的 X、Y、Z 轴作为元件移动时的参考。

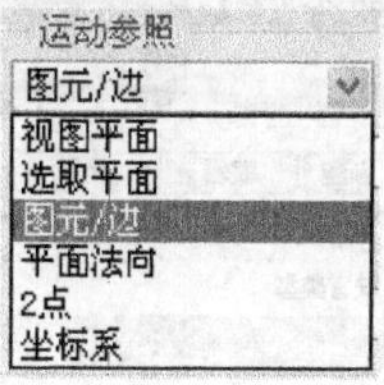

图 6-57 【运动参照】选项卡

- 运动增量：指的是显示零件或组件相对移动的尺寸增量。
- 相对位置：指的是显示零件或组件相对移动的相关尺寸变化量。

3. 创建偏距线

偏距线指的是用来标示元件原始位置和分解位置之间的轨迹线。单击【视图】|【分解】|【偏距线】选项，就可看到【偏距线】子选项有【创建】、【修改】、【删除】、【修改线体】和【设置缺省线体】，如图 6-58 所示。

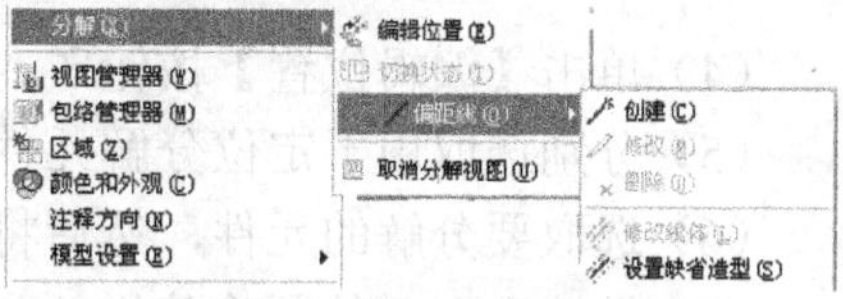

图 6-58 【偏距线】菜单

- 创建：指的是建立一个偏距线。选择菜单上的【创建】选项，弹出【图元选取】菜单，如图 6-59 所示。
- 修改：指的是修改已经建立好的偏距线。
- 删除：指的是可以删除选定的偏距线。
- 修改线体：指的是可以修改偏距线的颜色和线段类型，弹出【线体】对话框，如图 6-60 所示。

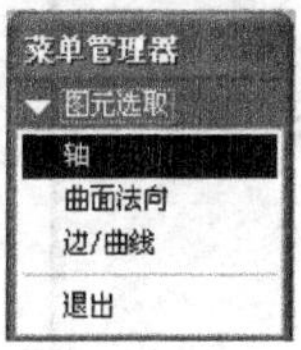

图 6-59 【图元选取】菜单

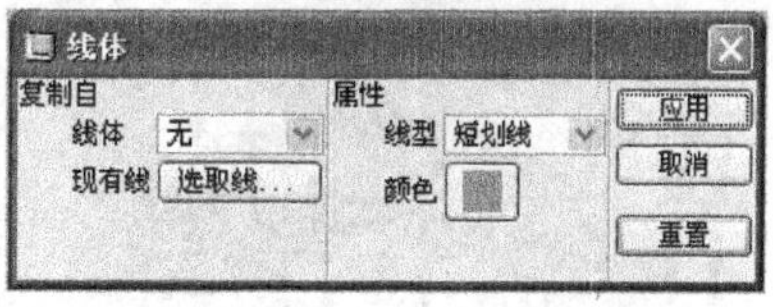

图 6-60 【线体】对话框

- 设置缺省线体：指的是可以设置系统默认偏距线的颜色及线段类型。

6.4.2 创建新的爆炸视图

创建新的爆炸视图的步骤如下。

（1）单击【视图】|【视图管理器】选项，弹出【视图管理器】对话框，如图 6-61 所示。

（2）单击【分解】选项卡，选择【新建】选项，出现分解视图的默认名称为 Exp000#，其中，#为流水号。可以更改名称，按回车键确认，如图 6-62 所示。

（3）单击【属性】选项卡，弹出【属性】选项卡，如图 6-63 所示。

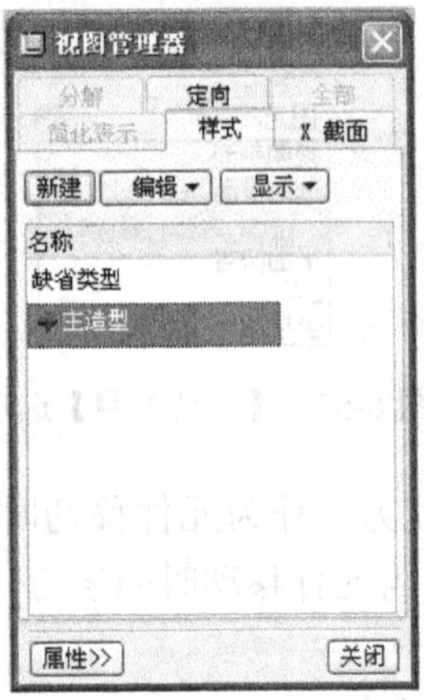

图 6-61 【视图管理器】对话框

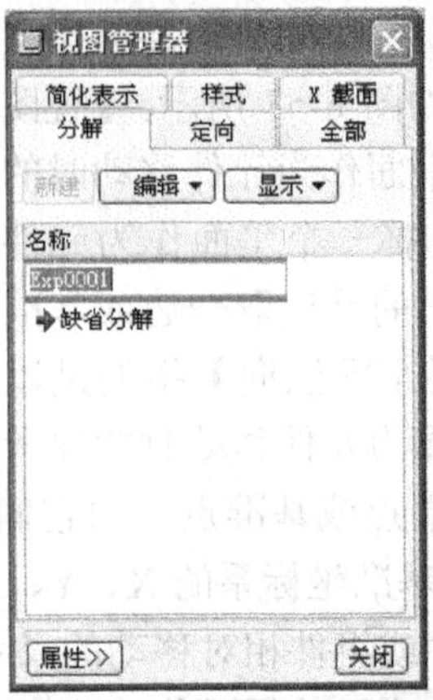

图 6-62 【新建】选项

图 6-63 【属性】选项卡

（4）单击【编辑位置】按钮，弹出【分解位置】对话框，如图 6-56 所示。

（5）分别选取用于定位分解元件的运动类型、运动参照等。

（6）选取要分解的元件，然后将其拖动到新位置。

（7）继续选取元件并将其拖动到分解视图中所需的位置，单击【确定】返回【视图管理器】对话框。

（8）单击【关闭】按钮，完成爆炸视图的创建过程。

6.4.3 装配爆炸图范例

（1）选取要进行创建爆炸图的机构，如图 6-64 所示。

（2）单击【视图】|【视图管理器】选项，弹出【视图管理器】对话框。单击【分解】选项卡，选择【新建】选项，所示修改名称，如图 6-65 所示。

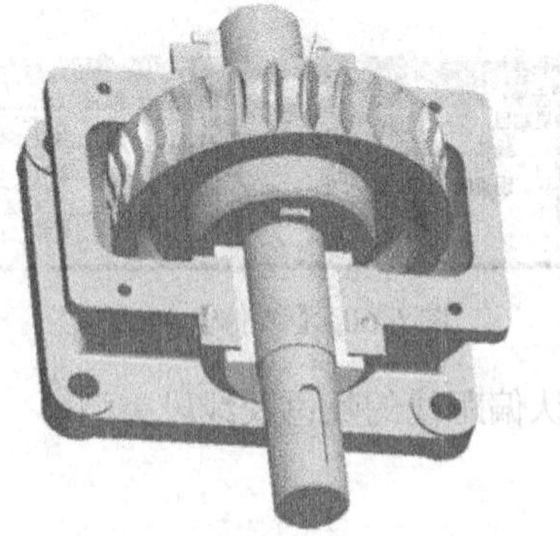

图 6-64 装配图

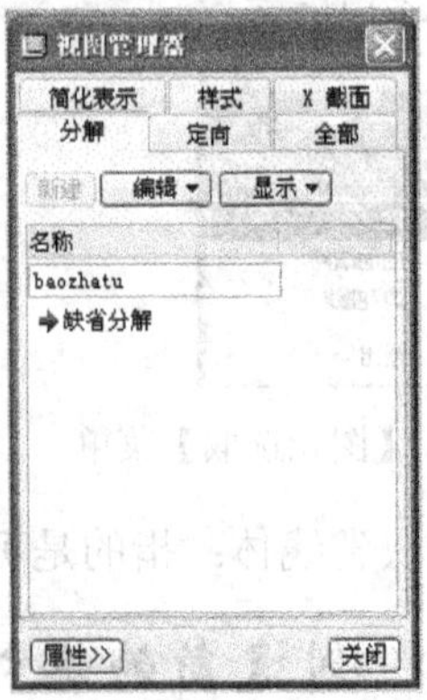

图 6-65 新建爆炸视图

（3）单击【属性】按钮，弹出【属性】选项卡，接着单击【编辑位置】按钮，弹出【分解位置】对话框。

（4）在弹出的【分解位置】对话框中，选取要偏移的元件至较好的视图位置，单击鼠标即可（可随意选取元件，但是尽量向同一方向依次偏移）。

（5）也可以对多个元件同时偏移，在【分解位置】对话框中单击【优先选项】功能，弹出【优先选项】对话框和【选取】对话框，分别如图 6-66 和图 6-67 所示。选择【移动多个】选项，然后单击【关闭】按钮。接下来，按住 Ctrl 键选取零件。选取完成后，单击【选取】对话框中的【确定】按钮。

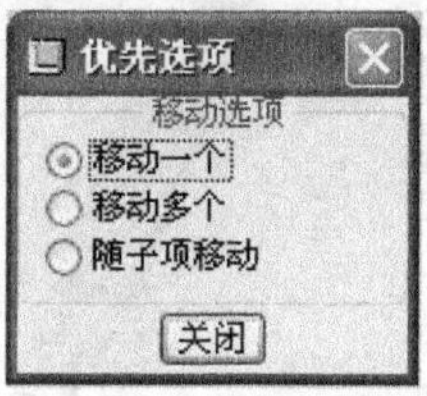

图 6-66 【优先选项】对话框

图 6-67 【选取】对话框

（6）选择【窗口】|【关闭】选项，关闭当前活动窗口。完成后的爆炸图如图 6-68 所示。

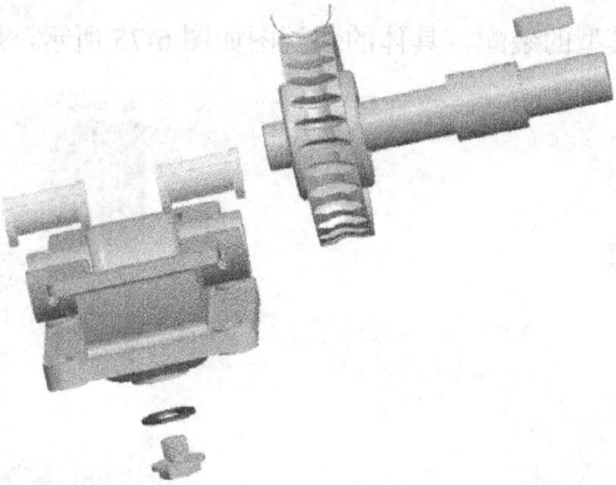

图 6-68　爆炸图

6.5　习题

1．完成支撑架组件模型的装配，具体的装配图如图 6-69 所示，爆炸图如图 6-70 所示。

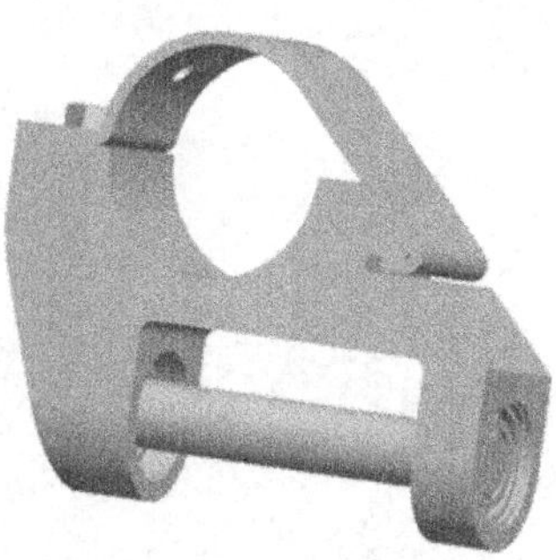

图 6-69　支撑架装配

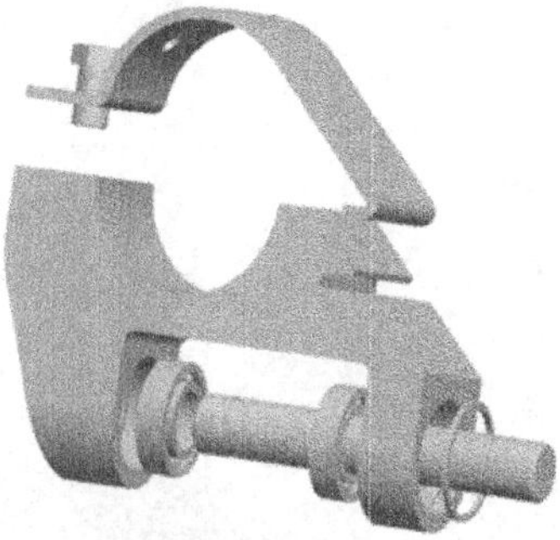

图 6-70　支撑架爆炸图

2．完成手电筒模型的装配，具体的装配图如图 6-71 所示，爆炸图如图 6-72 所示。

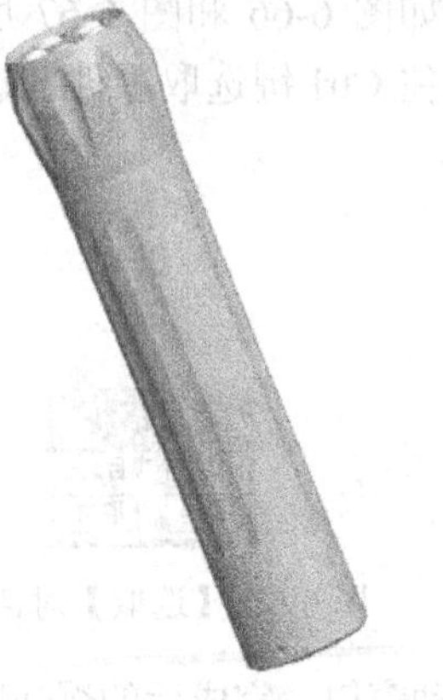

图 6-71　手电筒装配图

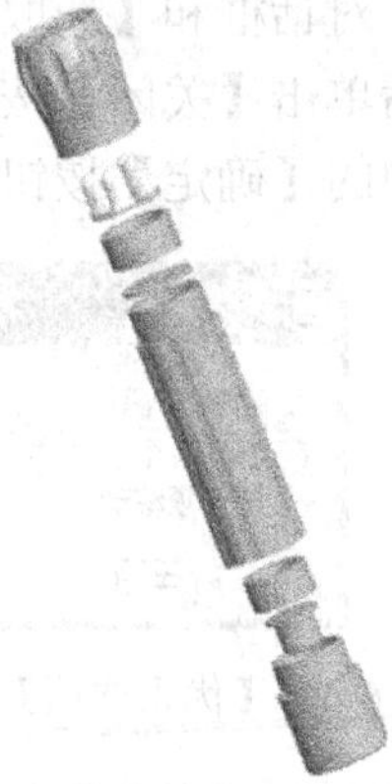

图 6-72　手电筒装配图

3．完成活塞连杆模型的装配，具体的装配图如图 6-75 所示，爆炸图如图 6-74 所示。

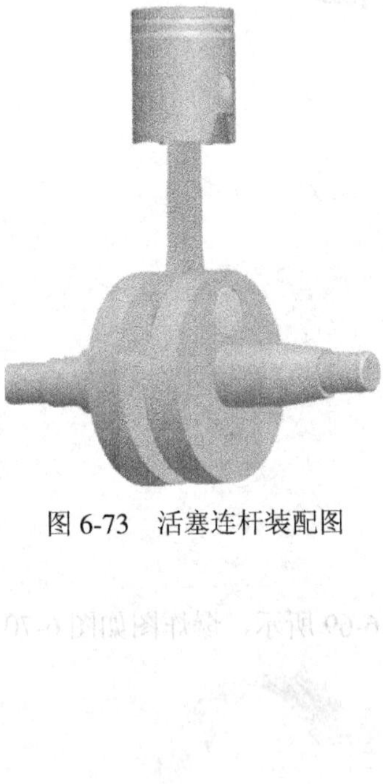

图 6-73　活塞连杆装配图

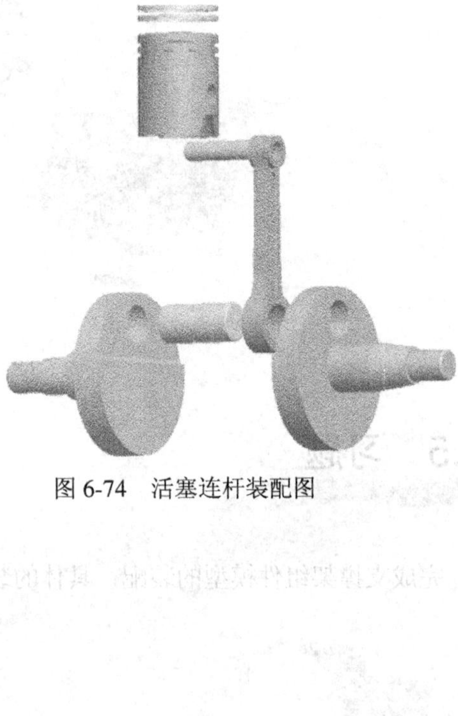

图 6-74　活塞连杆装配图

第7章

Pro/NC 加工

7.1 Pro/ENGINEER 数控加工基础

7.1.1 Pro/NC 模块简介

计算机辅助数控加工编程 CAM（Computer Aided Manufacturing）是 CAD/CAM 系统中的重要模块。在机械行业中用到的 CAM 模块功能主要是数控加工（NC 加工）。

20 世纪 80 年代前苏联从日本东芝公司引进了一套五坐标数控系统及数控软件 CAMMAX，加工出高精度、低噪声的潜艇推进器，从而使西方的反潜系统完全失效，损失惨重。东芝公司因违反了“巴统”协议，擅自出口高技术产品，而受到了严厉的制裁。这就是著名的“东芝事件”。然而，在这一事件中出尽风头的 CAMMAX 软件就是一种数控加工模块。

目前，在我国应用较为广泛的数控加工软件主要有 Pro/ENGINEER、UG、CATIA、MasterCAM 等。Pro/ENGINEER 中的 CAM 制造模块是 Pro/NC 模块。

在 Pro/ENGINEER 的 CAD 模块中设计好的三维产品若直接在机床上加工，将面临两个问题：一是数控程序编写困难，有些几何形状不太复杂的产品加工可以由技术人员直接编写数控加工程序，但对于形状较复杂的产品，尤其是具有空间复杂曲面的产品，不仅数值计算繁琐，工作量大，还容易出错且很难校对，在这种情况下仅仅使用手工编程已不能满足生产要求；二是在加工过程中可能出现撞刀现象，即使在加工之前进行试切，仍无法避免加工干涉及刀具的损坏。

Pro/NC 模块却能很好地解决上述两个问题。该模块将 CAD 模块中建立的零件直接导入 Pro/NC 模块，通过设定相应制造参数，软件将会对零件进行自动编程，并通过后置处理生成机床所能识别的 G 代码，从而解决了手动编程工作量大的问题。此外，该模块还具有加工仿真功能，借助这项功能可以及时发现实际加工中的干涉、过切等潜在问题。

7.1.2 Pro/NC 的基础

1. Pro/NC 加工的基本步骤

Pro/NC 加工的基本步骤如图 7-1 所示。首先利用 CAD 模块或 Pro/NC 模块本身的造型功能，构建出零件（参照模型）及所用坯料（工件）的几何形状。然后对零件进行工艺分析，确定加工方案，完成机床和刀具的选择、工艺参数设定等。通过仿真加工并检查无误后，自动计算并生成刀位轨迹文件（包括每次走刀运动的坐标数据和工艺参数），然后利用后置处理功能生成适应某一具体数控机床要求的零件数控加工程序（即 NC 加工程序），该加工程序可以通过控制介质（如磁带、磁盘等）或通讯接口送入机床的控制系统。

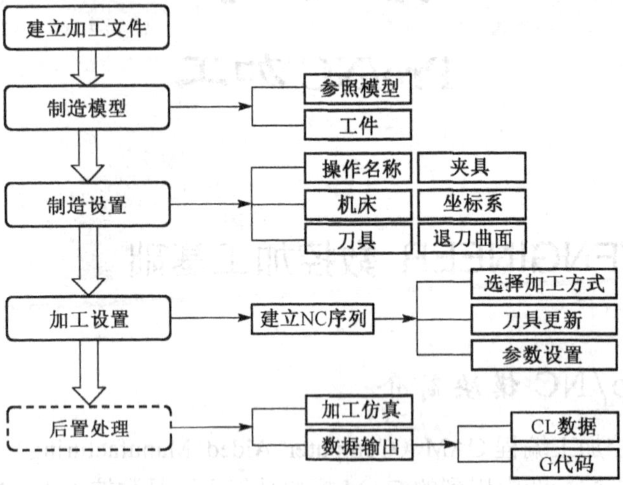

图 7-1 Pro/NC 加工流程图

接下来，将以例题的形式分别对流程图的每个步骤进行详细说明。

【例 7-1】 新建一个名为 mfg0001.mfg 的加工文件。

解：

打开 Pro/ENGINEER 软件，在主窗口的工具栏中单击【新建】图标，弹出【新建】对话框，如图 7-2 所示。在【类型】选项中选择【制造】，在【子类型】选项中选择【NC 组件】。名称栏中已经有一个系统默认的 NC 加工制造名 mfg0001，也可以输入新的名称，新名称应由数字和字母组成，中间不含空格。去除【使用缺省模板】前面的勾，单击【确定】。在接下来的【新文件选项】窗口中将默认的英制模板 inlbs_mfg_nc 改为公制模板 mmns_mfg_nc，单击【确定】按钮，如图 7-3 所示。

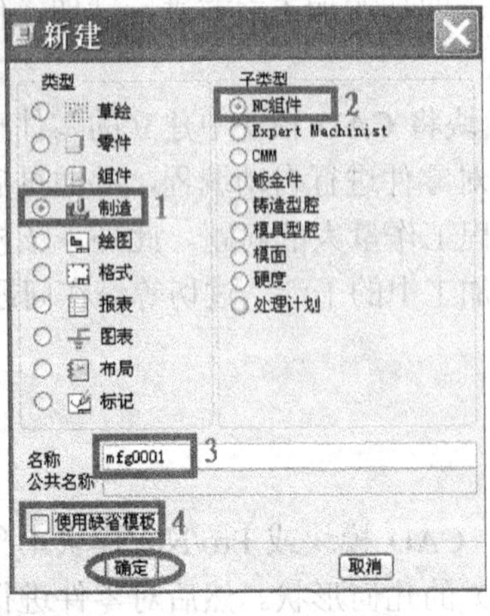

图 7-2 【新建】窗口

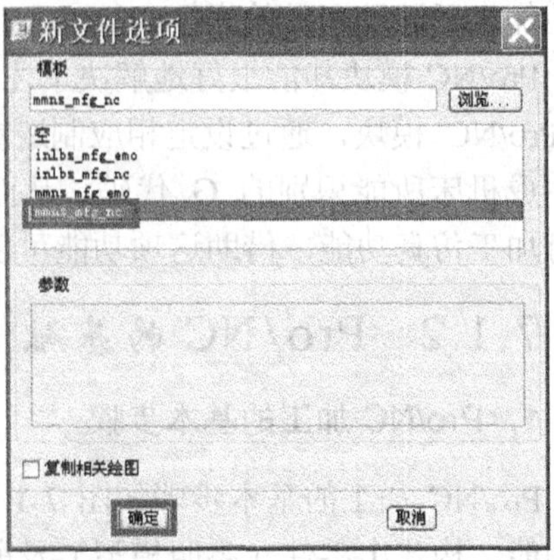

图 7-3 公制模板

2．Pro/NC 加工的基本概念

建立加工文件后，接下来需要建立制造模型。制造模型包括参照模型和工件两个基本概念，它们是加工的基础。

1）参照模型

参照模型是指加工后要得到的零件，是设计的最终产品。Pro/ENGINEER 依据参照模型来计算数控加工轨迹。当参照模型发生变化时，所有相关的加工操作都将进行相应的变化。

接下来，以图 7-4 所示零件为例，介绍在 Pro/NC 模块中创建参照模型的过程。

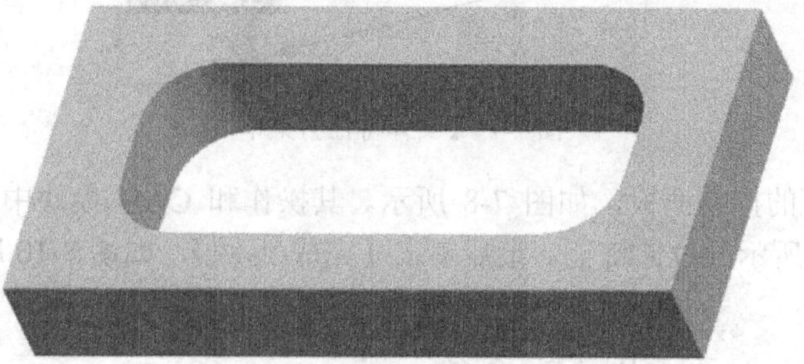

图 7-4 参照模型

【例 7-2】 在加工文件 121.mfg 中创建一个参照模型 121_1.prt。

解：

首先，按照【例 7-1】的方法新建一个名为 121.mfg 的加工文件。

接下来，参照模型 121_1.prt 有两种创建方法：可以直接在 Pro/NC 模块中创建，也可以调用已有的零件。

方法一：直接在 Pro/NC 模块中创建参照模型 121_1.prt。

在菜单管理器中单击【制造模型】|【创建】|【参照模型】，如图 7-5 所示。在上方对话栏中输入参照模型的名称“121_1”后打勾，如图 7-6 所示。

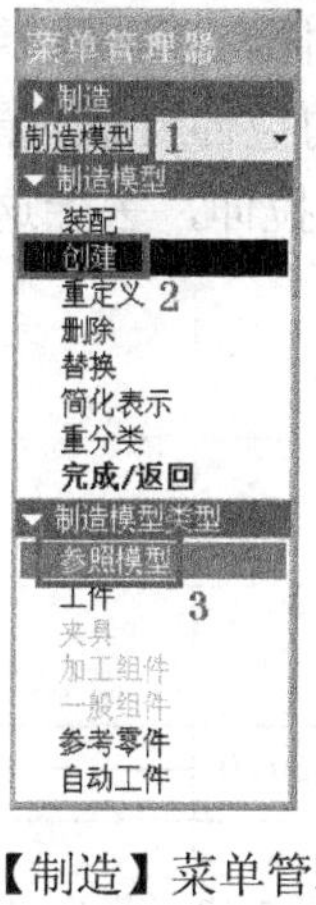

图 7-5 【制造】菜单管理器

图 7-6 【参照模型】对话栏

在接下来的菜单中，单击【加材料】|【完成】，如图 7-7 所示。

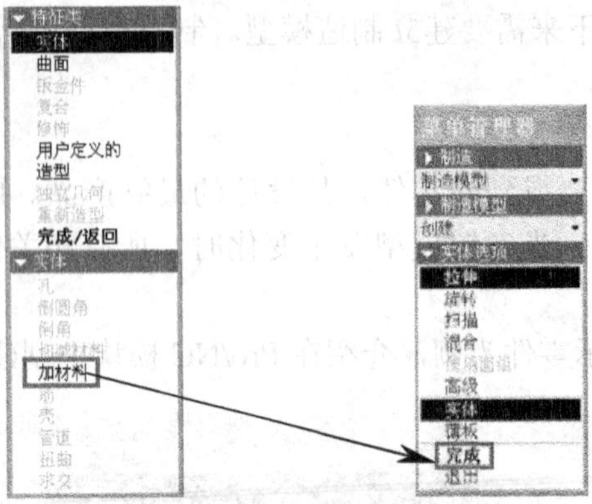

图 7-7 【实体特征】菜单

出现拉伸特征的控制面板，如图 7-8 所示。其操作和 CAD 模块中的拉伸操作完全相同。建立如图 7-9 所示的拉伸特征。最后单击【完成/返回】，如图 7-10 所示。

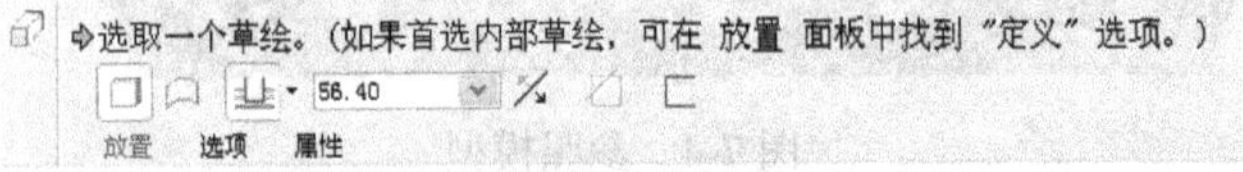

图 7-8 拉伸控制面板

图 7-9 拉伸特征

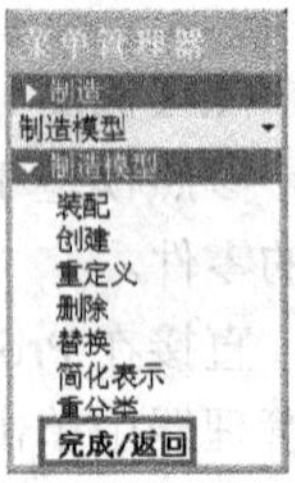

图 7-10 制造模型菜单

如果需要继续加材料，则重复上述步骤即可。接下来用拉伸特征去除零件中间的部分，在主菜单中单击【插入】|【拉伸】，如图 7-11 所示。这时的拉伸特征只能去除材料，不能添加材料。在 TOP 面上建立草绘，如图 7-12 所示。对草绘拉伸，去除这部分材料。

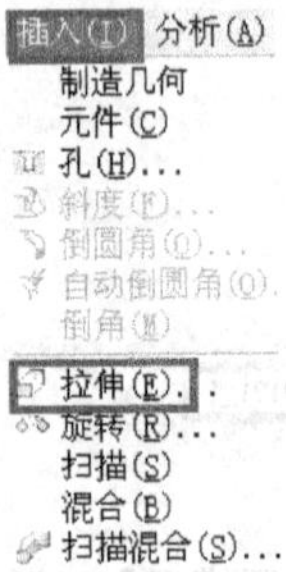

图 7-11 【拉伸】菜单

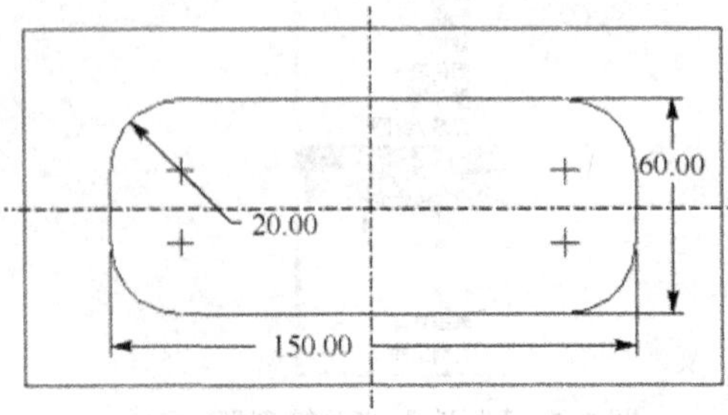

图 7-12 草绘

单击【保存】图标，打开工作目录，发现工作目录中不仅保存了 121.mfg 加工文件，还有 121.asm 装配文件和 121_1.prt 零件文件。由于 121.mfg 加工文件需要调用后两个文件中的信息，因此它们不可删去。在复制文件时也应将这三个文件一起复制，否则将出现信息缺失的现象，无法打开文件。

方法二：装配已有零件 121_1.prt 作为参照模型。

由方法一可体会到，在 Pro/NC 模块中直接建立零件尤其是具有曲面结构的复杂零件存在着诸多不便，因此可以考虑先在 CAD 模块中将零件建立好，再由 Pro/NC 模块调用。

在方法一中已经建立好了 121_1.prt 零件文件，删去工作目录中的 121.mfg 和 121.asm 文件，然后重新建立一个加工文件 121.mfg 来调用 121_1.prt 零件文件。

在菜单管理器中单击【制造模型】，在图 7-5 中选择【装配】|【参照模型】，并选择打开工作目录下的 121_1.prt 文件。如图 7-13 所示，界面上方出现装配约束控制面板，要求将该参照模型完全约束，这里选择【缺省】并打勾。在弹出的【创建参照模型】窗口中单击【确定】按钮，在菜单中单击【完成/返回】，参照模型就创建好了。

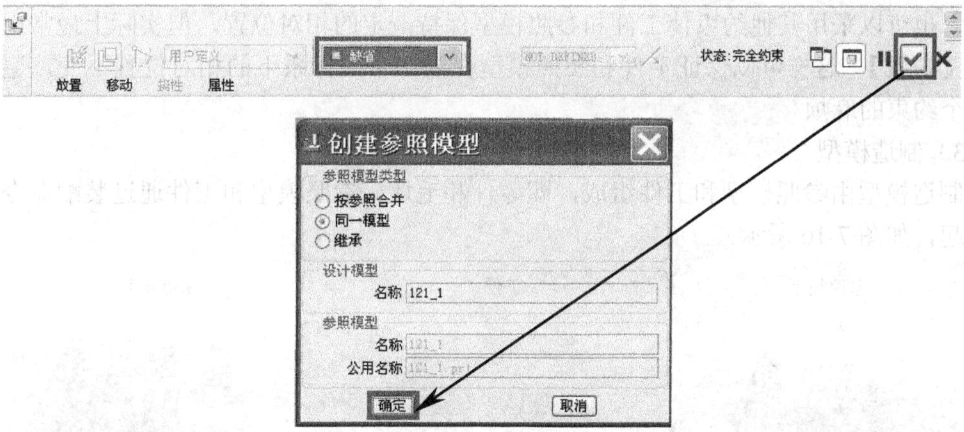

图 7-13 装配参照模型

2）工件

工件是指尚未加工成参照模型的毛坯。在工件上能模拟出材料的切削加工情况。工件可以不用创建，但如果后期需要对加工过程进行 VERICUT 仿真加工和过切检测等，就必须设置工件。

和参照模型一样，简单的工件可以直接在 Pro/NC 模块中创建，而复杂的工件可先由 CAD 模块设计，再装配到 Pro/NC 模块中。

【例 7-3】 在【例 7-2】的基础上再新建一个工件 121_2.prt，如图 7-14、图 7-15 所示。

解：

步骤一：创建工件。

工件和参照模型的创建方法十分相似，有所不同的是在图 7-5 中应选择【工件】选项。建立工件 121_2.prt，拉伸一个与参照模型位置相同的长方体，建立如图 7-14 所示的工件。由于参照模型是对工件进行切削操作后得到的产品，所以工件必须比参照模型大。在建立工件时，一定要注意包络整个参照模型，如图 7-15 所示。

图 7-14 工件

图 7-15 工件、参照模型装配图

另外，单击图标也可以自动生成工件，采用这种方法更为快捷。但要注意有时候生成的工件不一定符合要求，这时就需要重新创建符合要求的工件。

步骤二：装配工件。

工件的装配和参照模型的装配方法也是一样的，在图 7-5 中的第 2 步选择【装配】|【工件】，并选择打开步骤一中已创建的工件 121_2.prt。在装配约束控制面板中同样选择【缺省】并打勾。在弹出的【创建参照模型】窗口中单击【确定】，单击【完成/返回】。当然，也可以采用其他约束使工件和参照模型保持一定的相对位置，但实际上最常用的约束是【缺省】，这样可以保证工件和参照模型在同一个坐标系下的相对位置不变，避免设置多个约束的麻烦。

3）制造模型

制造模型由参照模型和工件组成，即零件和毛坯。参照模型和工件通过装配命令装配在一起，如图 7-16 所示。

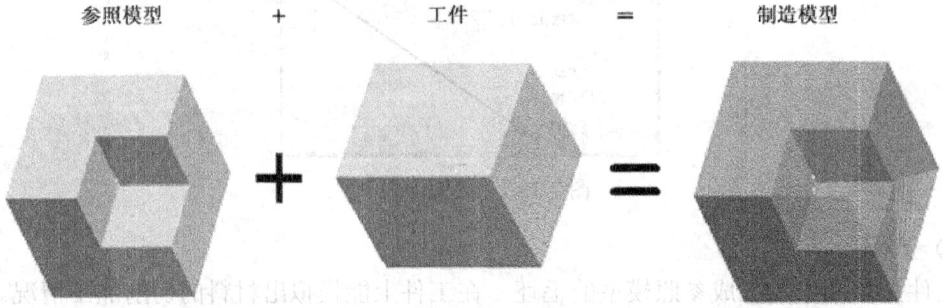

图 7-16 制造模型

加工时，材料的切削过程是在工件上模拟的，制造模型中的透明绿色表示工件上需要切削的部分。加工后工件的几何形状应与参照模型一致。

图 7-17 制造模型

【例 7-4】 在加工文件 123.mfg 中新建一个制造模型，如图 7-17 所示。

解：

（1）新建加工文件 123.mfg。如图 7-18 所示，单击【新建】图标，在新建窗口进行相应设置，并选择公制模板。接下来新建制造模型。参照模型采用装配的方法来建立，而工件采用创建的方法来建立。

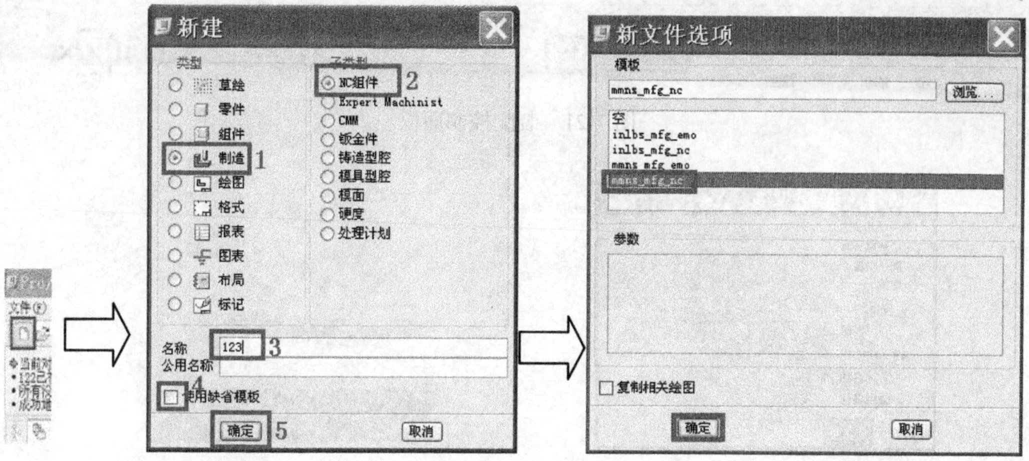

图 7-18　新建加工文件

（2）装配已有参照模型。将已经创建好的参照模型零件 123_1.prt 复制到工件目录。在菜单管理器中单击【制造模型】|【装配】|【参照模型】，如图 7-19 所示。

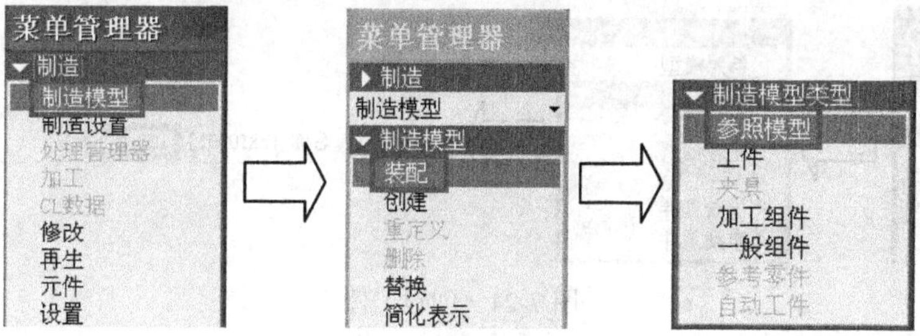

图 7-19　装配参照模型

如图 7-20 所示，打开工作目录，选择参照模型 123_1.prt，单击【打开】按钮。

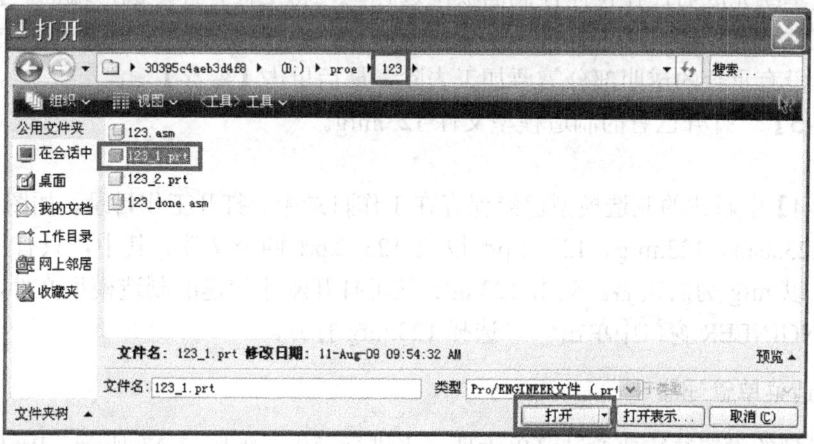

图 7-20　打开窗口

在装配控制面板上选择【缺省】，打勾，并在【创建参照模型】窗口中单击【确定】按钮。参照模型出现在主窗口，如图 7-21、图 7-22、图 7-23 所示。

图 7-21 装配控制面板

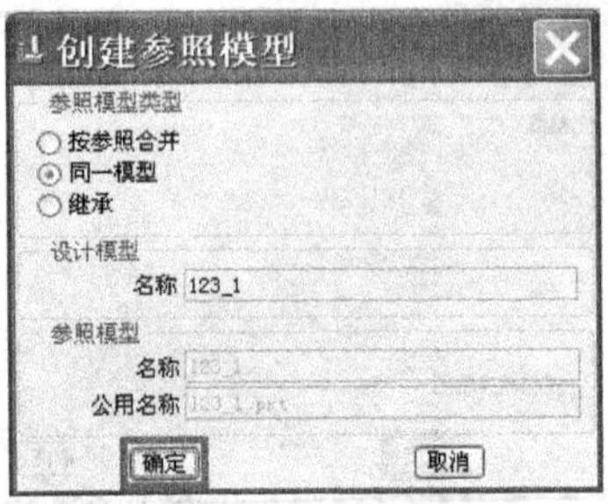

图 7-22 创建参照模型窗口

图 7-23 参照模型

（3）创建工件。接下来在参照模型的基础上创建工件 123_2.prt。如图 7-24 所示，在【制造模型】菜单中单击【创建】|【工件】，并输入工件名 123_2。

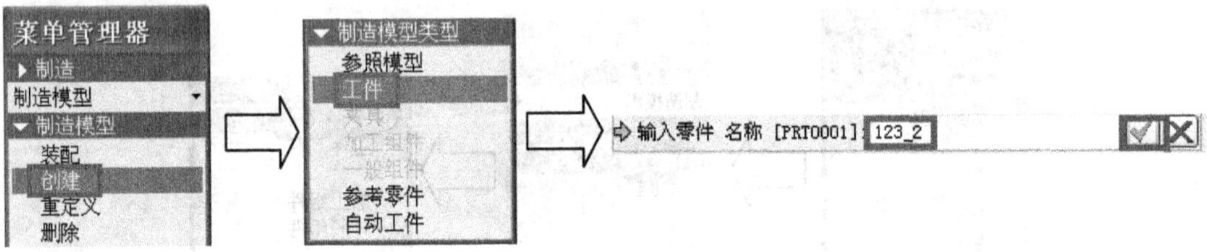

图 7-24 创建工件

如图 7-25 所示，单击【加材料】|【完成】，进入拉伸操作。选择参照模型的 TOP 面进行草绘，在弹出的参照窗口任选两条垂直的线作为参照。利用□工具选择参照模型外围的四条边。草绘完成后，在拉伸控制面板上选择⊥，将工件拉伸至圆形端面。打勾退出拉伸操作，工件建立完毕。灰色部分是事先建立的参照模型，绿色部分是工件，它们大部分是重合的，没有重合的透明部分需要加工去除。最后单击【保存】。

【例 7-5】 打开已有的制造模型文件 123.mfg。

解：

【例 7-4】中新建的制造模型已经保存在工作目录中。打开工作目录，如图 7-26 所示，可以看到 123.asm、123.mfg、123_1.prt 以及 123_2.prt 四个文件。其中，只有 123.mfg 是加工文件，以 mfg 为后缀名。双击 123.mfg 就可打开刚才创建的制造模型文件，或在已打开的 Pro/ENGINEER 窗口中单击，选择 123.mfg 打开。

3. 制造菜单管理器

制造模型的设置往往要通过菜单管理器来进行操作，如图 7-27 所示。Pro/NC 模块的界面跟其他模块有很大区别，它没有完全图标化，而是保持了原有的菜单风格，许多初学者会对这种风格不太适应。

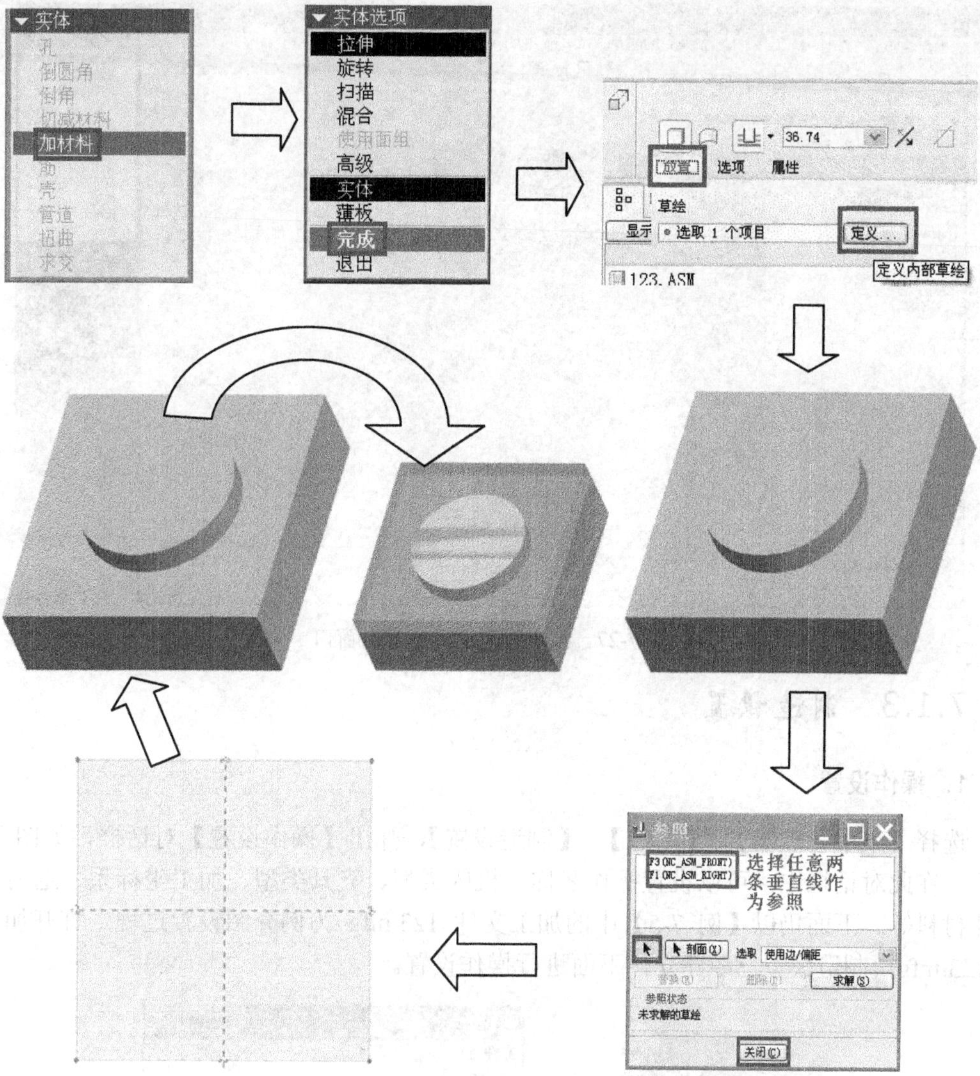

图 7-25　拉伸工件操作

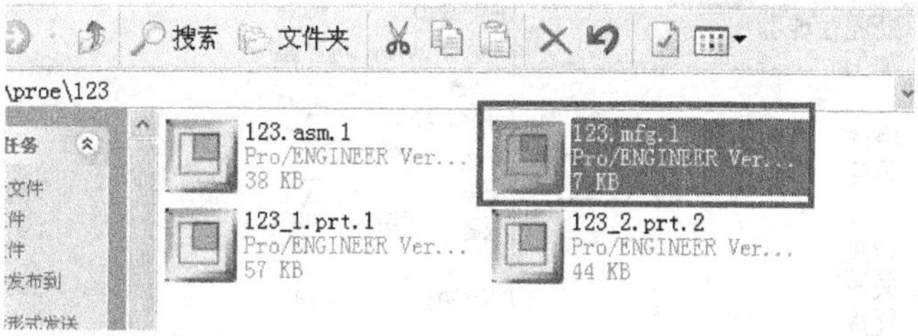

图 7-26　工作目录

菜单管理器可以被随意拖动到任何位置。建议不要把主界面窗口最大化，以免菜单管理器挡住主界面上的按钮，影响操作。

利用菜单管理器，不仅能创建制造模型，还可以对制造设置、加工参数等进行设置。

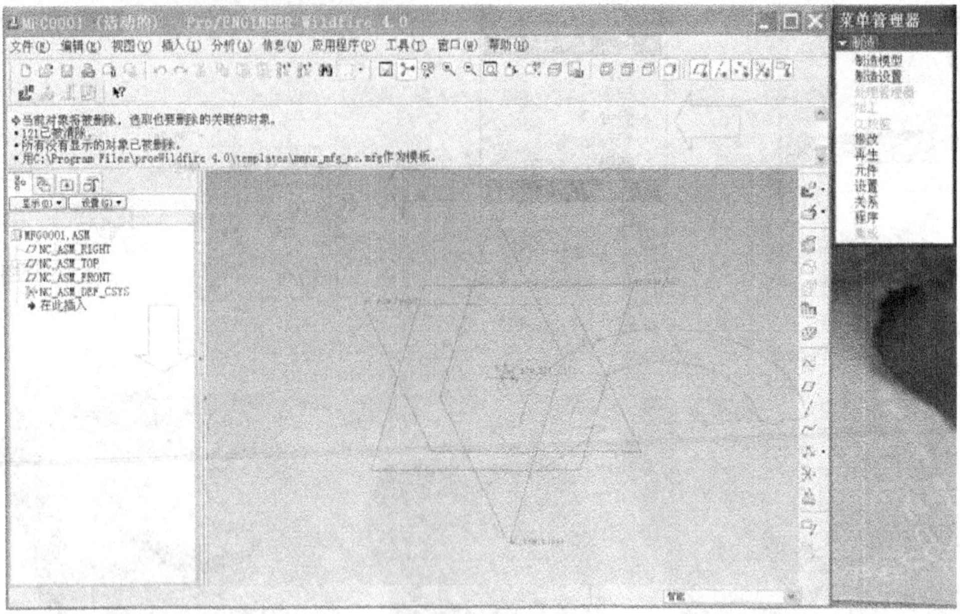

图 7-27　菜单管理器及主界面窗口

7.1.3　制造设置

1．操作设置

选择【菜单管理器】|【制造】|【制造设置】，弹出【操作设置】对话框，如图 7-28 所示。在此对话框中，可以设置操作名称、机床类型、夹具类型、加工坐标系、退刀面及坯件材料等。下面仍以【例 7-5】中的加工文件 123.mfg 为例介绍设置过程。打开加工文件 123.mfg，制造模型已经建立，下面进行操作设置。

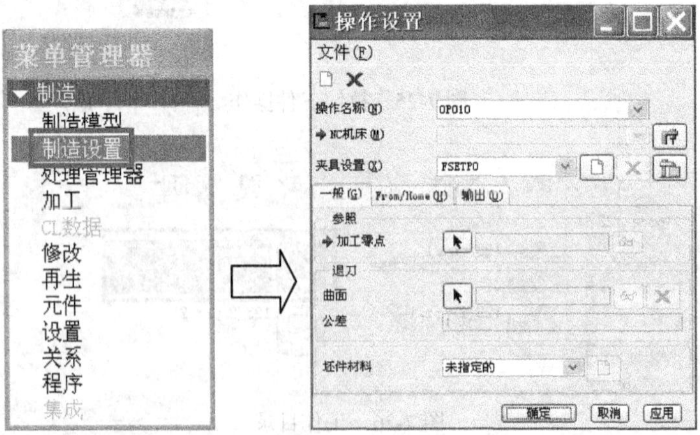

图 7-28　操作设置

2．机床设置

在图 7-28 的操作设置窗口中单击 ，弹出图 7-29 所示窗口，对机床进行设置。在【机床类型】栏可以选择铣床、车床、线切割加工及铣、车综合加工中心等机床，在【轴数】栏可依选择的加工机床类型选择 2 轴、3 轴、4 轴及 5 轴。各种加工机床分别有其适用的加工序列，应依照加工目的及所设计的加工工艺选择适用的加工机床。在本例中【机床类型】和【轴数】都采用默认值“铣削”和“3 轴”。

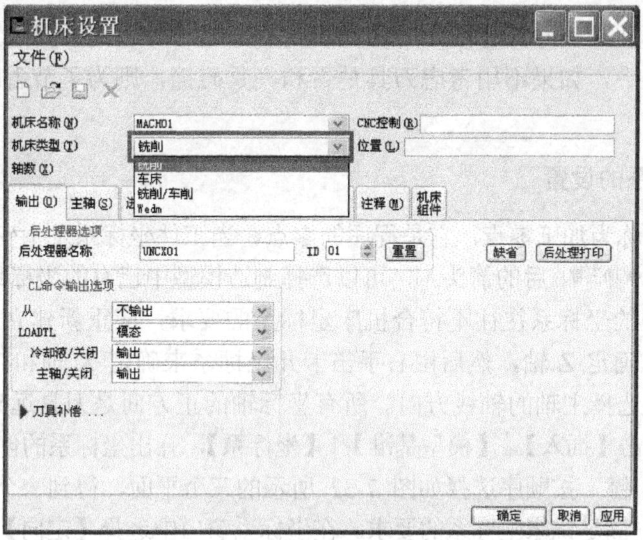

图 7-29　机床设置

3．刀具设置

在【机床设置】对话框中单击【切削刀具】选项卡，单击，弹出刀具设定窗口，如图 7-30 所示。在【类型】栏单击下拉按钮可以看到，有很多种刀具供选择。由于前面选择的机床是铣床，这里出现的都是铣削刀具。各种刀具参数应根据工件材料的性能、机床的加工能力、加工工序的类型、切削用量，以及其他与加工有关的因素来选择。

首先，设置刀具名称，采用默认的 T0001，指 1 号刀具。如果以后要增加新的刀具，应注意更改刀具名称，如 T0002，否则将直接替换 1 号刀具的参数。【类型】选择“端铣削”。接下来对端铣削刀具的尺寸参数进行设置，这里采用默认尺寸。单击【应用】后，在左边的窗口可以看到刀具已经添加好了，单击【确定】退出。

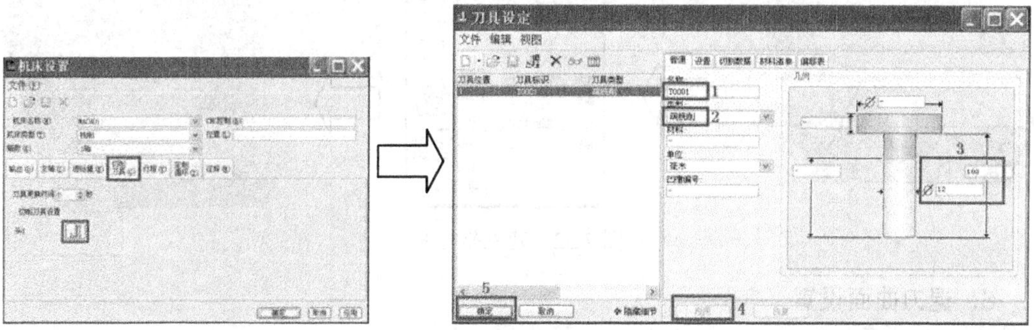

图 7-30　刀具设置

机床和刀具也可以通过在【菜单管理器】中选择【制造】|【制造设置】|【工作机床】或【刀具】，进行工作机床或刀具的参数设置。另外，刀具在创建 NC 序列时还可以再次修改设置。

4. 夹具设置

在图 7-28 中单击可以进行夹具设置。夹具在加工时起到了固定工件的作用。在一般的加工设计过程中，如果不用考虑刀具是否和夹具碰撞，则为了节省时间可以不进行夹具的设置。

5. 工件坐标系的设置

工件坐标系也称为加工零点，它是程序的零点。当工件坐标系发生变化时，NC 加工程序也会改变。单击➔加工零点后的箭头，可以选择制造模型中已有的坐标系作为加工零点。

但制造模型中的坐标系往往不符合机床坐标系的要求，应重新建立一个坐标系。在确定坐标轴时，首先确定 Z 轴，然后由右手笛卡儿坐标系来确定 X 轴和 Y 轴。对于铣削加工来说，Z 轴一般选择主轴的轴线方向。所有坐标轴的正方向是刀具远离工件的方向。

在主菜单中单击【插入】|【模型基准】|【坐标系】，弹出坐标系的创建窗口，如图 7-31 所示。按住“Ctrl”键，按顺序选择如图 7-32 所示的三个平面，得到一个坐标系，其中显然只有 Z 轴的正方向满足铣床坐标系的要求。在坐标系窗口中选择【定向】选项卡，单击两个【反向】按钮，使 X 轴、Y 轴反向，得到符合要求的坐标系。选择该坐标系作为加工零点。

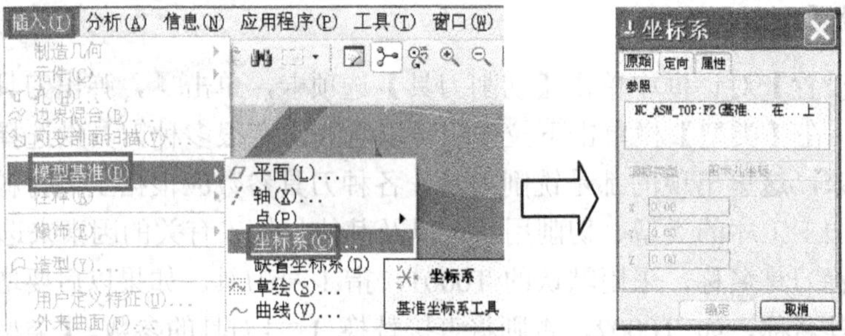

图 7-31 新建坐标系

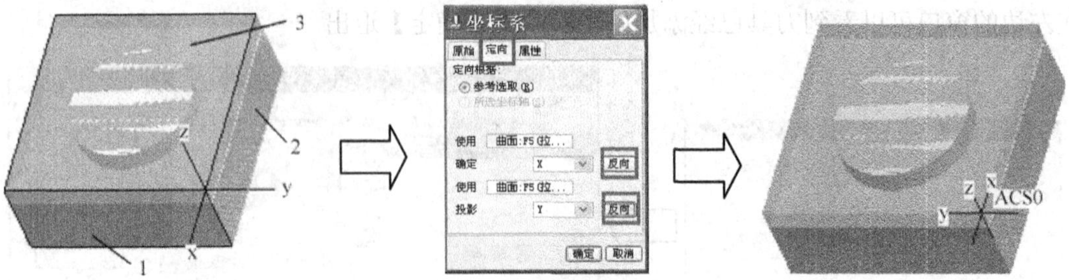

图 7-32 建立坐标系

6. 退刀曲面设置

加工完一个区域后，刀具需要退离工件一定高度，再沿退刀面横向移动到另一个区域加工。退刀面可以是平面，也可以是曲面。在一般的铣削加工中，退刀面选择垂直于 Z 轴的平面即可。在操作设置窗口中单击“退刀”栏中的箭头按钮，系统弹出【退刀设置】窗口，如图 7-33 所示。本例中退刀面类型选择“平面”，并设置其沿 Z 轴的深度为 10。单击【确定】后，可以单击【退刀】栏中的 按钮查看刚才所创建的退刀曲面。单击【确定】，退出并返回菜单管理器。

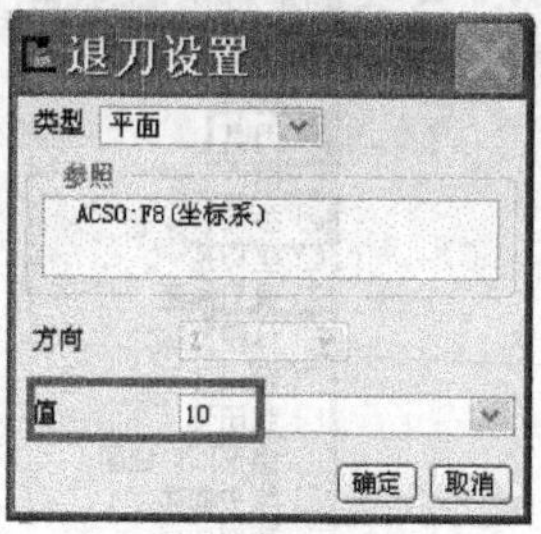

图 7-33　设置退刀曲面

7.1.4　加工设置

1. NC 序列的设置

在【操作设置】中已经设置了机床类型，根据用户设定的机床不同，NC 序列也不一样。由于本例中设定的是 3 轴铣床，因此 NC 序列有体积块、局部铣削、曲面铣削等。如果选择的是车床，NC 序列就会不一样。本例中选择体积块加工 NC 序列，具体操作是：主菜单中单击【加工】|【NC 序列】|【体积块】|【完成】，如图 7-34 所示。

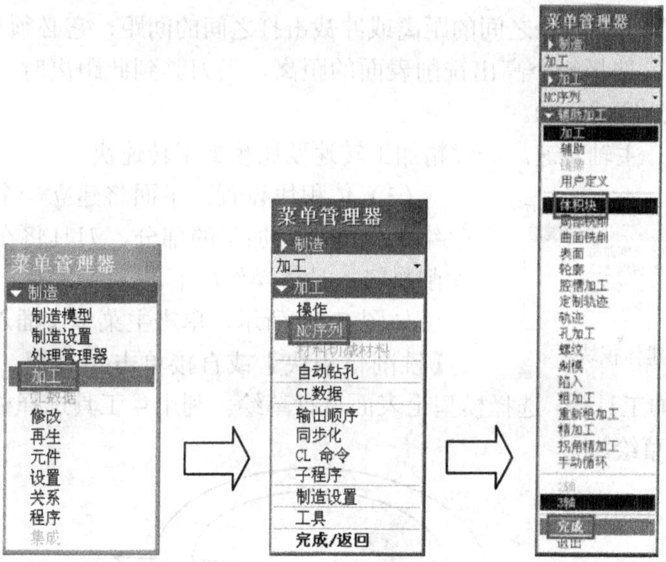

图 7-34　设置 NC 序列

2. 加工参数设置

在接下来弹出的【序列设置】菜单中将对各种加工参数进行设置。这里采用系统默认设置刀具、参数及体积，如图 7-35 所示。

（1）刀具设置。单击【完成】后，首先弹出的是刀具窗口，由于前面已经对刀具进行了设置，因此如果不想对刀具进行更改，可直接单击【确定】关闭窗口。

（2）参数设置。接下来弹出制造参数窗口，设定值如图 7-36 所示。参数窗口中所有粉色表示的部分必须输入值，而所有标有“-”符号的选项可不设定。

参数会随 NC 序列的不同而变化。在体积块加工中，常用的参数有以下几个。

- 切削进给量：所有 NC 序列切割动作的进给率。

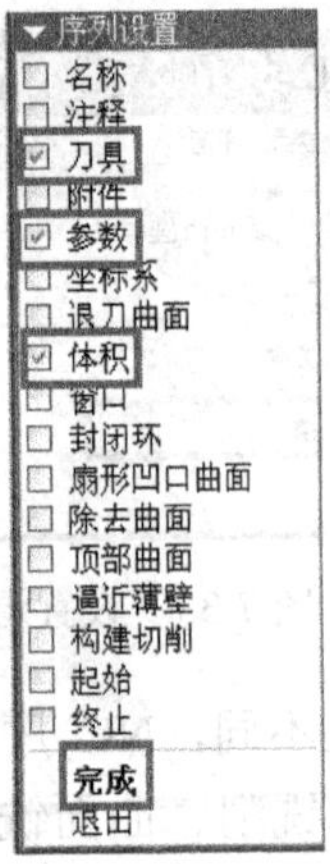

图 7-35 序列设置

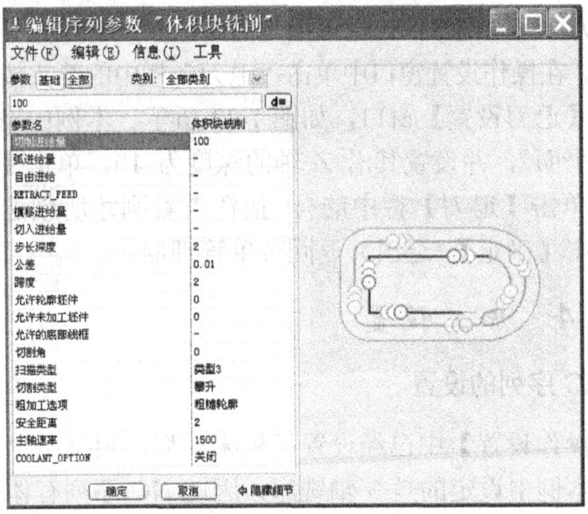

图 7-36 参数设置

- 步长深度：设置每一切割的递增深度，即每层切削深度。
- 跨度：设置铣削路径之间的距离或冲裁击打之间的间距，它必须小于刀具直径。
- 安全距离：选择一个高出铣削表面的距离，当刀具到此距离时，由快速运动改为切削进给速度的运动。
- 主轴速率：主轴转速。一般精加工转速要比粗加工转速快。

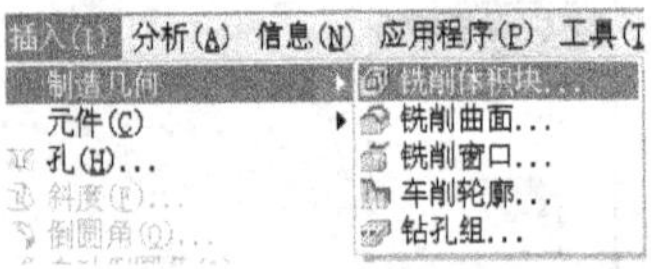

图 7-37 创建体积块

（3）体积块设置。下面将建立一个体积块，它必须包络工件上需要加工的部分，刀具将在体积块的范围内切削材料，具体操作如下。

如图 7-37 所示，单击主菜单【插入】|【制造几何】|【铣削体积块】或直接单击按钮，进入建立体积块的界面。单击拉伸工具，选择模型上表面进行草绘。利用工具选择模型上的边，建立如图 7-38 所示的草绘。

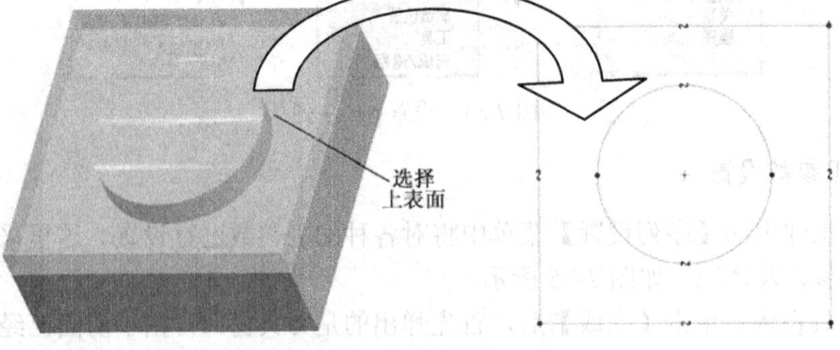

图 7-38 草绘

将该草绘向下拉伸到参照模型中间平面处，如图 7-39 所示。这样，体积块就将工件上的透明部分完全包络了。打勾退出拉伸特征。体积块建立完毕。系统要求"选取先前定义的铣削体积块"，选择刚才所建立的体积块。

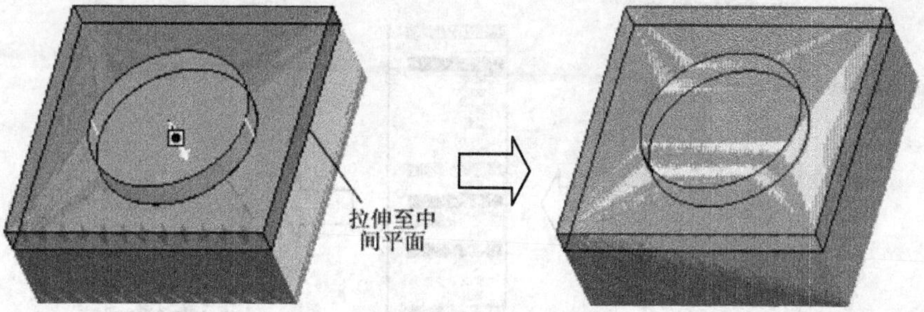

图 7-39 体积块

3．加工仿真演示

此时加工序列已完成，可以直接选择窗口的【完成序列】退出。但在退出之前往往还要动态模拟加工过程，这样就可以直观地看到刀具的加工路线，从而能很方便地看出程序编写得是否正确，以便做出修改。

刀位轨迹仿真演示操作过程如下：单击【NC 序列】|【演示轨迹】|【屏幕演示】，弹出【播放路径】对话框，单击播放键，在屏幕上动态演示加工过程和刀具路径。在【播放速度】处拖动滑块，可以调整播放速度，如图 7-40 所示。如果对仿真的结果满意，则可单击【完成序列】退出。

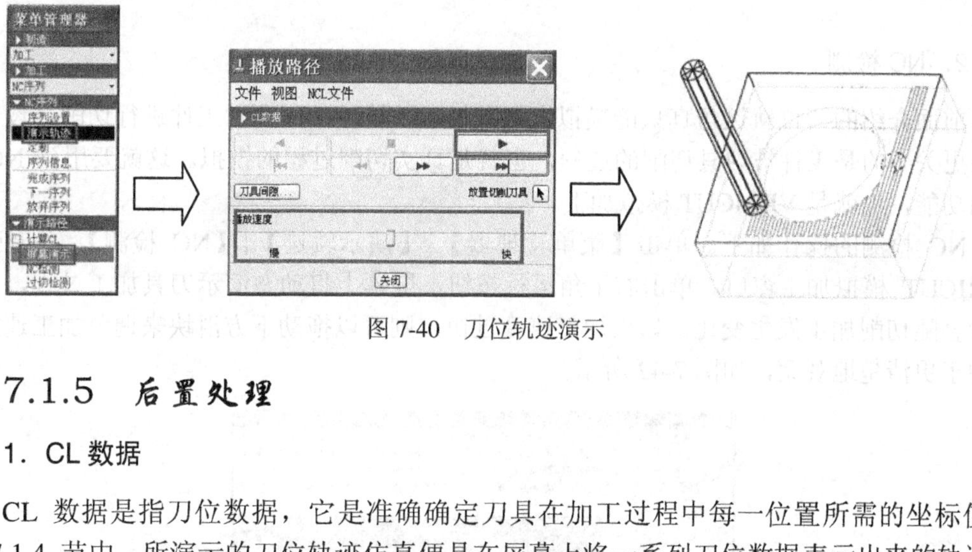

图 7-40 刀位轨迹演示

7.1.5 后置处理

1．CL 数据

CL 数据是指刀位数据，它是准确确定刀具在加工过程中每一位置所需的坐标值。在 7.1.4 节中，所演示的刀位轨迹仿真便是在屏幕上将一系列刀位数据表示出来的轨迹演示。通过显示刀位数据可以判断 NC 序列的设置是否正确。

下面创建体积块序列的刀位数据文件，如图 7-41 所示。

在菜单管理器中单击【CL 数据】|【输出】|【选取一】|【操作】|【OP010】|【文件】(输出 OP010 操作的刀位数据文件)，选择【CL 文件】和【交互】，单击【完成】。在弹出【保存副本】对话框中单击【确定】|【Done Output】|【完成/返回】。

此时，刀位数据文件就创建好了。找到刚才保存的副本，用记事本打开，这就是所建立的刀位数据文件，以.ncl 作为后缀名。

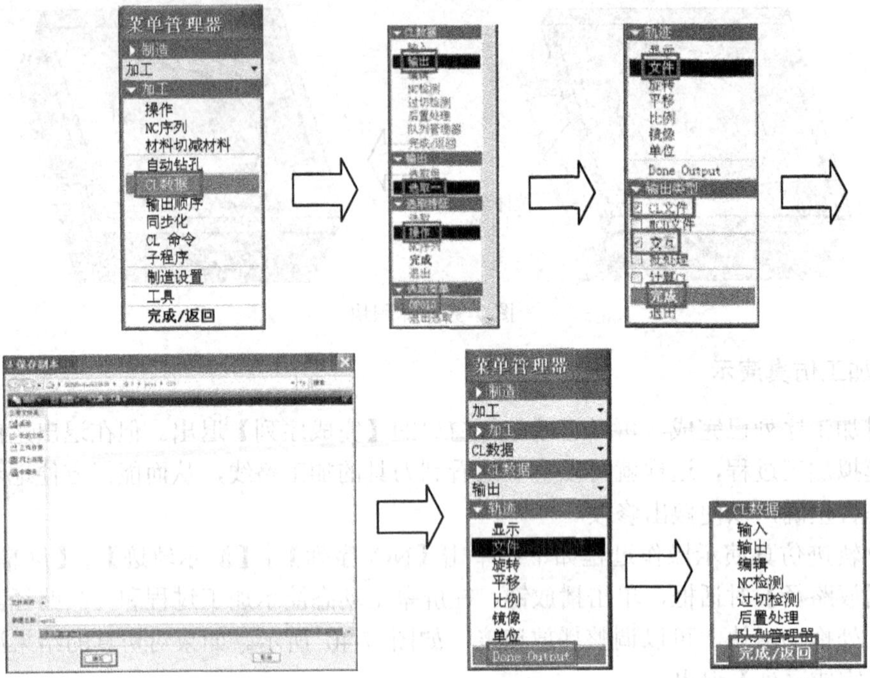

图 7-41　刀位数据文件输出

2. NC 检测

前面介绍的刀位轨迹仿真只能模拟出刀具的运动轨迹，而未对工件进行切削。设计者往往更关心的是工件被刀具切削的过程，也就是真实切削过程的模拟。这就要用到 NC 检测的功能，也就是 VERICUT 模拟加工。

NC 检测的操作如下。单击【菜单管理器】|【演示轨迹】|【NC 检测】，此时弹出 VERICUT 模拟加工窗口。单击右下角运行按钮，屏幕上将动态演示刀具加工过程，工件形状会随切削加工发生变化。如果加工速度过快，则可以拖动下方滑块来调节加工速度，以便于更清楚地观察，如图 7-42 所示。

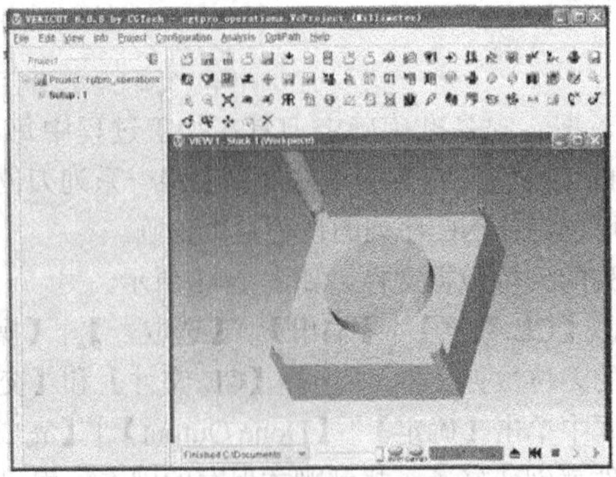

图 7-42　VERICUT 模拟加工

如果无法进行 VERICUT 模拟加工，说明 Pro/ENGINEER 中没有安装此模块，需重新安装。在安装时，单击“VERICUT(R) for Pro/ENGINEER”，选择“安装此功能”。

从图 7-42 可以看出，NC 检测结果并不满意。由于体积块太小，因此四个边角无法完全被铣削。接下来，根据仿真结果对体积块做出修改。如图 7-43 所示，在主界面左侧模型树中的体积块特征上右击，并选择【编辑定义】。在弹出的菜单管理器中选择【保留全部】，然后会出现拉伸控制面板，进入草绘。对拉伸草绘做出修改，将最外围的四条边向外扩大一定尺寸，注意保证草绘图形的闭合，如图 7-44 所示。退出后，重新进入 NC 序列演示轨迹和 NC 检测，如图 7-45 所示。从中可以看到，在调整体积块后，四个边角也能被铣削了。最后单击【完成序列】。

图 7-43　编辑定义体积块

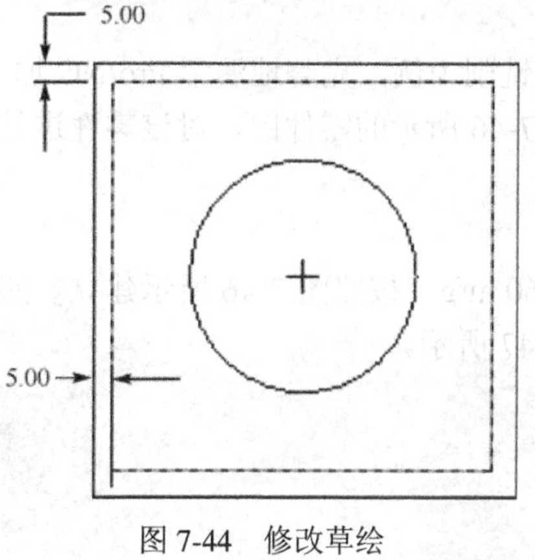

图 7-44　修改草绘

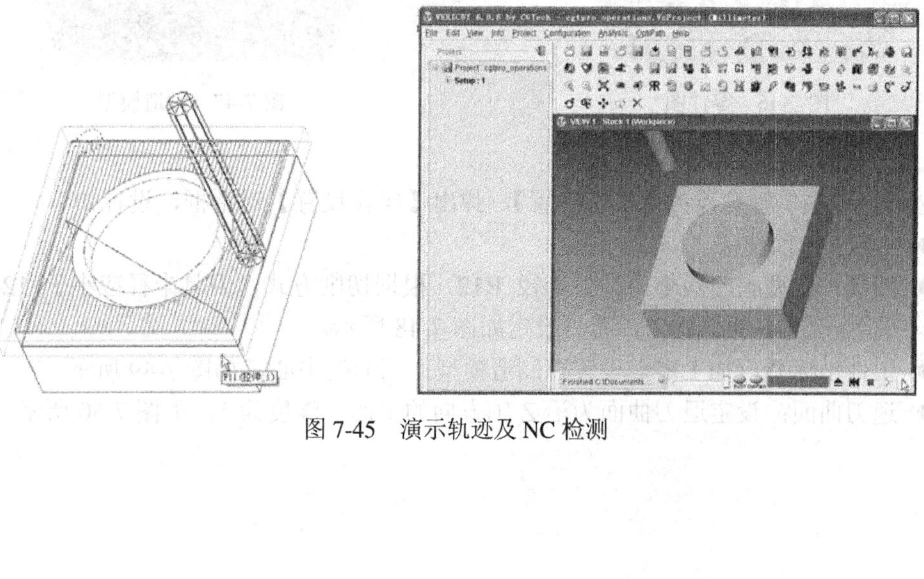

图 7-45　演示轨迹及 NC 检测

3. G 代码

前面生成的 CL 数据文件表示刀位数据，但是数控机床并不能读懂这种数据，因此接下来还得进行后置处理，由 CL 数据文件生成机床能识别的 G 代码，也就是机床控制器数据文件（MCD 文件），以便将其传输到机床控制器，驱动机床加工出所需要的零件。

G 代码的生成如下。

在菜单管理器中单击【CL 数据】|【输出】|【选取一】|【操作】|【OP010】|【文件】（输出 OP010 操作的刀位数据文件），选择【CL 文件】、【MCD 文件】和【交互】，单击【完成】。再单击【保存副本】|【确定】|【完成】|【后置处理列表】，选择【UNCX01.P11】，弹出命令窗口，输入程序起始号“001”，按回车键，单击【Done Output】|【完成/返回】。

找到刚才保存的副本（以.tap 作为后缀的文件），用记事本打开文件，可以看到机床能识别的加工文件。

重复前面的 G 代码生成操作，单击【后置处理列表】，选择【UNCX01.P12】。此时生成的 TAP 文件和前面的 TAP 文件内容是不同的，这是因为不同的机床只能读懂特定的 G 代码，所以必须针对使用的机床选择“后置处理列表”中相应的选项。

7.1.6 范例说明

下面将以另一个体积块铣削为例，完整地演示 Pro/NC 加工的一般过程。

【例 7-6】 根据如图 7-46 所示的零件图，对该零件进行体积块铣削加工。

解：

（1）制造模型。

首先，建立加工文件 160.mfg。按照图 7-46 所示建立参照模型 160_1.prt，并建立工件 160_2.prt，制造模型如图 7-47 所示。

图 7-46 零件图

图 7-47 制造模型

（2）操作设置。

选择制造菜单管理器的【制造设置】，弹出【操作设置】对话框，设置如下。

- 机床：3 轴铣床。
- 刀具：内型腔的四个内圆弧半径 R12，根据切削方式，刀具半径应小于 12。这里采用直径 16 的端铣刀，刀具设定如图 7-48 所示。
- 工件坐标系：加工零点设置在制造模型上端面的中心，如图 7-49 所示。
- 退刀曲面：设定退刀曲面为沿 Z 轴方向的平面，深度为 5，如图 7-50 所示。

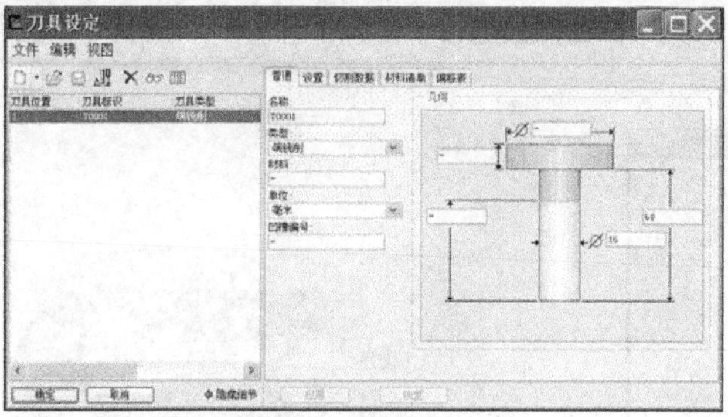

图 7-48 刀具设定

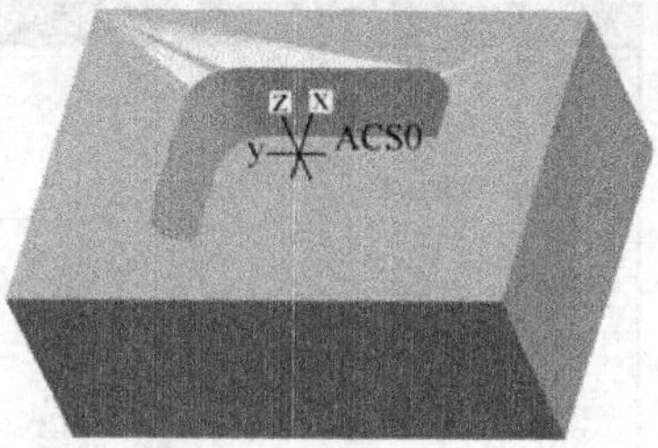

图 7-49 设定坐标系

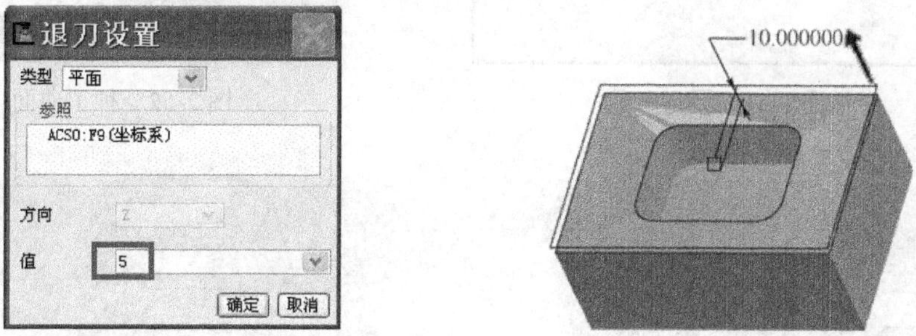

图 7-50 设定退刀面

（3）加工设置。

单击菜单管理器【加工】|【NC 序列】，其设置如下。

- 辅助加工：体积块（3 轴）。
- 序列设置：刀具、参数、体积。
- 刀具前面已经设定，这里可以直接单击【确定】。
- 参数设定如图 7-51 所示，单击【确定】进入体积块的选择界面。

由于前面没有事先定义体积块，在主菜单上单击【插入】|【制造几何】|【铣削体积块】。这里可以同前面一样在内型腔建立一个拉伸特征，也可以采用聚合体积块的方法。聚合体积块的具体操作如下。

在主菜单上单击【编辑】|【收集体积块】，菜单管理器上出现【聚合步骤】菜单，在菜单中选择【选取】、【封闭】，单击【完成】。出现【聚合选取】菜单后，在菜单中选择【曲面和边界】，单击【完成】。系统提示“选取一个种子曲面”，选择参照模型的内型腔底面作为种子曲面。若无法选取，则可将模型树中的工件隐藏，如图 7-52 所示。系统提示“指定限制加工曲面的边界曲面”，选择内型腔所有的内壁，如图7-53所示。单击【确定】|【完成参考】。菜单出现的其他选项直接选择【退出】或【完成】即可退出菜单。打勾退出铣削体积块的创建，得到如图 7-54 所示体积块。

除以上方法外，体积块还可以利用【修剪】功能来创建，这种方法通常更为简便。单击按钮进入建立体积块的界面，单击拉伸工具建立一个和工件大小相同的长方形体积块。此时修剪工具激活，单击修剪图标后选择参照模型，可将体积块与参照模型重叠的部分去除，得到和图7-54一样的体积块。在左侧模型树中隐藏工件和参照模型可以查看体积块。

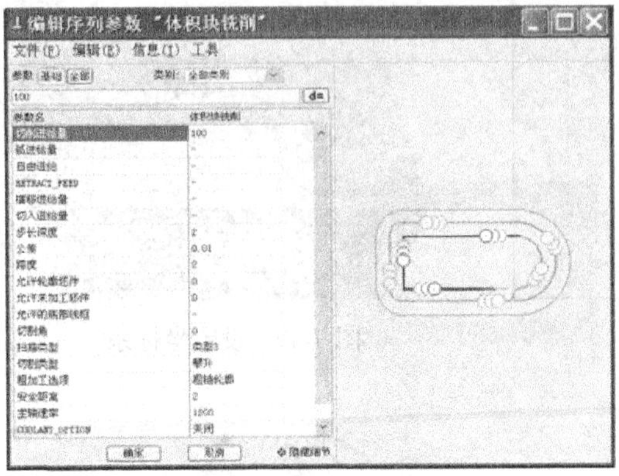

图 7-51 设定参数

图 7-52 种子曲面

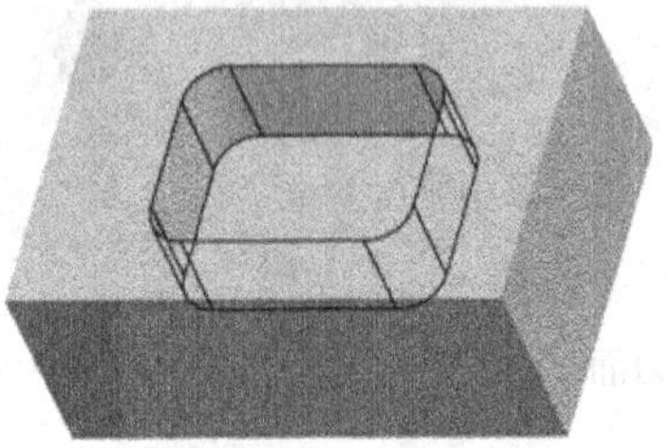

图 7-53 选择空腔内壁

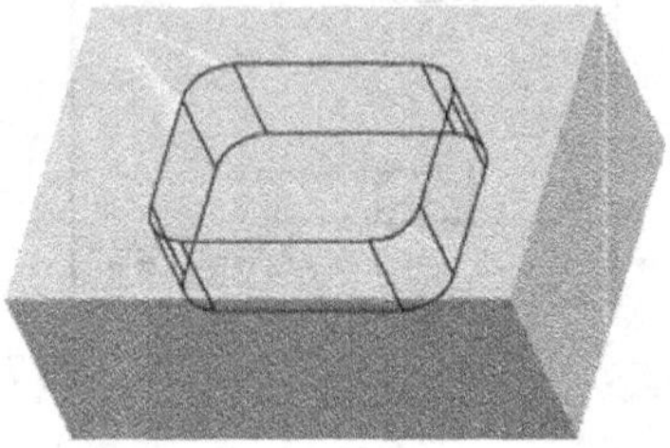

图 7-54 体积块

（4）加工仿真，其操作如下。

在菜单【NC 序列】中单击【演示轨迹】|【屏幕演示】，弹出【播放路径】对话框，再单击播放键，演示刀位轨迹，如图 7-55 所示。

在菜单【NC 序列】中单击【演示轨迹】|【NC 检测】，弹出 VERICUT 仿真窗口，单击右下角的播放键，观察工件铣削情况，如图 7-56 所示。

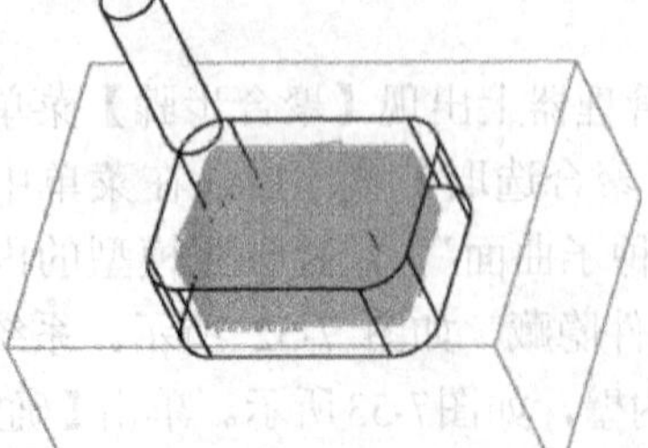

图 7-55 轨迹演示

图 7-56 仿真加工

（5）创建刀位数据文件及后处理。

退出仿真窗口，在菜单管理器中单击【完成序列】|【CL 数据】|【输出】|【选取一】|【操作】|【OP010】|【文件】，选择【CL 文件】、【MCD 文件】和【交互】，单击【完成】。

弹出【保存副本】窗口，单击【确定】|【完成】|【后置处理列表】，选择【UNCX01.P11】。这里选择的后置处理是和机床相关的，比如当鼠标悬停在【UNCX01.P11】上方时，主窗口左下角出现HAAS VF8，表示这是该机床的后处理器。弹出命令窗口，输入程序起始号"001"，按回车键，单击【Done Output】|【完成/返回】。

在工作目录中找到刚才保存的副本（以.ncl 作为后缀名的文件），用记事本打开，这就是所建立的刀位数据文件，如图 7-57 所示。用记事本打开以.tap 为后缀的文件，可以看到机床HAAS VF8 能识别的 G 代码，如图 7-58 所示。

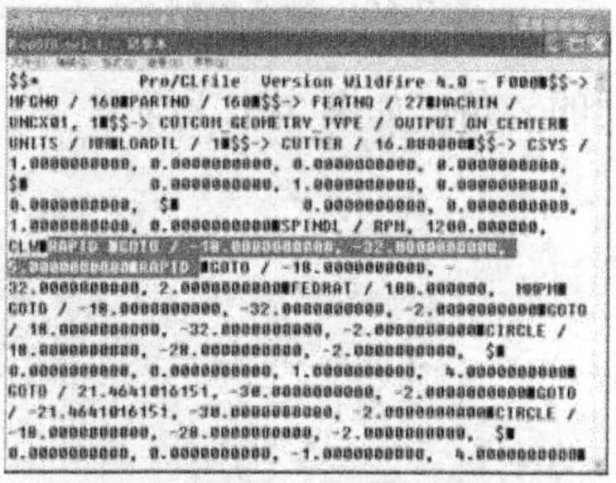

图 7-57　刀位数据文件

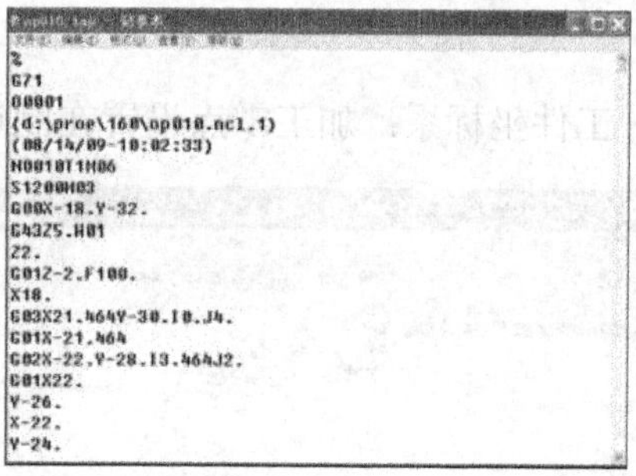

图 7-58　G 代码

7.2　Pro/ENGINEER 数控加工

由于选择机床、加工对象不同，切削方式也各不一样，即 NC 序列的选择会有所不同。下面以实例的形式介绍几种常用的铣削加工。

7.2.1　平面铣削

平面铣削加工也称为表面铣削加工，常用于加工大面积的平面或者平面度要求较高的平面。退刀面必须与铣削平面平行。刀具通常使用平底端铣刀或半径端铣刀。加工时，铣削平面的所有内部特征（孔、槽）会被系统自动排除。

【例 7-7】　根据如图 7-59 所示的零件图，对该零件进行平面铣削加工。

分析：前面介绍了体积块铣削，当工件上需要去除的材料较多时，也可以考虑采用体积块铣削加工。但体积块铣削属于粗加工，为了得到较好的表面质量，宜采用加工余量较小的平面铣削来进行精加工。

解：

（1）制造模型。

首先，建立加工文件 211.mfg。按照图 7-59 所示建立参照模型 211_1.prt，并建立工件 211_2.prt，制造模型如图 7-60 所示。

（2）操作设置，其设置如下。

- 机床：3 轴铣床。
- 刀具：平面铣削刀具通常使用平底端铣刀或半径端铣刀（如外圆角铣削）。这里采用直径为 12 的端铣刀。尺寸采用系统默认值。刀具设定如图 7-61 所示。

图 7-59　零件图

图 7-60　制造模型

● 工件坐标系：加工零点设置在制造模型上端面的一角，如图 7-62 所示。

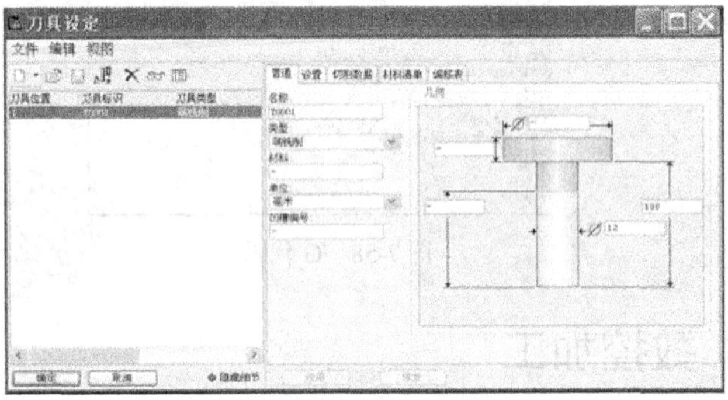

图 7-61　刀具设定

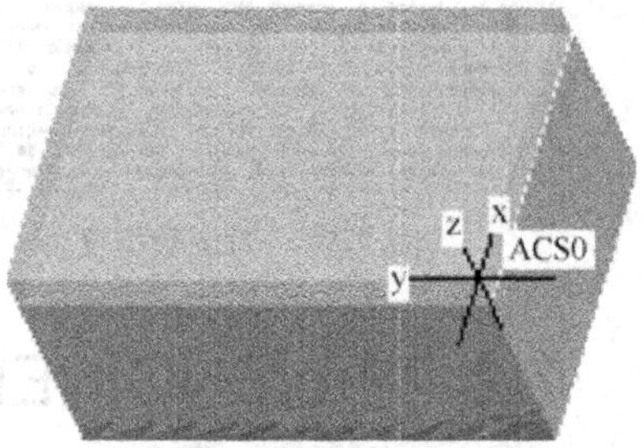

图 7-62　设定坐标系

● 退刀曲面：设定退刀曲面为沿 Z 轴方向的平面，深度为 10，如图 7-63 所示。

（3）加工设置，其设置如下。

● 辅助加工：表面（3 轴）。

● 序列设置：刀具、参数、曲面。

● 刀具已设定，单击【确定】。

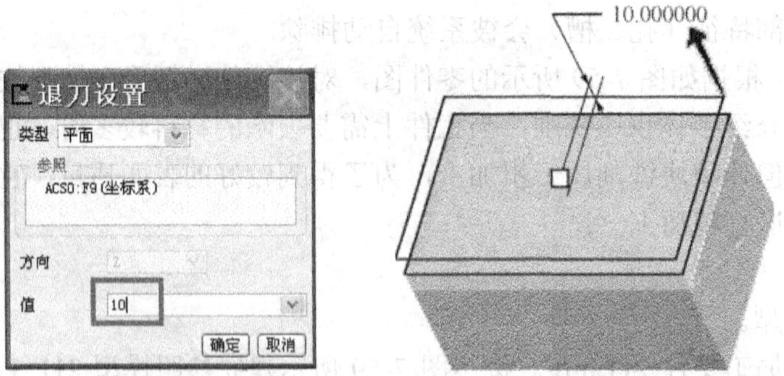

图 7-63　设定退刀面

● 参数设定如图 7-64 所示，单击【确定】。

出现【曲面拾取】菜单后，选择【模型】|【完成】。选取参照模型上表面，如图 7-65 所示，单击【完成/返回】。

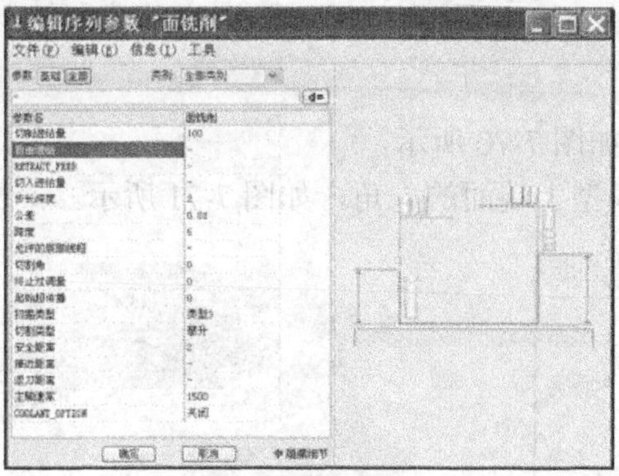

图 7-64　设定参数

图 7-65　选取加工表面

（4）加工仿真，其操作如下。

在菜单【NC 序列】中单击【演示轨迹】|【屏幕演示】，弹出【播放路径】对话框，单击播放键，演示刀位轨迹，如图 7-66 所示。

在菜单【NC 序列】中单击【演示轨迹】|【NC 检测】，弹出 VERICUT 仿真窗口，单击右下角的播放键，观察工件铣削情况，如图 7-67 所示。

检查仿真后，单击【完成序列】。

图 7-66　轨迹演示

图 7-67　仿真加工

【例 7-8】　根据如图 7-68 所示零件图，对该零件进行平面铣削加工。

解：

（1）制造模型。

首先，建立加工文件 212.mfg。按照图 7-68 所示建立参照模型 212_1.prt，并建立工件 212_2.prt，制造模型如图 7-69 所示。

图 7-68　零件图

图 7-69　制造模型

（2）操作设置，其设置如下。

- 机床：3 轴铣床。
- 刀具：直径 20 的端铣刀，刀具设定如图 7-70 所示。
- 工件坐标系：加工零点设置在制造模型上端面的一角，如图 7-71 所示。

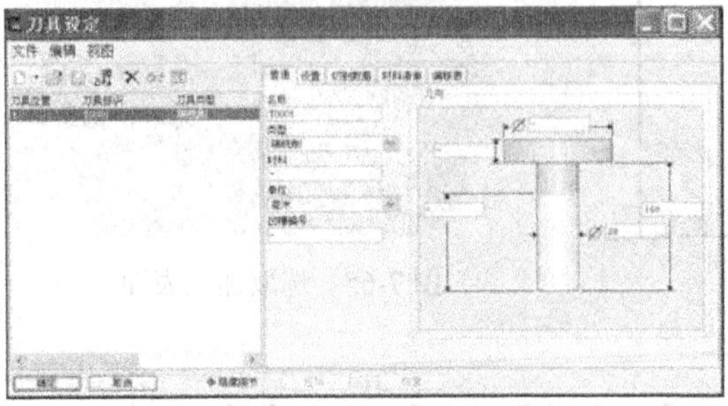

图 7-70　刀具设定

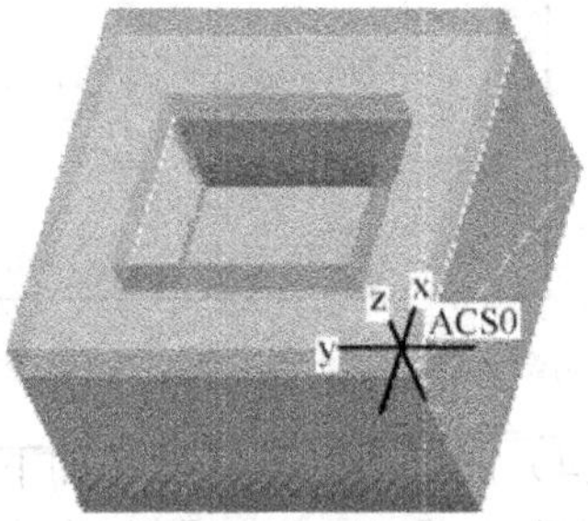

图 7-71　设定坐标系

- 退刀曲面：设定退刀曲面为沿 Z 轴方向的平面，深度为 10，如图 7-72 所示。

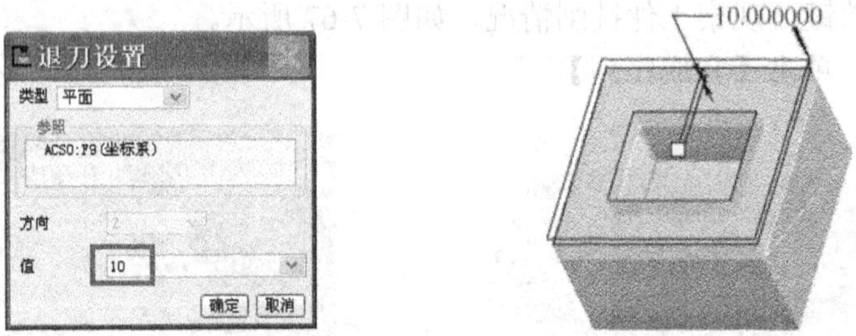

图 7-72　设定退刀面

（3）加工设置其设置如下。

- 辅助加工：表面（3 轴）。
- 序列设置：刀具、参数、曲面。
- 刀具已设定，单击【确定】。
- 参数设定如图 7-73 所示，单击【确定】。

出现【曲面拾取】菜单后，选择【模型】|【完成】。选取参照模型上表面，如图 7-74 所示，单击【完成/返回】。

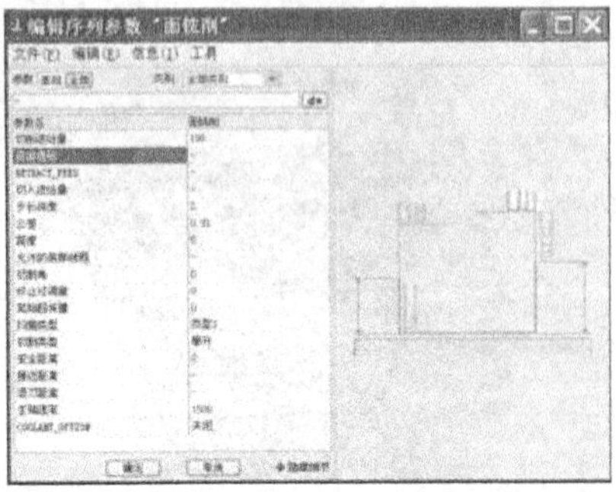

图 7-73　设定参数

图 7-74　选取加工表面

（4）加工仿真，其操作如下。

在菜单【NC 序列】中单击【演示轨迹】|【屏幕演示】，弹出【播放路径】对话框，单击播放键，演示刀位轨迹，如图 7-75 所示。

在菜单【NC 序列】中单击【演示轨迹】|【NC 检测】，弹出 VERICUT 仿真窗口，单击右下角的播放键，观察工件铣削情况，如图 7-76 所示。

检查仿真后，单击【完成序列】。

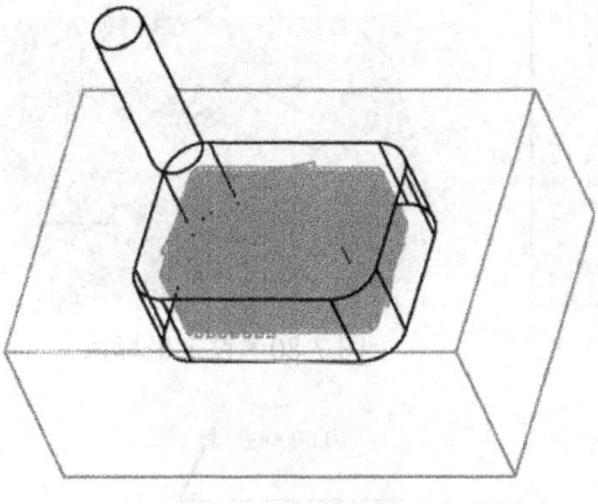

图 7-75　轨迹演示

图 7-76　仿真加工

7.2.2　轮廓铣削

轮廓铣削通常用于加工垂直或倾斜的轮廓面。这种加工方法既可用于粗加工，也可用于精加工。

【例 7-9】　根据如图 7-77 所示的零件图，对该零件进行轮廓铣削加工。

解：

（1）制造模型。

首先，建立加工文件 221.mfg。按照图 7-77 所示建立参照模型 221_1.prt，并建立工件 221_2.prt，制造模型如图 7-78 所示。

图 7-77　零件图

图 7-78　制造模型

（2）操作设置，其设置如下。

● 机床：3 轴铣床。

- 刀具：由于这里铣削的是垂直面，应采用端铣刀。尺寸采用系统默认值。刀具设定如图 7-79 所示。
- 工件坐标系：加工零点设置在制造模型上端面的一角，如图 7-80 所示。
- 退刀曲面：设定退刀曲面为沿 Z 轴方向的平面，深度为 10，如图 7-81 所示。

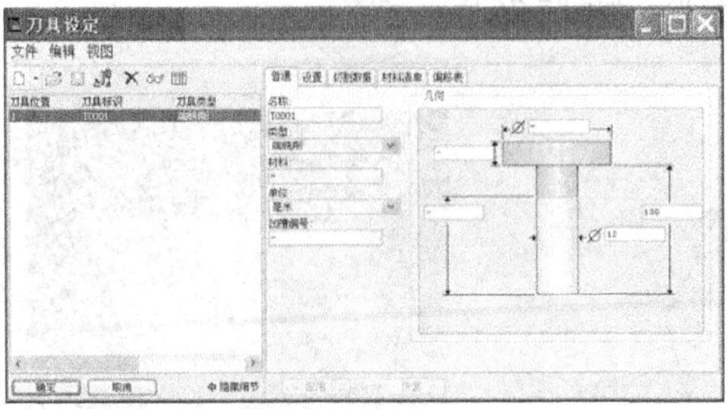

图 7-79　刀具设定

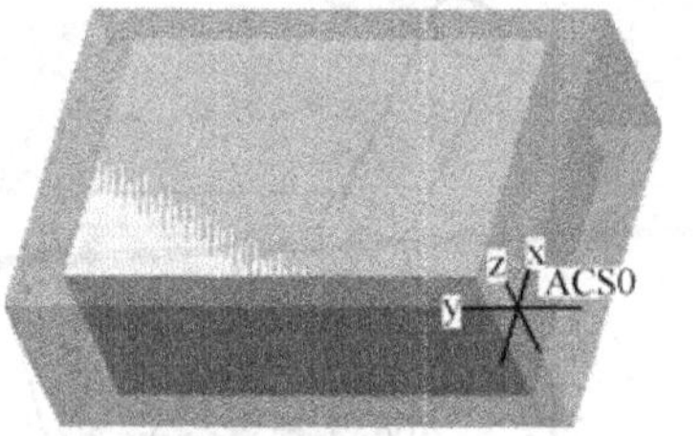

图 7-80　设定坐标系

图 7-81　设定退刀面

（3）加工设置，其设置如下。

- 辅助加工：轮廓（3 轴）。
- 序列设置：刀具、参数、曲面。
- 刀具已设定，单击【确定】。
- 参数设定如图 7-82 所示，单击【确定】。

出现【曲面拾取】菜单后，选择【模型】|【完成】。按住 Ctrl 选取参照模型周围四个外表面，如图 7-83 所示，单击【完成/返回】。

（4）加工仿真，其操作如下。

在菜单【NC 序列】中单击【演示轨迹】|【屏幕演示】，弹出【播放路径】对话框，单击播放键，演示刀位轨迹，如图 7-84 所示。

在菜单【NC 序列】中单击【演示轨迹】|【NC 检测】，弹出 VERICUT 仿真窗口，单击右下角的播放键，观察工件铣削情况，如图 7-85 所示。

注意到仿真加工中并没有把多余的毛坯全部切除，因此需要对加工参数进行修改。在菜单管理器中单击【序列设置】，在【参数】前面的复选框打勾，单击【完成】。如图 7-86

所示，单击按钮【全部】，出现全部加工参数。修改参数【数量_配置_通过】为 5（总共要进行 5 圈加工），修改【轮廓增量】为 2（每一圈之间的间隔）。

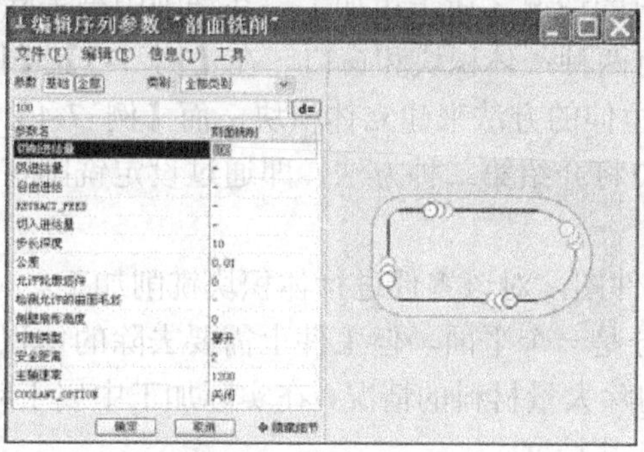

图 7-82　设定参数

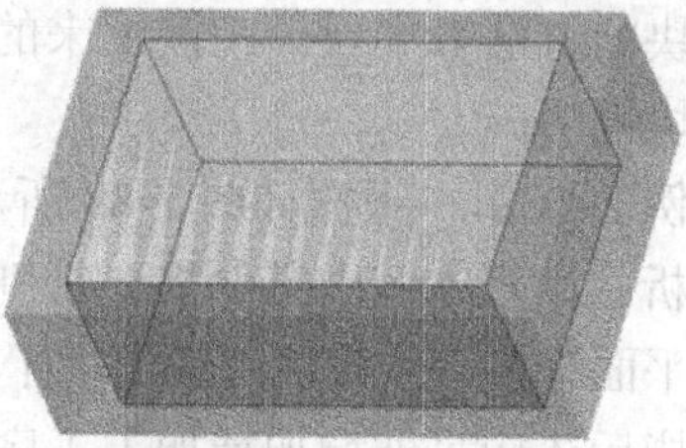

图 7-83　选取加工表面

图 7-84　轨迹演示

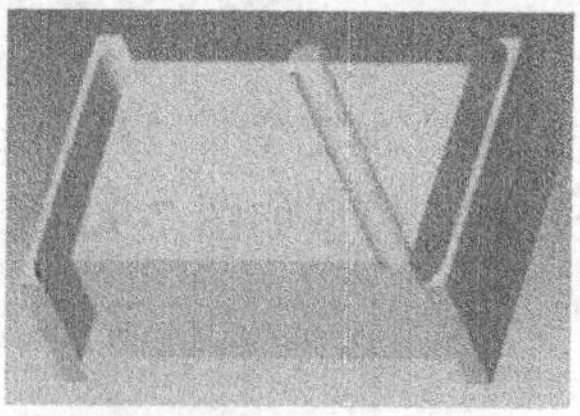

图 7-85　仿真加工

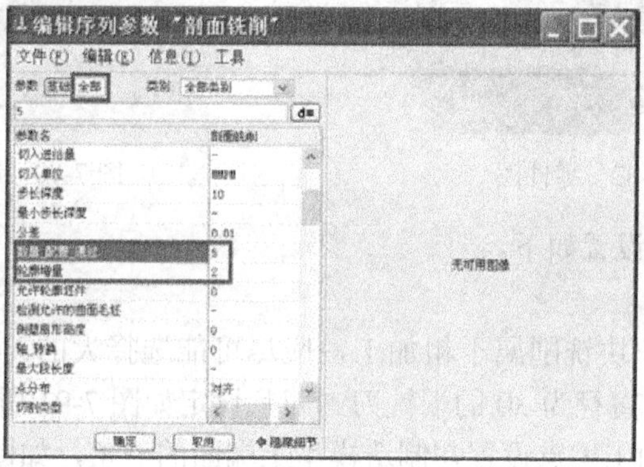

图 7-86　修改加工参数

继续演示刀位轨迹和 VERICUT 仿真加工，如图 7-87、图 7-88 所示。发现刀具比以前多加工了四圈，工件能够完全被切削。检查无误后，单击【完成序列】。

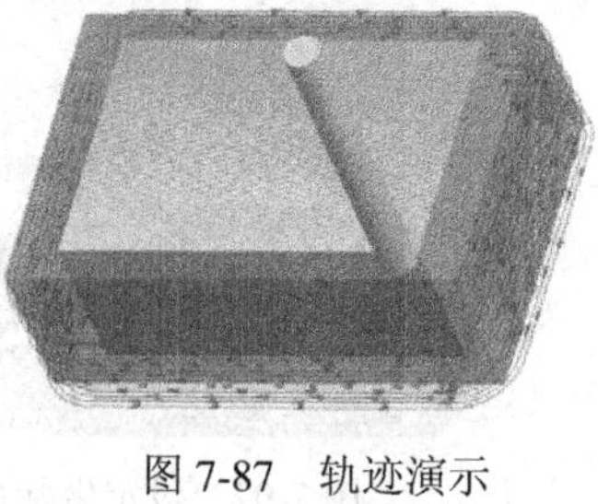

图 7-87　轨迹演示

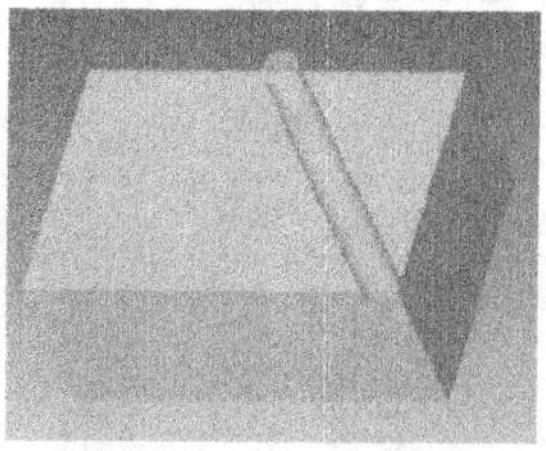

图 7-88　仿真加工

7.2.3 体积块铣削

体积块铣削一般用于需要切削大块材料的情况，属于粗加工。在铣削中被去除的部分称为体积块。在体积块铣削中常用的方法有两种：体积块和窗口。在【例 7-3】、【例 7-4】中介绍的就是第一种方法。【例 7-3】采用拉伸的方法来建立体积块，而【例 7-4】采用聚合体积块的方法来实现。在接下来的例题中将介绍第二种方法，即通过设定铣削窗口来进行体积块铣削。

【例 7-10】 根据如图 7-89 所示的零件图，对该零件进行体积块铣削加工。

分析：尽管本例中零件需要铣削的部分是一个平面，但工件上需要去除的体积较大，不适用平面铣削。体积块铣削适用于这种切除大量材料的情况，在实际加工中属于粗加工，铣削完毕后还应另外增加精加工工序，保证其精度。

解：

（1）制造模型。

首先，建立加工文件 231.mfg。按照图 7-89 所示建立参照模型 231_1.prt，并建立工件 231_2.prt，制造模型如图 7-90 所示。

图 7-89　零件图

图 7-90　制造模型

（2）操作设置，其设置如下。

- 机床：3 轴铣床。
- 刀具：由于体积块铣削属于粗加工，应尽可能选择大的刀具，这样可以提高加工效率。这里采用直径为 30 的端铣刀。刀具设定如图 7-91 所示。
- 工件坐标系：加工零点设置在制造模型上端面的一角，如图 7-92 所示。
- 退刀曲面：设定退刀曲面为沿 Z 轴方向的平面，深度为 10，如图 7-93 所示。

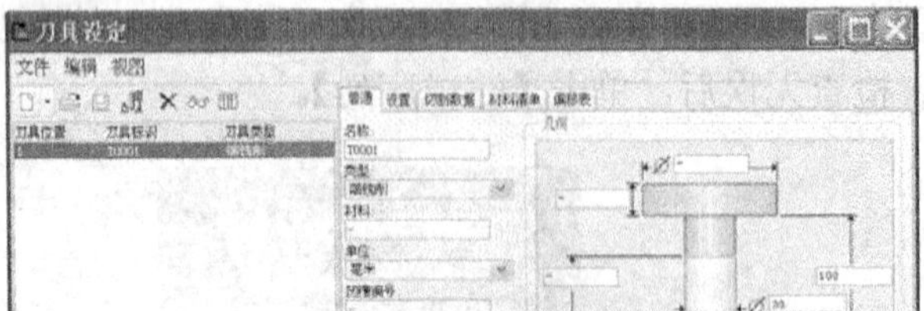

图 7-91　刀具设定

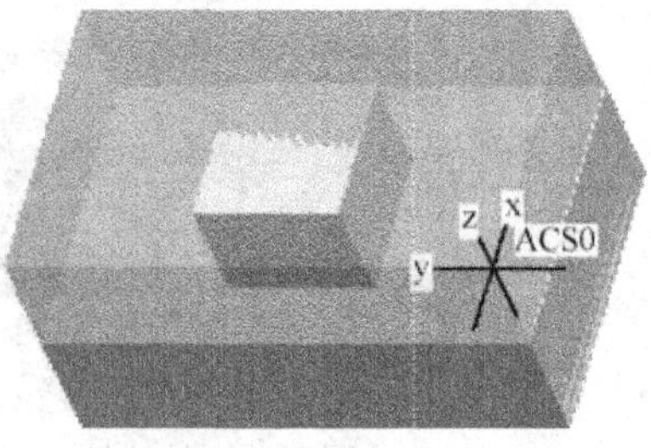

图 7-92　设定坐标系

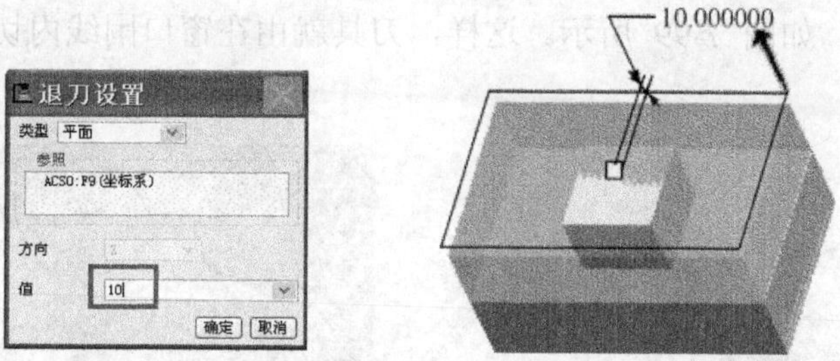

图 7-93　设定退刀面

（3）加工设置，其设置如下。

- 辅助加工：体积块（3 轴）。
- 序列设置：刀具、参数、窗口（体积和窗口，二者只能选其一）。
- 刀具已设定，单击【确定】。
- 参数设定如图 7-94 所示，单击【确定】。

出现【定义窗口】菜单后，系统要求“选取或创建窗口”。在主菜单中选择【插入】|【制造几何】|【铣削窗口】，选取工件的上表面，如图 7-95 所示。打勾退出铣削窗口控制面板。系将统自动选择刚才创建的铣削窗口。

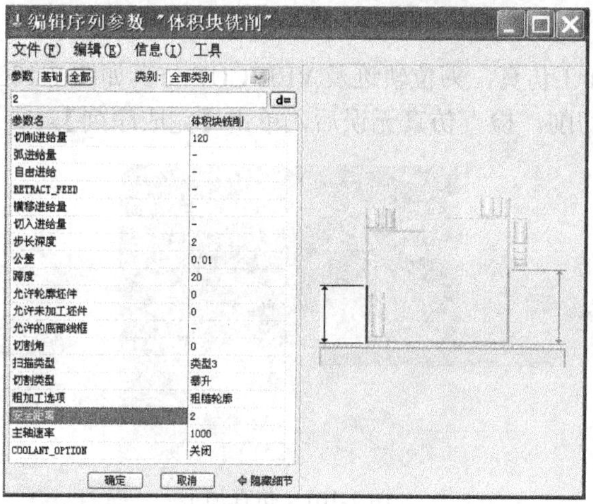

图 7-94　设定参数

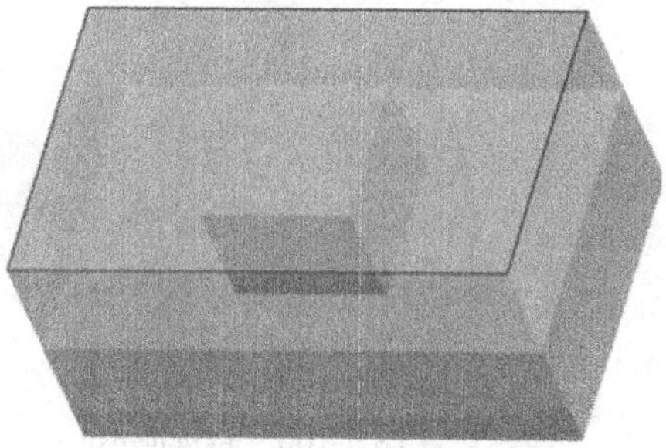

图 7-95　选取铣削窗口

（4）加工仿真，其操作如下。

在菜单【NC 序列】中单击【演示轨迹】|【屏幕演示】，弹出【播放路径】对话框，单击播放键，演示刀位轨迹，如图 7-96 所示。

在菜单【NC 序列】中单击【演示轨迹】|【NC 检测】，弹出 VERICUT 仿真窗口，单击右下角的播放键，观察工件铣削情况，如图 7-97 所示。

发现工件上许多部分都没有铣削，这是因铣削窗口没有合理设置所造成的。由于刀具被设置成不能超出窗口围线，因此有些部分刀具无法到达。接下来要对窗口进行修改。先单击【完成序列】，然后在主界面左侧的模型树内右击【铣削窗口】，选择【编辑定义】，如图 7-98 所示。在弹出的菜单中选择【保留全部】。在铣削窗口控制面板上单击【选项】

【在窗口围线上】，如图 7-99 所示。这样，刀具就由在窗口围线内切削变成了允许沿围线边界运动。

图 7-96 轨迹演示

图 7-97 仿真加工

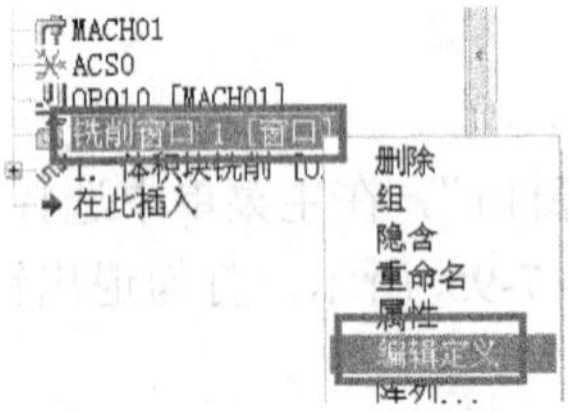

图 7-98 窗口编辑定义

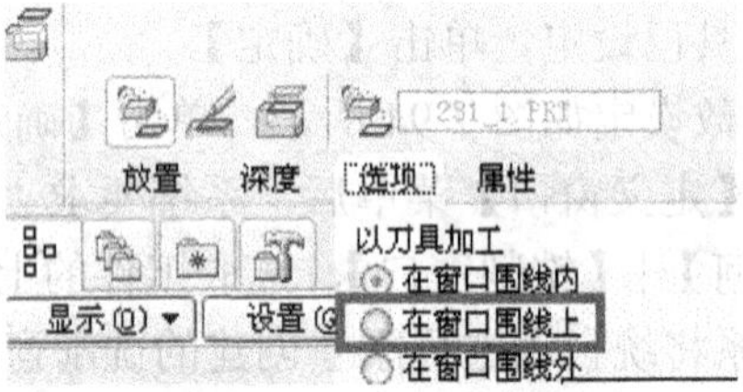

图 7-99 窗口围线

重新进入刚才所创建的 NC 序列进行加工仿真，刀位轨迹及 VERICUT 仿真如图 7-100、图 7-101 所示。围线上的毛坯已能全部被切削。检查仿真无误后，单击【完成序列】。

图 7-100 轨迹演示

图 7-101 仿真加工

7.2.4 曲面铣削

曲面铣削主要用于对曲面的加工，一般使用球铣刀加工，能得到较高的精度。曲面铣削通常属于精加工，铣削之前往往应进行粗加工。通过相应设置，曲面铣削也可用于完成体积块铣削、轮廓铣削等。

【例 7-11】 根据如图 7-102 所示的零件图，对该零件进行曲面铣削加工。

解：

（1）制造模型。

首先，建立加工文件 241.mfg。按照图 7-102 所示建立参照模型 241_1.prt，并建立工件 241_2.prt，制造模型如图 7-103 所示。

图 7-102 零件图

图 7-103 制造模型

（2）操作设置，其设置如下。

- 机床：3 轴铣床。
- 刀具：曲面加工一般采用球铣刀，而且在允许的情况下刀具直径尽可能大，这样可以得到更好的表面质量。这里采用直径为 12 的球铣刀，尺寸采用系统默认值。刀具设定如图 7-104 所示。
- 工件坐标系：加工零点设置在制造模型上端面的一角，如图 7-105 所示。
- 退刀曲面：设定退刀曲面为沿 Z 轴方向的平面，深度为 10，如图 7-106 所示。

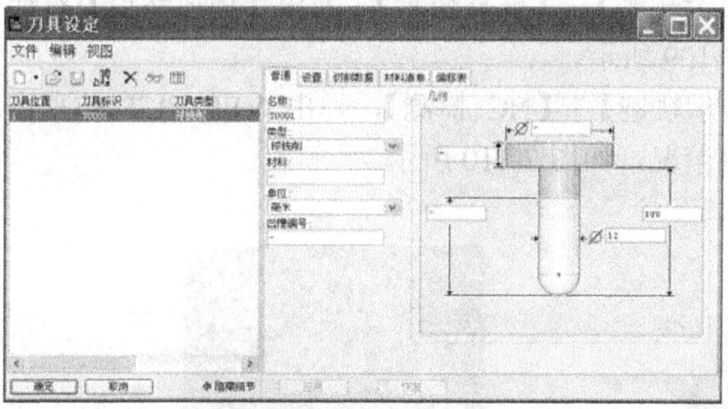

图 7-104 刀具设定

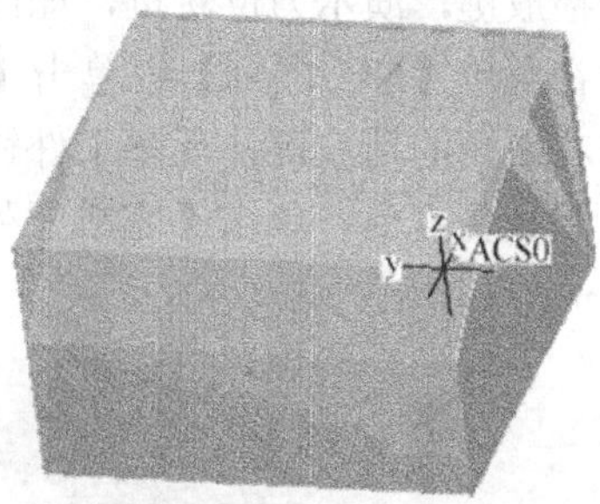

图 7-105 设定坐标系

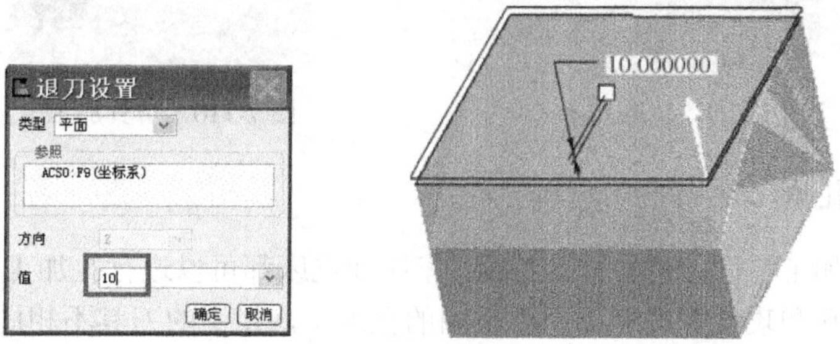

图 7-106 设定退刀面

（3）加工设置，其设置如下。

- 辅助加工：曲面铣削（3 轴）。
- 序列设置：刀具、参数、曲面、定义切割。
- 刀具已设定，单击【确定】。

● 参数设定如图 7-107 所示，单击【确定】。

出现【曲面拾取】菜单后，选择【模型】|【完成】。选取参照模型的曲面，如图 7-108 所示。系统弹出【切削定义】窗口，选择【直线切削】|【相对于 X 轴】|【切削角度】为“0”，单击【确定】。

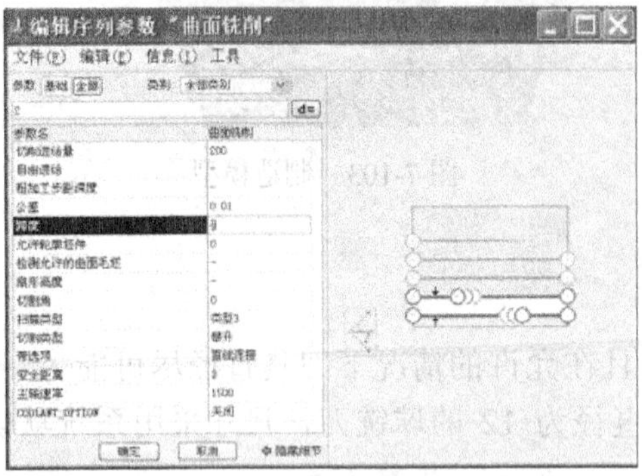

图 7-107 设定参数

图 7-108 选取加工曲面

（4）加工仿真。其操作如下。

在菜单【NC 序列】中单击【演示轨迹】|【屏幕演示】，弹出【播放路径】对话框，单击播放键，演示刀位轨迹，如图 7-109 所示。

在菜单【NC 序列】中单击【演示轨迹】|【NC 检测】，弹出 VERICUT 仿真窗口，单击右下角的播放键，观察工件铣削情况，如图 7-110 所示。

检查仿真后，单击【完成序列】。

图 7-109 轨迹演示

图 7-110 仿真加工

7.2.5 孔加工

孔加工用于加工零件上的各种孔特征。车床和铣床都可以进行孔加工。孔加工有钻孔、镗孔、扩孔、铰孔和攻丝等许多类型。不同的孔加工，使用的刀具不相同，加工参数设置也不一样。

【例 7-12】 根据如图 7-111 所示的零件图，对该零件进行孔加工。

解：

（1）制造模型。

首先，建立加工文件 251.mfg。按照图 7-111 所示建立参照模型 251_1.prt，并建立工件 251_2.prt，制造模型如图 7-112 所示。

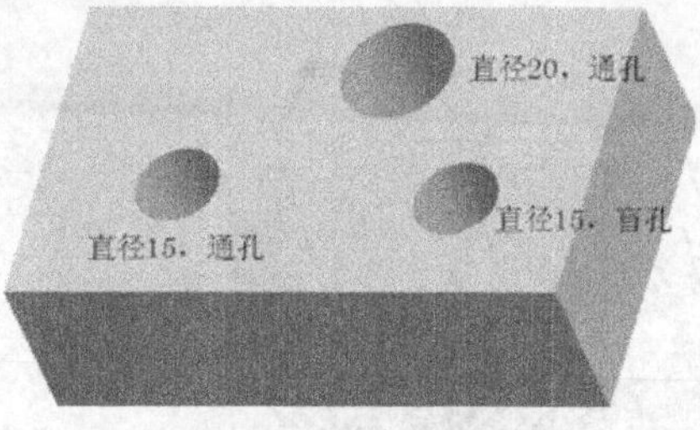

图 7-111　零件图

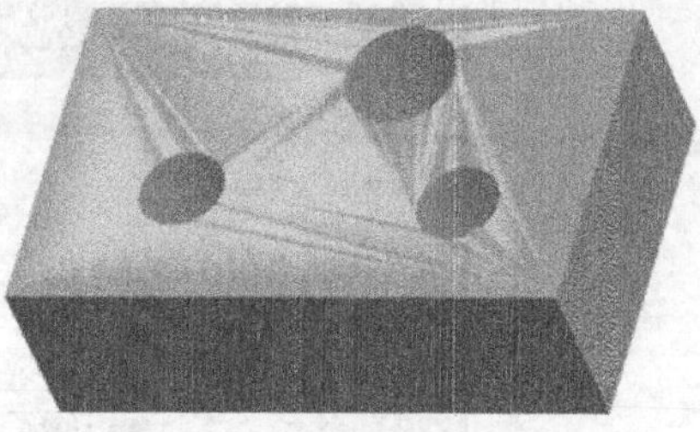

图 7-112　制造模型

（2）操作设置，其设置如下。

- 机床：3 轴铣床。
- 刀具：注意到这里有不同直径的孔，所以应该使用不同直径的刀具。如图 7-113 所示，建立直径为 15、20 的两个基本钻头。注意，在设置第二把刀具时，应更改【名称】和【设置】选项卡中的【刀具号】，如图 7-114 所示。
- 工件坐标系：加工零点设置在制造模型上端面的一角，如图 7-115 所示。
- 退刀曲面：设定退刀曲面为沿 Z 轴方向的平面，深度为 10，如图 7-116 所示。

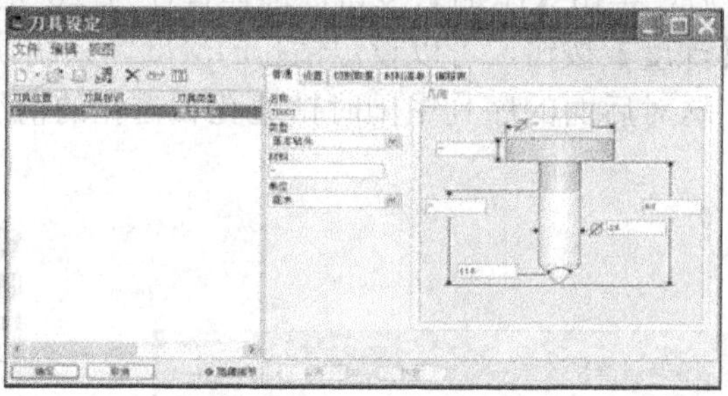

图 7-113　刀具设定

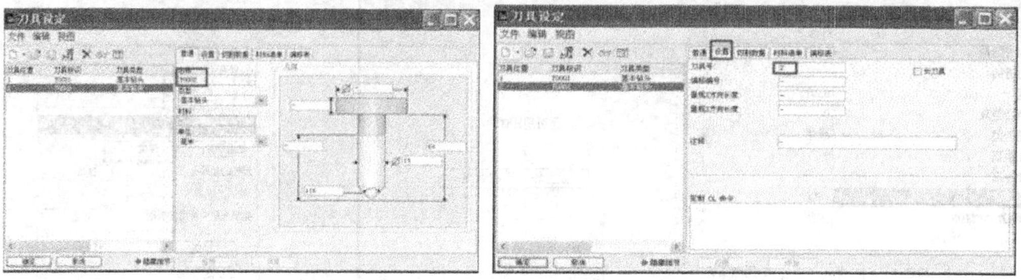

图 7-114　第二把刀具设定

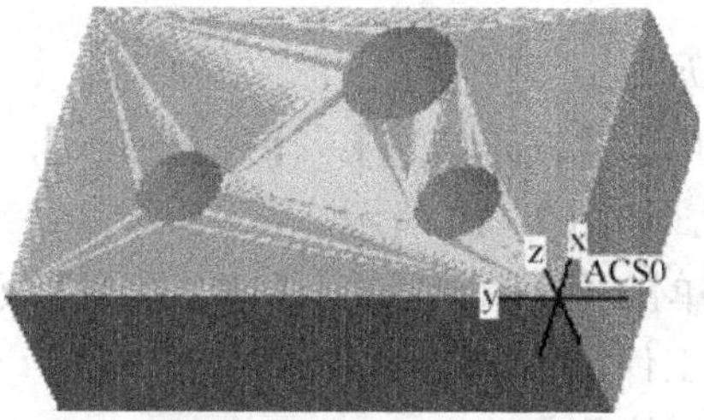

图 7-115　设定坐标系

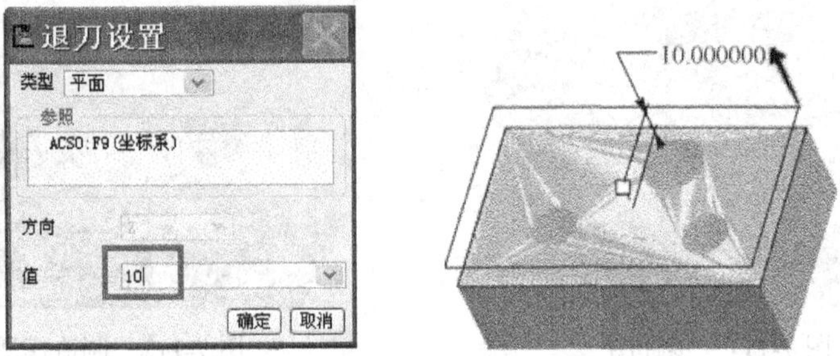

图 7-116 设定退刀面

（3）加工设置，其设置如下。

- 辅助加工：孔加工（3 轴）。
- 弹出【孔加工】菜单，选择【钻孔】|【标准】|【完成】。
- 序列设置：刀具、参数、孔。
- 本序列先加工直径 20 的孔，选择 1 号刀具。单击【确定】。
- 参数设定如图 7-117 所示，单击【确定】。

出现【孔集】窗口后，单击【添加】按钮，选择直径为 20 的孔，单击【确定】，如图 7-118 所示。单击【深度】按钮，可以设定钻孔的深度。系统默认为“自动”，可以自动地分析钻孔的深度，这对后面的序列中同时钻通孔和盲孔的情况十分有利。最后单击【完成/返回】。

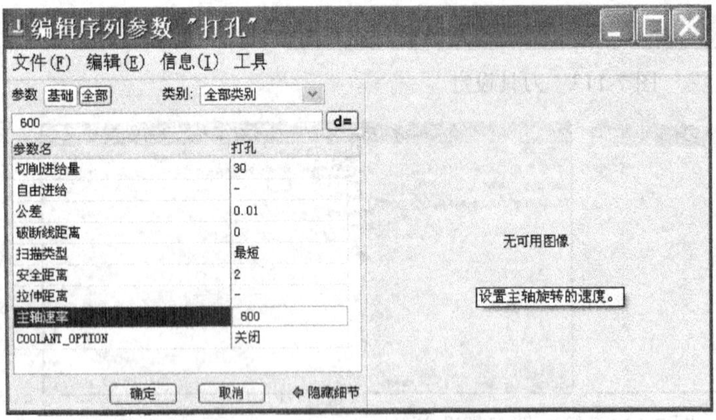

图 7-117 设定参数

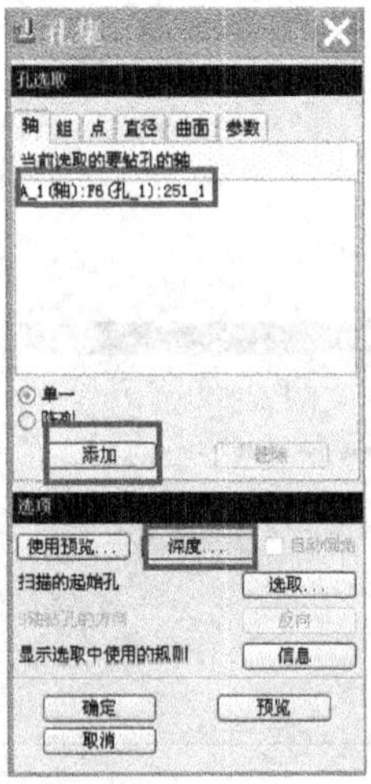

图 7-118 【孔集】窗口

（4）加工仿真，其操作如下。

在菜单【NC 序列】中单击【演示轨迹】|【屏幕演示】，弹出【播放路径】对话框，单击播放键，演示刀位轨迹，如图 7-119 所示。

在菜单【NC 序列】中单击【演示轨迹】|【NC 检测】，弹出 VERICUT 仿真窗口，单击右下角的播放键，观察工件铣削情况，如图 7-120 所示。

检查仿真后，单击【完成序列】。

图 7-119　轨迹演示

图 7-120　仿真加工

（5）建立新的 NC 序列。

接下来，还有两个直径为 15 的孔，需要新建一个加工序列来完成。单击菜单管理器【加工】|【NC 序列】|【新序列】。这里的步骤和前面基本相同，请自己完成。新的 NC 序列建立好后，加工仿真如图 7-121、图 7-122 所示。

图 7-121　轨迹演示

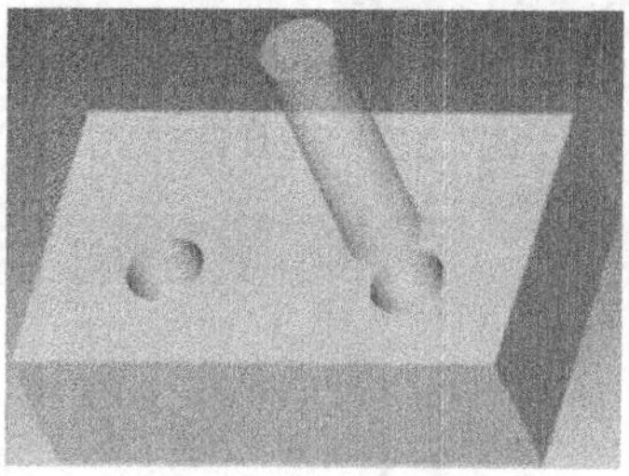
图 7-122　仿真加工

7.2.6　轨迹加工

轨迹加工主要是针对零件的扫描特征所使用的加工方法。刀具可以沿着定义的轨迹进行扫描切削。轨迹加工有两种：一种是 2 轴的 NC 加工，这种加工序列可以用来铣削水平槽，还可以用于倒角铣削，但草绘或选取的轨迹必须位于垂直工件坐标系 Z 轴的平面上；另一种是 3～5 轴的 NC 加工，这种加工较为复杂，需要在辅助加工中使用【定制轨迹】功能来指定刀具轨迹。在下面的例题中，仅介绍第一种较为简单的 2 轴轨迹加工。

【例 7-13】　根据如图 7-123 所示的零件图，对该零件进行轨迹加工。

解：

（1）制造模型。

首先，建立加工文件 261.mfg。按照图 7-123 所示建立参照模型 261_1.prt，并建立工件 261_2.prt，制造模型如图 7-124 所示。

图 7-123　零件图

图 7-124　制造模型

（2）操作设置，其设置如下。

- 机床：3 轴铣床。
- 刀具：铣削水平槽时，刀具形状必须和槽的形状一致。这里采用直径为 70 的关键刀具。刀具设定如图 7-125 所示。
- 工件坐标系：加工零点设置在制造模型上端面的一角，如图 7-126 所示。
- 退刀曲面：设定退刀曲面为沿 Z 轴方向的平面，深度为 10，如图 7-127 所示。

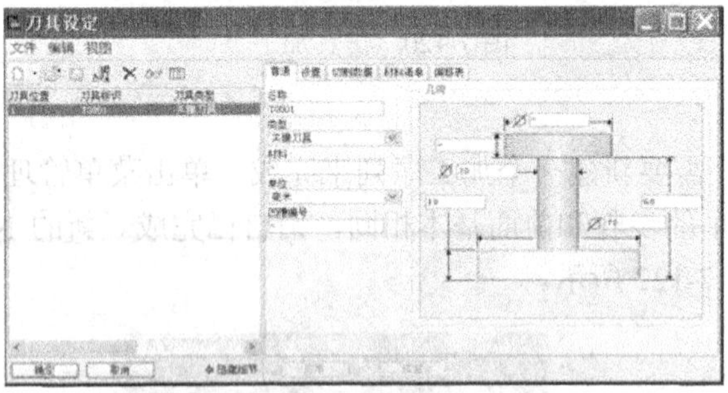

图 7-125 刀具设定

图 7-126 设定坐标系

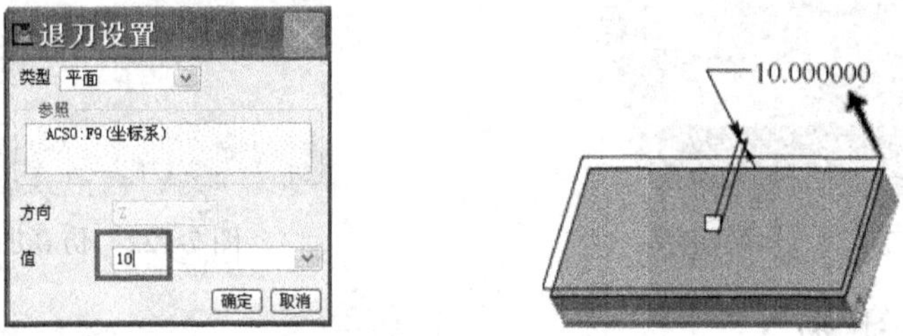

图 7-127 设定退刀面

（3）加工设置，其设置如下。

- 辅助加工：轨迹（2 轴，注意不要选成 3 轴）。
- 序列设置：刀具、参数、基准曲线、方向、偏距。
- 刀具已设定，单击【确定】。
- 参数设定如图 7-128 所示，单击【确定】。

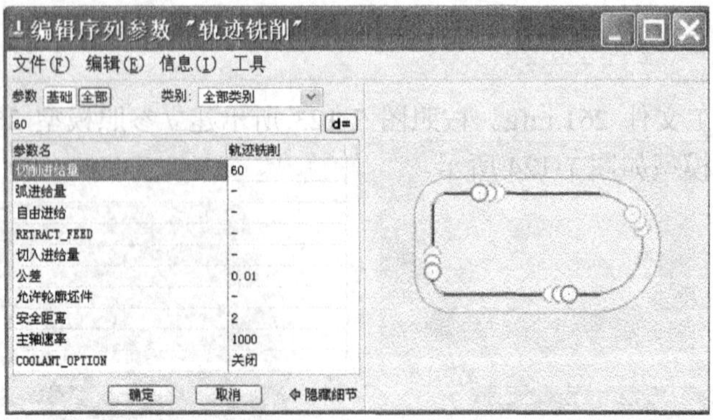

图 7-128 设定参数

出现【链】菜单后，系统要求选取形成轨迹的曲线。由于没有创建，因此需要草绘一条线。在主界面上选择草绘按钮，选择水平槽的底面进行草绘，如图 7-129 所示。若无法选取参照模型，则可暂时隐藏工件。进入草绘时系统要求选择参照，这里应选择如图 7-130 草绘处的线作为参照，这条线实际上是水平槽的槽底平面。再选择一条与它垂直的线作为参照，就可以进入草绘。接下来在刚才建立的第一条草绘参照线上绘制直线，注意直线两端应适当延长，否则会打刀。退出草绘界面后，在菜单管理器上单击【选取】，并选取刚才绘制的直线作为刀具轨迹。单击【完成】|【正向】，【内部减材料偏距】并选择“右”，选择的时候应注意观察模型中箭头的方向，应指向被切削侧。最后，单击【完成】。

图 7-129　选取加工表面

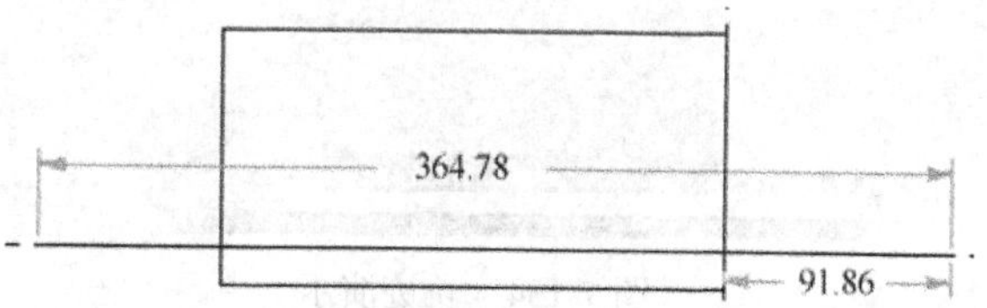

图 7-130　草绘

（4）加工仿真，其操作如下。

在菜单【NC 序列】中单击【演示轨迹】|【屏幕演示】，弹出【播放路径】对话框，单击播放键，演示刀位轨迹，如图 7-131 所示。

在菜单【NC 序列】中单击【演示轨迹】|【NC 检测】，弹出 VERICUT 仿真窗口，单击右下角的播放键，观察工件铣削情况，如图 7-132 所示。

检查仿真后，单击【完成序列】。

图 7-131　轨迹演示

图 7-132　仿真加工

注意到刚才刀具是一次铣削的，有时需要将 15 × 10 的槽分次切出，所以应调整“参数”，将 15 毫米的水平槽分 5 次切出，每次进给 2 毫米。请自己试着修改参数，完成该序列。提示：“最先加工切削数”表示要进行的切刀次数，“最先加工切削偏移”表示每一次走刀进给的量。

当槽较宽时，刀具宽度不够，需要在垂直方向多次走刀。若将刀具宽 10 毫米改为 5 毫米，也应对相关参数进行调整。提示：设定“最先加工走刀数”和“最先加工走刀偏移”。如图 7-133 所示。将上述四项参数设定后，加工仿真如图 7-134、图 7-135 所示。

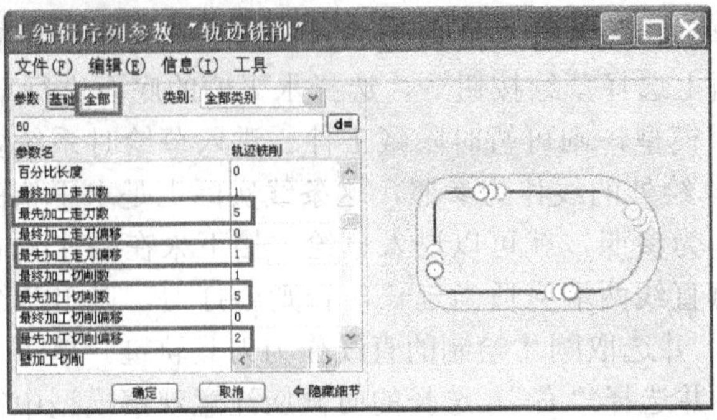

图 7-133 参数更改

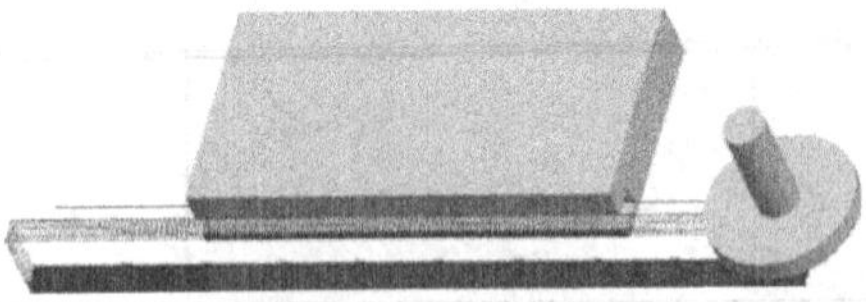

图 7-134 轨迹演示

图 7-135 仿真加工

7.2.7 腔槽加工

腔槽加工一般用于加工零件上的凹槽特征。它可以像体积块铣削一样加工腔槽底面，也可以像轮廓铣削一样加工腔槽的壁面。它通常用于体积块粗加工之后的腔槽精加工。

【例 7-14】 根据如图 7-136 所示的零件图，对该零件进行腔槽加工。

解：

（1）制造模型。

首先，建立加工文件 271.mfg。按照图 7-136 所示建立参照模型 271_1.prt，并建立工件 271_2.prt，制造模型如图 7-137 所示。

图 7-136 零件图

图 7-137 制造模型

（2）操作设置，其设置如下。

- 机床：3 轴铣床。
- 刀具：内腔加工时，刀具半径应小于最小的内圆弧半径。这里采用直径为 12 的端铣刀。尺寸采用系统默认值。刀具设定如图 7-138 所示。
- 工件坐标系：加工零点设置在制造模型上端面的一角，如图 7-139 所示。
- 退刀曲面：设定退刀曲面为沿 Z 轴方向的平面，深度为 10，如图 7-140 所示。

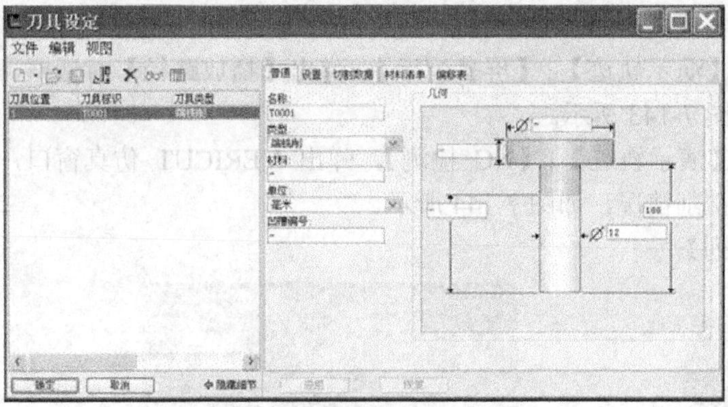

图 7-138 刀具设定

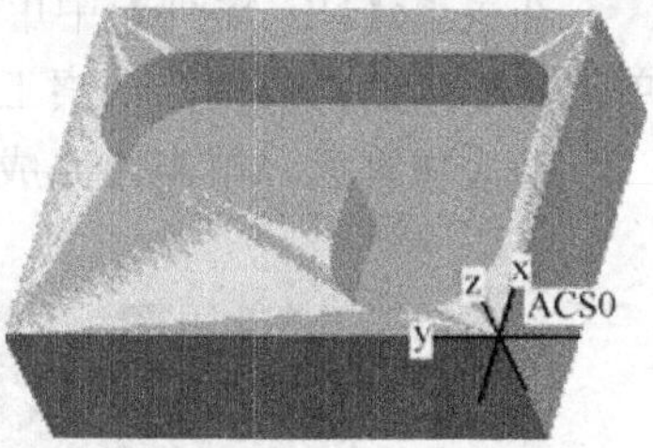

图 7-139 设定坐标系

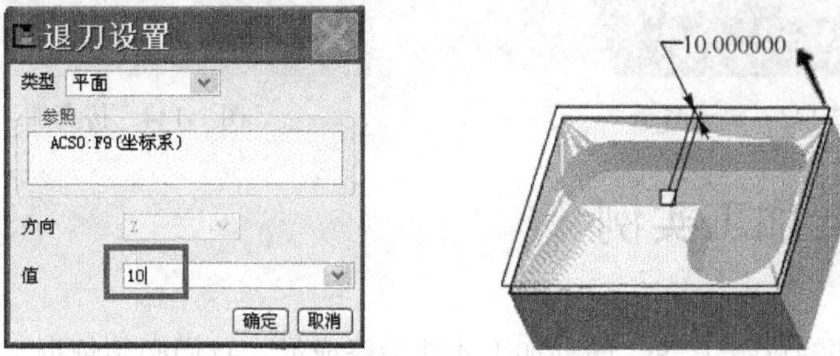

图 7-140 设定退刀面

（3）加工设置，其设置如下。

- 辅助加工：腔槽加工（3 轴）。
- 序列设置：刀具、参数、曲面。
- 刀具已设定，单击【确定】。
- 参数设定如图 7-141 所示，单击【确定】。

出现【曲面拾取】菜单后，选择【模型】|【完成】。选取腔槽底面和所有壁面，如图 7-142 所示。单击【确定】|【完成/返回】。

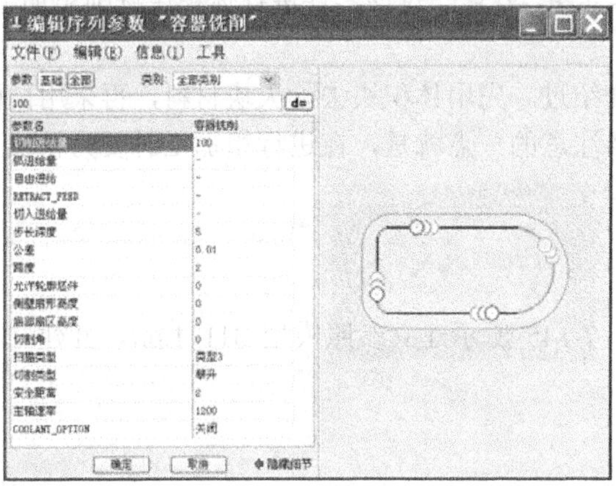

图 7-141 设定参数

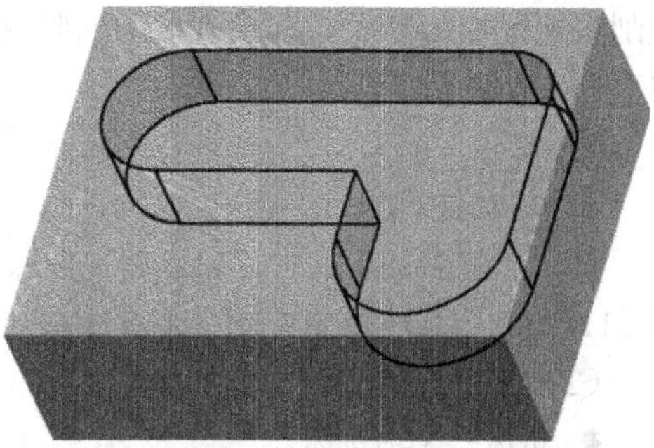

图 7-142 选取加工表面

（4）加工仿真，其操作如下。

在菜单【NC 序列】中单击【演示轨迹】|【屏幕演示】，弹出【播放路径】对话框，单击播放键，演示刀位轨迹，如图 7-143 所示。

在菜单【NC 序列】中单击【演示轨迹】|【NC 检测】，弹出 VERICUT 仿真窗口，单击右下角的播放键，观察工件铣削情况，如图 7-144 所示。

检查仿真后，单击【完成序列】。

图 7-143　轨迹演示

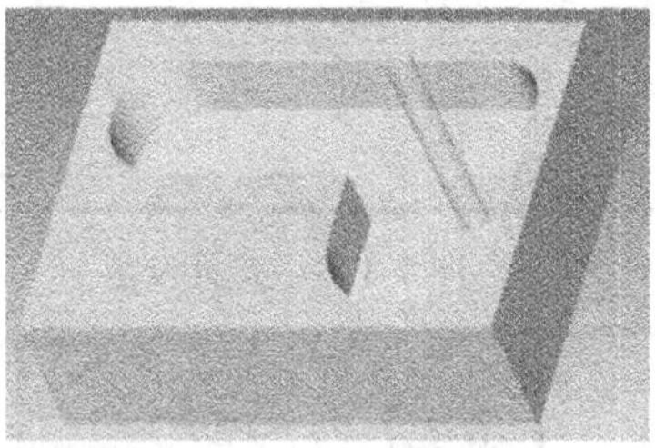

图 7-144　仿真加工

7.3　综合加工实例

零件往往需要经过数个 NC 序列加工才能最终成形。我们必须依据零件的形状特点、加工精度要求，来选择最佳的 NC 序列、刀具及切削用量等。选择几个合理的 NC 序列并对其进行相应的设置，可以达到缩短加工时间、降低加工费用的目的。

零件加工通常分为两个阶段：粗加工阶段和精加工阶段。粗加工阶段主要任务是切削掉尽可能多的余量，在这个阶段内精度保障不是主要目标。因此，在这个阶段一般可选择尺寸较大刀具，转速设定较慢，保证足够的进给量，节省加工时间。另外，还应注意为下一步精加工留出一定的加工余量。精加工阶段的加工余量非常小，主要任务是满足加工精度的要求。比如，曲面铣削时，可先采用体积块铣削进行粗加工，去除大多数材料，节省加工时间，再采用曲面铣削，用球头铣刀进一步精加工，以保证加工精度的要求。

【例 7-15】　根据如图 7-145 所示的零件图，要求先对该零件进行体积块铣削粗加工，再进行曲面精加工。

分析：体积块和曲面加工前面都已经介绍过。先用体积块去除大块材料，再采用曲面铣削来保证加工精度。在设置参数时特别要注意的一点就是，在进行粗加工时要为精加工留有一定加工余量。

解：

（1）制造模型。

首先，建立加工文件 311.mfg。按照图 7-145 所示建立参照模型 311_1.prt，并建立工件 311_2.prt，制造模型如图 7-146 所示。

（2）操作设置，其设置如下。

- 机床：3 轴铣床。
- 刀具：由于体积块铣削属于粗加工，应尽可能选择大的刀具，以提高加工效率。

应设定两种刀具，体积块使用铣削刀具，而曲面加工使用球铣削刀具。当定义第 2 把刀具时应注意修改名称及刀具号。设定如图 7-147 所示。

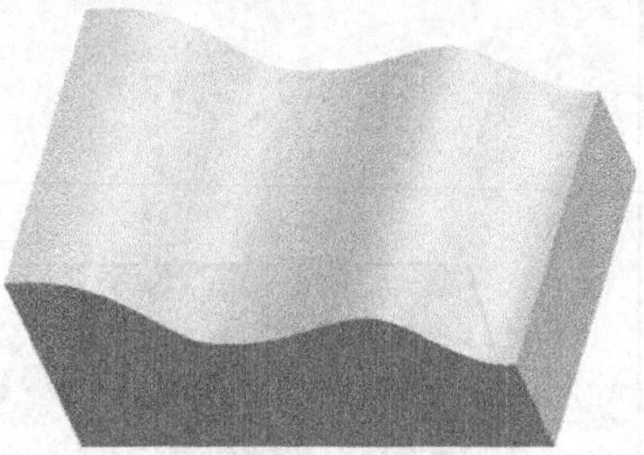

图 7-145 零件图

图 7-146 制造模型

- 工件坐标系：加工零点设置在制造模型上端面的一角，如图 7-148 所示。
- 退刀曲面：设定退刀曲面为沿 Z 轴方向的平面，深度为 10，如图 7-149 所示。

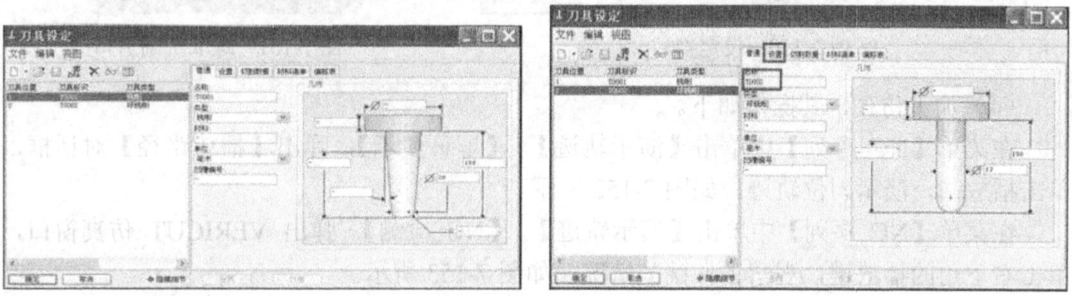

图 7-147 刀具设定

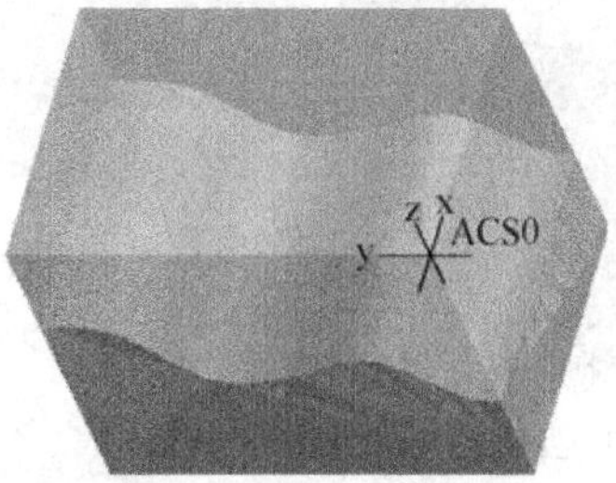

图 7-148 设定坐标系

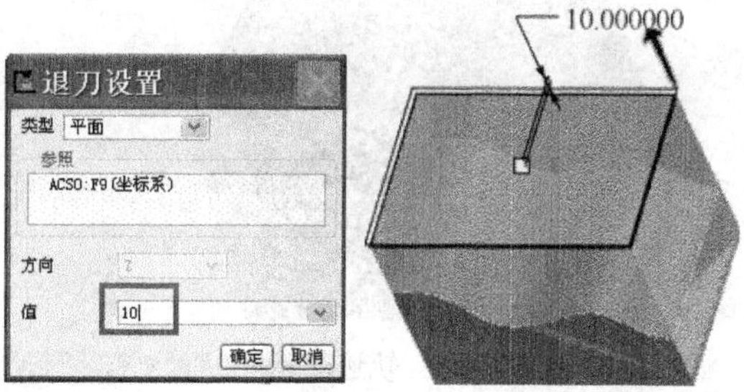

图 7-149 设定退刀面

（3）体积块序列加工设置（粗加工）。

- 辅助加工：体积块（3 轴）。
- 序列设置：刀具、参数、窗口。
- 刀具已设定，选择铣削刀具，单击【确定】。
- 参数设定要特别注意设定粗加工为精加工所留下的加工余量，如图 7-150 所示，最后单击【确定】。

出现【定义窗口】菜单后，系统要求“选取或创建窗口”。在主菜单中选择【插入】|【制造几何】|【铣削窗口】，选取工件的上表面，如图 7-151 所示。在铣削窗口控制面板

上单击【选项】|【在窗口围线上】。打勾退出铣削窗口控制面板。系统将自动选取刚才创建的铣削窗口。

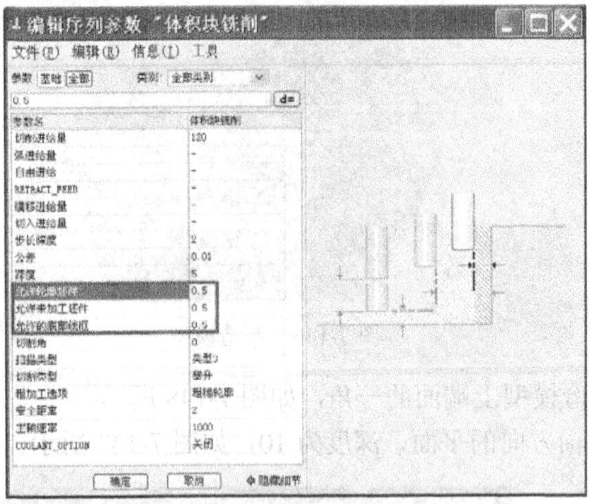

图 7-150 设定参数

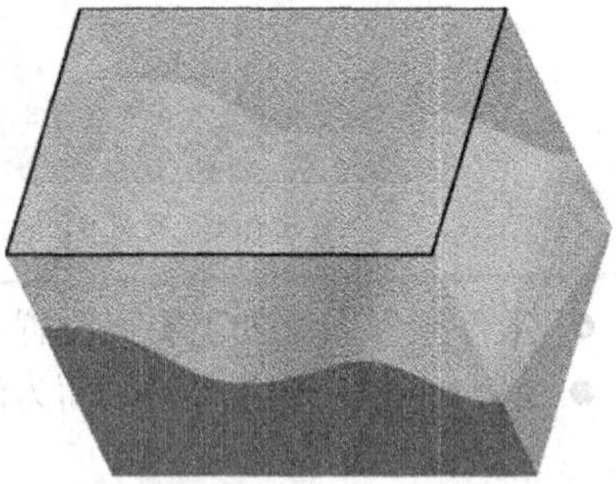

图 7-151 选取铣削窗口

（4）加工仿真，其操作如下。

在菜单【NC 序列】中单击【演示轨迹】|【屏幕演示】，弹出【播放路径】对话框，单击播放键，演示刀位轨迹，如图 7-152 所示。

在菜单【NC 序列】中单击【演示轨迹】|【NC 检测】，弹出 VERICUT 仿真窗口，单击右下角的播放键，观察工件铣削情况，如图 7-153 所示。

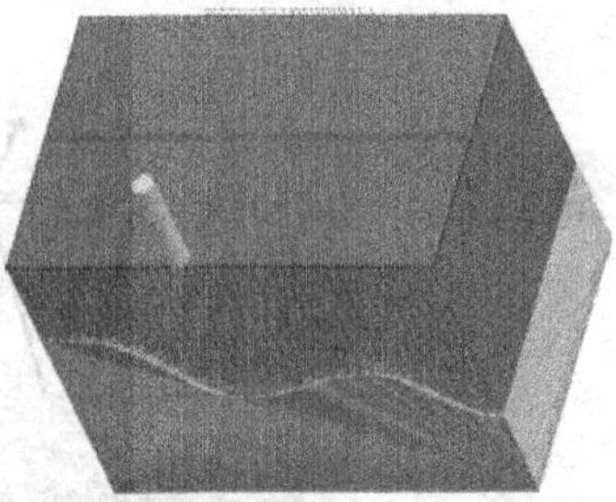

图 7-152 轨迹演示

图 7-153 仿真加工

（5）曲面铣削序列加工设置（精加工），其设置如下。

- 辅助加工：曲面铣削（3 轴）。
- 序列设置：刀具、参数、曲面、定义切割。
- 刀具已设定，选择球铣刀，单击【确定】。
- 参数设定注意跨度不能太大，因为精加工要保证一定精度，但跨度过小会延长加工时间，如图 7-154 所示，最后单击【确定】。

出现【曲面拾取】菜单后，选择【模型】|【完成】。选取参照模型的曲面，如图 7-155 所示。系统弹出【切削定义】窗口，选择【直线切削】、【相对于 X 轴】，【切削角度】为"90"。最后单击【确定】。

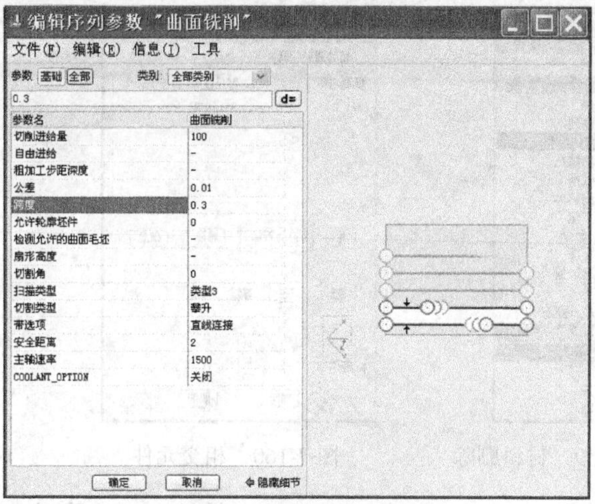

图 7-154　设定参数

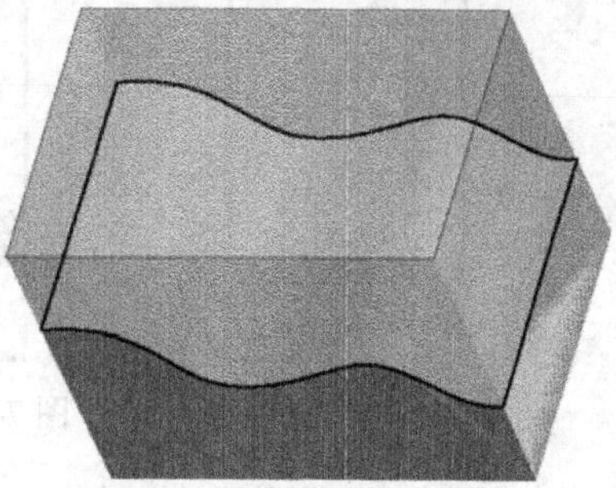

图 7-155　选取加工曲面

（6）加工仿真，其操作如下。

在菜单【NC 序列】中单击【演示轨迹】|【屏幕演示】，弹出【播放路径】对话框，单击播放键，演示刀位轨迹，如图 7-156 所示。

在菜单【NC 序列】中单击【演示轨迹】|【NC 检测】，弹出 VERICUT 仿真窗口，单击右下角的播放键，观察工件铣削情况，如图 7-157 所示。

检查仿真后，单击【完成序列】。

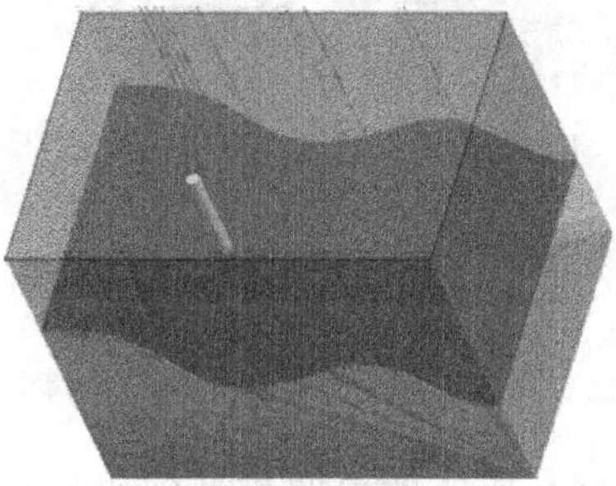

图 7-156　轨迹演示

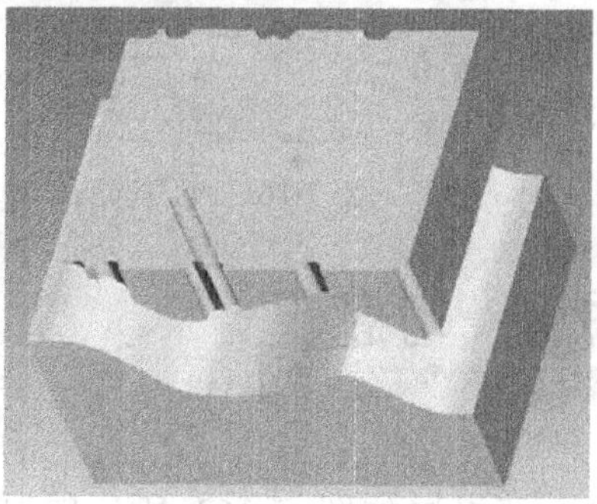

图 7-157　仿真加工

（7）材料切减。

我们注意到，曲面铣削在加工仿真时，原本应被前一个序列去除的材料又出现了。当加工存在多个序列时，就会发生这样的问题。其实，在孔加工的【例 7-12】中也出现过这样的现象，这是因为此时的仿真只是针对单个序列的，所以没有对前一个序列的材料进行切减。接下来，采用【材料切减材料】的方法来解决这一问题。

如图 7-158 所示，单击菜单管理器中【加工】菜单下面的【材料切减材料】，并选择第一个 NC 序列，即体积块铣削。接下来，在【材料删除】菜单下选择【自动】，如图 7-159 所示。在弹出的【相交元件】窗口中单击【自动添加】按钮，如图 7-160 所示。系统将自动分析去除工件上由体积块铣削的部分。

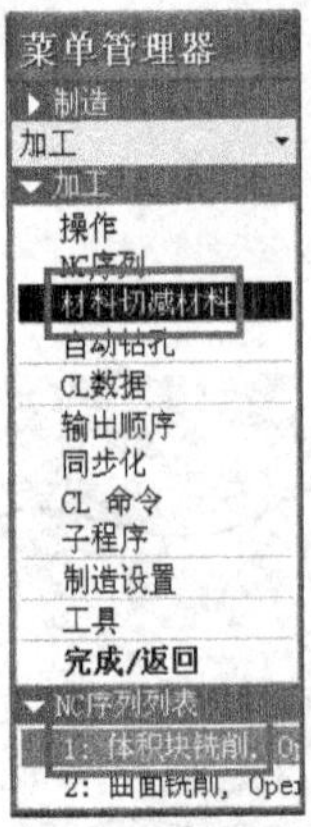

图 7-158　材料切减

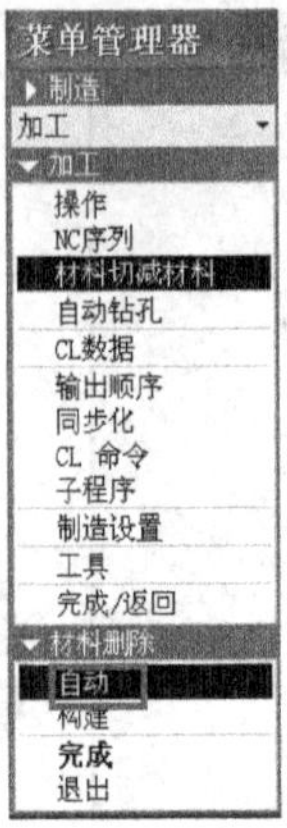

图 7-159　材料删除

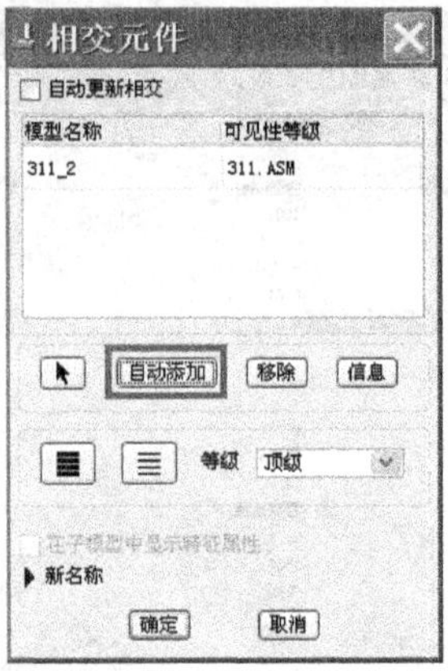

图 7-160　相交元件

现在来演示曲面铣削的仿真加工过程，如图 7-161、图 7-162 所示。可以看到，前一个体积块序列的加工部分已经去除，而且曲面加工之后，工件的曲面显然比体积块加工的曲面更加平滑。

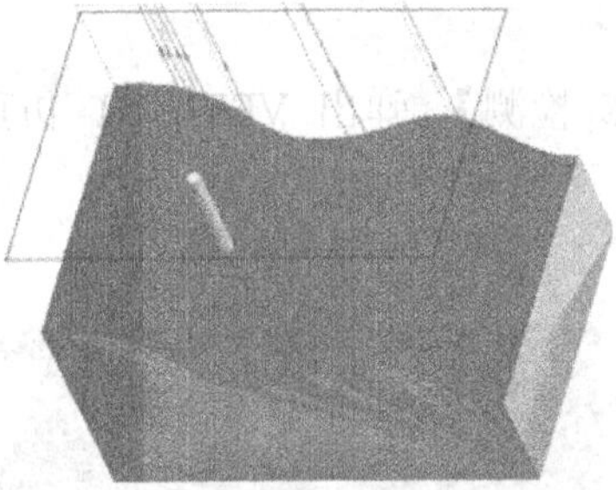

图 7-161　轨迹演示

图 7-162　仿真加工

7.4　习题

1．请根据如图 7-163 所示的制造模型和图 7-164 所示的参照模型创建加工文件 411.mfg，建立平面铣削序列，并完成刀位轨迹及 NC 检测的仿真过程。

图 7-163　制造模型

图 7-164　参照模型

2．请根据如图 7-165 所示的制造模型和如图 7-166 所示的参照模型创建加工文件 412.mfg，建立平面铣削序列，并完成刀位轨迹及 NC 检测的仿真过程。

图 7-165 制造模型

图 7-166 参照模型

3．请根据如图 7-167 所示的制造模型和如图 7-168 所示的参照模型创建加工文件 421.mfg，建立轮廓铣削序列，并完成刀位轨迹及 NC 检测的仿真过程。

提示：建立轮廓铣削序列之后，还应新建一个平面铣削序列才能完全去除材料。

图 7-167 制造模型

图 7-168 参照模型

4．请根据如图 7-169 所示的制造模型和如图 7-170 所示的参照模型创建加工文件 422.mfg，建立轮廓铣削序列，并完成刀位轨迹及 NC 检测的仿真过程。

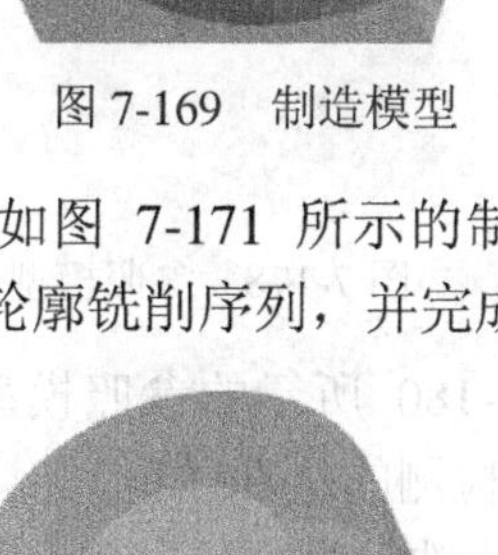

图 7-169 制造模型

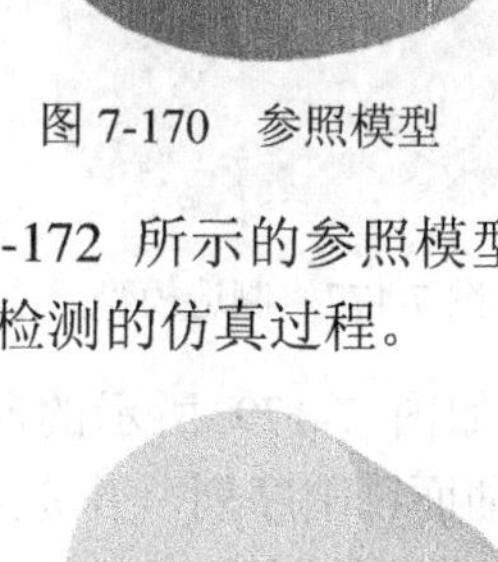

图 7-170 参照模型

5．请根据如图 7-171 所示的制造模型和如图 7-172 所示的参照模型创建加工文件 423.mfg，建立轮廓铣削序列，并完成刀位轨迹及 NC 检测的仿真过程。

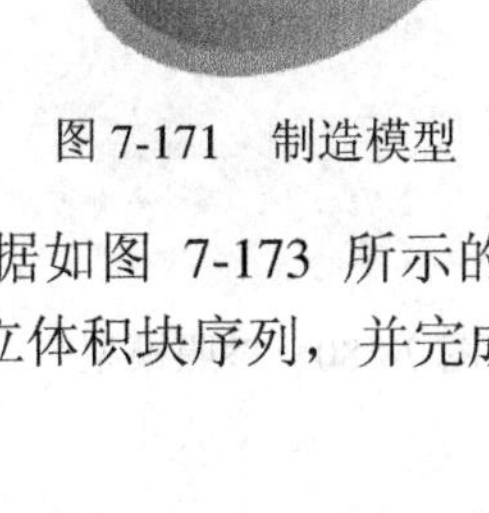

图 7-171 制造模型

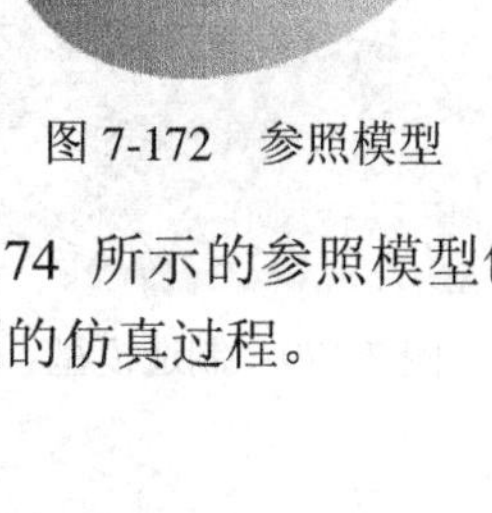

图 7-172 参照模型

6．请根据如图 7-173 所示的制造模型和如图 7-174 所示的参照模型创建加工文件 431.mfg，建立体积块序列，并完成刀位轨迹及 NC 检测的仿真过程。

提示：建立体积块序列之后，还应新建一个轮廓铣削序列才能完全去除材料。

图 7-173　制造模型

图 7-174　参照模型

7．请根据如图 7-175 所示的制造模型和如图 7-176 所示的参照模型创建加工文件 432.mfg，建立体积块序列，并完成刀位轨迹及 NC 检测的仿真过程。

提示：建立体积块序列之后，还应新建轮廓铣削及平面铣削序列才能完全去除材料。

图 7-175　制造模型

图 7-176　参照模型

8．请根据如图 7-177 所示的制造模型和如图 7-178 所示的参照模型创建加工文件 441.mfg，建立曲面铣削序列，并完成刀位轨迹及 NC 检测的仿真过程。

图 7-177　制造模型

图 7-178　参照模型

9．请根据如图 7-179 所示的制造模型和如图 7-180 所示的参照模型创建加工文件 442.mfg，建立曲面铣削序列，并完成刀位轨迹及 NC 检测的仿真过程。

提示：建立曲面铣削序列之后，还应新建一个轮廓铣削序列。

图 7-179　制造模型

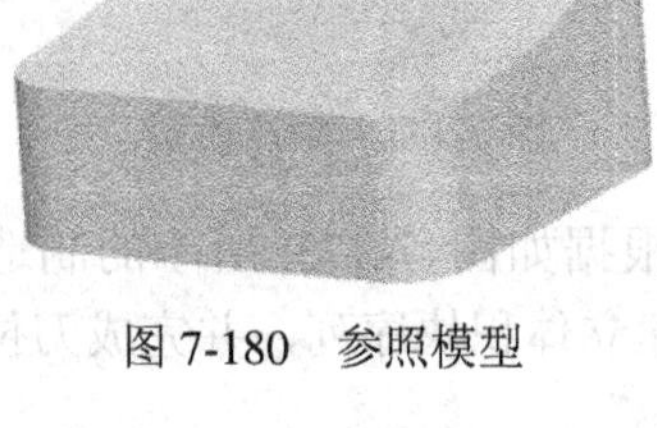

图 7-180　参照模型

10．请根据如图 7-181 所示的制造模型和如图 7-182 所示的参照模型创建加工文件451.mfg，建立孔加工序列，并完成刀位轨迹及 NC 检测的仿真过程。

提示：除孔加工序列外，还应新建一个平面铣削序列。

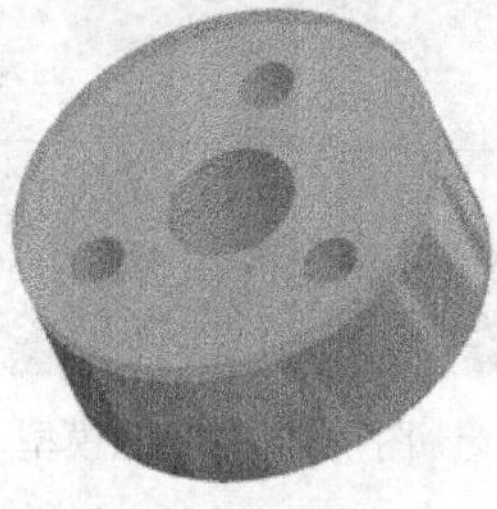

图 7-181　制造模型

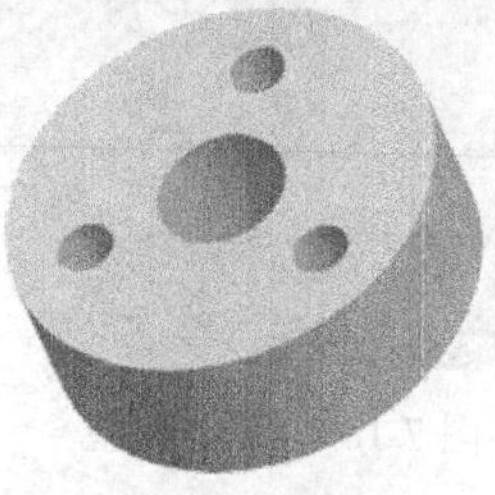

图 7-182　参照模型

11．请根据如图 7-183 所示的制造模型和如图 7-184 所示的参照模型创建加工文件452.mfg，建立孔加工序列，并完成刀位轨迹及 NC 检测的仿真过程。

图 7-183　制造模型

图 7-184　参照模型

12．请根据如图 7-185 所示的制造模型和如图 7-186 所示的参照模型创建加工文件461.mfg，建立轨迹加工序列，并完成刀位轨迹及 NC 检测的仿真过程。

提示：注意 NC 序列的参数设置（沿相切弧进入/退出工件），下同。

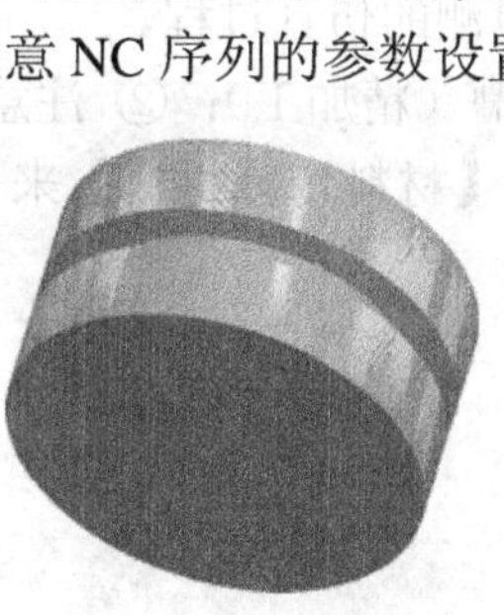

图 7-185　制造模型

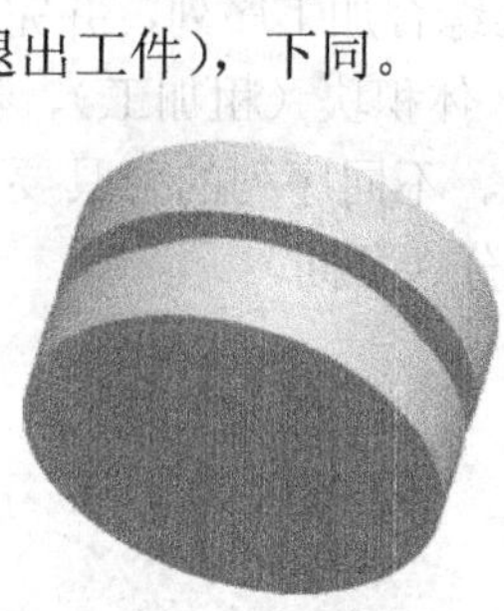

图 7-186　参照模型

13．请根据如图 7-187 所示的制造模型和如图 7-188 所示的参照模型创建加工文件462.mfg，建立轨迹加工序列，并完成刀位轨迹及 NC 检测的仿真过程。

图 7-187　制造模型

图 7-188　参照模型

14．请根据如图 7-189 所示的制造模型和如图 7-190 所示的参照模型创建加工文件 471.mfg，建立腔槽加工序列，并完成刀位轨迹及 NC 检测的仿真过程。

图 7-189 制造模型

图 7-190 参照模型

15．请根据如图 7-191 所示的制造模型和如图 7-192 所示的参照模型创建加工文件 472.mfg，建立腔槽加工序列，并完成刀位轨迹及 NC 检测的仿真过程。

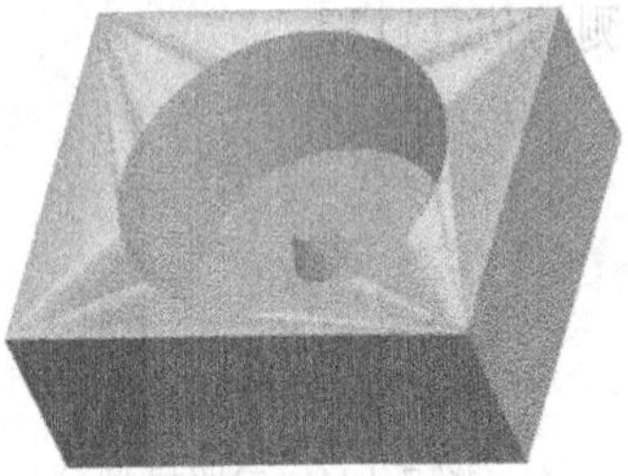

图 7-191 制造模型

图 7-192 参照模型

16．请根据如图 7-193 所示的制造模型和如图 7-194 所示的参照模型创建加工文件 481.mfg，建立综合加工序列，并完成刀位轨迹及 NC 检测的仿真过程。

提示：① 体积块（粗加工）、表面（精加工）、腔槽（精加工）；② 注意刀具的选择，不同零件特征、不同序列的刀具要求不同；③ 应采用【材料切减材料】来去除在后续列中的已加工部分（下同）。

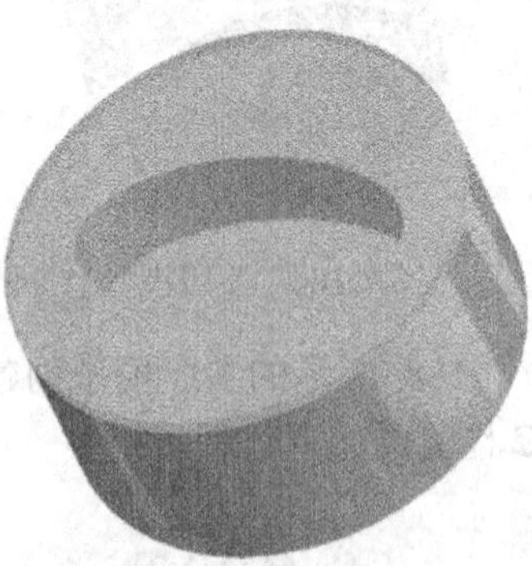

图 7-193 制造模型

图 7-194 参照模型

17．请根据如图 7-195 所示的制造模型和如图 7-196 所示的参照模型创建加工文件 482.mfg，建立综合加工序列，并完成刀位轨迹及 NC 检测的仿真过程。

提示：体积块（粗加工）、表面（精加工）、腔槽（精加工）。

图 7-195　制造模型

图 7-196　参照模型

18．请根据如图 7-197 所示的制造模型和如图 7-198 所示的参照模型创建加工文件 483.mfg，建立综合加工序列，并完成刀位轨迹及 NC 检测的仿真过程。

提示：体积块（粗加工）、腔槽（精加工）、曲面（精加工）。

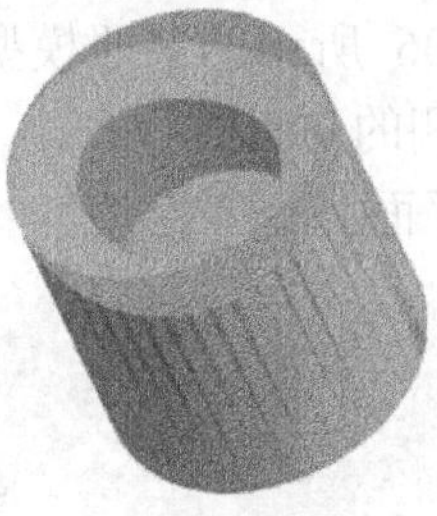

图 7-197　制造模型

图 7-198　参照模型

19．请根据如图 7-199 所示的制造模型和如图 7-200 所示的参照模型创建加工文件 484.mfg，建立综合加工序列，并完成刀位轨迹及 NC 检测的仿真过程。

提示：体积块（粗加工）、腔槽（精加工）、孔加工、轮廓加工、平面。

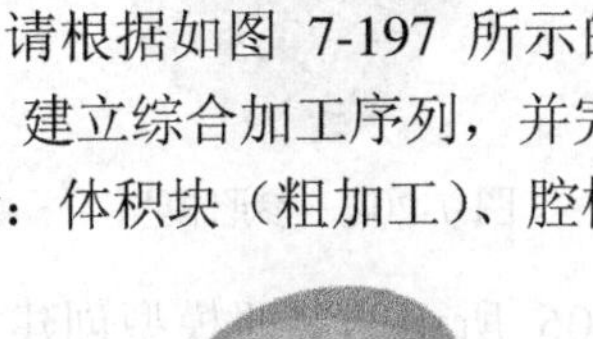

图 7-199　制造模型

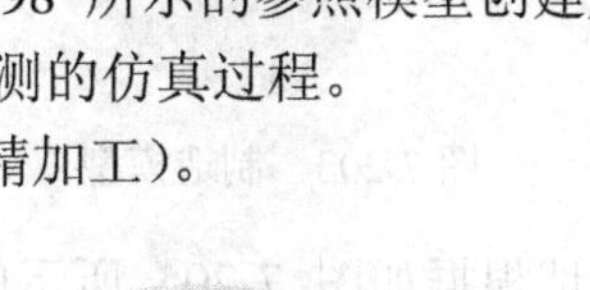

图 7-200　参照模型

20．请根据如图 7-201 所示的制造模型和如图 7-202 所示的参照模型创建加工文件 485.mfg，建立综合加工序列，并完成刀位轨迹及 NC 检测的仿真过程。

提示：体积块（粗加工）、曲面（精加工）、孔加工、平面。

图 7-201　制造模型

图 7-202　参照模型

21．请根据如图 7-203 所示的制造模型和如图 7-204 所示的参照模型创建加工文件 486.mfg，建立综合加工序列，并完成刀位轨迹及 NC 检测的仿真过程。

提示：体积块（粗加工）、轨迹（精加工）、平面。

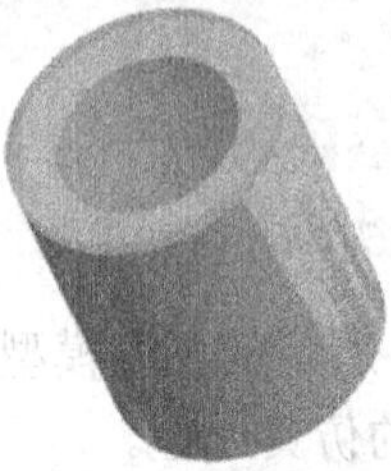

图 7-203 制造模型

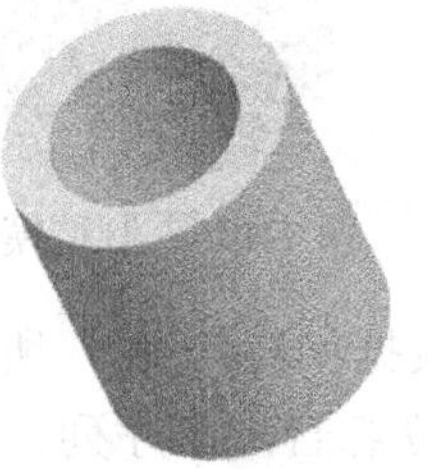

图 7-204 参照模型

22．请根据如图 7-205 所示的制造模型和如图 7-206 所示的参照模型创建加工文件 487.mfg，建立综合加工序列，并完成刀位轨迹及 NC 检测的仿真过程。

提示：体积块（粗加工）、腔槽（精加工）、轮廓、平面。

图 7-205 制造模型

图 7-206 参照模型

参 考 文 献

[1] 温建明，赵继俊，林琳等. Pro/ENGINEER Wildfire 4.0 中文版基础与进阶. 北京：机械工业出版社，2009.
[2] 宋凤莲，钟良伟. Pro/ENGINEER Wildfire 4.0 基础教程. 北京：北京大学出版社，2009.
[3] 谭雪松，杨文武，彭海. Pro/ENGINEER Wildfire 4.0 中文版典型实例. 北京：人民邮电出版社，2009.
[4] 王咏梅，康显丽，张瑞萍. Pro/ENGINEER Wildfire 4.0 中文版机械设计案例教程. 北京：清华大学出版社，2009.
[5] 詹友刚. Pro/ENGINEER 中文野火版 4.0 工程图教程. 北京：机械工业出版社，2009.
[6] 葛正浩，杨英莲. Pro/ENGINEER Wildfire 4.0 建模基础与实例. 北京：化学工业出版社，2009.
[7] 宁涛，余强. Pro/E 机械设计基础教程. 北京：清华大学出版社，2006.
[8] 张学军. Pro/ENGINEER Wildfire 4.0 机械设计与应用. 北京：国防工业出版社，2006.
[9] 范钦海，吴天海. Pro/E 应用教程. 南京：东南大学出版社，2006.
[10] 詹友刚. Pro/ENGINEER 野火版 3.0 机械设计教程. 北京：机械工业出版社，2007.
[11] 李翔鹏. Pro/ENGINEER Wildfire 3.0 NC 加工. 北京：中国铁道出版社，2006.
[12] 谭雪松，张黎，漆向军. Pro/ENGINEER 基础教程. 北京：人民邮电出版社，2009.
[13] 孙海波，陈功. Pro/ENGINEER Wildfire 4.0 三维造型及应用. 南京：东南大学出版社，2008.
[14] 顾吉仁，钟良伟，李玉满. Pro/ENGINEER Wildfire 3.0 案例精解. 北京：中国电力出版社，2008.
[15] 贾东永. Pro/ENGINEER Wildfire 3.0 自学手册.数控加工篇. 北京：人民邮电出版社，2006.
[16] 岳荣刚，徐小荣，朱敬. Pro/ENGINEER Wildfire 3.0 中文版机械设计 100 例. 北京：电子工业出版社，2007.
[17] 王爱玲，王洪福. Pro/ENGINEER Wildfire 3.0 零件设计、加工基础与进阶. 北京：机械工业出版社，2007.
[18] 詹友刚. Pro/ENGINEER 中文野火版 3.0 数控加工实例精解. 北京：机械工业出版社，2008.
[19] 肖黎明，胡仁喜，刘昌丽. Pro/ENGINEER Wildfire 4.0 中文版数控加工从入门到精通. 北京：机械工业出版社，2008.
[20] 付伟红，许小荣. Pro/ENGINEER Wildfire 4.0 中文版数控加工技术指导. 北京：电子工业出版社，2008.
[21] 孙江宏. Pro/ENGINEER 野火版 3.0 数控加工全程详解. 北京：电子工业出版社，2007.
[22] 王卫兵，王全生. Pro/ENGINEER 野火中文版数控编程实用教程. 北京：清华大学出版社，2006.

反侵权盗版声明

举报电话：（010）88254396；（010）88258888

传　　真：（010）88254397

E-mail:　　dbqq@phei.com.cn

通信地址：北京市海淀区万寿路 173 信箱

　　　　　电子工业出版社总编办公室

邮　　编：100036